W0254740

ALLE ZEIT WACH
SJ
1842

Walter E. Proebster

# Peripherie von Informationssystemen

## Technologie und Anwendung

Eingabe: Tastatur, Sensoren, Sprache etc.
Ausgabe: Drucker, Bildschirm, Anzeigen etc.
Externe Speicher: Magnetik, Optik etc.

Mit 189 Abbildungen

Springer-Verlag Berlin Heidelberg NewYork
London Paris Tokyo 1987

Professor Dr. Walter E. Proebster
IBM Deutschland GmbH
Entwicklung und Forschung
Schönaicher Str. 220
7030 Böblingen

ISBN-13: 978-3-540-18336-5 e-ISBN-13: 978-3-642-95543-3
DOI: 10.1007/978-3-642-95543-3

CIP-Kurztitelaufnahme der Deutschen Bibliothek

Proebster, Walter E.:
Peripherie von Informationssystemen: Technologie u. Anwendung/Walter E. Proebster. –
Berlin; Heidelberg; New York; London; Paris; Tokyo: Springer, 1987.
ISBN-13: 978-3-540-18336-5



2160/3020-543210

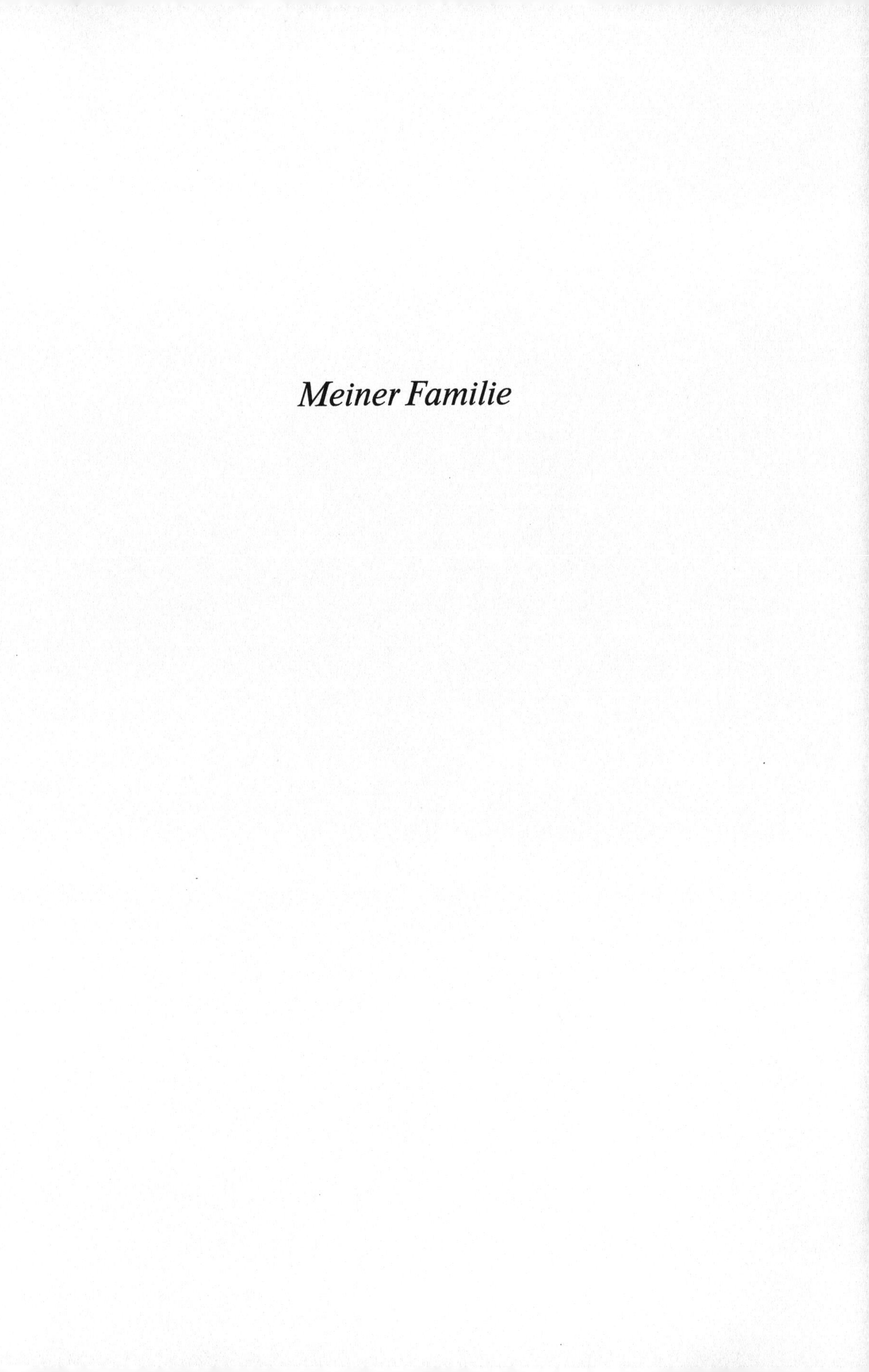

*Meiner Familie*

# Vorwort

Dieses Buch ist aus Vorlesungen an den Universitäten Karlsruhe, Kaiserslautern und Passau hervorgegangen. Es wendet sich vornehmlich an Studenten der höheren Semester der Fachrichtungen Elektrotechnik, Informatik und Wirtschaftswissenschaften, um ihnen eine Einführung und eine wertende Übersicht über das Gebiet der Technologien und Geräte der Peripherie von Informationssystemen zu geben. In diesem Sinne war es die Aufgabe, dieses weite, ständig expandierende und sich umschichtende Gebiet übersichtlich und faßbar darzustellen. Mittel dazu waren eine starke Gliederung des Stoffes und die Beschränkung auf die hier vorliegende Seitenzahl. Bei der Themenauswahl hatten zwei Gesichtspunkte Vorrang: Zum einen die Behandlung der grundlegenden physikalisch-technischen Vorgänge, wobei angestrebt wurde, eine große Palette in ihren Grundzügen darzustellen; zum anderen war es das Bestreben, die wirtschaftlich bedeutendsten Technologien und Geräte zu beschreiben, die schon heute einen bedeutenden Marktanteil besitzen oder aus der Sicht des Autors zukünftiges Potential versprechen.

Unter diesen Voraussetzungen ist es verständlich, daß, um das Wesentliche herauszustellen, manch interessante Entwicklung und mancher Nebengedanke nicht aufgenommen werden konnten. Auf eine mathematische oder formelmäßige Behandlung des Stoffes wurde aus didaktischen Gründen weitgehend verzichtet. Eine oberflächliche Erwähnung erschien wenig sinnvoll, eine fundierte Behandlung hätte den Rahmen dieses Buches gesprengt. Ausgedehnte Literaturangaben sollen den an einzelnen Gebieten tiefergehend interessierten Leser einen schnellen Einstieg ermöglichen. Für Hinweise und Vorschläge zur Korrektur und Ergänzung ist der Autor jederzeit dankbar.

Das hier angesprochene Gebiet der Peripherie von Informationssystemen ist nicht nur technisch aufgrund seiner Vielfalt außerordentlich reizvoll, sondern es hat auch eine beachtliche wirtschaftliche Bedeutung. Es stellt die Brücke zu einer wachsenden Zahl von Anwendungen dar und wird auch im Verhältnis zu den Kosten der Gesamtsysteme weiter zunehmen, nicht zuletzt durch den Verfall des Preis/Leistung - Verhältnisses bei Halbleitern, der sich bei der Peripherie weit weniger auswirkt. Umso mehr ist es zu bedauern, daß sich – von wenigen Ausnahmen abgesehen – Industrie und Universitäten in der Bundesrepublik um dieses Gebiet noch zu wenig annehmen, was auch durch einen Blick in das Literaturverzeichnis leicht zu erkennen ist.

Der Verfasser dankt vor allem der IBM Deutschland für die großzügige Förderung dieser Arbeit. Besonderer Dank gilt all den Fachkollegen, die durch Rat, wertvolle Hinweise und Unterlagen zu dem Gelingen dieses Werkes beitrugen. Dank gebührt dem Textbüro der IBM Laboratorien Böblingen unter der Leitung von Frau Kühnl für das sorgfältige Setzen von Text und Graphik. Der Originaltext und der größte Teil der Abbildungen wurde mit dem Elektroerosionsdrucker IBM 4250 erstellt. Nicht zuletzt sei dem Verlag für die intensive und angenehme Zusammenarbeit gedankt.

Böblingen, August 1987 Walter E. Proebster

# 1.0 Inhaltsverzeichnis

# 1.0 Einführung

Zum Gebrauch dieses Buches seien eingangs einige Hinweise angebracht:

Begriffe und Abkürzungen sind dort, wo sie zum erstenmal auftreten durch Schrägschrift ausgezeichnet und in den Index aufgenommen. Bei den im Index zu den Stichworten aufgeführten Seitenangaben sind diejenigen fett gedruckt, wo sich die ausführlichste Behandlung befindet.

Literaturangaben sind mit den ersten drei Buchstaben des ersten Autors des entsprechenden Beitrages gekennzeichnet. Darauf folgt, auf zwei Stellen abgekürzt, das Erscheinungsjahr. Bei Patenten ist dabei auf das Datum der Einreichung Bezug genommen. Um Doppeldeutungen auszuschließen, ist bei verschiedenen Autoren mit gleichen drei Anfangsbuchstaben eines Literaturabschnittes noch ein vierter Unterscheidungsbuchstabe hinzugefügt. Bei mehreren Beiträgen eines Autors mit gleichem Erscheinungsjahr sind an die zweistelligen Jahreszahlen Indizes a, b, ... zur Unterscheidung angehängt.

## 1.1 Umfang und Themenschwerpunkte

Der Begriff "Peripherie von Informationssystemen" umfaßt die Systemteile, die außerhalb des zentralen Rechnerkerns und dessen Arbeitsspeichern liegen, d.h. die Ein- und Ausgabe sowie die externen Datenspeicher. Die Informationssysteme können dabei elektronische Datenverarbeitungsanlagen (EDV) oder auch Nachrichtenübertragungs- und -vermittlungssysteme sein (Bild 1.1-1).

Die Ein- und Ausgabegeräte dienen in erster Linie dem Verkehr zwischen Mensch und Informationssystemen. Erweitert soll auch der Datenverkehr zwischen Maschinen, Systemen, Übertragungs-, Steuer- und Regelungseinrichtungen und Automaten mit eingeschlossen sein. Hier ist auch die Erfassung und Eingabe von physikalischen Werten wie Druck, Temperatur usw. durch Sensoren und Wandler dazuzurechnen.

Zu den externen Speichern zählen die Speicher, die, wie viele Geräte der Peripherie von Informationssystemen, über genormte Schnittstellen, die sogenannten Kanalanschlüsse, mit dem zentralen Rechnerkern verbunden sind.

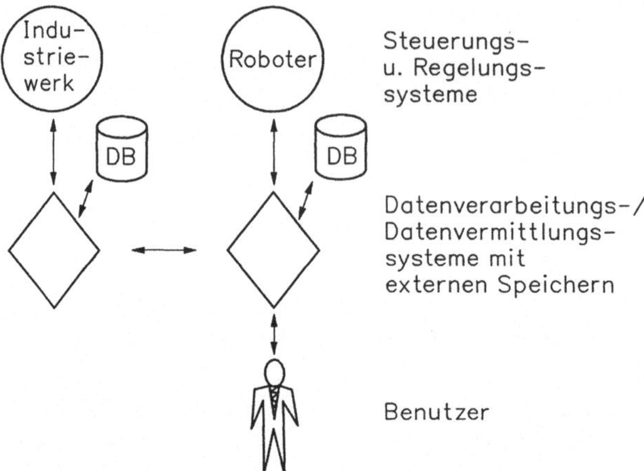


**Bild 1.1-1.** Verkehr zwischen den Kernen von Informationssystemen und deren Peripherie

Alle Geräte und Verfahren der Peripherie fußen auf einem breiten Spektrum verschiedenster Technologien, wobei fast alle Gebiete der Physik herangezogen werden und vielfältig Anwendung finden. Die folgenden Ausführungen betonen die technologischen Grundlagen und elektrotechnischen Konstruktionsmerkmale: Damit zusammenhängende Fragen der Grundlagenphysik (z.B. die Physik der Flüssigkristalle) sowie der Systemanwendung (z.B. Zeichenerkennung oder Bildverarbeitung) werden nicht behandelt.

Die Darstellung umfaßt die Digital- und Analogtechnologien und -geräte. Dabei liegt die Betonung auf der Digitaltechnik, die ständig an Bedeutung gewinnt. Aus der großen Zahl der Analogtechniken bei der Eingabe von Steuer- und Regelungssystemen sollen die wirtschaftlich bedeutendsten und technisch interessantesten vorgestellt werden.

## 1.2 Geschichtliche Entwicklung

**Vorzeit**: Als erste Anfänge können wohl die Buchenstäbchen (Buchstaben) der Germanen und die Zahlsteine der Indianer betrachtet werden. Erste Beispiele von gesteuerten Automaten sind Jagdfallen der Nomaden.

**Altertum**: Im *Abakus* (lat., griech. *abax:* Platte) sind Eingabe, Ausgabe und Rechenmittel untrennbar miteinander verbunden.

Heron von Alexandrien, griechischer Physiker, 1. Jahrhundert n. Chr., faßte die Kenntnisse seiner Zeit zusammen [WAL 72]. Tempelautomaten verwendeten das Prinzip des *Heronballes* (Bild 1.2-1). Das Opferfeuer erwärmt das Wasser in dem Gefäß darunter. Der Dampfdruck läßt Wasser

**Bild 1.2-1.** Tempelautomat, beschrieben von Heron von Alexandrien [GAN 75, SCH 99]. α, β, γ, δ, Raum unter dem Tempel; ε, Opferfeuer; ζ, η, Wärmeleiter; π, verschlossene Füllöffnung des Wassertanks; Θ, Luftraum des zum Teil gefüllten Tanks; χ, μ, Öffnungen der kommunizierenden Röhre λ; ξ Eimer mit Bügel ν

in den Eimer fließen, dessen gestiegenes Gewicht über Seilzüge zur Öffnung der Tempeltüren führt. Bei Abkühlung kehrt sich der Vorgang um. Bühnenautomaten arbeiteten mit Stiftwalzen, die über Seilschlaufen Bewegungsabläufe (z.B. Kulissenwechsel) steuerten [SCH 99].

**Mittelalter:** Musikautomaten und automatische Ritterspiele beruhen im wesentlichen auf der Entwicklung der Stiftwalzentechnik. Ausgehend von neuen Entwicklungen mechanischer Uhren entstanden geniale Konstruktionen mechanischer Rechenmaschinen. Einstellhebel und Zifferräder dienten zur Ein- und Ausgabe.

**Beginn der Neuzeit:** Der Jacquard-Webstuhl und das elektrische Klavier wurden eingangsseitig von Papierlochstreifen gesteuert. Ausgangsseitig dienten Stifte, die zur Steuerung mechanischer Kraftverstärker in die gestanzten Löcher einfielen. Herman Hollerith, Deutschamerikaner, erfindet die Lochkarte, wirkungsvolles Ein- und Ausgabemedium und Organisationsinstrument. Sie wird erfolgreich bei der amerikanischen und preußischen Volkszählung eingesetzt und beherrscht bis über die Mitte unseres Jahrhunderts hinaus die Ein- und Ausgabetechnologien [HOL 87].

**Heutige Zeit:** Ausgehend von den ersten Anfängen der elektronischen Datenverarbeitung um das Jahr 1940 ist in Deutschland, Europa und in USA eine große Palette von Ein- und Ausgabegeräten für Informationsverarbeitungs- und -übertragungssysteme entstanden, die ständig wächst. Die ersten Laboratoriumsausführungen und Industrieprodukte von EDV-Anlagen waren ausschließlich zentrale Systeme. Die Ein- und Ausgabegeräte waren damals Fernschreibapparate, elektrische Schreibmaschinen, Lochstreifenstanzer und -leser, vereinzelt Lochkartenmaschinen. Als externe Speicher dienten zuerst magnetische Bandgeräte. Die Betonung liegt heute mit verteilten Systemen auf interaktiven Ein- und Ausgabegeräten, bei den externen Speichern auf magnetischen Disketten- und Plattenspeichern. Seit über einem Jahrzehnt gehen auch starke Impulse von Japan aus, auf dem Gebiet der Peripherie vornehmlich bei Druckern, Kopierern und Anzeigen, nicht zuletzt getrieben von den besonderen Anforderungen der japanischen Schriftzeichen, *Kanji* und *Katakana.*

**Zukunft:** Die Weiterentwicklung von Automaten zur Teilefertigung, zum Zusammenbau, zur Prüfung und Verpackung in der Produktion, von Büroautomatisierung und Unterhaltungselektronik werden einen weiteren gewaltigen Anstieg von Ein- und Ausgabegeräten mit sich bringen. Der Anteil von Geräten mit Benutzerführung, oder weitergehend mit "künstlicher Intelligenz", wird zunehmen.

Weiterführende Literatur: [FEL 51, FEL 65, GAN 75, GER 64, WAL 73].

## 1.3 Anwendungsbeispiele

Neue Schätzungen besagen, daß etwa 40 bis 50 Prozent aller menschlicher Tätigkeiten direkt oder indirekt mit Informationssystemen verbunden sind! Aus der Fülle von Anwendungen moderner Ein- und Ausgabegeräte sollen einige wesentliche herausgestellt werden:

**Rechenzentrum:** Der Benutzer gibt seine Daten entweder direkt über die Tastatur oder über Lochkarte in die Anlage ein. Moderne Anlagen gestatten auch Dateneingabe über Belegleser. Resultate werden über Druckwerke ausgegeben. Heute überwiegt mehr und mehr Ein- und Ausgabe über räumlich verteilte, meist über lokale Netze angeschlossene Datenendgeräte oder intelligente Arbeitsplatzrechner (engl.: *work stations*). Magnetische Platten- und Bandspeicher speichern und archivieren große und größte Datenmengen.

**Bankwesen:** Der moderne Bankschalter sieht immer mehr die interaktive Daten-Ein-/Ausgabestation mit Tastatur und Sichtgerät vor. Kundennummer und ein- oder auszuzahlender Betrag werden über die Tastatur in das System eingegeben, das über das Sichtgerät die Freigabe der Auszahlung, den neuen Kontostand usw. anzeigt. Die Anzeige von hinterlegten Unterschriften durch ein Sichtgerät am Bankschalter gestattet Prüfung und Vergleich mit eben geleisteten Unterschriften.

Zur schnelleren Abfertigung dienen neuerdings auch Magnetstreifen auf den Sparbüchern, die zum Beispiel Kontonummer und Kontostand enthalten und mit Hilfe eines Magnetstreifenlesers am Schalter in das System eingegeben werden. Besondere Geräte dienen zur schnellen Bearbeitung von Scheckanweisungen, so in Europa für Postscheck, in den USA hauptsächlich für persönliche Schecks, wobei zum Teil sogar bereits das Lesen von handgeschriebenen Ziffern möglich ist. Ausgangsseitig sind Drucker, auch Sparbuchdrucker, im Einsatz.

Neuere Entwicklungen sehen vor, im Zusammenhang mit Bankselbstbedienung und elektronischem Zahlungsverkehr, auch unter Einbeziehung von Heimendgeräten, die Einsatzmöglichkeiten der Magnetstreifenkarte durch Hinzufügen eines Halbleiterplättchens mit nichtflüchtigem Speicher und Mikroprozessor zu steigern. Diese Entwicklung, die *Chipkarte* (franz.: *carte à mémoire*), hat Mitte der siebziger Jahre, vor allem in Frankreich, seinen Anfang genommen und verspricht Risiken bei Benutzer, Handel und Banken, die durch Verlust, Mißbrauch und Fälschung entstehen können, gegenüber der *Magnetstreifenkarte* wesentlich zu verringern. Die Skala der Sicherungsmöglichkeiten gegen Mißbrauch reicht dabei von Kenncode mit Verschlüsselungs- und Erkennungsalgorithmen, dynamischer Unterschriftsprüfung, Sprechererkennung, Fingerlängen- und Fingerabdruckverifizierung bis zu zeitgesteuerten Torschaltungen und Selbstzerstörung des Halbleiterplättchens. Eine Stärke dieser Verfahren liegt auch darin, daß, je nach dem zu schützenden Wert, einfachere oder komplexere Verfahren, auch in Kombination, verwendet werden können [ISC 81, OTT 81]. Ein weiterer wichtiger Vorteil gegenüber der Magnetstreifenkarte ist die größere Speicherkapazität mit der Möglichkeit, viele Geschäftsvorgänge mit Einzelheiten, wie z.B. Ort, Zeit, Warenart und Preis, Name von Händler und Kunde usw., festzuhalten. Aus den genannten Gründen und auch wegen der leichten Erweiterbarkeit, sowie der gegenüber der Magnetstreifenkarte geringeren Kosten von Schreib- und Lesegeräten, wird der Einsatz der Chipkarte auch für andere Anwendungsbereiche erwogen, wie z.B. im Paß- und Gesundheitswesen, für das Telefon usw. [SCH 82].

**Supermarkt:** Um die Warenausgabe wirtschaftlicher zu gestalten, aber auch für eine fortlaufende Lagerkontrolle, tastet am Verkaufstisch ein Laserlichtstrahl den auf die Ware aufgedruckten Strichcode ab. Dieser Code wird über lokale Leitungen oder Fernleitungen dem EDV-System mitgeteilt und so Warenart und -preis ermittelt. Die Verkaufsperson kann zusätzliche Informationen über eine Tastatur eingeben. Drucker und Sichtgerät zeigen ausgangsseitig zum Beispiel Warenart, Warenmenge, Preis und Gesamtsumme an. Der Strichcode ist international genormt und kann vorwärts und rückwärts gelesen werden [MCE 75].

**Verkehr:** Im öffentlichen Stadt- und Nahverkehr setzen sich immer mehr Fahrscheinautomaten durch. Eine besonders fortschrittliche Version verwendet das BART- (Bay Area Rapid Transit) System von San Francisco. Eine Magnetkarte, die der Fahrgast bei Fahrtbeginn an einem Automaten löst, trägt gespeichert das Guthaben in Codeschrift. An der Zugangssperre wird die Magnetkarte eingesteckt, dort mit den Daten des Fahrtbeginns (Zeit und Ort) versehen und die Sperre freigegeben. Bei Fahrtende ist die Magnetkarte an der Ausgangssperre einzustecken. Nach Übertragung der Daten in die EDV-Anlage werden die errechneten Fahrtkosten von dem Guthaben abgezogen und das neue Guthaben in die Karte eingeschrieben. Daraufhin öffnet sich die Sperre, falls das ursprüngliche Guthaben größer oder gleich den Fahrtkosten war.

Im Individualverkehr gewinnen digitale Ein- und Ausgabegeräte beim Fahrzeug immer größere Bedeutung zur Optimierung des Treibstoffverbrauches, für die Sicherung und zur Information des Fahrers. Ein weiteres wichtiges Anwendungsgebiet ist die Verkehrsüberwachung und -steuerung, wo z.B. Induktionsschleifen, optische Schranken und Lichttafeln Verwendung finden.

In der zivilen Schiffahrt erlaubt die *Satellitenpeilung SATNAV* und *NAVSTAR-GPS* (engl.: *global position system*) [BET 84] die schnelle Ortsbestimmung mit einer Genauigkeit von etwa 50 bis 100 Metern oder besser. Dabei werden von polumkreisenden Satelliten, deren Bahnen die Erde netzförmig umspannen, Meldungen über deren Positionen empfangen und auch die Dopplerverschiebung von ausgestrahlten Signalen konstanter Frequenz gemessen. Die Auswertung von Positionsmeldungen und beobachteter Dopplerverschiebung mit einem komplexen Rechenprogramm ergibt die gesuchte Position nach geographischer Länge und Breite.

**Post:** Um die Wirtschaftlichkeit zu erhöhen, setzen sich automatische Briefsortiermaschinen immer mehr durch. Vorerst werden hauptsächlich maschinengeschriebene Adressen und Postleitzahlen erfaßt. Später soll auch das Lesen handgeschriebener und vollständiger Adressen möglich sein. Die Sortiermaschine verwendet eingangsseitig Belegleser, ausgangsseitig elektromechanische Sortierklappen.

**Telefon:** Schon heute löst der Telefonapparat mit Drucktasten den Telefonapparat mit Wählscheibe schrittweise ab. In Forschung, Entwicklung und in Pilotprojekten sind Geräte für steigende Ansprüche, wie z. B. Freisprechen, schnurloses Telefon, Anklopfen, Bildtelefon. Eine große Zahl neuer Technologien, wie PCM-Übertragung (PCM: Pulscodemodulation), Infrarotübertragung, Echounterdrückung [GRI 84], dynamische Bildsignalkompression, kommt hier zur Anwendung [OHM 83].

**Medizin:** Digitale Ein- und Ausgabetechniken und -geräte finden in der Medizin in Diagnose, Therapie und Verwaltung wie auch in der Nachbehandlung steigende Anwendung. Beispiele hierfür sind: Digitales Fieberthermometer, Durchblutungsmessung [BLA 81], Schlaftiefenmessung [PÖP 81], Überwachungsgeräte in Intensivstationen, Hör- und Sehhilfen, wie sprechende Schreibmaschine, Tonstärken- und Spektralanzeigen für taubstumme Kinder [CRE 83, DIB 82], *Braille*-Schrift-Leser und -Ausgabe [MCK 84].

**Entwurfsverarbeitung:** Die interaktive Entwurfsverarbeitung von Ingenieurkonstruktionen – wie Flugzeugen, Schiffen, Brücken usw. – gewinnt mehr und mehr an Bedeutung. Eingabeseitig sind die Stationen mit Tastatur, Koordinatentisch und Lichtgriffel, ausgabeseitig mit Koordinatenschreiber, Sichtgerät und Drucker ausgestattet.

Als eine der am weitesten fortgeschrittenen Anwendungen auf dem interaktiven graphischen Gebiet gilt heute das Zusammenpassen komplexer organischer Moleküle in der Biochemie. Die Moleküle sind dreidimensional auf dem Bildschirm dargestellt und können durch Beeinflussung mit einem Steuerknüppel oder durch Bewegen eines Helmes mit Richtungssensoren, den der Experimentator trägt, von den verschiedenen Seiten betrachtet werden [BRO 86].

**Privathaushalt:** Über Haushaltsmaschinen, Unterhaltungselektronik, Energieversorgung, Wärme- und Klimaregelung, Informationsversorgung wie Bildschirmtext (Btx) dringen die Datentechnik und damit auch deren Ein- und Ausgabeeinheiten immer stärker in den Haushalt ein. Fortschrittliche Anwendungen sind: Sprechende Waschmaschine und Kühlschrank, digitale Einbruchsicherung, akustischer Schlüsselsucher, hochauflösender Fernseher, Büroarbeitsplatz zu Hause, digitales Spielzeug u.a.m.

## 1.4 Physikalische Grundlagen

Eine große Zahl von grundlegenden Effekten aus den Gebieten der Physik und Chemie ist zur Realisierung digitaler Ein- und Ausgabegeräte sowie externer Speicher herangezogen worden. Bemerkenswert ist dabei, daß diese Zahl für die Ausgabe größer ist als für die Eingabe. Oft kommen auch bei einem Gerät mehrere Effekte in Kombination vor.
Tabelle 1.4-1. zeigt einige wichtige Gebiete der Physik und die Ein- und Ausgabetechnologien und -geräte sowie die externen Speicher, bei denen Effekte aus diesen Gebieten angewendet werden.

**Tabelle 1.4-1.** Überblick über die physikalischen Grundlagen der Ein- und Ausgabe und der externen Speicher

| Physikalischer Vorgang | Eingabe | Ausgabe | Externe Speicher |
|---|---|---|---|
| mechanisch | Stiftwalzen | "Türöffner" (Heron von Alexandrien), Signal | Stiftwalzen, Lochkarte, Lochstreifen |
| elektromechanisch | | Elektrische Schreibmaschine, Telex, Drucker | Relais |
| elektrisch | Kontakt | Elektroerosionsdrucker, Thermodrucker | Röhre, Ladungsspeicher, Halbleiter |
| optisch, optoelektronisch | Lochkartenleser, Lochstreifenleser<br><br>Photodetektor, Laserabtaster | Lampe, LED, Kerr-Zelle, Flüssigkristalle, Kathodenstrahlanzeige, Gasentladungsanzeige | Compact-Disc, Holographie |
| magnetisch | Magnetkarte (Lesen u. Schreiben) | Magnetischer Tintenstrahldrucker, Magnetographie | Magnetkarte, Band-, Disketten-, Plattenspeicher |
| akustisch | Spracherkennung | Sprachausgabe | Laufzeitspeicher |
| chemisch | Gassensor | Elektrochromismus | |

# 2.0 Systemgesichtspunkte

Dieses Kapitel behandelt die Einbindung von Peripheriegeräten in den Systemverbund. Geräte für Text-, Graphik- und Bildverarbeitung werden dabei vorzugsweise behandelt, da sie eine beachtliche Vielfalt aufweisen und für den interaktiven Betrieb große Bedeutung besitzen.

## 2.1 Beziehungen zwischen Mensch und Maschine

Bei der Kommunikation zwischen Mensch und Maschine treten, wegen unterschiedlicher Geschwindigkeit und Darstellung bei der Aufnahme sowie bei der Verarbeitung von Information, eine Reihe von grundsätzlichen Schwierigkeiten auf.

**Verschiedenheit in der Geschwindigkeit.** Die Aufnahme von "neuer" Information ist beim Menschen beschränkt auf ca. 100 bis 1000 Bit/s. Beim Empfang bereits bekannter Informationen, z.B. beim Erkennen von Personen durch Bild und/oder Sprache unter Beteiligung von Assoziativverarbeitung, werden wesentlich höhere Raten erreicht [KÜP 59, STE 74].

Die Geschwindigkeit der Übertragung und Verarbeitung von Information im Datenverarbeitungs- und Nachrichtensystem reicht bis $10^8$ Bit/s und darüber. Dieser Geschwindigkeitsunterschied verringert sich beim Übergang vom Stapelbetrieb zum Dialogbetrieb in der Datenverarbeitung mit Teilnehmersystemen, Zeitscheibenverfahren, Multiplexoren usw. Auch hierdurch wachsen Zahl und Bedeutung von Ein- und Ausgabegeräten stark an.

**Verschiedenheit in der Informationsdarstellung und -verarbeitung.** Wir Menschen tauschen Informationen untereinander hauptsächlich auf akustischen (Sprache) und optischen (Text, Bild) Wegen aus, nur selten mechanisch (taktil). Der Informationsaustausch innerhalb und zwischen Maschinen und Systemen beruht dagegen hauptsächlich auf elektrischen Signalen (Bild 2.1-1.). Ein- und Ausgabeorgane sind mit den zusammenhängenden Informationsverarbeitungssystemen beim Menschen und auch beim Tier z.T. außerordentlich weit entwickelt [HOF 82, DRO 66, BLA 82]. Wir können z.B. mit dem Fingertasten allein feststellen, ob eine

| Die 5 Sinne beim Menschen | Bei der Maschine: Eingabe/Ausgabe |
|---|---|
| - Sehen | - Kamera/Anzeige |
| - Hören | - Mikrofon/Lautsprecher |
| - Fühlen | - Tastatur/Stellglied |
| - Riechen | - Chemische Sensoren |
| - Schmecken | - Chemische Sensoren |

**Bild 2.1-1.** Verschiedenheit der Informationsein- und -ausgabe beim Menschen und bei Maschinen

Oberfläche heiß oder kalt, trocken oder naß, rauh oder glatt, elektrisch geladen oder ungeladen ist. Entsprechend leistungsfähige Elemente fehlen in der Technik völlig.

Die maschinelle Bildein- und -ausgabe ist, gemessen an den entsprechenden menschlichen Fähigkeiten noch wenig entwickelt. Aufgrund der großen Bedeutung für den Menschen kann aber hier eine weitreichende Entwicklung vorausgesagt werden. Das Bild ist für den Menschen eines der Hauptmittel der Vorstellung und Erkenntnis. Unser Gehirn ist zusammen mit dem Auge zu äußerst komplexen Bildverarbeitungsvorgängen fähig. Als Beispiele sollen angeführt werden: räumliches Sehen, Unterdrückung der Bildschwankungen beim Gehen, Zittern unseres Auges, Unterdrückung der stationären Bildanteile. Bildhaftes Vorstellen auch von komplexen Zusammenhängen ist maßgebend für die Entwicklung von wissenschaftlich-technischen Erkenntnissen, z.B. des Atommodells für die moderne Atomphysik. Das Bild ist am besten geeignet, um komplexe Informationen, auch mit Hilfe von verschiedenen Grau- und Farbwerten, von der Maschine an den Menschen zu geben.

Die maschinelle Verarbeitung von Sprache hat trotz langjähriger intensiver Forschungs- und Entwicklungsarbeiten noch keine wesentliche Verbreitung gefunden. Die Gründe dafür sind einerseits die syntaktischen und semantischen Schwierigkeiten, andererseits das Fehlen wirklich lohnender Anwendungsgebiete. Gegenwärtiger Stand: Bei der Spracheingabe Erkennung einzelner Worte bei bekanntem Sprecher und begrenztem Wortschatz: Heute noch Beschränkung auf ca. 100 bis 1000 Worte, Einüben der Maschine auf die einzelnen Sprecher. Versprechende Ansätze sind bei der automatischen Sprechererkennung zu erkennen, die wichtig für bargeldlosen Geldverkehr, z.B. die Scheckprüfung, ist. Die Sprachausgabe beschränkt sich heute noch im wesentlichen auf Abruf gespeicherter Wörter oder Wortfolgen und die Synthese weniger Worte und kurzer Wortfolgen.

Die maschinelle Erkennung und Unterscheidung von Geruch, außer bei Rauchmeldern, und Geschmack haben heute noch keine wesentliche wirtschaftliche Bedeutung.

Die Erfassung und Darstellung von weiteren physikalischen Eingangsgrößen, wie elektrisches und magnetisches Feld, elektrische Wellen, Druck und Druckänderungen, stößt bei der Maschine auf keine Schwierigkeiten, ist aber beim Menschen nicht oder nur sehr wenig ausgebildet.

## 2.2 Ergonomische Konstruktionsanforderungen

Industrie, Gewerkschaft und Gesetzgeber sind national und international in steigendem Maße bemüht, dafür Sorge zu tragen, daß die Ein- und Ausgabegeräte so gestaltet sind, daß vor allem beim Dialogbetrieb Ermüdung und Fehlerrate auf ein Minimum beschränkt werden [LYN 84]. Wichtige Konstruktionsmerkmale sind dabei die geometrische Gestaltung von Arbeitsplatz und -geräten, die Armstellung und Hand- und Fingerbewegung bestimmt (Bild 2.2-1), sowie die Ausbildung der Sichtanzeige, wie z.B. Entspiegelung [BEA 84], ausreichender Kontrast usw. Auf diese Punkte wird in den folgenden Kapiteln eingegangen.

Weiterführende Literatur: [CAK 78, CAK 80, MUR 82].

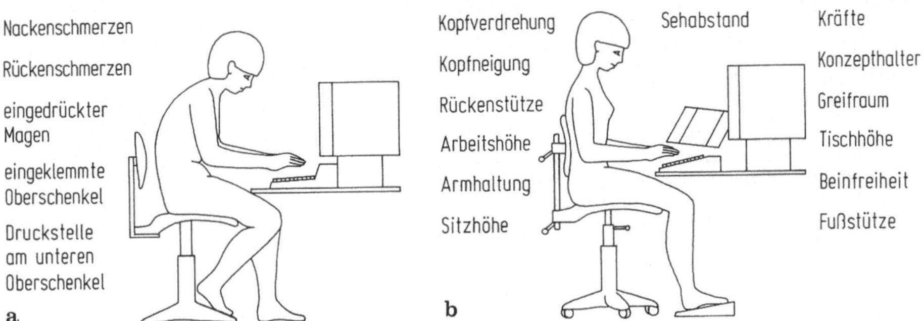


**Bild 2.2-1.** Beispiele einer schlechten (a) und einer vorbildlichen (b) Gestaltung des Arbeitsplatzes [nach CAK 78]

## 2.3 Systeme für Text-, Graphik- und Bildverarbeitung

Endgeräte sind in den Systemverbund einbezogen über Kanalanschlüsse und durch stern-, baum-, oder ringförmige Datenübertragungsnetze oder eine Mischung aus diesen (Bild 2.3-1). Stern- und baumförmige Netze findet man besonders bei langen Leitungsstrecken, ringförmige Netze werden vornehmlich im lokalen Bereich, z.B. innerhalb von Gebäuden, eingesetzt. Vielstufige Protokolle regeln dabei den Datenverkehr zwischen Endgeräten und Zentraleinheit wie auch zwischen den Endgeräten (z.B. [CYP 78]).

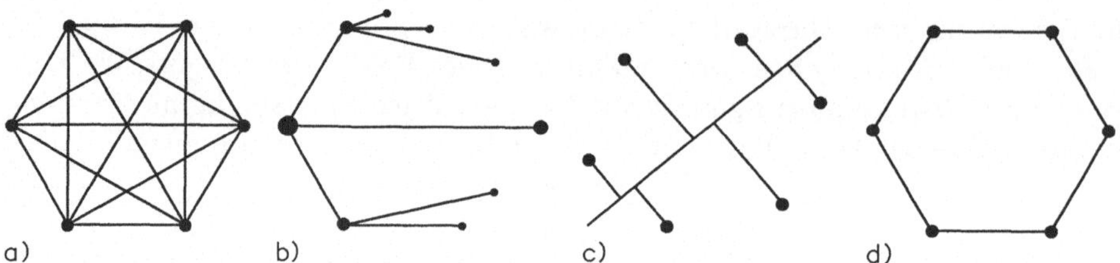


**Bild 2.3-1.** Verbindungsstrukturen von Ein- und Ausgabegeräten.
a) Jeder mit jedem, b) Baum, c) Sammelleitung, d) Ring

Die Entwicklung geht in die Richtung, daß mehr und mehr Funktionen vom Zentralsystem an die Endgeräte abgegeben werden, um damit eine Verringerung der Komplexität der Zentralrecheneinheit (CPU), von Datenübertragungsmenge und -kosten sowie größere Unempfindlichkeit gegen Leitungsunterbrechungen zu erreichen. Einprägsame Beispiele sind Druckersteuerung und dezentrale Überwachungssysteme zur Wartungshilfe.

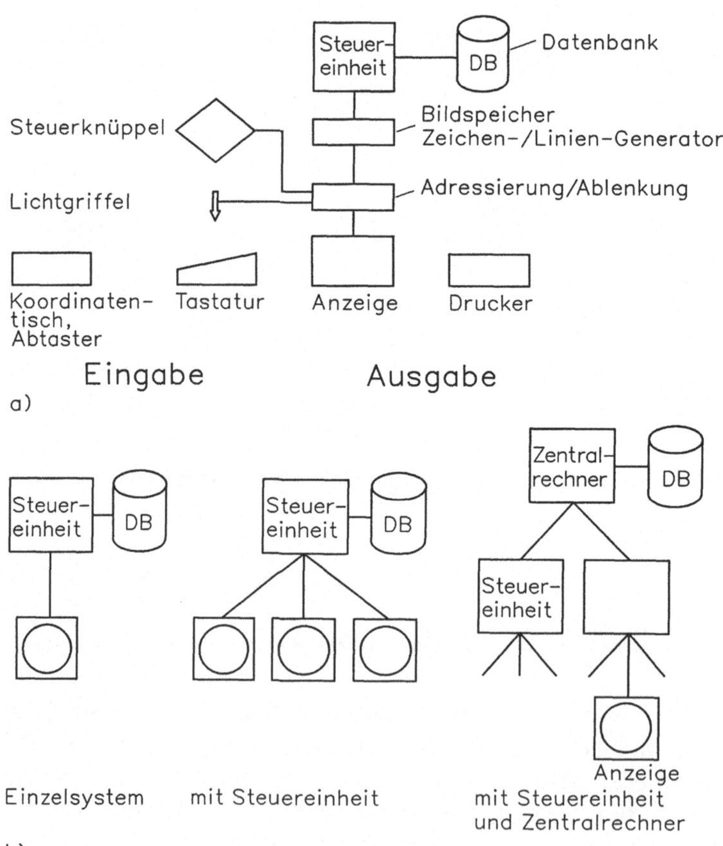


**Bild 2.3-2.** Einordnung von Ein- und Ausgabegeräten in die Struktur von Informationssystemen.
a) Bestandteile eines graphischen Systems, b) Konfiguration von graphischen Systemen

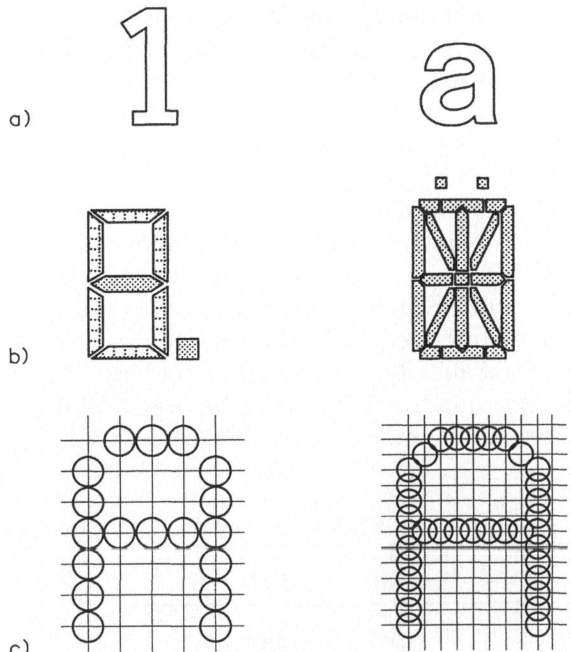


**Bild 2.3-3.** Verschiedene Darstellungsarten alphanumerischer Zeichen.
a) Vollzeichen- oder Symbolform, b) Segment- oder Vektordarstellung, c) Raster- oder Matrixdarstellung

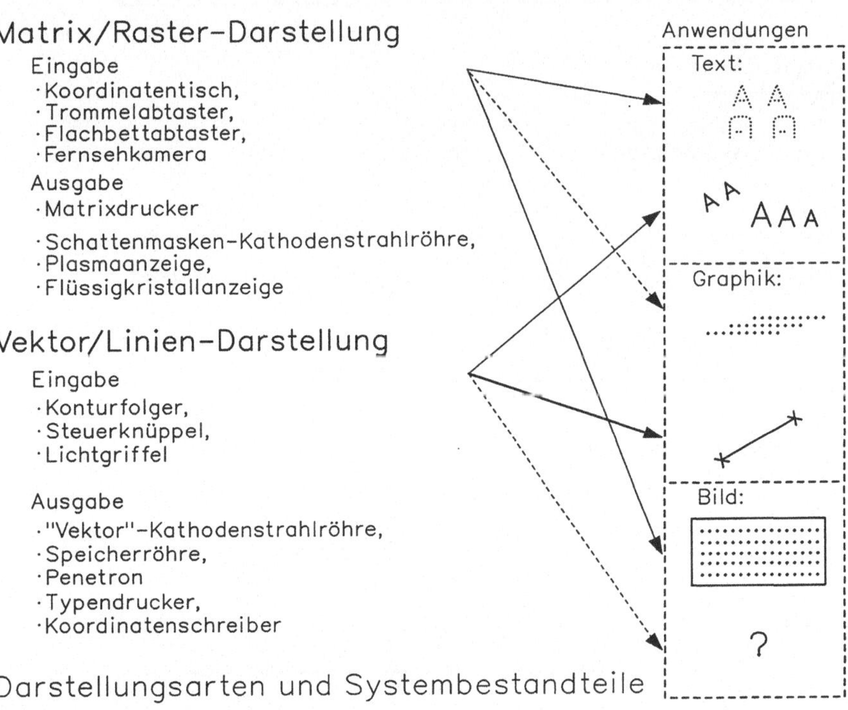


**Bild 2.3-4.** Raster- und Vektordarstellung für Text-, Graphik- und Bildgestaltung

Getrieben von den bedeutenden Anwendungen in der Entwurfsautomatisierung und der Büroautomatisierung verzeichnen Systeme für Text-, Graphik- und Bildverarbeitung eine stürmische Entwicklung. Bild 2.3-2 zeigt einen Querschnitt von Systemteilen für ein graphisches System sowie ihre Zusammenschaltung zu größeren Einheiten.

Wir kennen grundsätzlich drei Arten der Darstellung von alphanumerischen Zeichen (Bild 2.3-3): Als erstes die Vollzeichendarstellung in Symbolform, wobei das Zeichen als ganzes ohne Unterteilung wiedergegeben wird. Die zweite Form ist die Segment- oder Vektordarstellung, bei der das Zeichen aus einzelnen Linien- oder Blockelementen aufgebaut ist. Die dritte Form schließlich ist die Raster- oder Matrixdarstellung, bei der das Zeichen aus (idealisiert) quadratischen oder rechteckförmigen Bildelementen (Pixels) zusammengesetzt ist.

| Art der Anwendung | Text | Graphik | Bild |
|---|---|---|---|
| Art der Darstellung | Symbol | Vektor | Matrix |
| Durchschnittlicher Speicherbedarf je DIN-A4-Seite | 2 KB | 20 KB | 200 KB |
| Typische Anwendungen: | | | |
| - Dateneingabe/Ausgabe | x | | |
| - Textverarbeitung | x | | |
| - Wirtschaftsgraphik | x | x | |
| - Entwurf und Zeichnen | x | x | |
| - Druck und Verlag | x | x | x |
| - Kartographie | x | x | x |
| Eingabegeräte | - Tastatur<br>- Lichtgriffel | - Koordinatentisch<br>- Steuerknüppel | - Bildabtaster |
| Anzeige: | | | |
| - Matrix-Bildschirm | x | | x |
| - Vektor-Bildschirm | | x | |
| Drucker: | | | |
| - Aufschlagdrucker | x | | |
| - Zeichentisch | | x | |
| - Aufschlagfreier Drucker | x | x | x |

**Bild 2.3-5.** Benötigte Datenmenge, typische Anwendungen und Eignung der Geräte bei Darstellung in Symbol-, Vektor- und Matrixform

Es ist bemerkenswert, in welch starkem Maße Eigenheiten der Ein- und Ausgabetechnologien Einfluß ausüben auf die Systemgestaltung zur Befriedigung bestimmter Anwenderwünsche. So zeigt Bild 2.3-4 die Beziehungen zwischen Raster- und Vektordarstellung von Bildelementen einerseits und deren Anwendung in Text-, Graphik- und Bildgestaltung andererseits. Dabei hat die Entscheidung, ob symbolförmige, vektorförmige oder rasterförmige Darstellung gewählt wird, tiefgreifenden Einfluß auf die Datenmenge, die zur Beschreibung der Darstellung benötigt wird (Bild 2.3-5). Hiervon und von der Frage, ob das Darstellungselement Speicherfähigkeit besitzt oder nicht, ist auch die Konzeption des Hintergrundbildspeichers und des Bildaufbaues bestimmt. Weitere Merkmale für den Bildaufbau sind *Zeilenstruktur*, kontinuierliches *Raster* oder *Matrix* (engl.: *bitmap*), wobei alle Punkte adressierbar sind (*APA*, engl.:

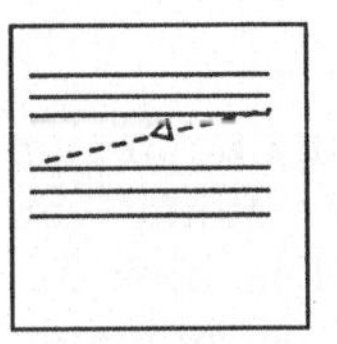

z.B. IBM 3277

Zeilenförmiger Aufbau
- Speicherung der Zeichen
- Übersetzung in Rastermuster
- Strahladressierte Geräte: Preiswerte Ablenkschaltungen
- Matrixadressierte Geräte: Aufwendige Schaltungen

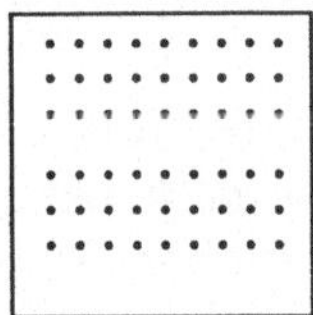

z.B. IBM 3270

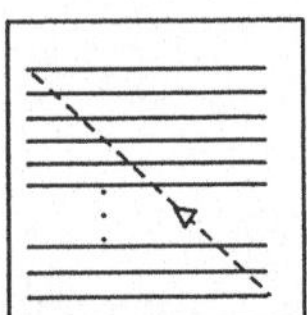

"Alle Punkte adressierbar" (APA)
- Speicherung aller Bits des Bildes: 1 : 1-Beziehung zwischen gespeicherten und abgebildeten Bildelementen
- erlaubt Anzeige von alphanumerischen Zeichen, Vektoren, Bildern

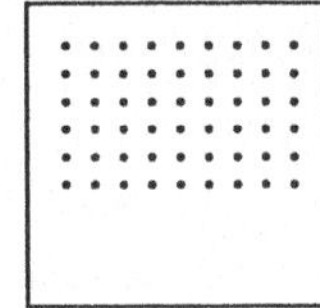

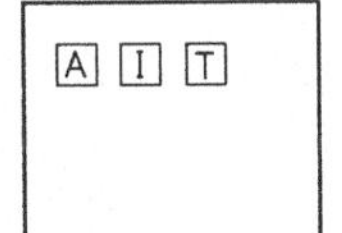


Vektor-/Raster-Betrieb gemischt
- Speicherung der Zeichen
- Grobpositionierung des Strahles im Raster -Abtast-Betrieb
- Zeichenerzeugung im Vektorbetrieb

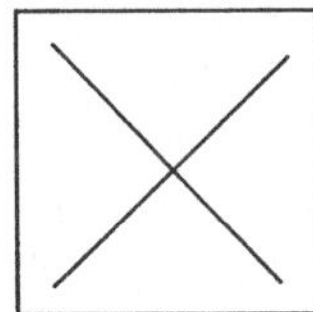

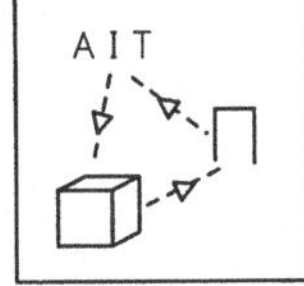


z.B. IBM 2250

Reiner Vektorbetrieb
- Speicherung der Vektorenkoordinaten
- Übersetzung der Koordinaten in direkte x, y-Strahlposition
- Aufwendige Ablenkschaltungen

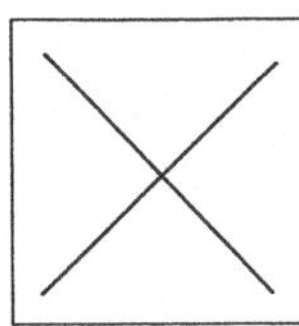

Strahladressiert (...: -Rücksprung)

Matrixadressiert

**Bild 2.3-6.** Verschiedene Arten des Bildaufbaus bei strahladressierten und matrixadressierten Bildschirmen

*all points addressable*), sowie der Bildaufbau aus einzelnen Typen- und Bildelementen (Bild 2.3-6).

Für Eingabe und Dialog ist die Markierfunktion besonders wichtig, die anzeigt, an welcher Stelle eingegeben, korrigiert oder bearbeitet wird. Diese Stelle kann dabei durch eingeblendetes *Fadenkreuz*, besondere Helligkeits- oder Farbwerte oder durch Flackern sichtbar gemacht werden. Die Verschiebung dieses Punktes erreicht man durch Eingabe in das System über Tastatur, *Steuerknüppel* (engl.: *joystick*), *Lichtgriffel* oder *Maus*.

Weiterführende Literatur: [FOL 82, NEW 73].

## 2.4 Allgemeine Beurteilungsgesichtspunkte

Zur Bewertung eines Gerätes für einen bestimmten Einsatz und auch zum Vergleich verschiedener Geräte miteinander lassen sich eine Reihe von charakteristischen Beurteilungsgesichtspunkten angeben. Die hier folgende Liste wird später bei der Behandlung der einzelnen Technologien noch erweitert werden.

Zur Beurteilung dient die Beschreibung von

- Funktion:
  - Was soll entgegengenommen werden? Zeichen, Bild, Ton.
  - Was soll ausgegeben werden? Anzeige oder Ausdruck eines Zeichens, einer Graphik, usw.
  - Wie soll gespeichert werden? Schreiben und Lesen, im Gegensatz zum ausschließlichen Lesen beim Anwender.
- Geschwindigkeit, mit der die gewünschte Funktion ausgeführt wird,
- Leistungsverbrauch, besonders wichtig bei tragbaren Geräten,
- Größe,
- Form, wichtig z.B. beim Vergleich von Anzeigetafeln, inwieweit flache Bauweise vorliegt,
- Benutzerfreundlichkeit, die Beziehung Mensch/Maschine: z.B. Gestaltung der Tastatur, Auswahl der Anzeigetechnologie, Lärmpegel, die die Ermüdung des Benutzers beeinflußen,
- Herstellungskosten,
- Anschaffungspreis,
- Betriebskosten des Gerätes und der Betriebsmittel, z.B. Papier,
- Zuverlässigkeit,
- Wartungsfreundlichkeit, wichtig auch in Bezug auf die gewünschte Betriebsart: Dauerbetrieb oder aber kurzzeitiger Betrieb.

Für Betriebssicherheit, Wartung und Reparatur kennzeichnende Begriffe sind:

- Vollständiger Ausfall bzw. teilweiser Ausfall, der noch einen Notlauf mit verminderter Geschwindigkeit und geringerem Funktionsumfang ermöglicht.
- Störanfälligkeit: Durchschnittszeit zwischen zwei Reparaturen, (engl.: *MTBF*, mean time between failures) oder zwischen zwei vorbeugenden Wartungen.
- Reparaturdauer: Zeitbedarf zur Fehlerortung und -behebung (engl.: *MTTR*: mean time to repair).

Besondere Anforderungen an die Betriebssicherheit treten bei extremen Umgebungseinflüssen auf, wie Staub in Papiermühlen, Walzenwerken usw., wie Hitze und Feuchtigkeit in den Tropen, auf der See usw.. Gegen diese Einflüsse werden bestehende Geräte oft umgerüstet und mit Schaltungen mit größerem Toleranzbereich, mit stärkeren Lüftern und mit härteren auch hermetisch verschlossenen Gehäusen versehen. Diese Technik ist im Englischen unter dem Namen *hardening* bekannt.

## 2.5 Wirtschaftliche Bedeutung und Entwicklungsrichtungen

Die große wirtschaftliche Bedeutung von Ein- und Ausgabegeräten und die begründete Vorhersage für weiteres außerordentliches Wachstum macht Bild 2.5-1 anschaulich. Während z.B. der jährliche Absatzwert von Zentraleinheiten nur etwa um 10% im Jahr steigt, verzeichnen Endgeräte Zuwachsraten von 20 bis 30% im Jahr. Dabei beträgt schon heute (1986) der Wertanteil aller Endgeräte mehr als 30% der gesamten Systeme.

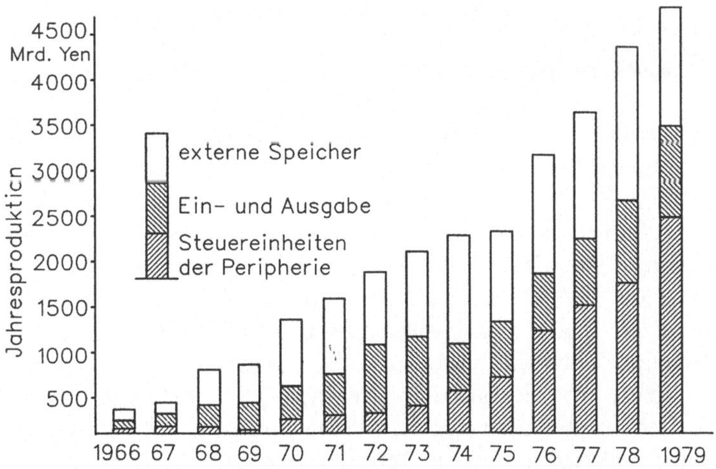


**Bild 2.5-1.** Wirtschaftliches Wachstum der Ein- und Ausgabegeräte und der externen Speicher [nach MITI]

Die wesentlichen Entwicklungsrichtungen von digitalen Ein- und Ausgabegeräten gestatten es, Schlüsse auf die wichtigsten Entwicklungsrichtungen und -aufgaben der nächsten Jahre zu ziehen. Wir fassen die Beobachtungen der letzten Abschnitte zusammen:

**Geschwindigkeitslücke zwischen Mensch und Maschine**

Zur Überbrückung des großen Unterschiedes in der Verarbeitungsgeschwindigkeit der Maschine und der geringen Geschwindigkeit, mit der der Mensch Informationen aufnehmen oder abgeben kann, werden Teilnehmersysteme eingesetzt, deren Bedeutung weiter zunimmt. Der Dialogverkehr wächst und wird stärker wachsen als die Stapelverarbeitung. Das führt dazu, daß interaktive Ein- und Ausgabestationen ebenfalls weiter an Bedeutung gewinnen werden und an den Betrieb mit Datenfernverarbeitungs- und Rechnerverbundsystemen angepaßt werden müssen.

**Die Nahtstelle Mensch/Maschine wird mehr und mehr vom Menschen bestimmt**

Wegen technischer Unzulänglichkeiten und durch hohe Kosten war in der Vergangenheit der Entwurf und die Gestaltung der Ein- und Ausgabegeräte hauptsächlich durch die Technologie selbst bestimmt. Beispiele dafür sind die Handkurbel und heute noch die Wählscheibe am Telefon, sowie die Schreibmaschine ohne Sichtgerät. Heute schon und in der Zukunft in verstärktem Maße gewinnen Gestaltungsgesichtspunkte an Bedeutung, die unter das Stichwort "Benutzerfreundlichkeit" fallen (z.B.: Formgestaltung, Anordnung der Funktionen bei Tastaturen, Verminderung des Lärms, Erkennung auch bei heller Raumbeleuchtung, Farbanzeige). Dadurch sollen Ermüdung und damit Fehler beim Benutzer verringert werden.

**Einfluß der Halbleiter-Großintegration**

Das durch die Entwicklung der modernen Halbleitertechnologien in den letzten Jahren um mehrere Zehnerpotenzen verbesserte Preis-Leistungs-Verhältnis von logischen Funktionen und Speicherfunktionen (Bild 2.5-2) hat zu tiefgreifenden Änderungen im Entwurf von digitalen Ein- und Ausgabegeräten geführt. Die Erhöhung der Integrationsdichte, d.h. der auf einem Chip zu einer Gesamtfunktion (Logik, Speicher, Mikroprozessor) zusammengefaßten Einzelbauelemente, wurde möglich durch eine immer weiter getriebene Verkleinerung der Strukturabmessungen der Einzelelemente und durch eine Steigerung der Sauberkeit (Staubfreiheit) der Einzelprozeßschritte in der Herstellung. Mit photolithographischen Methoden werden die Strukturen für die Bauelemente und Leiterzüge auf die Siliziumscheiben abgebildet und geätzt. Je kleiner die Abmessungen, desto mehr Elemente lassen sich pro Scheibe unterbringen, wobei eine

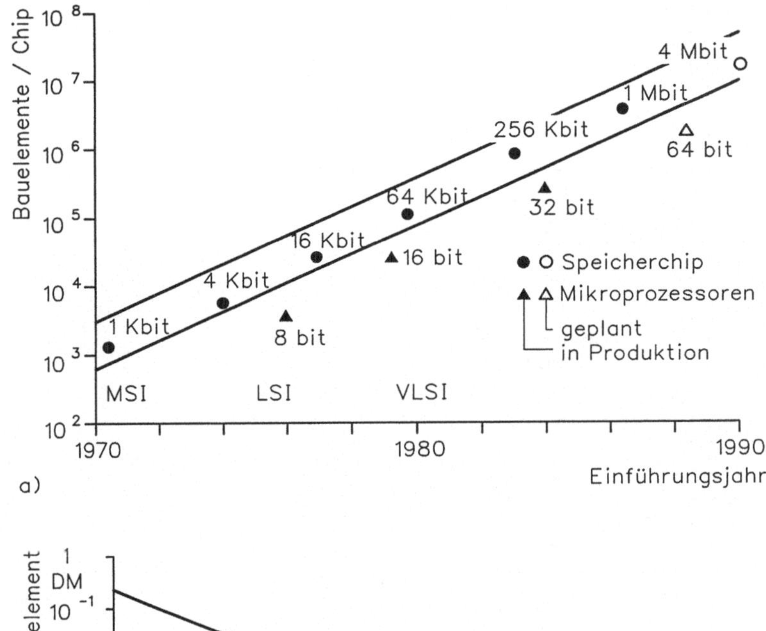


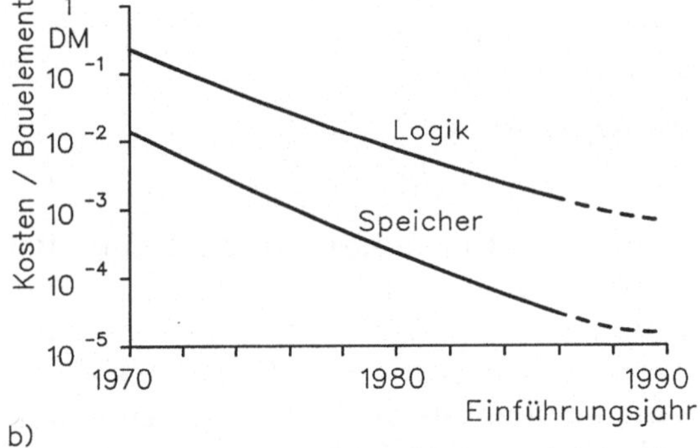


**Bild 2.5-2.** Entwicklung von Integrationsdichte (a) und Kosten (b) pro Transistorfunktion (nach [HOF 81, HOR 86]).
Schaltkreisklassen mit wachsender Integrationsdichte: *MSI* (engl.: *medium scale integration*), *LSI* (engl.: *large scale integration*), *VLSI* (engl.: *very large scale integration*)

Verkleinerung der Linearabmessungen um den Faktor 2 sich in einer Erhöhung der Zahl der Bauelemente um den Faktor 4 auswirkt. Die Kosten pro Prozeßschritt der Siliziumscheibe bleiben aber etwa gleich, so daß die höhere Bauelementdichte sich auch in geringeren Kosten pro Element auswirkt. Kleinere Abmessungen pro Bauelement bedingen wiederum kleinere Kapazitäten und damit höhere Schaltgeschwindigkeiten und kleinere Verlustleistungen. In der heutigen Großproduktion werden Linearabmessungen von 1,5 bis 2 µm beherrscht. Durch Übergang von optischen Belichtungsmethoden zu Elektronenstrahl- oder Röntgenstrahlbelichtung ist eine weitere Verkleinerung, bis in den Submikrometerbereich, möglich (Bild 2.5-3).

Mit wachsender Integrationsdichte muß in der Produktion auch eine Verringerung der Defektdichte – vor allem Staubpartikel – pro Prozeßschritt erreicht werden. Ein Partikel von der Größe der ungefähren

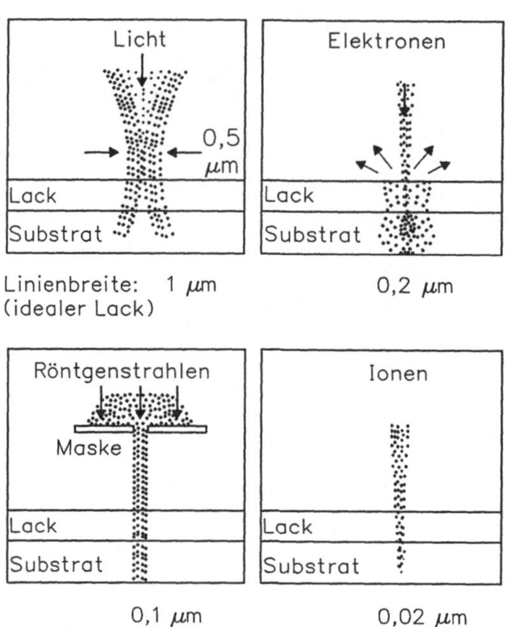


**Bild 2.5-3.** Verkleinerung von Halbleiterstrukturen [FOL 86]

Minimaldimension (µm), zerstört die Funktion eines ganzen Chips. Bei bloßer Steigerung der Integrationsdichte ohne gleichzeitige Verringerung der Defektdichte in der Produktion, sinkt die Ausbeute rasch unter die Wirtschaftlichkeitsgrenze. Die Verbesserung des Preis/Leistungs - Verhältnisses der Halbleiterkomponenten erlaubt es auch, die mit den ersten beiden Punkten verbundenen Forderungen wirtschaftlich zu realisieren. So werden z.B. mehr und mehr Mikroprozessoren eingesetzt, um eine funktionelle Leistungssteigerung der Ein- und Ausgabegeräte zu erreichen. Für das Gesamtsystem kommt damit höchst wünschenswert eine Entlastung der in der Vergangenheit meistens an einer Stelle konzentrierten zentralen Steuerung zustande, d.h., die Intelligenz im System wird verteilt. Logik- und Speicherfunktionen, den Endgeräten zugeordnet, bringen eine große Zahl betrieblicher Vorteile: Größere Betriebssicherheit durch Verminderung der Abhängigkeit von Datenfernübertragungsleitungen und die Möglichkeit, Datenempfang und -abgabe auf Zeiten geringerer Belastung der Datenfernleitungen und des Datenfernleitungsnetzes zu legen, womit sich in vielen Fällen günstigere Tarife und in der Folge geringere Betriebskosten ergeben.

## Verdrängung von Analogtechnik durch Digitaltechnik

Betrachten wir das ganze Spektrum von Ein- und Ausgabe, so liegen die Eingangssignale vielfach in analoger Form vor, die zuerst auch in dieser Form verstärkt und verarbeitet werden, ehe sie in digitale Signale umgewandelt werden. Bei der Ausgabe wiederum sind in vielen Fällen analoge

Signale zu erzeugen, die aus einem Digitalsignal über einen Digital-Analog-Umsetzer gewonnen werden. Die Digitaltechnik verdrängt die Analogtechnik mehr und mehr. Einfachheit, Wirtschaftlichkeit und Zuverlässigkeit (keine Fehlersummierung) der Digitaltechnik führen zur Umwandlung von Analogsignalen in digitale am Ort des Entstehens bzw. zur Rücktransformation von digitalen Signalen in die Analogform erst unmittelbar am Endgerät.

### Weitgehende Ablösung mechanischer durch elektrische Funktionen

Die Vorteile der Elektronik gegenüber der Mechanik sind vielfältig: geringere Entwicklungs-, Fertigungs- und Änderungskosten sowie Änderungszeiten, größere Zuverlässigkeit, auch in Verbindung mit geringerem *Lärm* (Lärm entspricht Abnutzung!). Diese Ablösung von mechanischen Komponenten durch elektronische Bauteile wird durch den stärkeren Kostenrückgang der Elektronik gegenüber der Mechanik beschleunigt (Bild 2.5-4).

Weiterführende Literatur: [PIC 86].

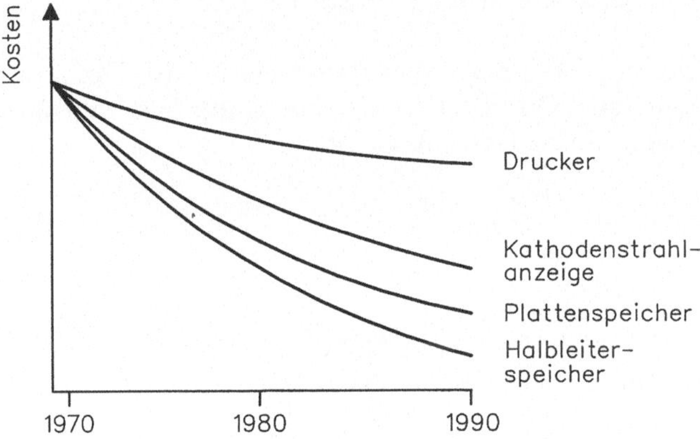


**Bild 2.5-4.** Geschätzte Kostenentwicklung von Druckern, Anzeigen und Speichern

# 3.0 Technologien der Eingabegeräte

## 3.1 Übersicht, Beurteilung, wirtschaftliche Gesichtspunkte

In diesem Kapitel werden alle Geräte und Technologien behandelt, die zur manuellen oder automatischen Eingabe von Daten in Informationssysteme dienen. Eine Ausnahme bildet lediglich die Eingabe von physikalischen Werten, der das folgende Kapitel gewidmet ist.

Bei den Beurteilungskriterien liegt für die manuelle Eingabe die Betonung weniger bei den Kosten oder der Geschwindigkeit, als vielmehr auf ergonomischen Gesichtspunkten. Bei der maschinellen Eingabe sind die Funktionsbreite, die Zuverlässigkeit, die Geschwindigkeit und ein günstiges Preis/Leistungs-Verhältnis von größter Wichtigkeit.

Im Vergleich zum finanziellen Wert des Gesamtsystems ist die Eingabeeinheit von geringer Bedeutung. Durch richtige Auslegung bestimmt sie jedoch wesentlich den Nutzen dieses Gesamtsystems.

## 3.2 Eingabetastaturen

Eingabetastaturen haben die Aufgabe, beim Drücken einer bestimmten Taste einen einzigen bestimmten Impuls auszulösen.

Das Betätigen der Taste kann grundsätzlich eine Änderung eines Widerstandes, wozu auch das Öffnen oder Schließen eines Kontaktes gehört, eine Änderung einer Kapazität oder einer Induktivität und schließlich das Entstehen einer Spannung bewirken. Bild 3.2-1 zeigt eine Reihe von praktischen Tastentechnologien:

- *Membrantasten* mit elastischer Matte und direkter Kontaktgabe, am besten mit Goldkontakten.
- *Leitgummitasten*, mit metallischen Partikeln in elastischen Kunststoffen, deren Quer- oder Längswiderstand sich bei Druck stark nichtlinear verändert.
- *Kapazitive Tasten* mit veränderlicher Kapazität, auch mit einem Ferroelektrikum.

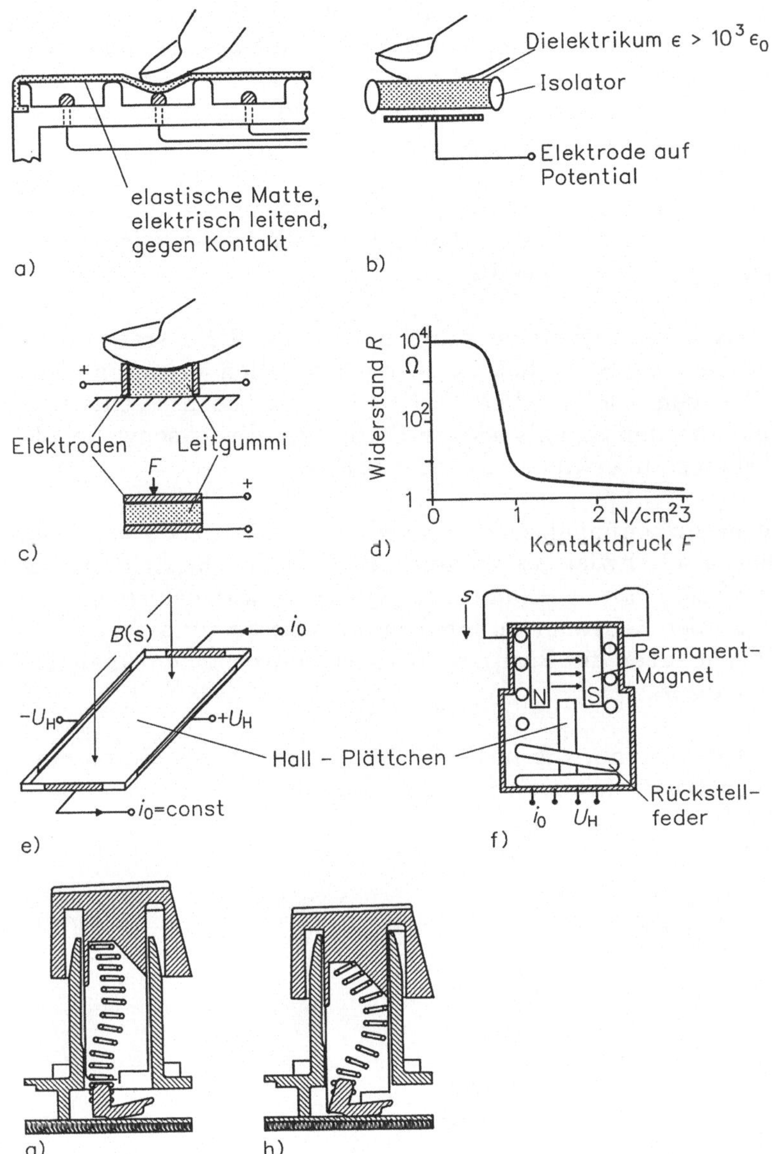


**Bild 3.2-1.** Eingabetasten-Technologien [nach TAF 82].
a) Membrantaste, b) kapazitive Taste, c) und d) Leitgummitaste, Längs- und Querstromprinzip, Widerstandscharakteristik, e) Halleffekt - Taste, Prinzip, f) Halleffekt - Taste, Querschnitt, g) und h) Federschnapptaste [COL 83, HAR 77], Ruhezustand, gedrückt

- *Hall-Effekt-Taste*: Ein mit der Taste verbundener Permanentmagnet ändert den Widerstand einer Hall-Feldplatte.
- *Piezotaste*: Bei Fingerdruck auf eine Piezokeramik wird dort eine Spannung erzeugt und an eine elektronische Schaltung weitergeleitet.

- *Reed-Kontakte* (engl.: *reed*; Halm), auch mit Quecksilberbenetzung: In einem Glaskolben, gefüllt mit Schutzgas, befindet sich ein elektrischer Kontakt. Die Kontaktfeder ist aus magnetischem Material oder mit einem Permanentmagneten besetzt und kann so durch ein magnetisches Feld von außen betätigt werden.
- *Federschnapptaste:* Eine Spiral- oder Blattfeder nimmt mit bzw. ohne Tastendruck zwei unterschiedliche Formen an und betätigt so einen Kontakthebel oder beeinflußt mittels eines Magneten ein Hall-Element oder ein Reed-Relais.

Um die Eingabegeschwindigkeit zu erhöhen und die Fehlerrate durch den Benutzer klein zu halten, hat es sich als nützlich erwiesen, eine Rückmeldung über den erfolgreichen Tastendruck zu geben – entweder in Form eines akustischen Signals oder in Form einer Druckschwelle, die beim Tastendrücken zu überwinden ist, oder beides.

Um ungewollte Mehrfachimpulse zu vermeiden, was insbesondere beim Kontaktschließen ein schwieriges technisches Problem darstellt, ist es erforderlich, die Taste mit mechanischer Hysterese auszustatten, über einen genügend großen Zeitraum zu integrieren, Verriegelungsschaltungen vorzusehen oder aber die Position der Taste durch einen unabhängigen Prüfimpuls abzutasten.

*Mechanische Hysterese* kann, wie in Bild 3.2-1g,h gezeigt, z.B. durch eine einfache Federkonstruktion erzielt werden. Der Impuls soll erst ausge-

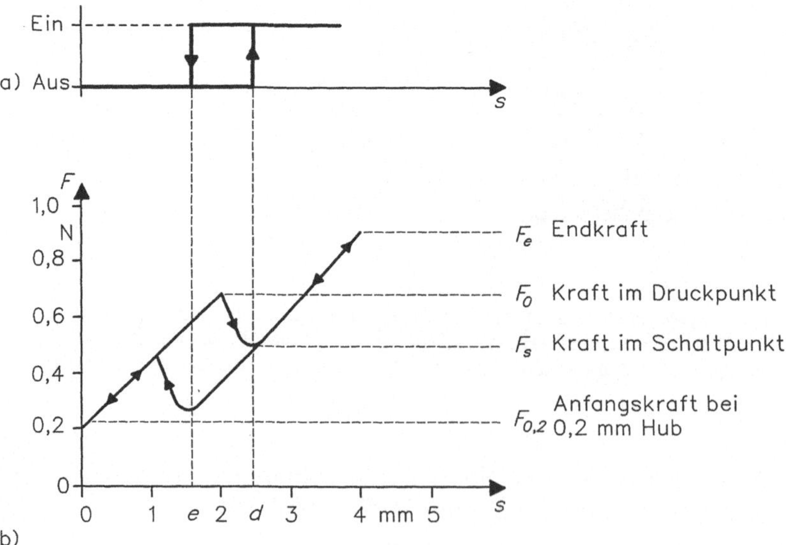


**Bild 3.2-2.** Schaltdiagramm (a) und Kraft-Weg-Diagramm (b) einer Taste mit mechanischer Hysterese [TAF 82]

löst werden, wenn die Taste um die Strecke $d$ heruntergedrückt ist (Bild 3.2-2). Die Bereitschaft zum Auslösen des nächsten Impulses soll erst wieder hergestellt werden, wenn die Taste gegenüber der Anfangslage den Abstand $e$ hat, wobei die mechanische Hysterese $d-e$ etwa ein Millimeter oder größer sein soll. Diese Konstruktion ist verwandt mit dem Deckel einer Schuhcremedose, der durch Eindrücken auch in zwei stabile Lagen gebracht werden kann.

Eine zweite Möglichkeit, mechanische Hysterese zu erzielen, bieten *Quecksilberrelais*. Aufgrund der Adhäsionskräfte zwischen einem Quecksilbertropfen und einem mittels Magnetspule bewegten Kontaktstift entsteht eindeutiger, niederohmiger und schneller Kontaktschluß – allerdings zu erheblichen Kosten. Reines Quecksilber benetzt von Natur aus nicht. Erst durch Zugabe von Dotierungsstoffen, wie Kupfer und Zink, erreicht man die gewünschte Benetzung. Die Zeitspanne, in der der Kontakt sich schließt, ist dabei mit weniger als $10^{-10}$ s außerordentlich kurz. Dies wird auch ausgenutzt, um Impulse mit sehr steilen Flanken zu erzeugen, wobei das Quecksilberrelais mit dem Innenleiter eines Koaxialkabels integriert ist. Ein äußeres magnetisches Feld betätigt dann den Kontakt (Bild 3.2-3).

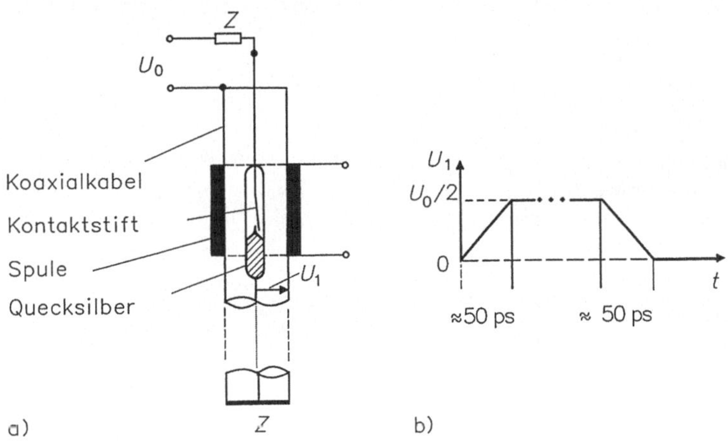


**Bild 3.2-3.** Quecksilberrelais. a) Aufbauprinzip, b) Schaltdiagramm

Die Veränderung von Induktivität und Kapazität wird oft dazu genutzt, Schwingkreise abzustimmen und so z.B. Tonsignale zu erzeugen.

Um die Tasten entsprechend den Anforderungen verschiedener Anwendungsprogramme flexibel und schnell mit verschiedenen Zeichen und Funktionen belegen zu können und sie dafür entsprechend zu kennzeichnen, werden zunehmend Flüssigkristallanzeigen (siehe Abschnitt 5.10) mit den Tasten integriert.

## 3.3 Eingabe über Bildschirm

Lichtgriffel, berührungsempfindliche Bildschirme, Steuerknüppel (engl.: *joystick*) und Maus liegen besonders im Zusammenhang mit Menü- und Fenstertechnik bei der direkten Eingabe über den Bildschirm im Wettstreit.

Der *Lichtgriffel* (engl.: *light pen*) ist ein kleiner Stift, der an seiner Spitze eine photoelektrische Zelle trägt (Bild 3.3-1). Diese Zelle ist über eine Koinzidenzschaltung mit der Adressierelektronik des Bildschirms verbunden. Damit ist es möglich, beim Aufsetzen des Griffels an einem bestimmten Punkt des Bildschirms dessen Koordinaten für eine weitere Verarbeitung im System zu bestimmen. Meistens ist am Griffel noch eine Auslösetaste angebracht, die die Aktivierung bestimmter Funktionen veranlaßt. Voraussetzung für diesen Betrieb ist, daß alle Punkte des Bildschirms in regelmäßigen Abständen abgetastet werden. Dies ist bei manchen Anzeigetechnologien nicht oder nur durch zusätzliche Vorkehrungen gegeben (siehe Kapitel 5).

Der *berührungsempfindliche Bildschirm* (engl.: *touch-sensitive panel*) kennt zwei Ausführungsarten: Bei der ersten werden bei der Herstellung auf der Vorderseite des Schirmes dünne durchsichtige Streifenleiter auf-

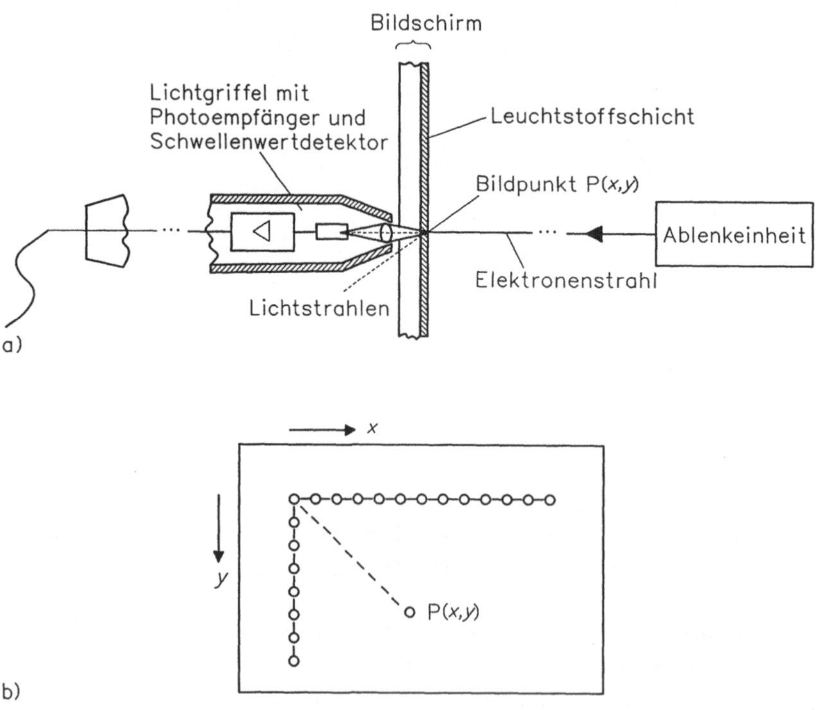


**Bild 3.3-1.** Lichtgriffel [TAF 82].
a) Querschnitt und Funktionseinheiten, b) Koordinatenbestimmung

gebracht. Bei Berührung mit dem Finger ändert sich deren Potential und löst damit die gewünschte Funktion aus. Bei der zweiten Ausführungsart ist vor einem gewöhnlichen Bildschirm ein Rahmen angebracht, der auf je einer Quer- und Längsseite je einen Streifen von lichtemittierenden Elementen, z.B. LEDs, und einen gegenüberliegenden Streifen von lichtempfindlichen Elementen, z.B. Photodioden, trägt. Durchschieben eines Lichtpunktes läßt einen Lichtvorhang entstehen, dessen Unterbrechung an einer bestimmten Stelle durch Finger oder Bleistift o.ä. wiederum zur Auslösung der ausgewählten Funktion führt.

Beim *Steuerknüppel* oder der *Maus* verstellt man über eine Kugel zwei orthogonale Potentiometer, die wiederum die Position eines Fadenkreuzes auf dem Bildschirm in x- oder y-Richtung ablenken. Zusätzliche Tasten am Joystick oder der Maus lösen dann nach Erreichen der gewünschten Position die entsprechenden Funktionen aus. Die elektrooptische Version hat unten eine rote und eine infrarote LED mit je zwei gekreuzten Photodioden über einem Tablett mit gekreuzten roten und infraroten Spiegelstreifen.

## 3.4 Koordinatentische

Für die Bearbeitung von größeren Zeichnungen und Druckvorlagen sowie zur Erzielung großer Genauigkeit (z.B. bei der Erstellung oder Veränderung von Landkarten und Plänen) ist meist die Genauigkeit eines Bildschirms in Verbindung mit einem Lichtgriffel zu klein. Für diese Zwecke dient der Koordinatentisch, auch Digitalisierer (engl.: *digitizer*) genannt, der es gestattet, die Koordinaten eines bestimmten Punktes zu bestimmen. Die interessierenden Koordinatenpunkte werden mit einem frei beweglichen Markierer abgetastet, der als Griffel oder als Fadenkreuz auch mit Meßlupe ausgeführt sein kann. Markierer und Digitalisierungstisch sind mechanisch, elektroresistiv, akustisch, kapazitiv oder elektromagnetisch miteinander gekoppelt.

Koordinatentische mit *mechanischer Kopplung* verwenden Laufwagen. Entsprechend Bild 3.4-1a wird der Markierer von zwei orthogonalen Laufwagen getragen. Jeder der beiden Wagen ist mit einem Längenmeßsystem zur Koordinatenerfassung gekoppelt (s. Abschnitt 4.2). Digitalisierer mit Laufwagensystem finden ausschließlich Anwendung in Verbindung mit Zeichenmaschinen (engl.: *plotter*).

Beim *elektroresistiven* Digitalisierer dienen zwei Widerstandsmembranen zur Bestimmung der Koordinaten (Bild 3.4-1b). Die Membrane sind durch einen kleinen Luftspalt voneinander getrennt. Die obere Membrane gibt bei Druck durch den Griffel nach. Die Lage des Punktkontaktes läßt sich durch Widerstandsmessung an den Randstreifen mit beschränkter Genauigkeit, aber mit verhältnismäßig geringem Aufwand bestimmen.

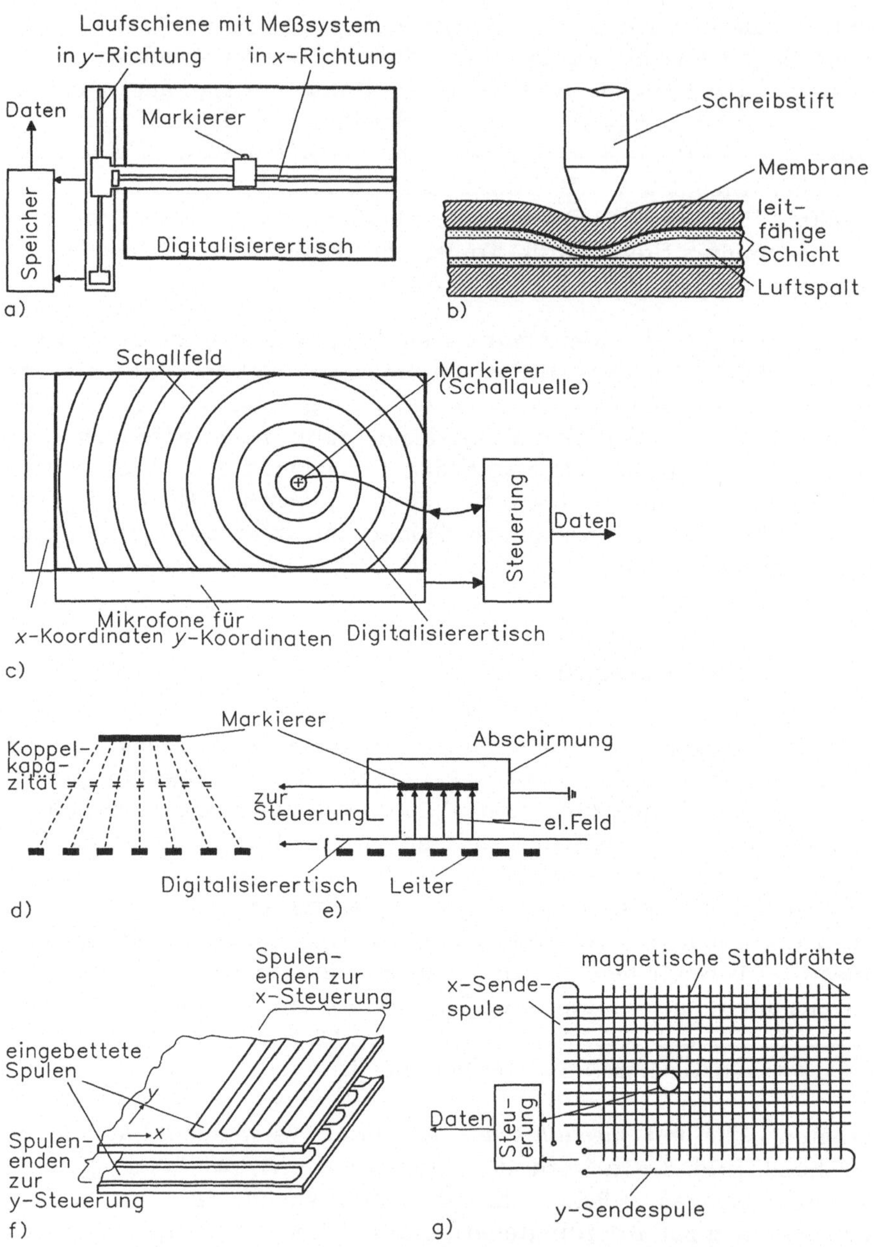


**Bild 3.4-1.** Prinzip verschiedener Digitalisierer [nach TAF 82].
a) mechanische, b) elektroresistive, c) akustische, d) kapazitive [CAR 78], e) induktive, f) magnetostriktive Kopplung

Koordinatentische nach dem *akustischen Prinzip* benutzen Ultraschallwellen zur Bestimmung der Markiererposition (Bild 3.4-1c). Eine im Markierer eingebaute Schallquelle sendet ein Signal aus, das von zwei langgestreckten Mikrophonen an den Rändern des Koordinatentisches empfangen wird. Die Laufzeit der Schallwellen ergibt ein Maß für die

Position des Markierers, der sich auch etwas über dem Tisch befinden kann, wodurch auch dreidimensionale Objekte aufgenommen werden können. Ungünstig ist, daß die Fortpflanzungsgeschwindigkeit der Schallwellen stark von Temperatur, Feuchtigkeit, sowie Dicke und Material des Zeichnungsträgers beeinflußt wird. Aus diesem Grund müssen die Mesungen durch ständige Referenzmessungen ergänzt werden.

Koordinatentische mit *kapazitiver Kopplung* besitzen unter der Abtastfläche feine Drähte, die parallel und in gleichen Abständen in x- und y-Richtung verlaufen (Bild 3.4-1d). Diese Drähte, in Ätztechnik ausgeführt, dienen als Sendeantenne für *Wanderwellen* in x- und y-Richtung, die durch phasenverschobene Treiberimpulse erzeugt werden. Der Markierer empfängt diese Wanderwellen, deren Phasenlage eine Funktion der Markiererposition darstellt. Um eine hohe Auflösung zu erreichen, wählt man hohe Impulsfrequenzen, womit die Wellenlänge ein Bruchteil der Abmessungen des Koordinatentisches wird. Um eine eindeutige Ortung des Markierers zu erzielen, muß man mit zwei Messungen, einer Grob- und einer Feinmessung, arbeiten. Die Grobmessung kann entweder mit einer längeren Wanderwelle oder aber durch Laufzeitmessung durchgeführt werden.

Koordinatentische mit *induktiver Kopplung* arbeiten analog zu den eben beschriebenen Verfahren mit kapazitiver Kopplung (Bild 3.4-1e,f). Magnetische Wanderfelder in x- und y-Richtung werden von einer Spule im Markierer empfangen. Da sich durch die Benutzung von einzelnen Drähten als Magnetfelderzeuger nur geringe Feldstärken erreichen lassen, bleibt die Meßgenauigkeit hier beschränkt. Eine wesentlich höhere Auflösung läßt sich erreichen, wenn der Markierer als Sender benutzt wird. Als Empfänger dienen dann Leiterschleifen, wiederum in x- und y-Richtung. Durch Phasenvergleichsverfahren und in Verbindung mit Referenzmessungen erhält man Genauigkeiten der Markiererposition von etwa 0,1 bis 0,05 mm.

Höhere Feldstärken der magnetischen Wanderwelle erhält man bei Koordinatentischen mit *magnetostriktiver Kopplung* (Bild 3.4-1g). Wie schon bei den Koordinatentischen mit kapazitiver und induktiver Kopplung haben wir auch hier Gitter von parallelen Drähten in x- und y-Richtung, die aber diesmal aus magnetostriktivem Material bestehen. Sendespulen am Rande des Tisches erzeugen Magnetfelder senkrecht zu den Drahtachsen, die wiederum die Wanderwellen hervorrufen. Die Wanderwellen haben als mechanische Spannungswellen eine Ausbreitungsgeschwindigkeit von etwa 5000 m/s. Da die Wanderwelle in diesem Fall im rechten Winkel zu den Achsen der magnetostriktiven Drähte verläuft, ist es nicht nötig, daß die Drähte absolut parallel liegen. Auch müssen sie nicht so dicht gespannt sein, vielmehr genügt ein Abstand von 2 bis 3 mm, um eine Meßgenauigkeit von etwa 0,02 mm zu erreichen.

Tabelle 3.4-2 gibt eine Übersicht über die verschiedenen Meßsysteme und die praktisch erreichten Meßgenauigkeiten.

**Tabelle 3.4-2.** Auflösungsvermögen verschiedener Koordinatentische [TAF 82]

Digitalisierertyp

| Kennzeichnendes Funktionsteil bzw. Art der Kopplung: | Auflösungsvermögen in mm |
|---|---|
| druckempfindliche Membran | 0,5 |
| Laufwagensystem | 0,8 bis 0,0025 |
| akustische Kopplung | 0,8 bis 0,25 |
| kapazitive Kopplung | 0,1 bis 0,025 |
| magnetische Kopplung: Markierer als Empfangsschrift | 0,1 |
| magnetische Kopplung: Markierer als Sendespule | 0,1 bis 0,04 |
| magnetostriktive Kopplung | 0,1 bis 0,025 |

## 3.5 Optische Belegabtaster und -leser

Optische Belegabtaster finden steigende Anwendung nicht nur bei der Erfassung von Sonderzeichen, wie z.B. auf Bankvordrucken und Schecks, sondern auch bei der Erfassung von allgemeinem Schriftgut. Die erfaßte Information wird dabei im System entweder entschlüsselt, wie bei der automatischen Zeichenerkennung, oder unverändert als nichtcodierte Information gespeichert.

Optische Leser können eingeteilt werden in Klarschriftleser von Hand- und Maschinenzeichen und Leser von Codezeichen (*Strichcode*, engl.: *bar code*). Weiterhin kennen wir noch die Eingabe von graphischer, allgemein auch von schwarzweißer oder farbiger Bildvorlage.

Für die Eingabe und das Erkennen von Hand- und Maschinenzeichen sind eine große Zahl von Techniken und Verfahren entwickelt worden, die schon am Ort des Abtastens von jedem Zeichen spezifische Merkmale ableiten und so zu einer gewünschten Informationsreduktion kommen. Beispiele dafür sind Potentialebenenbestimmung [KAZ 65], Kurvenverfolgung, Konturenverfolgung mittels Kathodenstrahlröhre (engl.: *flying spot scanners*). Bei der *Konturenverfolgung* wird der Kreisbahndurchmesser eines rotierenden, auf dem Zeichenträger abgebildeten Elektronenstrahls beim Auftreffen auf einen dunklen Rasterpunkt verkleinert. Aus dem zeitlichen Verlauf der Ablenkspannungen $U_x$ und $U_y$ kann auf die geometrische Form des Zeichens geschlossen werden (Bild 3.5-1).

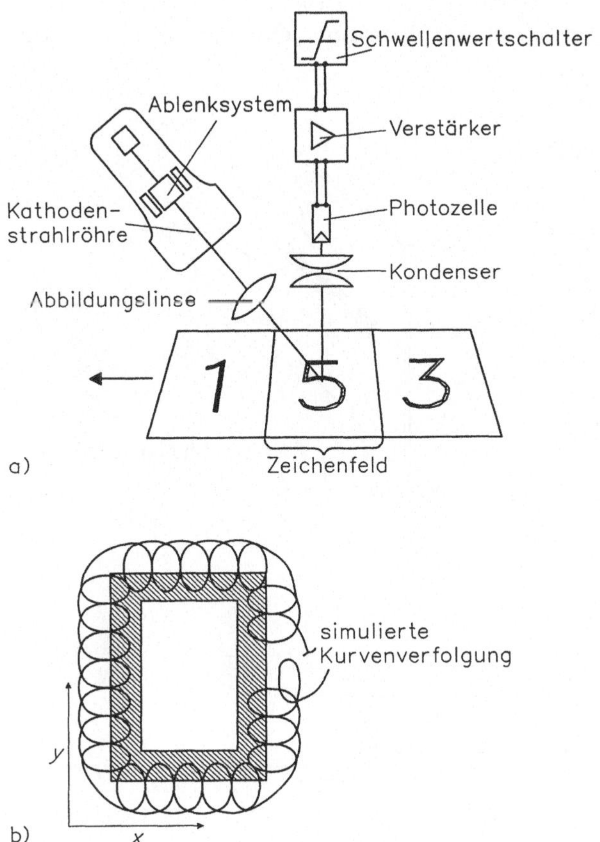


**Bild 3.5-1.** Punktförmige optische Abtastung zum Verfolgen von Konturen mit einer Kathodenstrahlröhre [KAZ 67]. a) Anordnung der Abtastelemente, b) Verlauf des Abtaststrahles

Mit sinkenden Speicher- und Verarbeitungskosten setzt es sich heute immer mehr durch, die Zeichen möglichst genau abzutasten, digital zu speichern und die Zeichenerkennung in all ihren Schritten, zum Teil mit Spezialprozessoren, im Innern der Datenverarbeitungsanlage durchzuführen. Diese Entwicklung wird in den letzten Jahren besonders durch die Fortschritte der Halbleiterelektronik gefördert.

Die einzelnen Zeichen einer Vorlage oder aber auch die Vorlage als Ganzes können entweder punktförmig, zeilenweise oder vollparallel abgetastet werden. Bei den Abtastgeräten (engl.: *scanner*) können wir zwei Bauformen unterscheiden: Bei der ersten, dem heute überwiegend eingesetzten *Flachbettabtaster*, wird die Vorlage auf einen ebenen Tisch gelegt. Bei der zweiten, dem *Trommelabtaster*, wird die Vorlage auf eine Trommel aufgespannt, bei einigen Ausführungen automatisch, ev. unter Zuhilfenahme von Vakuumgreifern.

Bei der *punktförmigen Abtastung* läuft ein Lichtpunkt zeilenförmig oder in vorgegebener Kurvenform über die Vorlage. Die Lichtquelle kann

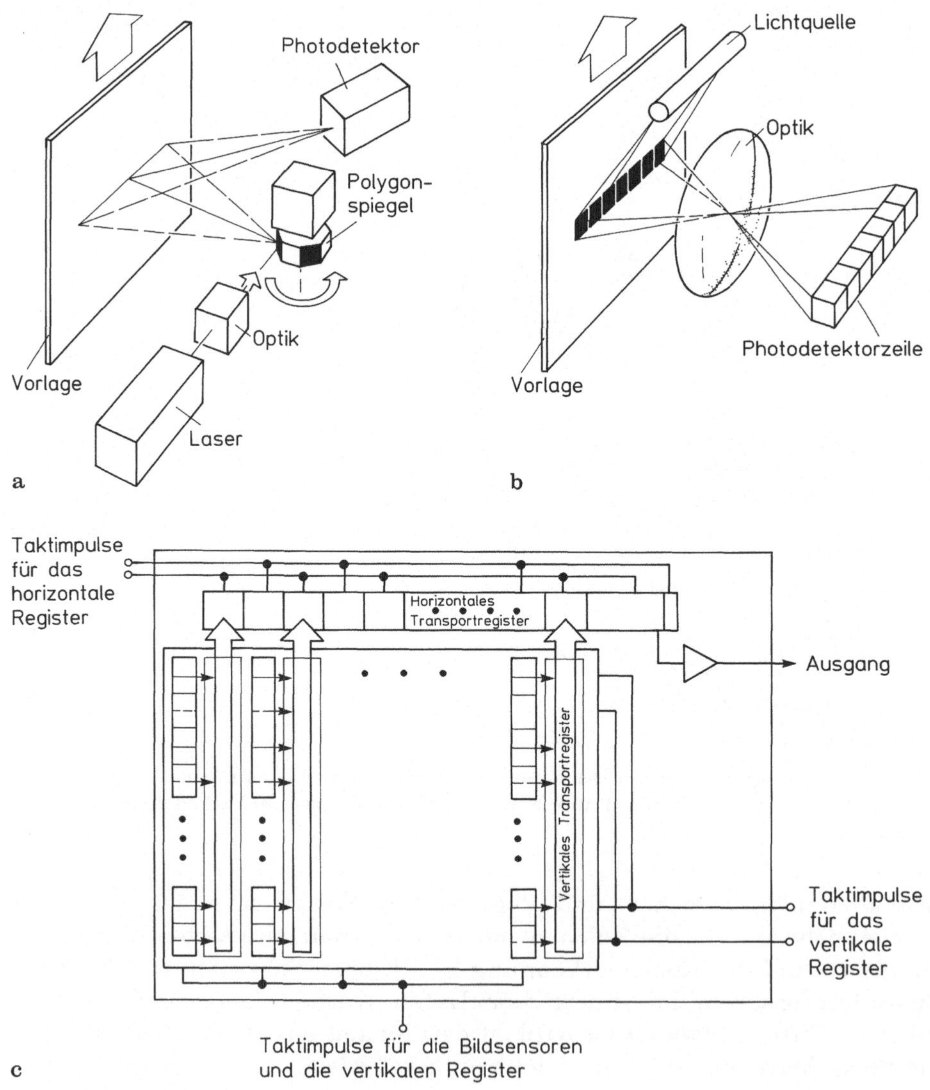


**Bild 3.5-2.** Punkt-, zeilen- und matrixförmige optische Abtastung [LEN 82].
a) Anordnung mit rotierendem Polygonspiegel, b) Anordnung mit einer Zeile von Photodetektoren, c) Anordnung mit einer Matrix von Photodetektoren

dabei eine Glühbirne mit Sammellinse, eine Laserlichtquelle oder eine Kathodenstrahlröhre sein. Der Strahl wird meistens über rotierende Spiegel abgelenkt und das reflektierte Licht gemessen (Bild 3.5-2a).

Bei *zeilenförmiger Abtastung* nimmt eine Reihe von Photozellen die Reflexionswerte einer beleuchteten Zeile auf. Im einfachsten Fall verwendet man zur Beleuchtung eine Leuchtröhre, einen Parabolspiegel und eine Schlitzblende. Die Vorlage, die zum An- und Abtransport ohnehin bewegt werden muß, wird dann in Spaltenrichtung mit gleichmäßigem Vorschub an dem Schlitz vorbeigezogen (Bild 3.5-2b). Neuerdings werden zur zeilenförmigen Abtastung auch Anordnungen mit Lichtleitern vorgeschlagen.

Bei der *matrixförmigen Abtastung* überträgt man das Bild in Projektion auf eine Matrix von Photozellen, die heute mehr und mehr aus CCD- und CID-Elementen aufgebaut wird (Bild 3.5-2c).

In Bild 3.5-3 sind die Grundzüge der *ladungsgekoppelten Zelle* (engl.: *charge coupled device, CCD*), und der *Ladungsinjektionszelle* (engl.: *charge injection device, CID*), dargestellt.

Wie Bild 3.5-3a,b zeigt, wird bei der ladungsgekoppelten Zelle eingangsseitig die aufgenommene Lichtmenge zur Ladungsträgererzeugung verwendet und in nachfolgenden Verarbeitungsschritten diese Ladung über Schiebeketten einem gemeinsamen Leseverstärker zugeführt. Große Verarbeitungsgeschwindigkeiten von bis zu 70 MHz und dichte Bauweise sichern einen rationellen Betrieb.

Im Gegensatz zur CCD-Zelle, bei der die Ladung über Verschiebeketten an den Rand einer Zeile oder einer Matrix befördert und dort gelesen wird unterbleibt bei der CID-Zelle eine solche Verschiebung. Anstatt dessen wird die entsprechende Ladung der Zelle durch Koinzidenz eines Spalten- und eines Zeilenimpulses auf die Unterseite des Substrates übertragen und der auftretende Verschiebungsstrom einem gemeinsamen Leseverstärker zugeführt (Bild 3.5-3c,d). Der Vorteil der CID-Zelle gegenüber der CCD-Zelle liegt im Fortfall unterschiedlicher Ladungsverluste beim Verschieben von Ladung verschiedener CCD-Zellen entlang einer Zeile und in der freien Wahl der Zellenfolge beim Auslesen. Nachteilig ist die höhere Zellkapazität der CID-Zelle gegenüber der CCD-Zelle.

Die *automatische Zeichenerkennung* ist eine Mustererkennungs- und Klassifikationsaufgabe, die umso einfacher zu lösen ist

- je weniger sich die Zeichen der gleichen Klasse voneinander unterscheiden (Toleranzfragen),
- je stärker sich die Zeichen verschiedener Klassen voneinander unterscheiden (Hamming-Distanz),

– je einfacher die charakteristischen Unterscheidungsmerkmale zu erfassen sind (Stilisierung).

Weiterhin ist es für die Bewältigung der immer größer werdenden Informationsflut wünschenswert, Datendarstellungen zu finden, die vom Menschen einfach zu lesen sind und dabei gleichermaßen von der Maschine schnell und sicher bearbeitet werden können.

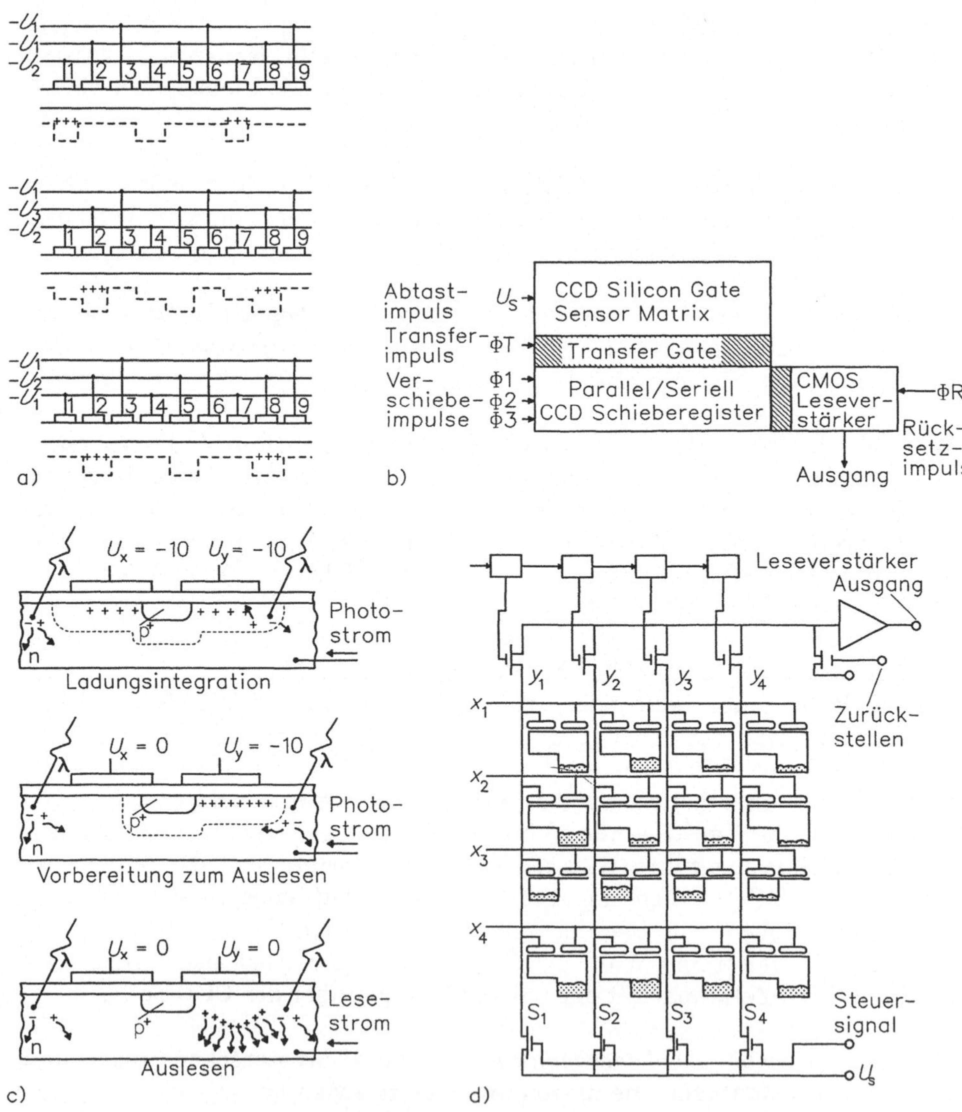


**Bild 3.5-3.** Bildempfänger auf Halbleiter-Grundlage.
a) CCD-Zellenstruktur und Ladungsverschiebung durch 3-Takt-Impulse [BAR 75],
b) Blockschaltbild mit CCD-Verschiebekette und Signalverstärker [WHI 74],
c) Ladungsträgererzeugung in der CID-Zelle durch Licht und Ladungstransfer,
d) Matrix mit 3 × 3 CID-Zellen unterschiedlich geladen. Einrichtung zur zeilen- und spaltenförmigen Auswahl mit Ausgangsverstärker [BUR 76]

Bei der Eingabe und beim Erkennen von *Handschriftzeichen* liegt die Hauptschwierigkeit in der persönlichen und zudem international verschiedenen Gestaltung von Zeichen gleicher Bedeutung (Bild 3.5-4a). Aus diesem Grunde beschränken sich die Anwendungen auf einen limitierten Ziffern- bzw. Zeichenvorrat. Zudem wird in vielen Fällen auch Größe und Plazierung, vereinzelt auch das Schreibinstrument, z.B. ein weicher Bleistift, vorgeschrieben (Bild 3.5-5).

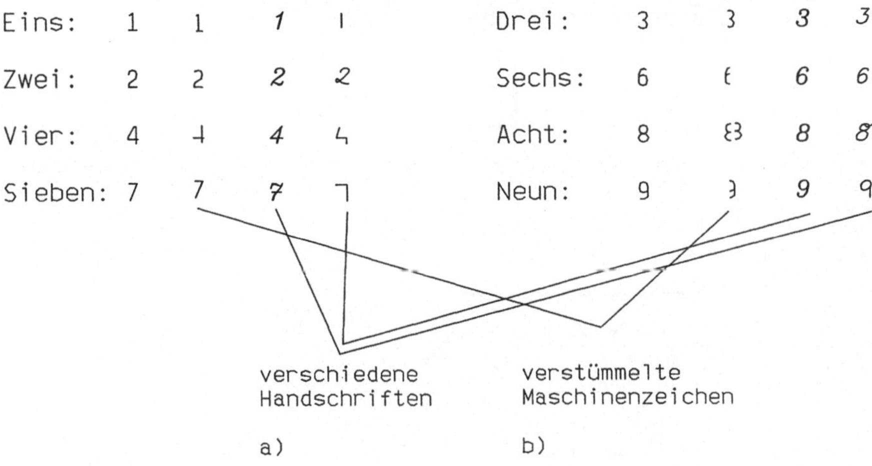


**Bild 3.5-4.** Schwierigkeiten bei der automatischen Zeichenerkennung durch unterschiedliche Gestaltung und Ausführung von a) handgeschriebenen, b) gedruckten Ziffern

Die *Zeichenvorverarbeitung* kennt die folgenden Teilschritte:

1. Zeichenzentrierung
2. Zeichendrehung
3. Umrißglättung
4. Skelettierung
5. Kontrastierung
6. Größennormierung

Eine besondere Form der Eingabe und Auswertung von Handschriftzeichen stellt die *dynamische Unterschriftprüfung* (engl.: *dynamic signature verification*) dar. Sie hat zum Ziele, für Kredit-, Bank- und Rechtsgeschäfte Unterschriftsfälschungen und -mißbrauch zu verhindern, d.h. die Identität der unterschreibenden Person mit dem rechtmäßigen Eigner der Unterschrift nachzuweisen. Ein entsprechendes Verfahren wurde in den 70er Jahren von IBM entwickelt [HER 77]. Es stützt sich auf die Beobachtung, daß jede Unterschrift sehr schnelle Bewegungsabläufe enthält, die ähnlich wie Reflexbewegungen schneller als bewußt gesteuerte Muskelbewegungen verlaufen und deshalb von Fälschern nicht imi-

Richtig 0 1 2 3 4 5 6 7 8 9

Falsch

**Schreibregeln:**
1. große Zahlen
2. Bogen schließen
3. keine Schnörkel
4. keine Zeichen verbinden
5. innerhalb der Zeichen keine Unterbrechungen

**Nur Bleistift benutzen Nr. 2 oder HB.**

*– Belegleserformular – Bitte nicht beschmutzen und nicht knicken!*

**IBM Bestellung von Informations- und Büromaterial im Drucksachenlager Böblingen, 7030-57**

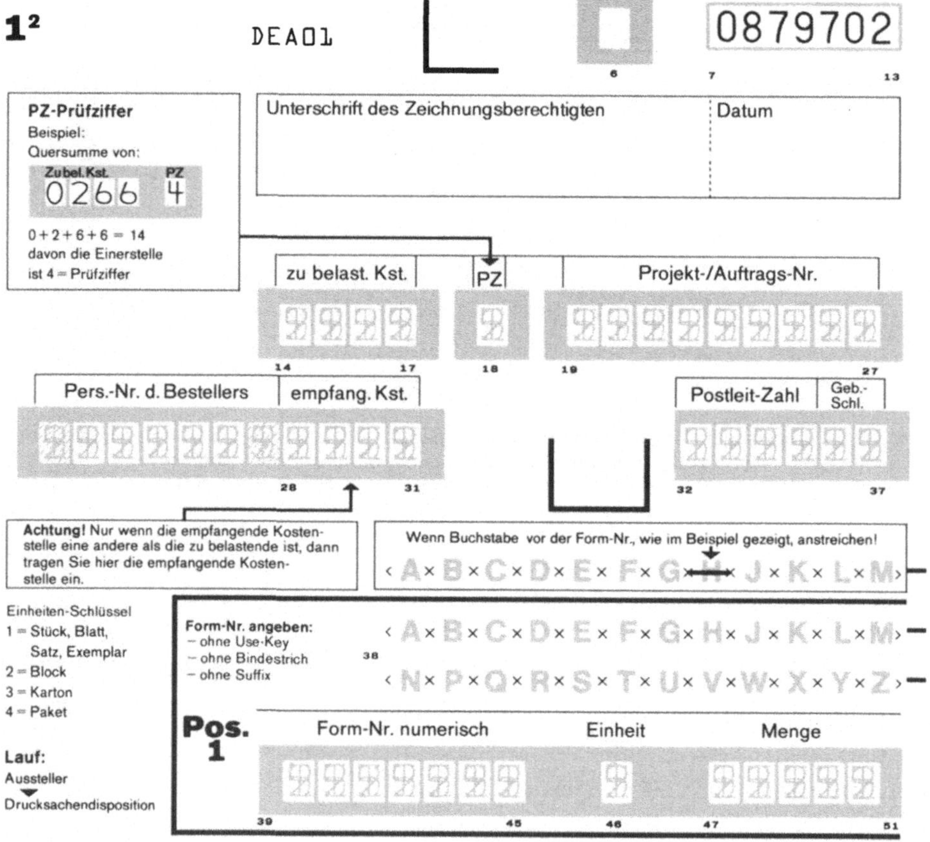

1²

DEA01

0879702

6 7 13

**PZ-Prüfziffer**
Beispiel:
Quersumme von:
Zubel. Kst. PZ
0266 4
0 + 2 + 6 + 6 = 14
davon die Einerstelle
ist 4 = Prüfziffer

Unterschrift des Zeichnungsberechtigten

Datum

zu belast. Kst.

PZ

Projekt-/Auftrags-Nr.

14 17 18 19 27

Pers.-Nr. d. Bestellers

empfang. Kst.

Postleit-Zahl

Geb.-Schl.

28 31 32 37

**Achtung!** Nur wenn die empfangende Kostenstelle eine andere als die zu belastende ist, dann tragen Sie hier die empfangende Kostenstelle ein.

Wenn Buchstabe vor der Form-Nr., wie im Beispiel gezeigt, anstreichen!

‹ A × B × C × D × E × F × G × H × J × K × L × M ›

Einheiten-Schlüssel
1 = Stück, Blatt, Satz, Exemplar
2 = Block
3 = Karton
4 = Paket

**Lauf:**
Aussteller
Drucksachendisposition

**Form-Nr. angeben:**
– ohne Use-Key
– ohne Bindestrich
– ohne Suffix

38

‹ A × B × C × D × E × F × G × H × J × K × L × M ›

‹ N × P × Q × R × S × T × U × V × W × X × Y × Z ›

**Pos. 1**

Form-Nr. numerisch

Einheit

Menge

39 45 46 47 51

**Bild 3.5-5.** Beispiele von Vorschriften für die Gestaltung und Plazierung von Handschriftzeichen

tiert werden können. Das praktische Verfahren beruht auf der Aufnahme der Beschleunigungswerte als Funktion der Zeit in drei Koordinatenrichtungen, zwei senkrecht zueinander in der Ebene des Unterschriftenbrettes, eine senkrecht zum Brett. Zur Aufnahme dieser Werte dienen magnetodynamische oder piezoelektrische Sensoren wie bei der

Schallplattenwiedergabe. Zur Prüfung werden die beim Vollzug einer Unterschrift gewonnenen Daten, die sogenannte Signatur, mit der hinterlegten Originalsignatur durch Korrelationsalgorithmen verglichen.

Für die Eingabe von *Maschinenzeichen* ist die erste Voraussetzung für die eindeutige Unterscheidung die Verwendung von genormten Zeichen mit großem Merkmalsabstand. International haben die Schriften OCR-A (Bild 3.5-6a) und OCR-B (Bild 3.5-6b) wohl die größte Verbreitung gefunden (*OCR*: engl.: *optical character recognition*). Dabei zeichnet sich die Schrift OCR-A aufgrund der stärkeren Stilisierung durch einfache maschinelle Erkennbarkeit aus. Es müssen zur Auswertung nur die waagrechten und senkrechten Strichelemente herangezogen werden. OCR-B zeigt ein gefälligeres Schriftbild bei allerdings höherem Verarbeitungsaufwand [ROS 75].

| a | b |
|---|---|
| 0123456789 | |
| ⑀⑁⑂\| | 1234567890 |
| ABCDEFGHIJKLM | ABCDEFGHIJKLM |
| NOPQRSTUVWXYZ | NOPQRSTUVWXYZ |
| . . ¬ ¬ = + - - / * █ ▬ | * + - = / . , < > \| |

**Bild 3.5-6.** Die Schriften a) OCR-A und b) OCR-B für die optische Zeichenerkennung [DIN 78, DIN 77a]

Zweite Bedingung für einwandfreies Erkennen ist der saubere Zeichendruck, was in vielen Fällen eine vorhergehende Reinigung und Justage der Schreibmaschine oder des Druckers und Verwendung eines hochwertigen Farbbandes nötig macht (Bild 3.5-4b).

Optische Codezeichen finden als *Strichcode*, auch *Balkencode* genannt, wachsende Anwendung. Vor allem für die schnelle Erfassung am Verkaufstisch und zur genauen Lagerkontrolle wurde in Europa und USA ein Code entwickelt, der Warenart und -menge als Strichmuster beschreibt. Der Mitte der 70er Jahre konzipierte *EAN-Code* (EAN: *Europäische Artikelnumerierung)* [DIN 79] ist dabei weitgehend dem in den USA genormten *Universal Product Code* (*UPC*) ähnlich.

Das EAN- und das UPC-Strichmuster (Bild 3.5-7) bestehen aus einer Serie paralleler dunkler Balken und heller Zwischenräume unterschiedlicher Breite. Um den Code für den Menschen lesbar zu machen, wird ein aus 10 Ziffern bestehendes OCR-B-Nummernsystem hinzugefügt. Jedes Nutzzeichen, Ziffer 0 bis 9, ist in 7 gleichbreite Teile aufgeteilt, die entweder

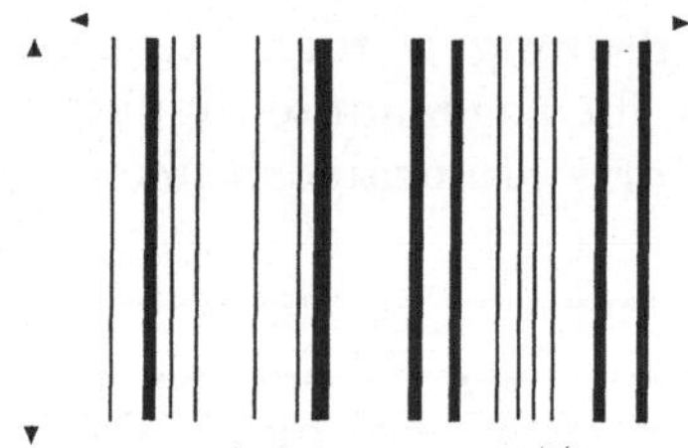

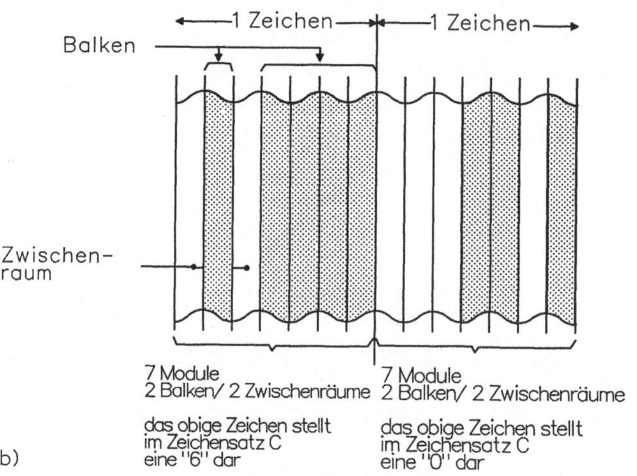


| Nutzzeichen / Ziffern | Zeichensatz A | Zeichensatz B | Zeichensatz C | Zeichensatz D |
|---|---|---|---|---|
| | rechtsbündig | | linksbündig | |
| | Parität | | | |
| | ungerade | gerade | gerade | ungerade |
| 0 | 0 0 0 1 1 0 1 | 0 1 0 0 1 1 1 | 1 1 1 0 0 1 0 | 1 0 1 1 0 0 0 |
| 1 | 0 0 1 1 0 0 1 | 0 1 1 0 0 1 1 | 1 1 0 0 1 1 0 | 1 0 0 1 1 0 0 |
| 2 | 0 0 1 0 0 1 1 | 0 0 1 1 0 1 1 | 1 1 0 1 1 0 0 | 1 1 0 0 1 0 0 |
| 3 | 0 1 1 1 1 0 1 | 0 1 0 0 0 0 1 | 1 0 0 0 0 1 0 | 1 0 1 1 1 1 0 |
| 4 | 0 1 0 0 0 1 1 | 0 0 1 1 1 0 1 | 1 0 1 1 1 0 0 | 1 1 0 0 0 1 0 |
| 5 | 0 1 1 0 0 0 1 | 0 1 1 1 0 0 1 | 1 0 0 1 1 1 0 | 1 0 0 0 1 1 0 |
| 6 | 0 1 0 1 1 1 1 | 0 0 0 0 1 0 1 | 1 0 1 0 0 0 0 | 1 1 1 1 0 1 0 |
| 7 | 0 1 1 1 0 1 1 | 0 0 1 0 0 0 1 | 1 0 0 0 1 0 0 | 1 1 0 1 1 1 0 |
| 8 | 0 1 1 0 1 1 1 | 0 0 0 1 0 0 1 | 1 0 0 1 0 0 0 | 1 1 1 0 1 1 0 |
| 9 | 0 0 0 1 0 1 1 | 0 0 1 0 1 1 1 | 1 1 1 0 1 0 0 | 1 1 0 1 0 0 0 |

c)

**Bild 3.5-7.** Europäische Artikelnumerierung EAN, Schrift SC (Strichcode) für maschinelle Zeichenerkennung [DIN 77].
a) Lesesymbolaufbau. Bereich von $b/h$ von 18 mm / 10 mm bis 47,9 mm / 76,3 mm, in 10 Schritte geteilt, b) Nutzzeichen, aus 7 Modulen zusammengesetzt. Bereich der Modulbreite von 0,27 mm bis 0,70 mm, in 10 Schritte geteilt, c) Codierung der Ziffern 0 bis 9. "1" entspricht einem Balken, einer dunklen Zone auf einfarbig hellem Grund, begrenzt von parallelen Geraden

dunkel oder hell sind. Jedes Zeichen besitzt dabei jeweils 2 dunkle und 2 helle Felder. Das Strichmuster weist am linken und rechten Rand überlange Balken zur Synchronisation und zur Erkennung der Abtastrichtung auf. In der Mitte des Strichmusters befinden sich ebenfalls zwei überlange Balken, die eine linke Gruppe von 5 Ziffern von einer rechten ebenso großen Gruppe trennen. Bild 3.5-7c zeigt eine Codierung der Ziffern 0 bis 9, die komplementär ist, abhängig davon, ob die Ziffer links oder rechts der Mitte steht.

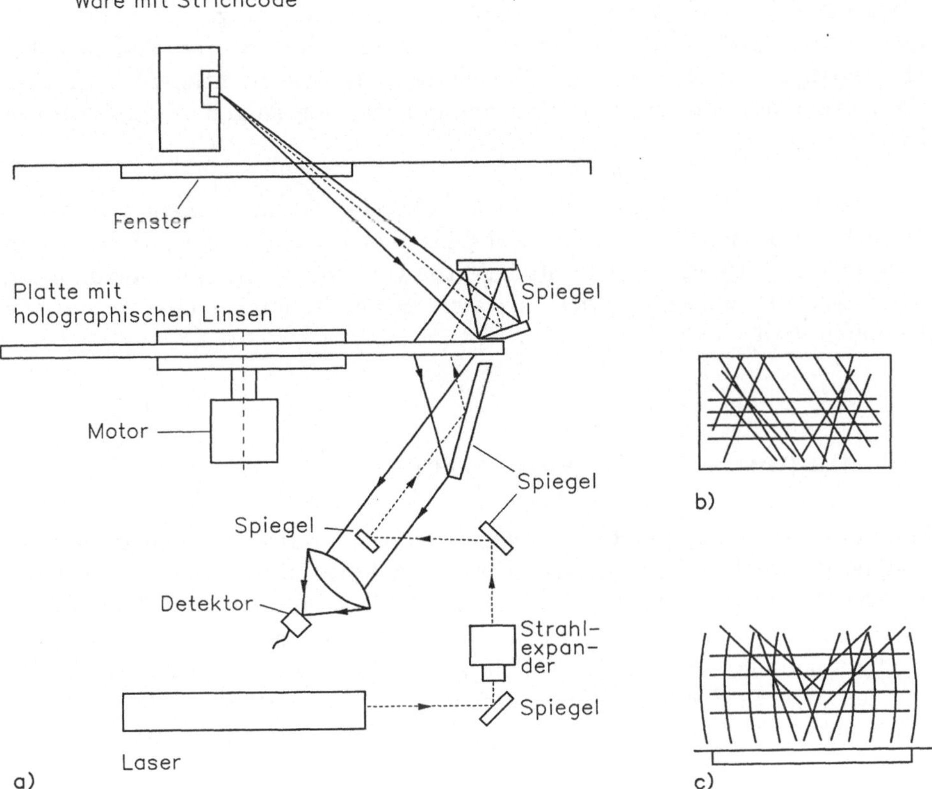


**Bild 3.5-8.** Maschinelle Abtastung des Strichcodes [DIC 82].
a) Prinzip der Abtastung, Strahlengang, b) Abtaststrahlverlauf in der Ebene parallel zum Packtisch, c) Abtaststrahlverlauf in der Ebene senkrecht zum Packtisch

Der Strichcode wird maschinell mit Hilfe eines Laserstrahlabtasters gelesen. In älteren Anordnungen lenken zwei Trommelspiegel, deren Achsen senkrecht zueinander stehen und die sich mit der Drehzahl $n$ und $\nu n$ ($\nu$) = 2,3,...) drehen, den Lichtstrahl ab und erzeugen so ein *Lissajous*-Muster. Damit kann das Strichmuster – annähernd planparallel zum Packtisch – mit beliebigem Winkel gegenüber der Packtischkante gelesen werden [DIC 75]. In neueren Anordnungen lenkt ein Satz von holographischen Linsen, die konzentrisch auf einer sich drehenden Scheibe angebracht sind, den Laserstrahl so ab, daß auch Strichmuster, die nicht planparallel zum Packtisch liegen, gelesen werden können (Bild 3.5-8) [DIC 82]. Die Kohärenzlänge des Lasers und auch seine Auflösung ist groß genug, um fehlerfreies Ablesen bei Abständen bis zu 30 cm zu gewährleisten. Die Laserlichtleistung muß so klein bemessen werden, daß eine Schädigung der Augen ausgeschlossen ist.

Eine weitere Art des Lesens von Strichcodes ist mit einem von Hand geführten Abtaststift, der z.B. zwei Glasfasern enthält, die auf der einen Seite mit Lichtquelle und Photodetektor verbunden und auf der anderen Seite über die Reflektion des überstrichenen Strichcodemusters optisch gekoppelt sind.

## 3.6 Magnetische Belegabtaster

Magnetische Belegabtaster verwenden die technischen Prinzipien der Magnetbandtechnik. Die Information ist in Form von magnetischer Tinte auf das Dokument aufgebracht, wobei die Tinte magnetische Partikel mit hoher Koerzitivfeldstärke enthält. Die Information kann entweder über ruhende oder bewegte Magnetköpfe ausgelesen werden, wobei die zweite Art den Vorzug der Unabhängigkeit gegenüber der Bewegung der Karte selbst aufweist. Vor dem Abtasten durchlaufen die Zeichen ein statisches Magnetfeld, das den eisenoxidhaltigen Aufdruck magnetisiert.

Von den Magnetschriften haben sich vor allem die Typen *E 13 B* und CMC 7 durchgesetzt [ISO 77].

Die Schrift *E 13 B* besteht aus 10 stilisierten Ziffern. Sie wurde in den 50er Jahren in den USA entwickelt und gilt als Wegbereiter für den automatischen Zahlungsverkehr (Bild 3.6-1).

Die Schrift *CMC 7* (Bild 3.6-2) entstand 1958 durch die Firma Bull in Frankreich und ist in Europa verbreitet. Sie besteht aus 7 zum Teil unterbrochenen Vertikalstrichen gleicher Stärke, die mit 2 möglichen Abständen aufeinander folgen können. Damit ergeben sich $2^6$ = 64 verschiedene Zeichen. Für eine Untermenge für Ziffern gilt die Einschrän-

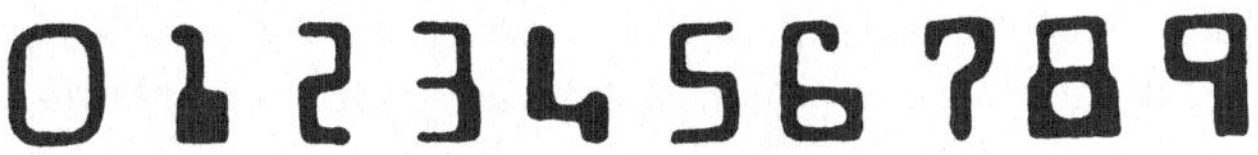

0123456789

**Bild 3.6-1.** Magnetschrift E 13 B [ISO 77]

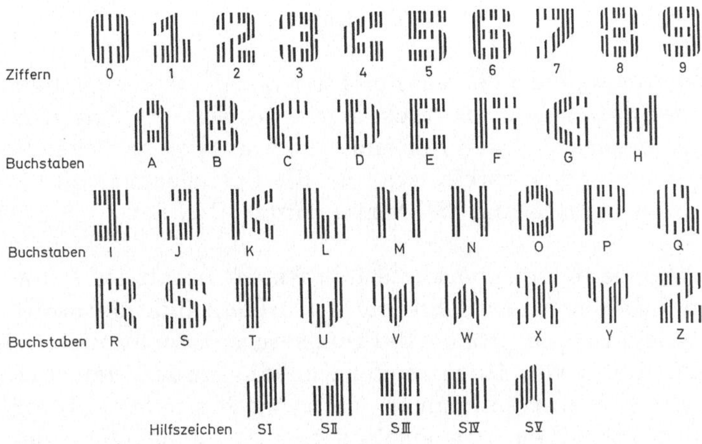


**Bild 3.6-2.** Magnetschrift CMC 7 [DIN 77b]

kung, daß je Ziffer nur 2 weite und 4 kurze Abstände zugelassen sind, was zur Fehlererkennung genutzt werden kann [DIN 77b].

Magnetschriften und -leser werden in der Zukunft allerdings zugunsten optischer Klarschriftleser zurücktreten. Die magnetischen Zeichenleser sind zwar einfacher und daher auch billiger als optische Klarschriftleser, die Druckqualität muß jedoch sehr gut sein, was von den für viele andere Anwendungen benötigten Schnelldruckern oft nicht erreicht wird. Außerdem sind die genormten Magnetschriften vom ästhetischen Gesichtspunkt her nicht befriedigend.

Zusätzlich zu den Magnetschriften, die unterbrochene Magnetaufdrucke aufweisen, gibt es Eingabeverfahren, bei denen eine durchgängige Magnetfläche oder ein Magnetstreifen auf ein Dokument aufgedruckt ist. Anwendungen dafür finden wir z. B. bei Registraturkarten oder bei Waren- und Preisetiketten. Die technischen Verfahren zum Druck, Schreiben und Lesen sind ähnlich wie die für magnetische Band- und Plattenspeicher (siehe Abschnitt 8.2).

## 3.7 Persönliche Speicherkarte

Persönliche Speicherkarten gewinnen als Kredit-, Ausweis-, und Berechtigungsmittel in den verschiedensten Geschäftsbereichen und neuerdings auch im privaten Bereich zunehmend an Bedeutung. Ihre Anwendung liegt heute hauptsächlich mit der bekannten Plastikkarte auf dem Gebiet des Kredit- und Bankwesens mit über 700 Millionen Karten weltweit im Jahre 1986. Als nächstes folgt dann die Verwendung als Ausweiskarte. Neuerdings wird in steigendem Maße die Anwendung als bargeldloses Zahlungsmittel für öffentliche Fernsprecher, Parkhäuser, Tankstellen und letztendlich für Einkäufe aller Art beobachtet.

In Bild 3.7-1 sind die verschiedenen Technologien und Verfahren aufgeführt, mit deren Hilfe Information eingeschrieben, gespeichert und gesichert wird. Die meisten dieser Verfahren sind genormt oder berücksichtigen bestehende Normen. Am verbreitetsten ist die Speicherung mittels Magnetstreifen, genormt in DIN- und ISO-Vorschriften [DIN 80].

Eine hochfrequenzgekoppelte Speicherkarte mit festem Inhalt ist schon seit längerer Zeit in USA im Einsatz. Sie dient als Identifikationsmittel z.B. zur optimalen Belegung von großen Parkhäusern mit Dauermietern. Die Karte trägt eine Reihe von Hochfrequenzschwingkreisen verschiedener Frequenzen, die die Kartennummer eindeutig bestimmen. Diese Schwingkreise werden von einem gewobbelten Sender am Eingang des Parkhauses angeregt und die Schwingfrequenzen über Abstrahlung von

---

- Gedruckte Aufschrift
- Prägeschrift
- Lochungen
- Photographie
- Unterschrift
- Farbgraphik
- Eingeschweißte oder verklebte Metallstreifen oder Fäden
- Holographische Bilder [LAN 79]
- Fluoreszenzprodukte und Muster
- Innen unsichtbar eingeschweißte oder verklebte Folien
  - mit Induktionsschleifen
  - mit kapazitiven Mustern
  - mit HF- oder Mikrowellen-Antennenkreisen
- Magnetstreifen (auch Hartmagnete)
- Eingeklebte Halbleiterplättchen mit Logik- und/oder Speicherfunktionen

---

**Bild 3.7-1.** Übersicht über Technologien der persönlichen Speicherkarte

einer Antenne in der Karte in einem empfindlichen Empfänger neben dem Hochfrequenzsender erfaßt und so die Kartennummer zur Eingabe in eine Rechenmaschine festgestellt [WAL 73]. Ein ähnliches Prinzip verwendet die Deutsche Bundesbahn auf Rangierbahnhöfen [BEC 75].

Die *Chipkarte* (frz.: *carte à mémoire*), die eine Steigerung der Speicherkapazität und Funktionsbreite gegenüber der Magnetstreifenkarte verspricht, steht noch ganz am Anfang ihrer Entwicklung. Die Idee, ein Halbleiterplättchen mit einem nichtflüchtigen Speicher in eine Plastikkarte einzubetten, entstand unabhängig in Deutschland, Frankreich und USA um das Jahr 1970. Eine beigefügte logische Schaltung zur Zugangskontrolle und Verwaltung des Speichers kann entweder in Form einer spezifischen Kundenschaltung oder als Mikroprozessor ausgeführt sein und mit dem Speicher auf einem Halbleiterplättchen integriert sein oder auch nicht.

Für den Halbleiterspeicher selbst bestehen eine Reihe von Varianten, die in Abschnitt 8.4.3 näher besprochen sind.

Für den Verkehr zwischen Karte und Terminalgerät gibt es eine große Zahl von Vorschlägen: metallische Kontakte, kapazitive und induktive Kopplung, Lichtleitung. Eine Ausführungsform von BBC sieht Hochfrequenz oder Mikrowellen vor, die über eine Antenne in der Karte diese mit Leistung versorgen, über Modulation Information einspeisen und über Antennenverstimmung durch die Schaltkreise auf der Karte auch die Rücksendung von Information gestatten.

Die Erweiterung des Anwendungsspektrums gegenüber den übrigen Kartenarten ist außerordentlich verlockend: Sie reicht von ferngesteuerter Warenerfassung, -Steuerung und -Kontrolle bis zur sicheren Erzeugung, Verarbeitung und Speicherung von Daten, ohne daß der Prozeß von außen abgehört oder manipuliert werden kann. In diesem Zusammenhang erwägt man auch die Einführung der Karte für die gesicherte Speicherung von persönlichen Informationen, z. B. von medizinischen Daten.

## 3.8 Spracheingabe

Die Spracheingabe, meist in Verbindung mit automatischer Spracherkennung, hat ein breitgestreutes Anwendungsspektrum zum Ziel: Grundsätzlich sucht man den Benutzer näher an das System heranzuführen und es ihm zu ermöglichen, in seiner natürlichen Sprache – einer wichtigeren menschlichen Kommunikationsform als die Bestätigung einer Tastatur – und unter Einbeziehung von Redundanz mit dem System in Verbindung zu treten. Zusätzlich kommt der Einsatz dort in Frage, wo am Ort der Informationseingabe nur ein – meistens einfaches – Mikrofon verhanden ist, weiterhin, wo der Benutzer eine Tastatur nicht bedienen kann, sei es, daß seine Hände nicht frei sind, die Handbedienung mit Gefahren verbunden ist, der Benutzer körperbehindert ist o.ä. Schließlich ist die Erkennung von Personen durch das gesprochene Wort und die Eigentümlichkeit der Stimme zu erwähnen.

Unter diesen Gesamtzielen stehende Einzelaufgaben sind:

- Dateneingabe am Ort oder über Fernleitungen,
- Fahrzeug-, Maschinen- oder Werkzeugsteuerung,
- *Sprecherverifikation*, z.B. für Bank- und Kreditwesen, Zugangskontrolle,
- *Sprecheridentifikation*, z.B. in der Kriminalistik,
- als Sonderfälle, Eingabe für Behinderte und optische Hilfe für Taubstumme.

Trotz dieser vielfältigen und wichtigen Aufgaben hat die maschinelle Spracheingabe wegen der großen Variationsbreite des gesprochenen Wortes und der großen syntaktischen und semantischen Schwierigkeiten bis jetzt trotz langjähriger intensiver Anstrengungen nur geringe Bedeutung erlangt. Die Anwendung beschränkt sich deshalb heute im wesentlichen auf ein begrenztes Vokabular, isolierte Worte und auf Sprecher, die über einen iterativen Einarbeitungszyklus dem System vorgestellt worden sind.

Verfahren und Geräte können nach folgenden Gesichtspunkten unterteilt und behandelt werden:

- Erkennung eines großen Vokabulars, gegenüber der eines eingeschränkten;
- Erkennung von *fließender Rede*, gegenüber der von einzelnen Worten;
- allgemeine Spracherkennung für einen großen Personenkreis, gegenüber der für einen oder mehrere Sprecher, auf die das System durch eine Anfangsphase eingeübt ist, kurz: sprecherunabhängige, gegenüber sprecherabhängiger Spracherkennung;
- gute Sprachqualität durch hochwertiges Aufnahmemikrofon und breitbandige Übertragungsleitungen, gegenüber Kohlemikrofon und normalen, gestörten Telefonleitungen für die Übertragung.

Bild 3.8-1 zeigt das allgemeine Blockdiagramm eines Spracheingabesystems. Im ersten Schritt, der Vorverarbeitung, der allen Verfahren gemeinsam ist, wird in kurzen Zeitabständen das Sprachspektrum analysiert mit Hilfe von Analogfilterbänken, schneller Fourier-Transformation (engl.: *fast Fourier transform, FFT*), oder *linearer prädiktiver Codierung* (siehe Abschnitt 8.2). Aus den so gewonnenen Signalen leitet der zweite Block charakteristische Sprachmerkmale ab, die schließlich im dritten

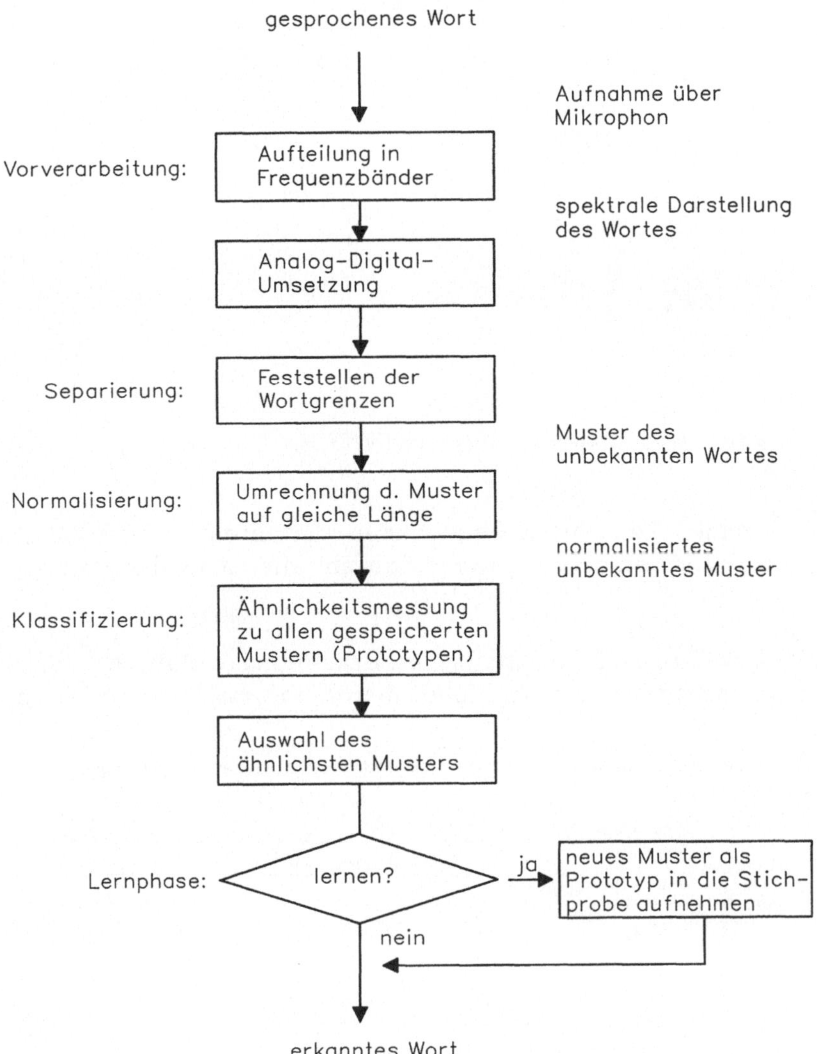


**Bild 3.8-1.** Blockdiagramm eines Spracheingabesystems [RUS 79]

Block mit gespeicherten Merkmalen verglichen werden und so zur Erkennung führen.

Für das Erkennen einer steigenden Zahl von Worten ist es notwendig, die Sprachsignalfolgen zu segmentieren. Als ein Beispiel hierfür sei die *Silben-* bzw. *Halbsilbentrennung* angeführt [RUS 80]. Das Spektral- und das Lautstärkediagramm gestatten, Vokale und Silbenmitten zu erkennen, wie in Bild 3.8-2 gezeigt ist. Da die Zahl der möglichen Konsonanten vor und nach den relativ einfach zu bestimmenden Vokalen gering ist, gelingt es mit diesem Verfahren, die Komplexität der Vergleiche mit gespeichertem Muster wesentlich zu verringern.

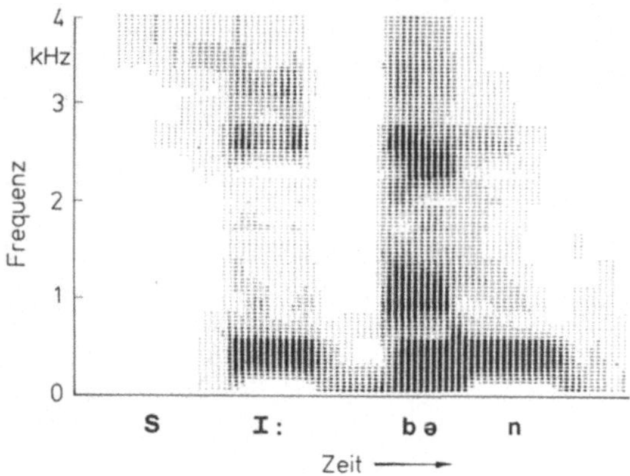


**Bild 3.8-2.** Sprachsignal als Spektralmuster dargestellt [MAN 82]

Die für die einzelnen Teilschritte eingesetzten Verfahren und der damit verknüpfte Aufwand sind weitgehend durch die Aufgabenstellung bedingt.

Mit Hilfe eines zweistufigen hierarchischen Erkennungsverfahrens, einer Grobklassifizierung und einer nachfolgenden Feinklassifizierung kann

**Tabelle 3.8-3.** Spracheingabe: Übersicht über die Leistung verschiedener Geräte und Methoden [nach KAP 80]

I. Kennwerte von ausgewählten Spracherkennungssystemen für Einzelworte

| Hersteller und Systeme | Vokabular: Worte je Sprecher | Antwortzeit: Sekunden | Sprache über Telefon? | Trainings Zyklen | Prüfbedingungen④ | Erkennungsrate | Gerätekost. in $ |
|---|---|---|---|---|---|---|---|
| Auricle Inc. ① Cupertino, Calif. AUR1 | 32 | 0.30 | Nein | 4 | Geübter Sprecher | 97 | 1995 |
| Centigram Corp. Sunnyvale, Calif. MIKE | 32 | 0.03 | Nein | 3-4 | Geübter Sprecher | 97 | 2750 |
| Dialog Systems Belmont, Mass. 1800② | 12 | Real Time | Ja | Keine | | 98 | 62500 |
| Heuristics, Sunnyvale, Calif. H2000 | 64 | 0.25 | Ja | 1-2 | | 95 | 259 |
| Interstate Electronics Anaheim, Calif. VDES | bis 800 | Real Time | Ja | 7 | 8 männliche und 2 weibliche Sprecher sprachen je 42 Worte | 99.4 | 22500 |
| VRM | 40 | 0.15 | Ja | 7 | 8 männliche und 2 weibliche Sprecher sprachen je 42 Worte | 99.4 | 1550 |
| Nippon Electric Co. Ltd., Tokyo, Japan DP-100③ | bis 1000 | 0.30 | Nein | 1 | 6 Sprecher; 8400 Worte insgesamt; Vokabular: 120 Namen japanischer Städte | 99.3 ⑤ | 67000 |
| Threshold Technology Inc., Delran, N.Y. 580 | bis 256 | 0.05 | Nein | 10 | Geübter Sprecher | >99 | 13800 |

① Zweig der Threshold Technology Inc. ② Unbegrenzte Zahl von Sprechern ③ Erkennt fließende Sprache

④ Laborergebnisse außer für Dialog Systems (Telefonvermittlung) und Heuristics (Büroanwendungen)

⑤ Mittelwert für sechs Sprecher

| Forscher | System Kennzeichen | Gesamtes Vokabular, Worte | Mittlerer Verzweigungs-faktor (1) | Prüfbedingungen, Ergebnisse (5)<br>Zahl der Sprecher | Training, Worte/Sprecher | Prüfung, Worte/Sprecher | Maximales Hintergrund-Geräusch dB | Erkannte Worte in % |
|---|---|---|---|---|---|---|---|---|
| James L. Flanagan et al, Bell Laboratories | System für Luftlinie (13)<br>Verbundene Zahlen (12) (13) | 127<br>10 | -<br>10 | 3<br>6 | 127<br>- | 500<br>2700 | Ruhiger Computerraum<br>Telefonverbindung | 90<br>>95 |
| William Wood et al, Bolt Beranek & Newman | HWIM (12) | 409 | 67 | 3 | - | 248 | Büro | 52 |
| Stephen L. Moshier Dialog Systems | Model 1800 (11) | 20 (2) | 10 | 3 Männer<br>2 Frauen | 200 | 2000 (3) | 85 | 99.5 |
| Frederick Jelinek, IBM | Künstliche Aufgabe<br>Natürliche Aufgabe | 250<br>1000 | 7.5<br>1000 | 3<br>1 | 8000<br>19000 | 700<br>1250 | Büro<br>Büro | 96<br>91,3 |
| Yasuo Kato et al Nippon Electric Co., Ltd. | DP-100 (11) | 10 japanische Zahlen | 10 | 3 | 20 | 500 (4) | | 99.6 (4) (6) |
| Sadaoko Furui et al, Nippon Telegraph & Telephone Laboratories | Fließende Sprache<br>Sprachverstehen | <30<br>112 | | 7<br>8 | 1 Probe/Wort<br>7 Wort-Sätze je Sprecher (7) | 200 | 70<br>70 | 99.3 (9)<br>86.8 (8) |
| Leon Ferber et al, Perception Technology Corp. | Flugüberwachung | 53 | 18 | 37 Männer<br>13 Frauen | 53 | ~ 540 | Büro | 96.7 (Zahlen)<br>99 (Worte) |
| Timothy C. Diller, Sperry Univac | Alphanumerische Folgen<br>Daten-Verwaltungs-befehle | 36<br>63 | 18<br>7 | 6 (5) | 646 Äußerungen von 2 oder mehr Worte von 7 männlichen Sprechern | 263 Äußerungen von Probesprechern | Mässig gedämpfter Raum | 90.5 (6)<br>95 (6) |
| Raj Reddy & Bruce Lowerre, Carnegie Mellon University | HARPY | 1011 | 33 | 3 Männer<br>2 Frauen | ~100 | ~500 | 65(dBA) | 98 |
| Jean Paul Haton, University of Nancy | MYRTILLE I | 40 | | 1 | | | | 95 |

(1) Mittlere Zahl von Worten, die einem Eingabewort folgen können usw.. (2) Zahlen und 10 Befehlsworte usw. (3) Äusserungen mit dreiziffrigen Ketten und 10 Befehlsworten (4) Testmuster mit zwei bis fünfstelligen Zahlen für jeden Sprecher (5) Drei geübte und drei ungeübte Sprecher (6) Mittlere Worterkennung je Sprecher (7) Einüben der Vokale von "N" (8) Erkennung von Phrasen (9) Zwei, drei und vierziffrige Zahlen mit einem Vokabular von nur 10 Worten (10) Verbesserung der Erkennungsrate auf 99.1% durch 32 Paare von Fragen und Antworten (11) "Kommerzielles System" (12) Sprecherunabhängig (13) Telefonsprache

der Rechenaufwand wesentlich gesenkt werden. Siemens stellte 1986 ein solches Verfahren vor, das mit einem Signalprozessor von 5 MOPS (Millionen Operationen pro Sekunde) für sprecherabhängige Spracherkennung und ein Vokabular von 1 000 Wörtern eine Gesamtantwortzeit von einer Sekunde erreicht, was einem Echtzeitbetrieb entspricht [AKT 86].

In den IBM-Forschungslaboratorien gelang es F. Jelinek, einen Zusatz zum PC zu entwickeln, der es gestattet, 5000 – kürzlich sogar 20 000 – getrennt gesprochene englische Worte nach einer Einübungszeit von 20 Minuten mit einer Trefferrate von etwa 98 Prozent zu erkennen. Dieses Verfahren beruht wesentlich auf der empirisch gewonnenen Wahrscheinlichkeit des Auftretens eines Wortes nach zwei vorangegangenen und dem Aufsuchen und Auswerten dieses Wahrscheinlichkeitswertes über gespeicherte Tabellen [JEL 85, AVE 86].

Bild 3.8-3 gibt einen Überblick über den Stand der Technik.

Weiterführende Literatur: [DIX 79, FEL 84, HYD 72, MAR 76, MAR 77, MOS 79, RAB 79, RED 76, SAM 75, WIT 82].

# 4.0 Dateneingabe durch Sensoren

## 4.1 Einführung, Beurteilung, wirtschaftliche Gesichtspunkte

In der modernen Meß- und Regelungstechnik werden Einfluß und Bedeutung der Datenübertragung und -verarbeitung von Jahr zu Jahr größer. Die Zahl der praktischen Anwendungen und deren Wachstum ist dabei wesentlich bestimmt und begrenzt durch die Sensoren, die physikalische Größen wie Weg, Druck, Temperatur usw. in elektrische Größen umsetzen. Liefern die Sensoren an ihrem Ausgang Analogwerte, so ist, unter Umständen nach einer Verstärkerstufe, ein Analog-Digital-Umsetzer nachzuschalten. Es ist zu beobachten, daß die technische Entwicklung ein räumliches und funktionelles Näherrücken von Sensor und Wandler erkennen läßt, aber auch eine verstärkte Entwicklung von Sensoren, die direkt digitale Signale abgeben, d.h., die Digitalisierung des Meßsignals rückt immer näher an die Meßstelle. Nachgeschaltete Mikroprozessoren erleichtern heute die Konstruktion von Sensorsystemen durch Speicherung von nichtlinearen Kennlinien und durch Ausgleichsrechnung, wobei auch Temperatureinflüsse mit berücksichtigt werden können.

Die wirtschaftliche Bedeutung dieses Gebietes geht aus folgenden Angaben hervor: Von den geschätzten 50 000 potentiellen industriellen Anwendungen sind heute weniger als 5 000 verwirklicht; 140 verschiedene Technologien werden verwendet oder sind in der Erprobung; der Umsatz von Sensoren der unteren Preisklasse betrug in Westeuropa 1985 etwa eine Milliarde DM, mit einer jährlichen Steigerung von ca. 30% [RUG 82].

Eine nach strengen Ordnungsgesichtspunkten gegliederte Behandlung der verschiedenen Sensortechnologien und -anwendungen bietet Schwierigkeiten, da jede Technologie eine große Zahl verschiedener Anwendungen hat, manche Sensoren mehrere Technologien benutzen und überdies noch übergeordnete Meßverfahren bestehen, die praktisch für alle Sensoren verwendet werden können.

In den folgenden Abschnitten soll nun nicht eine erschöpfende Behandlung dieses Themas versucht werden, sondern anhand einiger für die

Praxis wichtigen Anwendungen ein Querschnitt der heute gebräuchlichen Technologien und von neuen vielversprechenden Ansätzen aufgezeigt werden.

Weiterführende Literatur: [HEY 84].

## 4.2 Längenmessung

Weglängen von einigen µm bis zu etwa 1 m kann man einfach mit einem geätzten Glasmaßstab messen. Die Marken auf dem Glasstab werden über eine oder mehrere Photozellen optoelektronisch abgetastet und die resultierenden Impulse einem Zählwerk zugeführt. Anwendungen hierfür finden sich in Waagen, Koordinatentischen usw. Durch Differenzieren nach der Zeit lassen sich Geschwindigkeit und Beschleunigung ableiten.

Für die Bestimmung von Weglängen im Bereich von wenigen µm bis zu einigen cm, besonders für Grenzwertgeber bei Werkzeugmaschinen, verwendet man das Prinzip der Verstimmung eines Resonanzkreises bei Annäherung einer metallischen Bezugsebene. Dabei kann die Veränderung der Resonanz über kapazitiven, induktiven oder Wirbelstrom-Einfluß geschehen. Bild 4.2-1 zeigt eine Ausführungsform, die bei etwa 1 MHz arbeitet und eine Genauigkeit von 2 µm aufweist [TAY 85].

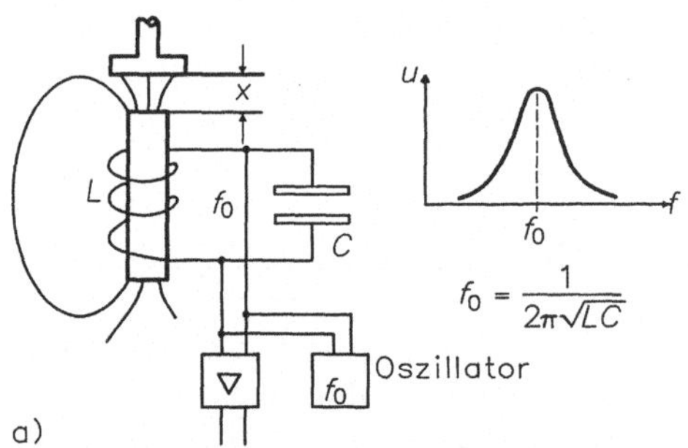


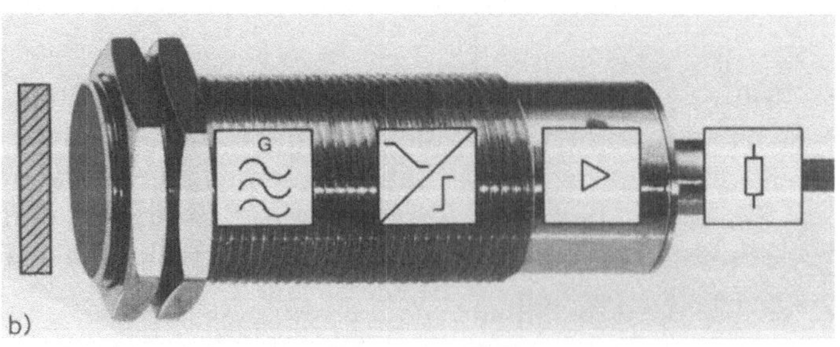


**Bild 4.2-1.** Grenzwertgeber. Verstimmung eines Resonanzkreises [nach EUC 86]. a) Schaltungsprinzip, b) gekapselte Ausführung

Eine besonders robuste Weg-, Geschwindigkeits- und Beschleunigungsaufnahme, die vor allem in Kraftfahrzeugen Anwendung findet, gestattet die in Bild 4.2-2 dargestellte Anordnung. Ein beweglicher Kurzschlußring oder eine Kurzschlußscheibe verändert den Wechselfeld-Magnetkreis und damit auch die Induktivität. Ist der Magnetkern als kreisförmig gekrümmter U-Kern ausgebildet, so eignet sich diese Anordnung auch zur Winkelmessung. Die große Zuverlässigkeit ergibt sich aus der verschleißarmen Konstruktion und der berührungsfreien Arbeitsweise [ZAB 82].

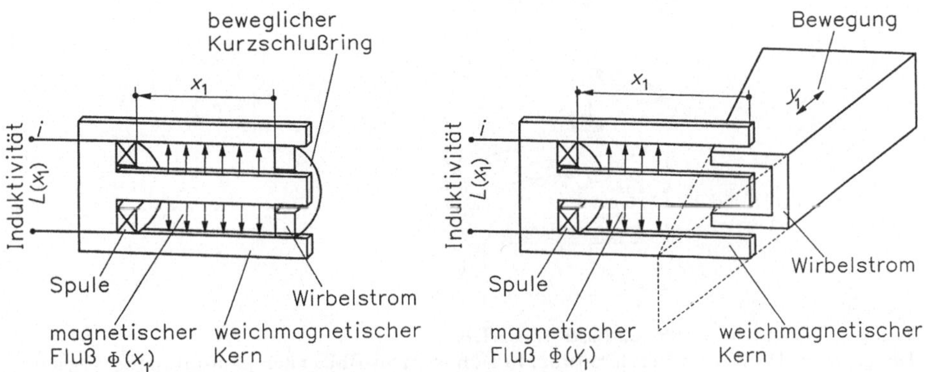


**Bild 4.2-2.** Längenmessung über Induktivitätsänderung [HEI 82]

## 4.3 Messung der Längenänderung

Die große Bedeutung dieser Größe für den Maschinenbau, aber auch für den Hoch- und Tiefbau und die Felsmechanik sowie die weitgestreuten Anforderungen an Meßbereich, Genauigkeit und Kosten haben eine breite Palette verschiedener Technologien entstehen lassen, die sich zum Teil ergänzen, zum Teil im Wettbewerb stehen.

*Dehnungsmeßstreifen (DMS)*, erfunden Ende der 30er Jahre, beruhen auf der Veränderung des Widerstandes von Leitern oder Halbleitern bei Streckung oder Stauchung des Materials, d.h. Veränderung der interatomaren Abstände der jeweiligen Kristallstruktur und damit der Ladungsträgerbeweglichkeit. Auf eine Feder aufgeklebt, erlauben sie di genaue Messung von Kraft und Gewicht, z.B. in Waagen. Die ursprünglichen Ausführungen mit mäanderförmigen Konstantan (Cu-Ni-Legierung) oder NiCr-Drähten sind heute weitgehend verdrängt durch Dickschicht- ($\approx$ 5 µm) oder Dünnschichtfolien, die durch Ätzen in die gewünschte Form gebracht werden (Bild 4.3-1) [BET 82, ORT 82]. Um Temperatureinflüsse auszuschalten und die Empfindlichkeit zu erhöhen, werden die DMS meistens in Form einer Wheatstoneschen Brücke angeordnet und betrieben.

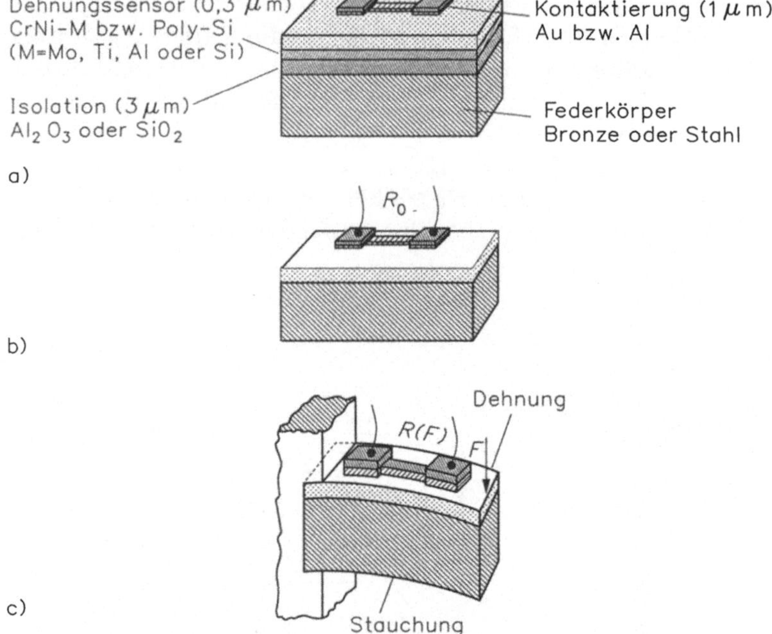


**Bild 4.3-1.** Dehnungsmeßstreifen (DMS) [BET 82].
a) Dünnschicht-DMS nach Beschichtung, b) Dünnschicht-DMS nach photolithographischer Strukturierung, c) Dünnschicht-DMS unter Last

Die Widerstandsänderung $\Delta R/R$ folgt dabei der Beziehung

$$\frac{\Delta R}{R} = K \, \frac{\Delta l}{l} = K \varepsilon,$$

wobei $\varepsilon$ die relative Längenänderung $\Delta l/l$ darstellt.

Für Konstantan oder NiCr ist $K$ annähernd 2. Um höhere $K$-Werte zu erreichen, was besonders für den Konsumgütersektor von Interesse ist, versucht man heute, polykristalline Halbleiterschichten von Silizium oder Germanium zu verwenden, die einen $K$-Faktor von 20 bis 40 erreichen können [BET 82].

Um die Veränderung von größeren Weglängen – bis zu einigen Metern – genau beobachten zu können, sind *Laserinterferometer* besonders geeignet. Sie werden z.B. eingesetzt, um Bodenverschiebungen in Erdbebengebieten zu verfolgen. Die Genauigkeit liegt dabei unter der µm-Grenze.

Aufgrund des hohen Wirkungsgrades und des großen Rauschabstandes lassen sich mit Hilfe von *piezoelektrischen Materialien* (siehe Abschnitt

4.4) außerordentlich geringe Längenänderungen erfassen. So gelang es, über eine mit einem rückgekoppelten Piezoelement verbundene Tunnelstromsonde atomare Versetzungen auf Kristalloberflächen abzutasten [BIN 82, BIN 85, BIN 86].

## 4.4 Messung von Beschleunigung und Druckänderungen

Für die Aufnahme von Druckänderungen, besonders für die Schallemissionsanalyse lassen sich vorteilhaft piezokeramische Materialien verwenden. Beim piezoelektrischen Effekt zeigt sich bei Druck auf piezoelektrisches Material an dessen Oberfläche elektrische Ladung. Piezoelektrische Materialien sind Einkristalle wie Quarz oder Lithiumniobat, keramische Werkstoffe aus ferroelektrischem Bleizirkonattitanat (PZT) und auch organische Polymere. Die keramischen Materialien zeigen mit 50% den höchsten Energieumwandlungseffekt. Neben der elektromechanischen Energieumwandlung tritt auch ein bedeutender pyroelektrischer und thermoelastischer Effekt auf. Für Druckmessungen ist der thermoelektrische Effekt unerwünscht, er kann aber in Pyrosensoren technisch genutzt werden. Wie Bild 4.4-1 veranschaulicht,

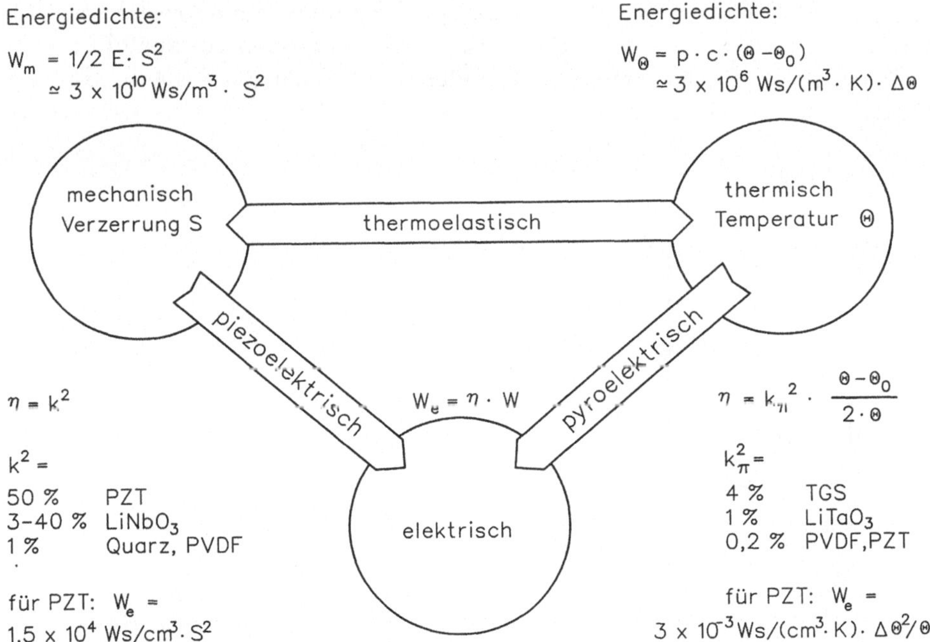


**Bild 4.4-1.** Piezoelektrischer, thermoelastischer und pyroelektrischer Effekt [KLE 82 ]. $S$ mechanische Verzerrung, $E$ Elastizitätsmodul, $\rho$ Dichte, $c$ spezifische Wärmekapazität, $\theta_0$ = 290 K (Raumtemperatur), $\eta$ Umwandlungsgrad, $k$ reversibler Kopplungsfaktor, PVDF Polyvinylidendifluorid, TGS Triglyzinsulfat, PZT Bleizirkonattitanat

sind die drei Effekte reversibel. Mechanische und thermische Energiedichten werden mit dem Faktor $\eta$ in elektrische Energiedichten umgewandelt.

Bild 4.4-2 zeigt ein Beispiel für Beschleunigungsmessung, bei der eine piezokeramische Scheibe mit einer aufgesetzten seismischen Masse versehen ist, angewendet als Klopfsensor für Kraftfahrzeugmotoren.

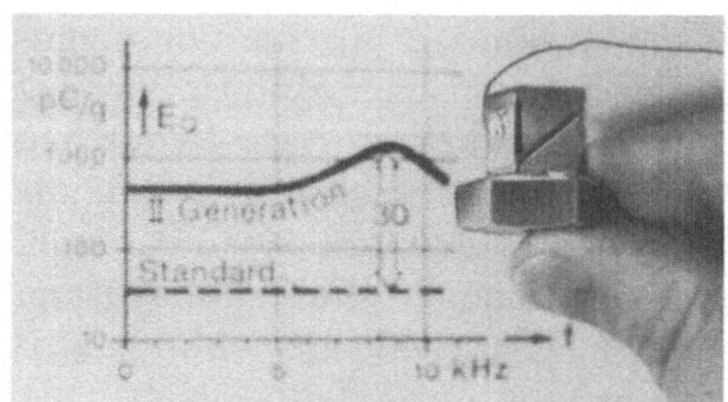

**Bild 4.4-2.** Piezoelektrischer Beschleunigungsmesser [KLE 82]

Da man mit dem piezoelektrischen Element Druckänderung sowohl erzeugen, wie auch erfassen kann, lassen sich damit auf einfache Weise nach dem Echolotprinzip Einrichtungen herstellen, die es gestatten, Entfernungen zu messen, die Anwesenheit von Personen festzustellen, den Füllstand von Flüssigkeiten in Gefäßen zu messen (Bild 4.4-3), Gaskonzentrationen zu bestimmen u.a.m.

Weiterführende Literatur: [KLE 82].

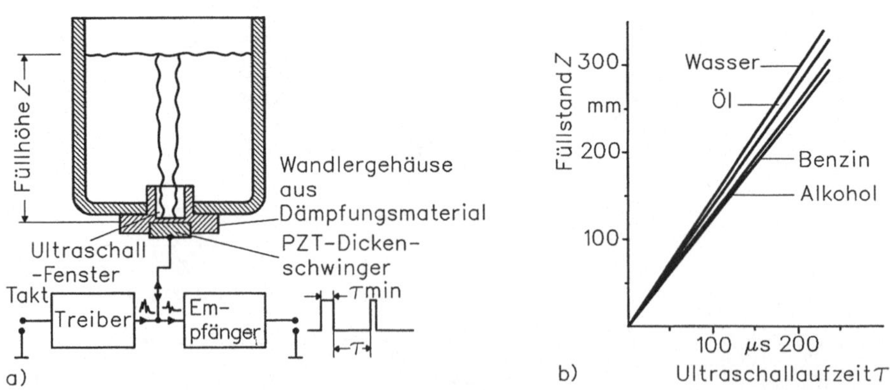


**Bild 4.4-3.** Messung des Füllstandes nach dem Echolotprinzip mit piezoelektrischen Sensoren [KLE 82].
a) Prinzipbild, b) Laufzeiten des Ultraschallsignals in Abhängigkeit vom Füllstand für verschiedene Flüssigkeiten

## 4.5 Optische Sensoren

Optische Sensoren spielen bei der Dateneingabe eine vielfältige und wichtige Rolle. Anwendungsbeispiele sind die Dokumentenerfassung, das "Erkennen" von Gegenständen in der Robotertechnik, Satellitenkameras, Lichtschranken usw.

Bei *Lichtschranken* treffen die von einer Lichtquelle ausgehenden Strahlen, oft von Spiegeln umgelenkt, auf ein lichtempfindliches Element. Eine Unterbrechung des Strahlenganges führt zum Ansprechen des Sensors, der seinerseits angeschlossene Regel- und Steuerkreise beeinflußt. Als Sensor dienen lichtempfindliche Halbleiterelemente: Photowiderstand, Photodiode und -transistor sowie Solarzelle. Der physikalische Vorgang ist im Prinzip bei allen derselbe: Die Photonen der Lichtstrahlung erzeugen im Halbleiter freie Ladungen, Elektronen und Löcher, die bei Photowiderstand und Photodiode die Leitfähigkeit erhöhen, zum Öffnen des Phototransistors führen bzw. Spannung an der Solarzelle entstehen lassen. Alarmanlagen verwenden oft infrarote Strahlung, um unbemerkt zu bleiben. Anwendungsbeispiele in diesem Buch sind die Abtastung von Strichcodes und das Lesen von Lochkarten und Lochstreifen.

Eine verhältnismäßig junge Disziplin ist die Technik der *faseroptischen Sensoren.* Diese Sensoren gestatten die punktförmige oder gerichtete Messung von Druck, Temperatur, weiterhin die Strom- und Magnetfeldmessung mit elektrischer Potentialtrennung. Schließlich soll ihr Potential für ein nichtmechanisches Gyroskop erwähnt werden.

Lichtfasern zeichnen sich aus durch geringe Abmessungen ( Ø <0,1 mm), kleine Dämpfung (< 1 dB/km), Störunempfindlichkeit gegenüber elektromagnetischen Feldern, elektrische Potentialtrennung u.a.m. Leistungsfähige Sensoren für weite Anwendungsgebiete entstehen, wenn zwischen der Lichtquelle, die in die Faser einstrahlt, und dem Lichtempfänger die Meßgröße – Druck, Temperatur, Strom, Magnetfeld, Erdrotation – die Übertragung des Lichts über Dämpfung, Polarisationsänderungen oder Phasenverschiebung beeinflußt.

Für vielwellige (engl.: *multimade*) Fasern unterscheiden wir externe und interne faseroptische Sensoren.

Beim *externen Sensor* wird eine externe Komponente – eine verspiegelte druckempfindliche Membran, eine Lichtschranke zur Füllstandmessung, ein Leuchtstoff, Halbleiter oder Flüssigkristall zur Temperaturmessung, usw. – durch eine Faser mit Licht versorgt und über eine zweite Faser abgefragt. Beim *internen Sensor* ist der eigentliche Sensor ein speziell präpariertes Faserstück zwischen Versorgungs- und Abfragefaser. Diese "Öffnung" der Faser gestattet die Niveaumessung von Flüssigkeiten und

Bestimmung des Brechungsindex über die Veränderung der Transmissionseigenschaften. Über Krümmungsverluste lassen sich empfindliche Kräfte oder Drücke messen.

Einwellige (engl.: *monomade*) Fasern dienen vor allem für den Aufbau von äußerst empfindlichen Interferometern für den Nachweis von Temperatur-, Längen- und Druckdifferenzen.

Die wohl interessanteste Anwendung optischer Sensoren ist ein nichtmechanisches Gyroskop, bei dem als *Sagnac-Interferometer* die winkelgeschwindigkeitsabhängige Phasendifferenz zwischen den gegenläufigen Lichtwellen als Meßgröße ausgewertet wird (Bild 4.5-1a) [HES 82]. Experimentelle oder Produktausführungen solcher optischer Kreiselsensoren sind der *Glasfaserkreiselsensor*, der *passive Ringresonator: PARR* und der *Laserkreisel* (Bild 4.5-1b,c,d) [HOL 84].

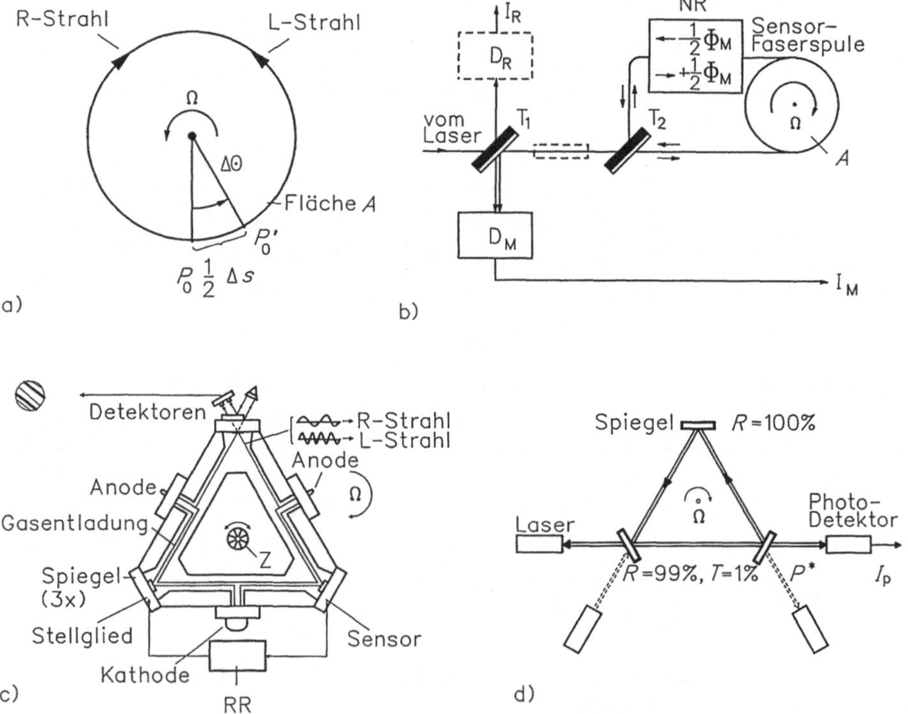


**Bild 4.5-1.** Optische Kreiselsensoren [HOL 84].
a) Prinzip: R Rechtsumlaufender Strahl; L Linksumlaufender Strahl; $P_o$ Emissionspunkt; $P_o$ ′ Detektionspunkt der Strahlen nach einem Umlauf und Drehung des Kreisels um den Winkel ΔΘ; Ω Winkelgeschwindigkeit b) Faserkreisel: Der nichtreziproke Phasenschieber NR erlaubt unterschiedliche Detektionsmethoden zu wählen; $T_1$ , $T_2$ Strahlteiler; $D_M$ , $D_R$ Photodetektoren für den Meß- bzw. den Referenzkanal; $I_R$ Referenzsignal c) PARR-Kreisel: RR Regler der Resonanzlänge; Z Zitterantrieb;
d) Laserkreisel: $v_o$ Strahlungsfrequenz; $P_o$ Optische Leistung des Lasers; R Reflektionsfaktor; T Transmissionsfaktor; P′ Ausgekoppelte Strahlungsleistung; $I_P$ Ausgangssignal;

Zwei Lichtstrahlen, die eine Fläche $A$ gegensinnig umlaufen, benötigen verschiedene Zeiten für einen Umlauf, wenn sich die Fläche um eine Achse senkrecht zu dieser Fläche dreht. Der relative optische Weglängenunterschied der Strahlen beträgt:

$$\Delta s = 4/c_0 \times (\vec{A}\vec{\Omega})$$

mit $\vec{\Omega}$, der vektoriellen Winkelgeschwindigkeit, $\vec{A}$ , dem Vektor mit dem Betrag $A$ der Interferometerfläche in Richtung der Flächennormalen und $c_0$ , der Vakuumlichtgeschwindigkeit.

Der Laserkreisel besteht aus einem Ringresonator und zwei in diesem Resonator angeregten Gasentladungsstrecken, die als optische Verstärker durch entsprechende Abstimmung nur für eine Resonanzfrequenz angeregt werden. Bei einer Drehung des Laserkreisels in seiner Ebene entstehen durch die ausgekoppelten rechts- und linksumlaufenden Strahlen Interferenzstreifen, die über zwei Detektoren laufen. Aus dem Durchlaufsinn der Streifen kann die Drehrichtung des Kreisels erkannt werden. Ein Zitterantrieb verhindert bei geringen Winkelgeschwindigkeiten störende Frequenzkopplungen – Mitziehen – des rechts- und linksumlaufenden Strahles.

Während sich Glasfaser- und PARR-Kreisel noch im Versuchsstadium befinden, mit Meßgenauigkeiten in der Größenordnung von 1 °/h, ist der Laserkreisel von einigen Firmen bereits zur Produktreife entwickelt worden, mit einem nutzbaren Meßbereich von $10^{-2}$ °/h bis $10^3$ °/s und wird bereits in der neuen Generation von Verkehrsflugzeugen eingesetzt.

Weiterführende Literatur: [HES 82, KIS 86, MAR 86, NOT 81, SCH 50].

## 4.6 Korrelative Meßtechnik und berührungslose Sensoren

Die korrelative Meßtechnik wertet durch Kreuzkorrelation die Signale von zwei mit geringem Abstand getrennten Sensoren aus, wobei die Signale durch zufällige örtliche Schwankungen der beobachteten Größe, wie Dichte, Leitfähigkeit, Reflexionsgrad usw. hervorgerufen sind. Anwendungsbeispiele sind die berührungslosen Messungen an Flüssigkeiten, Gasen und bewegten Oberflächen:

- Strömungsgeschwindigkeit von Gewässern,
- Müllförderung,
- Walzstraßensteuerung,
- Papierherstellung und -bearbeitung,
- Geschwindigkeit von Schienenfahrzeugen.

Um bei der Messung der Strömungsgeschwindigkeit deutlichere Signale zu erhalten, können der Flüssigkeit Luft- oder Gasblasen beigemischt werden.

Bild 4.6-1 zeigt drei typische Beispiele: die Messung der Rohrströmung mit Ultraschallsensoren, Leckortung mit akustischen Sensoren und Rauchgasgeschwindigkeitsmessung mit optischen Sensoren [MAS 82].

Weiterführende Literatur: [JOH 82].

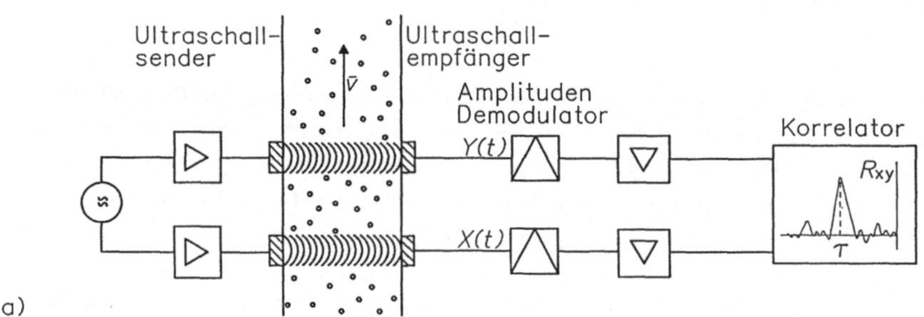


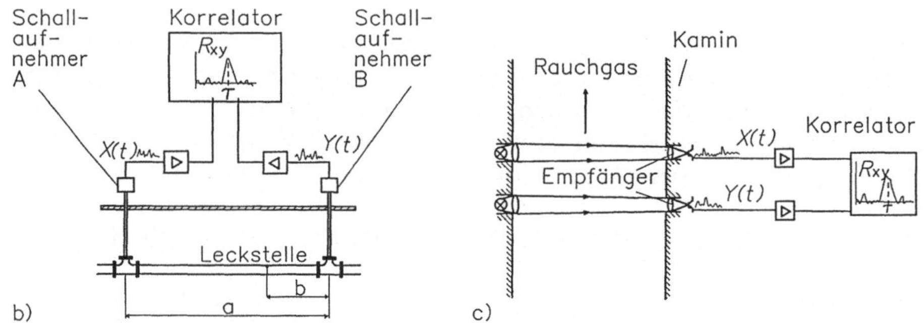


**Bild 4.6-1.** Korrelatives Messen [MAS 82].
a) Röhrenströmungsmessung mit Ultraschallwellen, b) Leckortung mit akustischen Sensoren, c) Rauchgasgeschwindigkeitsmessung mit optischen Sensoren

## 4.7 Magnetische Sensoren

Magnetische Sensoren eignen sich für die Messung von Magnetfeld, Position, Drehwinkel, Drehzahl und Zugkraft sowie zur Rißprüfung.

Magnetische Sensoren stützen sich auf den magnetoresistiven Effekt sowie die Änderung der Magnetisierungskennlinie bei mechanischer Beanspruchung oder bei Einwirkung eines äußeren Magnetfeldes bei Magnetika, auf den Hall-Effekt bei Halbleitern zur Magnetfeldbestimmung.

Der spezifische Widerstand ρ eines Materials mit *magnetoresistivem Effekt* hängt vom Winkel zwischen Magnetisierung und Strom ab. Für das in der Anwendung bevorzugte Permalloy (Ni:Fe ≈ 80 : 20) beträgt die maximale Änderung des spezifischen Widerstandes für die Winkel 0 bzw. ±90° ca. 2 bis 3%.

Eine von Philips realisierte moderne Ausführung sieht eine Anordnung von dünnen NiFe-Schichtstreifen vor, für die die Magnetisierung im Ruhezustand parallel zur Schichtachse liegt und durch ein orthogonales Magnetfeld in der Schichtebene ausgelenkt werden kann. Schmale darüberliegende Leiterbahnen sorgen dafür, daß der Strom ohne äußeres Magnetfeld $H$ im Winkel von ±45° zur Magnetisierung fließt, was zu einer Linearisierung der Kennlinie $\Delta\rho = f(H)$ führt (Bild 4.7-1). Mit Hilfe einer Vollbrückenschaltung und von Elementen mit gegenläufigen Stromwinkeln begegnet man der starken Widerstandsänderung bei Temperaturschwankungen. Die magnetische Schicht wird auf eine Siliziumplatte aufgedampft oder -gestäubt, was die enge Integration mit den umgebenden elektronischen Schaltungen erlaubt und zu einem günstigen Signal-Störspannungs-Verhältnis führt. Durch entsprechende Wahl der geometrischen Abmessungen und damit Festlegung des Entmagnetisierungsfeldes läßt sich ein Meßbereich von 10 bis 25 000 A/m erreichen [DIB 82, GES 77, KUI 75].

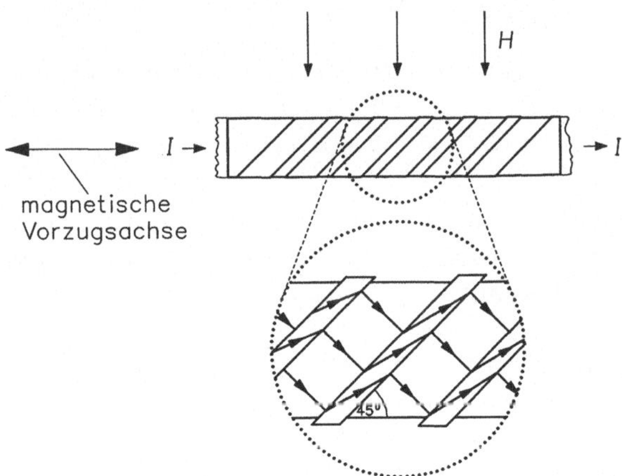


**Bild 4.7-1.** Magnetoresistiver Sensor zur Messung der magnetischen Feldstärke $H$ [DIB 82]. Der Ausschnitt zeigt die Ablenkung der Stromlinien $I$ durch 45°-Streifen hoher Leitfähigkeit

Die *Hall-Spannung* $U_H$ eines Halbleiterhallgenerators ist dem Sensorstrom $I$ und der magnetischen Induktion $B$ proportional:

$$U_H = k_0 I B,$$

wobei $k_0$, die Leerlaufempfindlichkeit, durch Wahl der Implantationsdichte über einen praktischen Bereich von 100 bis 2000 V/AT reproduzierbar eingestellt werden kann. Nachteilig wirkte sich bisher der große Temperaturkoeffizient von ca. 0,17%/K der III-V-Halbleiter InSb und InAs aus, der auf dem kleinen Bandabstand dieser Materialien beruht (0,18 bis 0,35 eV). Es wurden deshalb in zunehmendem Maße GaAs-Hall-Sensoren entwickelt, die bei hohem Bandabstand (1,43 eV) mit epitaktischer aktiver Schicht hohe Elektronenbeweglichkeit aufweisen. Bild 4.7-2 zeigt einen solchen Hall-Sensor von Siemens [PET 82].

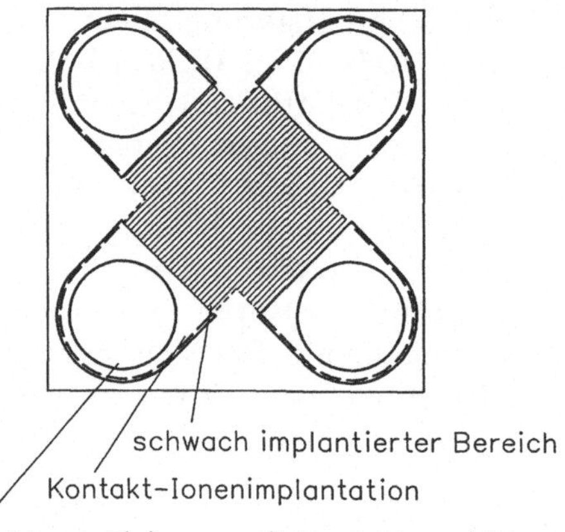


**Bild 4.7-2.** Aufbau eines Hall-Sensors. GaAs-Halbleiterplättchen mit kreuzförmiger Struktur [PET 82]

Ein großer Vorteil dieser Hall-Generatoren liegt in ihrer natürlichen Eignung, mit den umgebenden elektronischen Schaltungen auf einem Halbleiterplättchen integriert zu werden.

Anwendungsbeispiele für magnetoresistive und Hall-Sensoren sind Positions-, Drehwinkel-, und Drehzahlmessung (Bild 4.7-3) [PET 82].

Der *Verlauf der Magnetisierungskennlinie* $B = f(H)$ hängt empfindlich von der mechanischen Belastung des Materials und auch von der Einwirkung äußerer Magnetfelder ab. Dieser Effekt wird ausgenutzt zur Messung von Zug, Druck und Torsion, wobei neuerdings amorphe Metalle (metallische Gläser) eingesetzt werden, die erstmals gute weichmagnetische und sehr gute mechanische Eigenschaften in sich vereinigen. Wie Tabelle 4.7-4 zeigt, weisen amorphe Metalle bei vergleichbaren weichmagnetischen Eigenschaften eine 5- bis 10-fach größere Härte und Zugfestigkeit auf als kristalline Werkstoffe. Bild 4.7-5 zeigt einen Zugkraftsensor, bei dem ein Band aus amorphem Material direkt in den mechanischen Kraftfluß eingespannt ist. Über eine Transformatoranord-

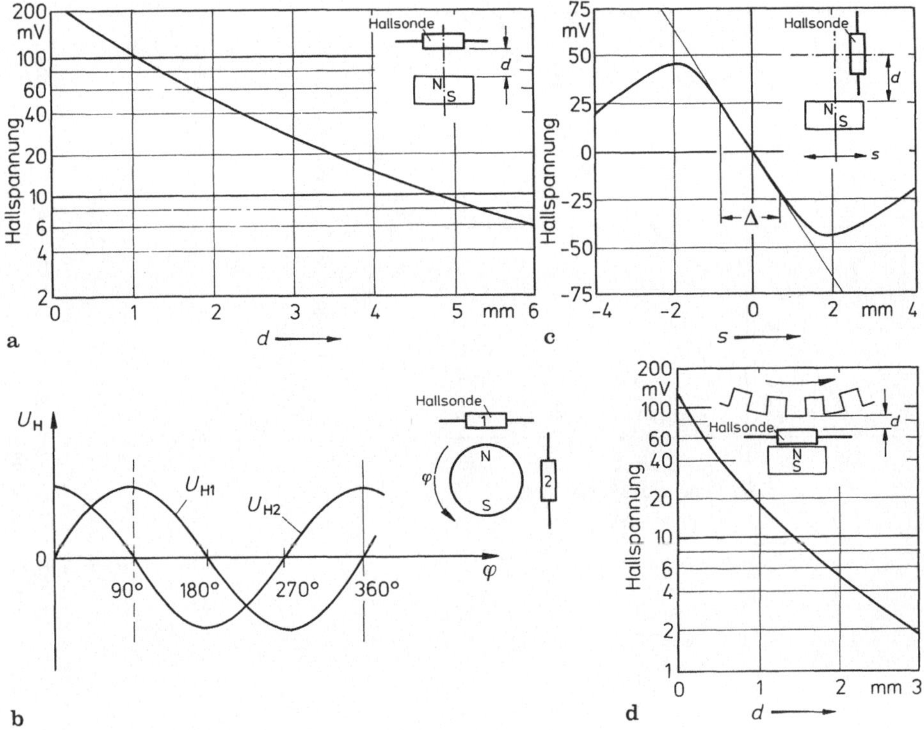


**Bild 4.7-3.** Anwendungsbeispiele für Hall-Sensoren [PET 82].
a) Abstandsmessung, b) Drehwinkelmessung, c) Messung der Verschiebung,
d) Hall-Spannung, abhängig vom Abstand eines Zahnrades

**Tabelle 4.7-4.** Eigenschaften magnetischer Materialien für Sensoren [BORE 82]

| Werkstoff | $J_s$ | $H_c$ | $\mu_r$ | $\lambda_s$ | Vickershärte | Zugfestigkeit | E-Modul |
|---|---|---|---|---|---|---|---|
| | | | statisch | in $10^{-6}$ | HV | | |
| | T | A/cm | | | | N/mm² | kN/mm² |
| kristallin | | | | | | | |
| Federstähle | 2,0 | 15 | ≈ 100 | −1 | 550 | 1400...1600 | 210 |
| $Fe_{18,5}Ni_{78,5}Cr_3$ | 0,9 | 0,05 | 20 000 | +3 | 100 | 180 | 200 |
| $Fe_{97}Si_3$(isotrop) | 2,0 | 0,5 | 1000 | +7...9 | 140...190 | 300...350 | 150 |
| amorph | | | | | | | |
| $Fe_{80}B_{15}Si_5$ | 1,5 | 0,04 | 500 | +30 | ≈1000 | ≈1600 | ≈150 |
| $Fe_{39}Ni_{39}(Mo,Si,B)_{22}$ | 0,8 | 0,01... 0,04 | 5000... 60 000 | +8 | ≈1000 | ≈1600 | ≈150 |
| $Co_{75}Si_{15}B_{10}$ | 0,7 | 0,02 | 3000 | −3,5 | ≈1000 | ≈1600 | ≈150 |

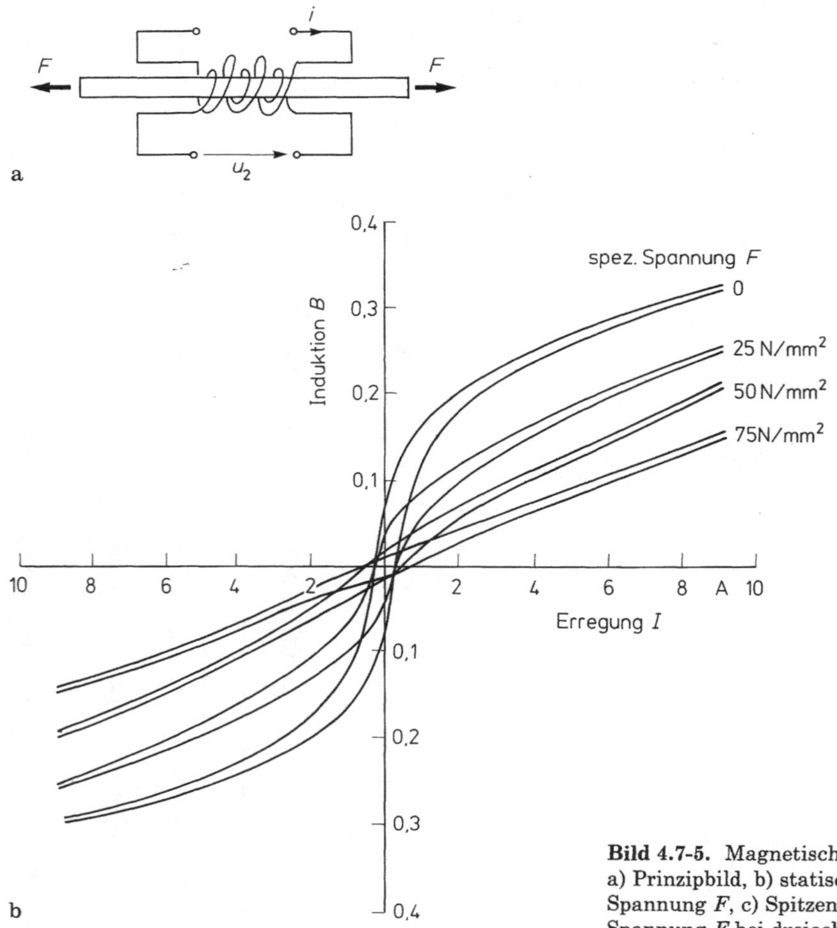

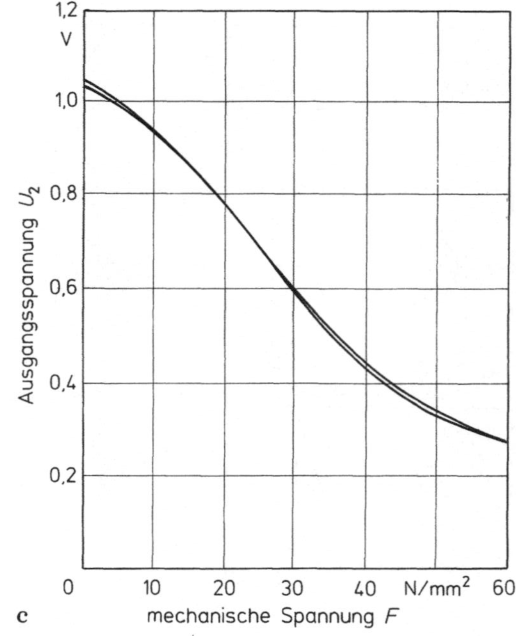


**Bild 4.7-5.** Magnetischer Zugkraftsensor aus amorphem Material [BORE 82].
a) Prinzipbild, b) statische Hystereseschleifen in Abhängigkeit von der mechanischen Spannung $F$, c) Spitzenwert der Induktionsspannung $U_2$ als Funktion der mechanischen Spannung $F$ bei dreieckförmigem Erregerstrom $i$

nung mit dreieckförmiger Erregung bis in die Sättigung wird mit Hilfe der Spitzenspannung die Steilheit der Hysteresekurve gemessen, die unter Zug bei positiver Magnetostriktion größer, bei negativer Magnetostriktion kleiner wird [BORE 82]. Nach dem gleichen Prinzip arbeitet ein Magnetometer, das aus der Messung des Abstandes der positiven und negativen Spannungsspitzen das einwirkende äußere Feld, oder indirekt den durch eine äußere Feldspule fließenden Strom bestimmt [BORN 82].

Um von langsamen Feldänderungen Impulse konstanter Amplitude abzuleiten, nutzt man den *Wiegand-Effekt* [BAR 77, BAR 78], der auf einer Erweiterung des Sixtus-Tongs-Effektes [KNE 62] beruht: In sehr dünnen (ca. 0,2 mm Durchmesser) und kurzen (ca. 15 mm) Drähten bestimmter Legierung und Vorbehandlung treten Barkhausen-Sprünge auf, d.h. Blochwandbewegungen größeren Ausmaßes bei einer ganz bestimmten Feldstärke. Bild 4.7-6 verdeutlicht die Wirkungsweise [HEI 82].

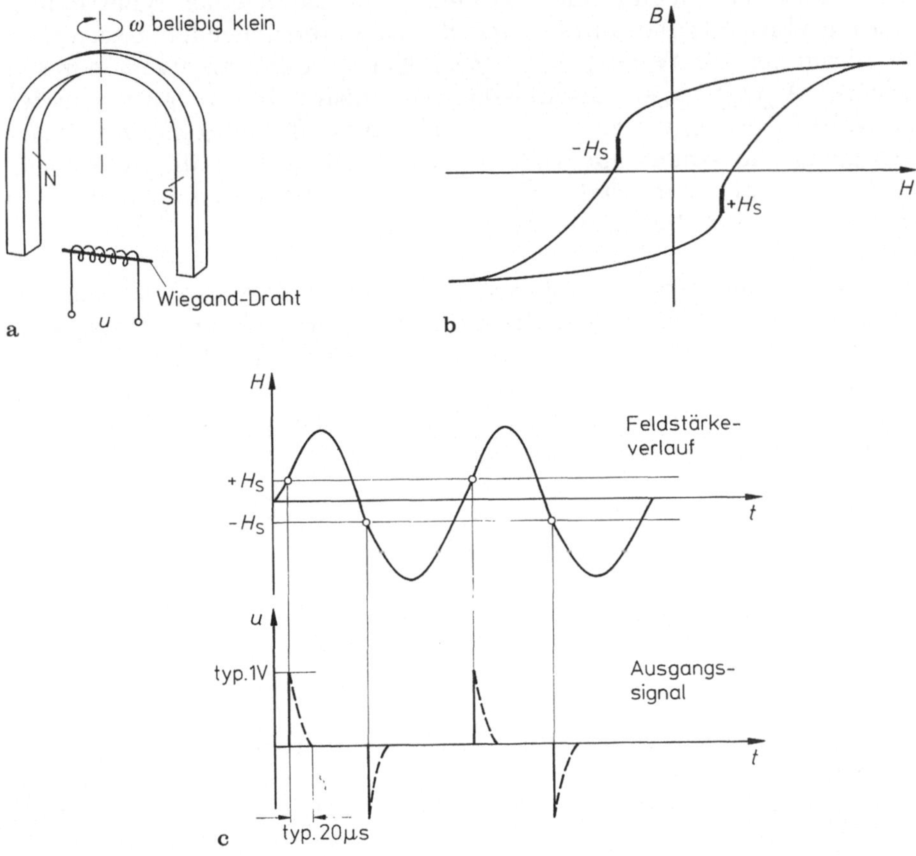


**Bild 4.7-6.** Wiegand-Effekt-(Sixtus-Tongs-Effekt-) Sensor [HEI 82].
a) Aufbau des Drehwinkel-Sensors, b) Hysterese des Wiegand-Drahtes, c) Feldstärkeverlauf und Ausgangssignal

Als letztes sollen hier noch *Wirbelstromsensoren* erwähnt werden, die auch die Rißprüfung von Bauteilen aus elektrisch leitenden Materialien unter extrem ungünstigen Meßbedingungen erlauben, wie hohe Temperaturen oder korrodierte Oberflächen [CHR 82].

Weiterführende Literatur: [BOL 81, BORE 82, BORN 82].

## 4.8 Chemische Sensoren für Gase und Flüssigkeiten

Gassensoren gewinnen an Bedeutung bei der Kontrolle des Umweltschutzes, der Überwachung von Arbeitsplätzen, technischen Anlagen, Wohn- und Geschäftsgebäuden und für energiesparende Prozeßführung. Tabelle 4.8-1 gibt einen Überblick über Wirkungsweise und schematischen Aufbau verschiedener Gassensoren.

Der **Pellistor** beruht auf der Erwärmung und damit einer Widerstandsänderung eines Platindrahtes durch die zu untersuchenden Gase. Der Platindraht ist als Wendel von einem Katalysator auf einem porösen Keramik- ($Al_2O_3$-)Träger umschlossen. Brennbare Gase reagieren an der Katalysatoroberfläche mit dem Luftsauerstoff, führen zu einer Erwärmung und Widerstandsänderung des Platindrahtes, die in ein elektrisches Signal umgesetzt wird. Dieses Bauelement dient als Summensensor für alle brennbaren Gase.

Das **Tankscope** nützt die guten Wärmeableitungseigenschaften von brennbaren Gasen wie $H_2$ oder $CH_4$ aus. Von der erwärmten Metallwendel wird bei Vorhandensein dieser Gase Wärme verstärkt abgeführt und dadurch der Widerstand der Wendel proportional zur Konzentration der zu untersuchenden Gase verändert. Diese Sensoren finden bei der Gaskontrolle in Tankanlagen Verwendung.

**MOSFET**-(Metalloxid-Feldeffekttransistor-)Elemente mit einer gasempfindlichen Gateelektrode können als Wasserstoff- oder Kohlenmonoxidsensoren dienen. Diese Gase diffundieren durch die dünne Palladiumschicht, aus der die Gateelektrode besteht, und verändert an der Grenzschicht Pd-$SiO_2$ die Elektronenaustrittsarbeit, die wiederum zu einer Veränderung der Einschaltspannung des Transistors führt.

Die Wirkungsweise von **Metalloxid-Halbleitersensoren** beruht auf der gasinduzierten Desorption von absorbiertem Sauerstoff. Die Leitfähigkeit der Halbleiterschicht aus ZnO oder $SnO_2$ hängt von der Menge absorbierten Sauerstoffes und somit von der Meßgaskonzentration ab. Durch geeignete Wahl der Arbeitstemperatur mit Hilfe der Heizwendel und durch Beimischen von Katalysatoren ist es gelungen, die Selektivität dieser Sensoren beträchtlich zu steigern. So können heute nachgewiesen

**Tabelle 4.8-1.** Wirkungsweise und Grundaufbau verschiedener Gassensoren [PRE 82]

| Sensorart | Messprinzip | Prinzipaufbau |
|---|---|---|
| Wärmetönung (Pellistor) | Widerstandsänderung eines Pt-Drahtes durch Wärmeentwicklung bei katalytischer Umsetzung brennbarer Gase mit Luft | 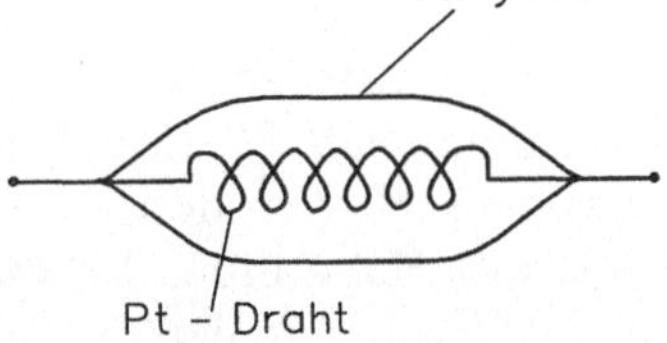 Katalysator; Pt - Draht |
| Wärmeleitfähigkeit (Tankscope) | Widerstandsänderung einer aufgeheizten Wendel bei Temperaturerniedrigung durch gasabhängige Wärmeableitung | 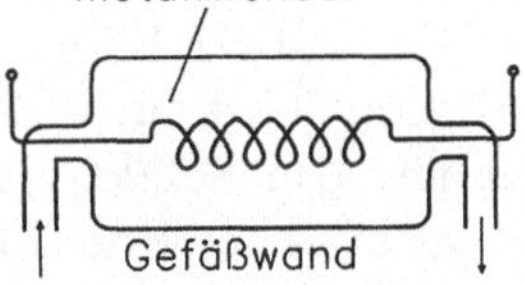 Metallwendel; Gefäßwand; Temperatur $T_1$; Temperatur $T_2$ |
| Eindiffusion (Mosfet mit gasempfindlicher Torelektrode) | Veränderung der Metall-$SiO_2$ Elektronenaustrittsarbeit durch das Gas und damit der Einschaltspannung des Transistors | 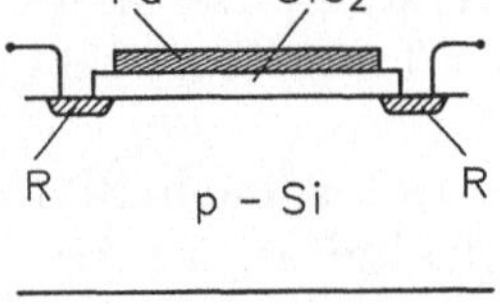 Pd; $SiO_2$; R; p - Si; R |
| Chemiesorption (Metalloxidhalbleiter) | Widerstandsänderung einer Halbleiterschicht durch Reduktion von absorbiertem Sauerstoff durch reduzierende Gase | 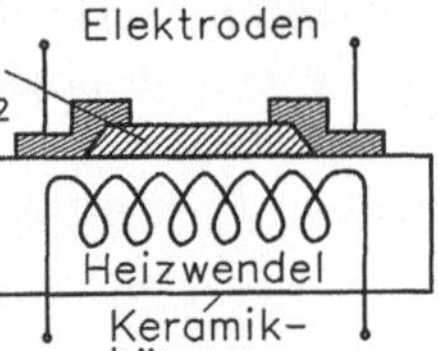 ZnO; $SnO_2$; Elektroden; Heizwendel; Keramikkörper |
| Infrarotabsorption (Halbleiterlaser und -detektor) | Gasspezifische Absorption von Infrarotstrahlung | 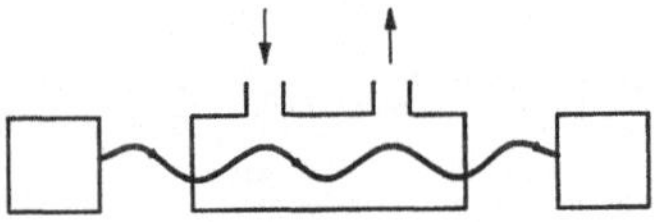 Gas-Meß-strecke; Infrarotlaser; Infrarotdetektor |

werden: Kohlenmonoxid, Ethanol, Schwefelwasserstoff, Isobutan, Propan und Wasserstoff.

**Infrarotspektrometer** als Gassensoren nützen die gasspezifischen Absorptionseigenschaften im Infrarotspektralbereich aus. Preisgünstige Ausführungen verwenden breitbandige Lichtquellen, die allerdings nur eine beschränkte Selektivität bieten. Neuerdings gibt es Laserlichtquellen in Form von Halbleiterdioden für den wichtigen Infrarotbereich von 3 bis 20 µm. In Verbindung mit Halbleiterdetektoren können anspruchsvolle Analysesysteme aufgebaut werden. Nachteilig ist, daß diese Dioden heute noch auf tiefe Temperaturen gekühlt werden müssen. Abhilfe versprechen hier Doppelheterolaserstrukturen, die bei Raumtemperatur arbeiten und auch für die optische Nachrichtentechnik benötigt werden.

Bei der **Brennstoffzelle** gelangt das zu messende Gas durch eine Kunststoffmembran (Teflon) in Berührung mit einem Elektrolyten, wo mit mehreren Elektroden, z.B. Meßelektrode, Bezugselektrode, Gegenelektrode, mit Hilfe eines Potentiostaten oder mit Hilfe eines Ionensensitiven Transistors: (ISFET) das entsprechende Redoxpotential gemessen wird, woraus Gasart und Konzentration abgeleitet werden können. Grundlage der ISFET-Elemente ist ein MOS-Transistor [FIS 82], bei dem das Metallgate fehlt, und dessen Gatefläche der zu messenden Lösung ausgesetzt ist. Um Selektivität für einzelne Ionenarten zu erzielen, wird auf eine Gatefläche eine ionensensitive Schicht aufgebracht. Je nach Ionengehalt der Lösung wird diese Schicht durch eingebaute oder absorbierte Ionen aufgeladen und dadurch die Schwellenspannung oder der Kanalwiderstand des MOS-Transistors verändert. Anhand des Ausgangssignals des Transistors läßt sich so die Ionenkonzentration erfassen.

**Lambdasonden** nach Bild 4.8-2 erlauben eine sehr genaue Messung des Sauerstoffgehaltes, um bei Verbrennungsmotoren die Schadstoffemission gering zu halten, und deshalb das Luft-Kraftstoff-Gemisch möglichst im stöchiometrischen Verhältnis $\lambda = 1$ zuzuführen und dadurch einen einwandfreien Betrieb nachgeschalteter Katalysatoren zu gewährleisten.

Weiterführende Literatur: [PRE 82].

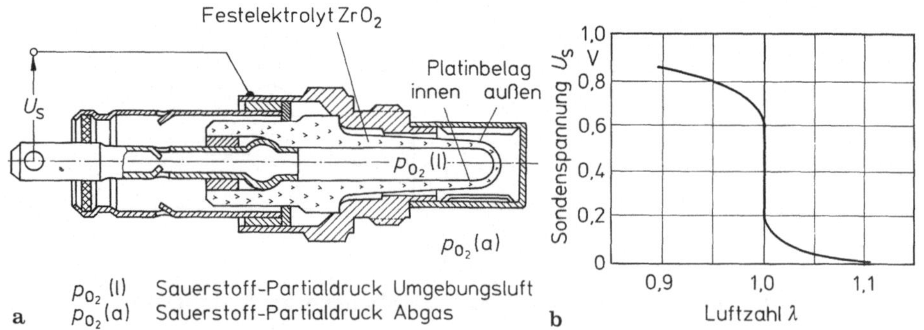


**Bild 4.8-2.** Lambdasonde [HEI 82].
a) Querschnitt, b) Abhängigkeit der Ausgangsspannung von der Luftzahl

## 4.9 Sensoren zur Messung von Temperaturen

Die Eigenschaften aller Materialien sind temperaturabhängig und können damit direkt oder indirekt zur Temperaturmessung herangezogen werden. Tabelle 4.9-1 gibt in Abhängigkeit von der Temperatur einen Überblick über die praktischen Anwendungsbereiche der gebräuchlichsten Verfahren.

Flüssigkeitstemperatursensoren mit Quecksilber, Alkohol oder Pentan arbeiten im Bereich von −190 bis +400 °C. Bei Erwärmung und damit Ausdehnung der Flüssigkeit schließt sich ein elektrischer Kontakt, bei Abkühlung öffnet er sich wieder. Das Anwendungsgebiet hierfür ist hauptsächlich in Hausgeräten zu sehen.

Für Temperatursensoren, die die Ausdehnung von Festkörperelementen, insbesondere von Metallen, bei Erwärmung ausnutzen, kennen wir den Stabausdehnungsregler und den Bimetallschalter. Beim Bimetallschalter sind zwei Streifen aus Metallen mit verschiedenen Ausdehnungskoeffizienten, z.B. 36 Ni 64 Fe, und 20 Ni 74 Fe + 6 Mn [GUI 71] fest miteinander verbunden, z.B. durch Kaltpressen. Bei Erwärmung entsteht eine Verbiegung des Bimetallstreifens, wodurch ein Kontakt betätigt wird.

Die Temperaturabhängigkeit der Leitfähigkeit von Metallen und Halbleitern wird ebenfalls für Temperatursensoren herangezogen. Dabei zeichnen sich metallische Widerstandsthermometer durch hohe Linearität und Langzeitstabilität aus, während Halbleiter einen höheren Temperaturkoeffizienten, aber auch eine größere Instabilität besitzen. Metallische Temperatursensoren werden vorteilhaft in Form von dünnen aufgedampften oder aufgestäubten Nickel-, Platin- oder Tantalschichten für den Temperaturbereich von −50 bis +250 °C und mit einem Temperaturkoeffizienten TK $\approx$ 2%/K hergestellt [KAL 82]. Für Widerstandsthermometer auf Halbleiterbasis nützt man Änderungen der Ladungsträgerdichte oder der Beweglichkeit aus. Durch die Abnahme der Beweglichkeit bei zunehmender Temperatur in Silizium können bei niedrigen Dotierungen über die Messung des Ausbreitungswiderstandes (engl.: spreading resistance) Temperatursensoren realisiert werden. Der Temperaturkoeffizient liegt etwas unter 1%/K für den Bereich von −50 bis +350 °C [RAA 82].

Einfache und gleichzeitig empfindliche Temperaturmessungen erlaubt ein Schwingquarz, der nicht wie üblich mit dem AT- oder BT-Winkel geschnitten ist. Damit entsteht eine Temperaturabhängigkeit der Schwingfrequenz, die z.B. über Zählerschaltungen leicht auszuwerten ist [ZIE 82].

Für höhere Temperaturen und für berührungslose Messung verwendet man Strahlungssensoren: Pyrometer (griech. *pyr:* Feuer).

**Tabelle 4.9-1.** Temperatursensoren: Anwendungsbereiche verschiedener Technologien

| Verfahren | Materialien | Bereich | | |
|---|---|---|---|---|
| Dampfdruck flüssige Gase | Helium | 0,40 K | bis | 4 K |
| | Wasserstoff | 14 K | bis | 21 K |
| | Sauerstoff | −207°C | bis | −182°C |
| | Ammoniak | −77°C | bis | 33°C |
| Ausdehnung von Flüssigkeiten | Quecksilber | −38°C | bis | + 400°C |
| | Äthylalkohol | −110°C | bis | + 100°C |
| | Pentan | −190°C | bis | + 100°C |
| Ausdehnung von Festkörpern | "Bimetall" | −10°C | bis | + 300°C |
| Änderungen des elektrischen Widerstands | Platin | −220°C | bis | + 850°C |
| | Halbleiter | −50°C | bis | + 350°C |
| Thermoelektrizität | Piezoelektrische Kristalle | | Infrarot | |
| | Kupfer-Konstantan | | bis | 600°C |
| | Eisen-Konstantan | | bis | 900°C |
| | Nickelchrom | | bis | 1300°C |
| | Platinrhodium-Platin | | bis | 1600°C |
| Quarzschwingung | Quarz | −200°C | bis | 200°C |
| Glühfarbe: Pyrometer | Platin | + 700°C | bis | 3500°C |

Für den Infrarotbereich eignen sich piezoelektrische Kristalle durch ihren gleichzeitigen thermoelektrischen Effekt.

## 4.10 Analog-Digital-Umsetzer

Der prinzipielle Aufbau von Analog-Digital-Umsetzern (*ADU*) ist in Bild 4.10-1 gezeigt. Das Analogsignal gelangt an den Eingang eines Abtastgliedes, das in regelmäßigen Abständen Stichproben aus dem Analogsignal entnimmt und die gemessene Amplitude bis zur nächsten Stichprobenmessung speichert. Im nachfolgenden Umsetzer erfolgt dann die Quantisierung und Codierung.

Je nach der Form der Umsetzung unterscheiden wir parallele, sequentiell-parallele, und rein sequentielle Verfahren für die direkte Umsetzung und darüber hinaus noch indirekte Verfahren.

Beim **parallelen** Verfahren vergleicht man die zu messende Spannung mit der Spannung an einer Kette von gleichen Widerständen mit Hilfe von Komparatoren (Bild 4.10-2a). Um eine feine Stufung zu erhalten, ist

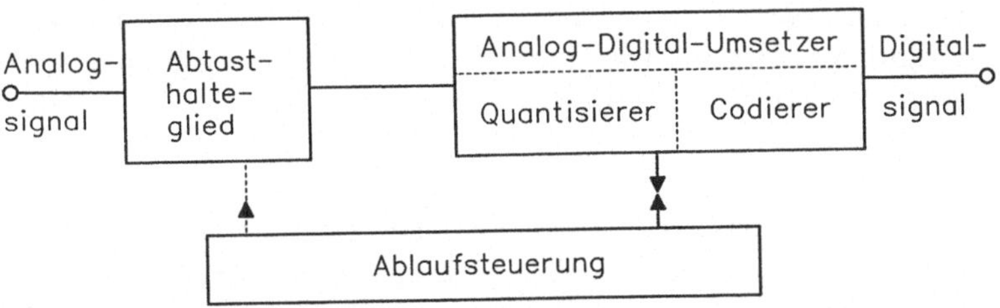


**Bild 4.10-1.** Grundaufbau von Analog-Digital-Umsetzern [SEI 77]

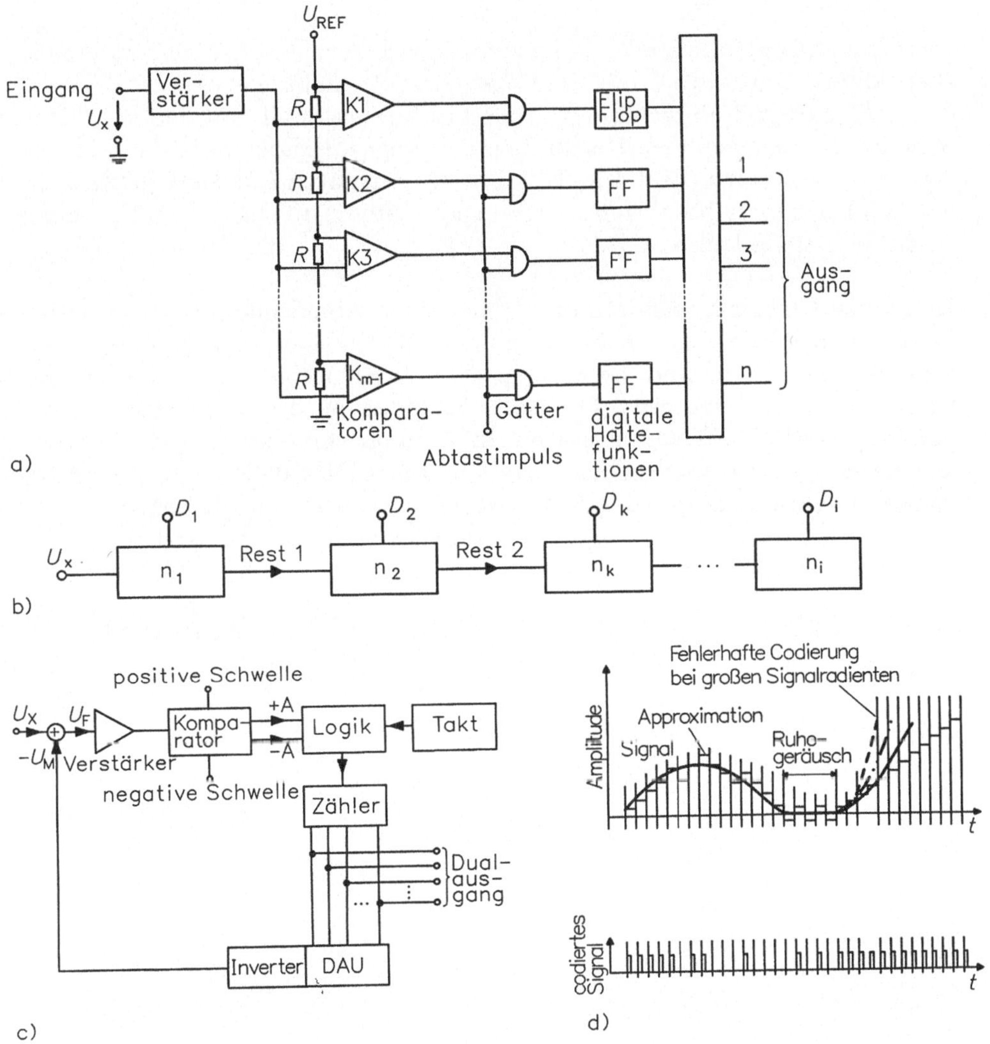

**Bild 4.10-2.** Umsetzverfahren bei Analog-Digital-Umsetzern. [SEI 77].
a) Parallel-Verfahren, b) sequentiell-paralleles oder Kaskadenverfahren, c) rein sequentielles Verfahren, d) indirekter Umsetzer: Delta-Modulation

der Aufwand beträchtlich. Der Vorteil dieser Anordnung gegenüber den folgenden ist aber, daß die Umsetzung sehr schnell, weil in einem einzigen Schritt erfolgt. Umsetzer mit einer Auflösung von 8...10 bit sind auf dem Markt.

Zu geringerem Aufwand, aber auch längeren Umsetzungszeiten, gelangt man mit dem **sequentiell-parallelen** oder Kaskadenverfahren. Hier wird in einer ersten Stufe das Signal mit den größten Teilstufen verglichen, einem Teilbereich zugeordnet, anschließend dessen unterer Grenzwert vom Signal abgezogen und das Differenzsignal der nächst feineren Meßstufe zugeleitet usw.. Dieses Verfahren heißt deshalb auch postsubstraktiv (Bild 4.10-2b).

In **rein sequentiellen** oder zyklischen Umsetzern leitet man aus einem geschätzten Digitalwert ein Analogsignal ab, zieht dieses von dem zu messenden Signal ab, gewinnt daraus ein Fehlersignal, mit dem man den Schätzwert über mehrere Iterationen so lange korrigiert, bis das Fehlersignal zu Null wird (Bild 4.10-2c). Dieses Verfahren erfordert gegenüber den beiden zuerst beschriebenen den kleinsten Aufwand, benötigt aber auch die längste Umsetzzeit.

**Indirekte** Umsetzer wandeln die zu messende Amplitude einer Spannung in eine Hilfsgröße um, z.B. Frequenz oder Zeit, die billiger, genauer oder schneller zu messen sind. Im Prinzip handelt es sich also um die Realisierung eines Zählverfahrens. Die Delta-Modulation, die eine extreme Vereinfachung des Umsetzers gestattet, kann im erweiterten Sinne zu diesem Verfahren gezählt werden. Hier werden, wie Bild 4.10-2d zeigt, die Differenzen aufeinanderfolgender Abtastwerte nur mit einem Bit kodiert.

Weiterführende Literatur: [SEI 77, SEI 83].

# 5.0 Anzeigen und Bildschirme

## 5.1 Übersicht, Beurteilung, wirtschaftliche Gesichtspunkte

Ein grundsätzliches Problem ist die ungleichmäßige Verteilung der Sehschärfe über das Gesichtsfeld des menschlichen Auges gegenüber der gleichmäßigen Verteilung der Bildpunkte bei den meisten Anzeigegeräten. Nur ein enger Bereich der Netzhaut (die Fovea centralis) hat die maximale Sehschärfe. Wenn wir einen Gegenstand genau sehen wollen, drehen wir das Auge so, daß der Gegenstand auf die Fovea centralis projiziert wird. In diesem Bereich können wir noch zwei Linien unterscheiden, die einen Abstand von einer Winkelminute haben (in 20 cm Entfernung betrachtet, ein Abstand von einem zwanzigstel Millimeter). Außerhalb der Fovea centralis nimmt die Sehschärfe rasch ab. Man kann insgesamt etwa 600 000 Bildpunkte unterscheiden (Bild 5.1-1). Diese 600 000 Bildpunkte entsprechen etwa auch der Zahl der Bildpunkte auf dem Fernsehschirm. Da diese Punkte jedoch gleichmäßig über die Bildfläche verteilt sind, ist die Auflösung im fixierten Bildteil schlecht, im nicht fixierten Bildteil zu gut. Vorschläge, auf dem Bildschirm nur den vom Auge fixierten Bereich scharf darzustellen, haben bislang keine Verwirklichung gefunden.

Heute bestehen im wesentlichen zwei *Fernsehnormen* für das Farbfernsehen, nämlich

525 Zeilen, 480 Bildelemente/Zeile = 252 000 Bildelemente in USA,
625 Zeilen, 525 Bildelemente/Zeile = 328 125 Bildelemente in Europa,

wobei jedes Bildelement, *Pixel* oder *PEL* (von engl.: *picture element*), wieder aus drei Farbpunkten, rot, grün, blau, besteht. Für die französische Schwarzweiß-Bildnorm von 819 Zeilen werden keine neuen Geräte mehr gebaut. Hochauflösende Kathodenstrahl-Bildröhren für graphische Anwendungen kommen mit Farbe bis auf 2000 Zeilen × 2000 Punkte / Zeile [AND 85], in Schwarzweißtechnik sogar bis 4000 Zeilen × 4000 Punkte/Zeile!

Die Anzahl der Bilder, die wir Menschen zeitlich nacheinander unterscheiden können, hängt von der Bildhelligkeit ab. Bei geringer Helligkeit verschmelzen bereits 10 Bilder/s, bei großer Helligkeit erst 60 Bilder/s.

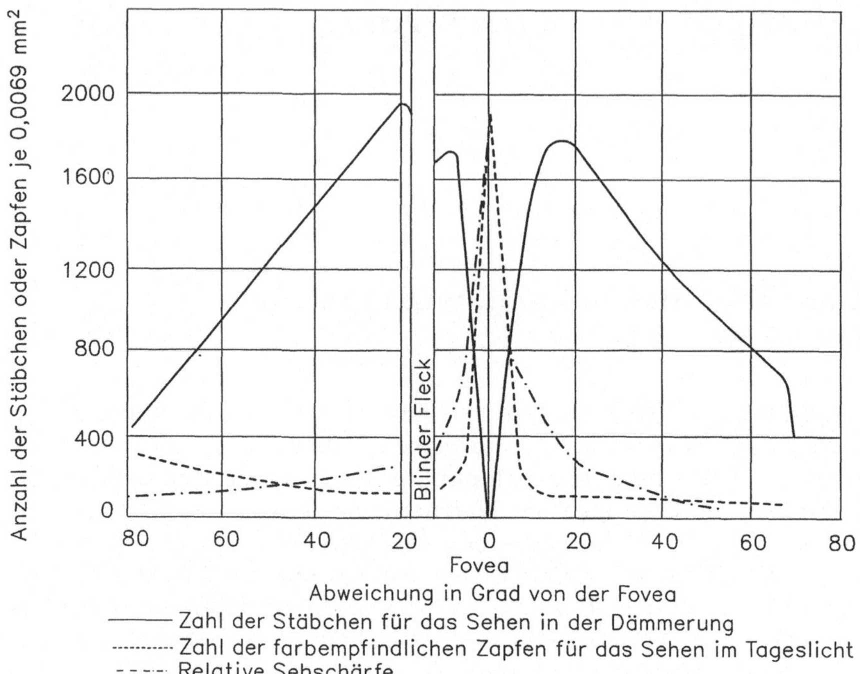


**Bild 5.1-1.** Auflösung des Auges als Funktion des Winkelabstands von der Fovea centralis [BAR 51]

Die Fernsehtechnik verwendet in den USA 30 Vollbilder, in Europa 25 Vollbilder oder 60 bzw. 50 Halbbilder je Sekunde. Bei sehr hell eingestellten Bildern empfinden wir das *Bildflimmern* noch bei 50 bzw. 60 Halbbildern je Sekunde. Günstige ergonomische Verhältnisse bei der Darstellung von Schrift und Graphik erzielt man mit Flimmerfreiheit durch Bildwechselzahlen über 100 Bildern je Sekunde und dunkler Schrift auf hellem Hintergrund. Allgemein versteht man unter *Dunkelfeldanzeigen* oder *Negativdarstellung* helle Zeichen auf dunklem Grund, unter *Hellfeldanzeigen* oder *Positivdarstellung* dunkle Zeichen auf hellem Grund. Die Positivdarstellung ist die Nachbildung des Papierbelegs. Sie ist vor allem bei der Textverarbeitung und anderen Anwendungen vorteilhaft, wo im Wechsel zwischen Papier und Bildschirm gearbeitet wird und das Auge sich nicht fortwährend auf unterschiedliche Helligkeitswerte adaptieren muß.

Die Aufnahme von Bildern, die Empfindung von Grauwerten und Farbe ist für uns Menschen wie auch für Tiere zurückführen auf eine Kette aufeinanderfolgender komplexer, zum Teil noch unverstandener Verarbeitungsschritte, die bei der Anregung des Auges durch das Licht beginnen und im Gehirn enden. Farbempfinden kann ausgelöst werden durch einzelne Spektralfarben oder eine beliebige Mischung von Spektralfarben, wobei jede wiederum beliebige Intensität besitzen kann. Aus zwei oder drei solchen Farbreizen kann man im weiteren durch additive Farbmischung eine beliebig große Zahl von weiteren Farbreizen erzeugen.

Die Farbbildschirme verwenden die additive Farbmischung, der Farbdruck die sogenannte subtraktive Farbmischung (Bild 5.1-2).

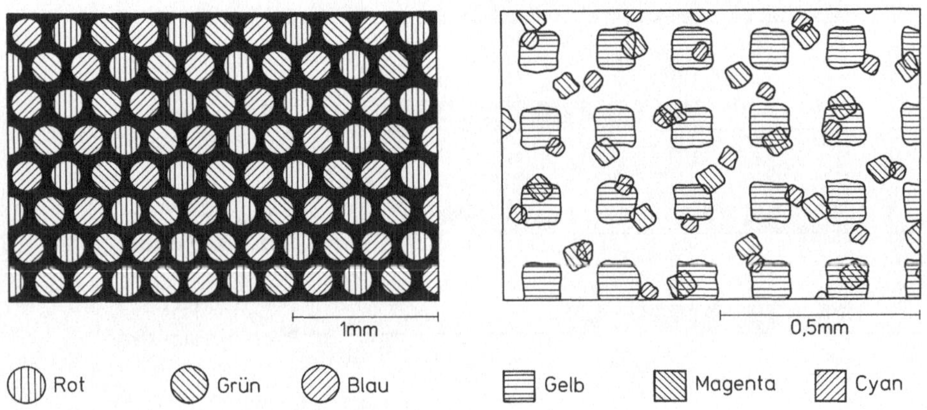


**Bild 5.1-2.** Erzeugung von Farben [RIC 80].
a) durch additive Farbmischung bei Bildschirmen, b) durch sogenannte subtraktive Farbmischung bei Buntdrucken

*Additive Farbmischung* liegt vor, wenn einzelne Punkte von Primärfarben, z.B. Blau, Rot, Grün, nebeneinander auf dem Bildschirm erscheinen oder – ähnlich wie bei einigen impressionistischen Malern, z.B. Seurat – nebeneinander auf das Papier gebracht werden. Bei der additiven Farbmischung können die einzelnen Farbkomponenten dem Auge nicht nur räumlich, sondern auch zeitlich versetzt angeboten werden, wobei deren Abstand genügend klein sein muß, um eine Verschmelzung der Farbkomponenten zu erreichen.

Die *sog. substraktive Farbmischung* liegt vor, wenn die einzelnen Farbkomponenten überlagert werden und – wenigstens teilweise – *transparent*, genau *transluzent*, sind oder sich die einzelnen Farbanteile, z.B. auf dem Papier, vor dem Trocknen mischen. So ist in Bild 5.1-3 gezeigt, wie mit den idealen Farben *Gelb, Zyan*, und *Magenta* durch die sog. subtraktive Farbmischung – die genau gesagt, wie bei der Reihenschaltung von Filtern, ein multiplikativer Vorgang ist – die Farben Blau, Rot, Grün und Schwarz erzeugt werden können. Durch Veränderung der Farbanteile lassen sich sinngemäß auch andere Farben herstellen. Da die realen Farben stark von den idealen Farben abweichen, läßt sich besonders Schwarz durch Überlagerung von Cyan, Gelb und Magenta nur unbefriedigend erzeugen. Es wird deshalb bei hohen Qualitätsansprüchen meistens noch Schwarz als vierte Farbe vorgesehen.

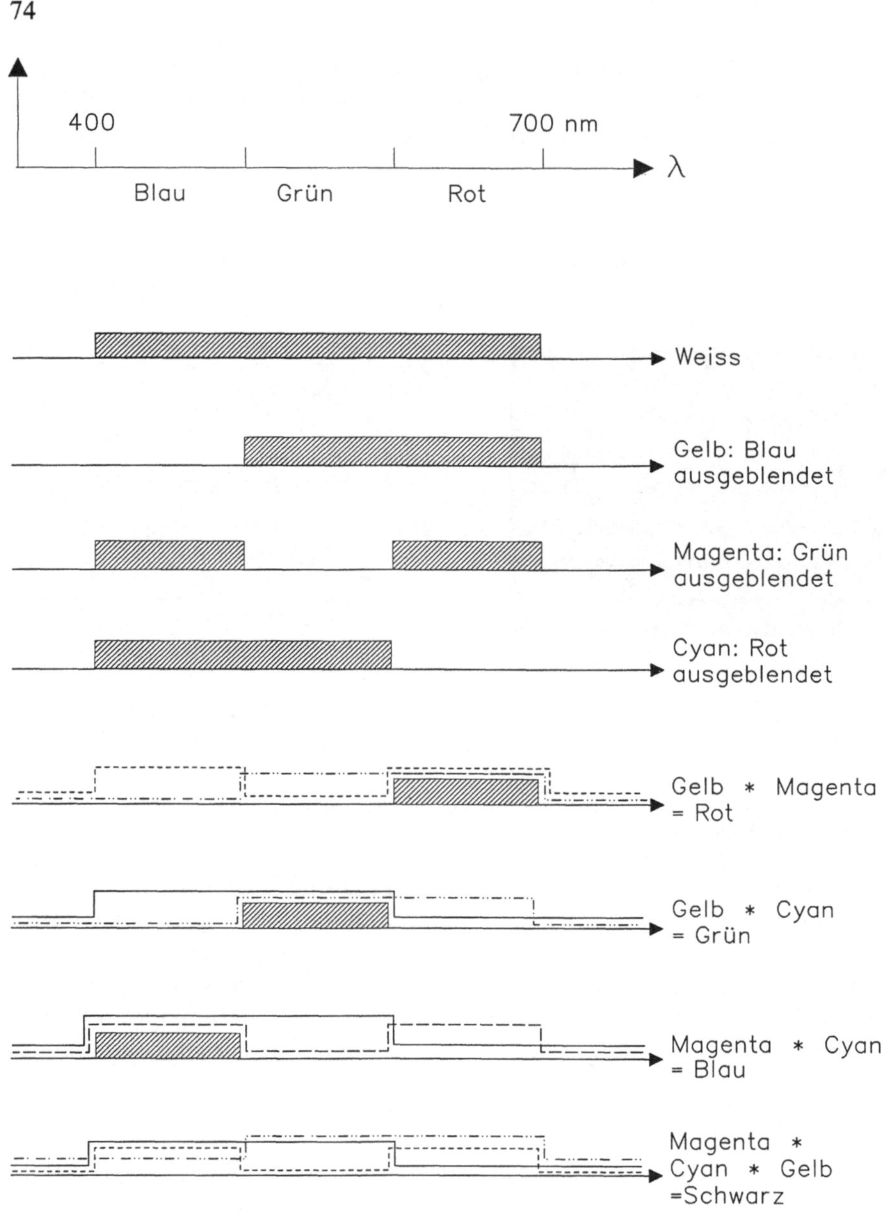


**Bild 5.1-3.** Prinzip der sog. subtraktiven Farbmischung

Zur Farbmessung hat die internationale Kommission für Beleuchtung (*CIE: Commission Internationale de l'Eclairage*) die auf der additiven Farbmischung dreier virtueller *Normvalenzen*, X, Y und Z, beruhende *Normfarbtafel* festgelegt (Bild 5.1-4). Die Koordinaten $x, y$ eines *Farbortes* in dieser Tafel geben dabei den entsprechenden Anteil der Normvalenzen X und Y an; der Anteil der dritten Normvalenz Z ergibt sich aus der Beziehung $x + y + z = 1$. Die entsprechende *Bunttafel* (Bild 5.1-5) versucht mit den gegebenen drucktechnischen Begrenzungen, die zu den

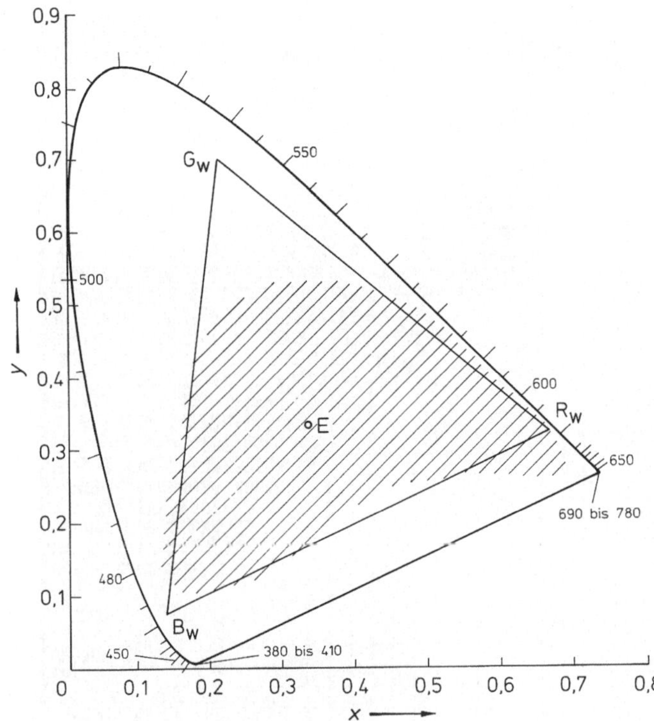


**Bild 5.1-4.** Normfarbtafel. Die schraffierte Fläche enthält die in der Natur vorkommenden Farben. Das Dreieck RGB enthält die mit den Primärfarben Rot, Grün, Blau durch additive Farbmischung erzielbare Farben. E Unbuntpunkt. Die Zahlen entlang der Spektralfarbenlinie geben die Wellenlänge des Lichtes in nm an.

Farborten gehörigen Farbarten wiederzugeben. Jeder Punkt der Bunttafel stellt eine *Farbart* dar. Farben gleicher Farbart unterscheiden sich nur durch ihre Helligkeit.

Die Menge der für unser Auge sichtbaren Bunttöne entspricht der in dem Kurvenzug umschlossenen Fläche in der Normfarbtafel. Dieser Kurvenzug ist zum einen bestimmt durch die Farborte der Spektralfarben, zum anderen durch die sogenannte *Purpurlinie*, die sich ergibt aus der additiven Farbmischung der Spektralfarben Blau, angrenzend zum Ultraviolett, und Rot, angrenzend zum Infrarot. In der Mitte der Fläche liegt der sogenannte *Unbuntpunkt: Weiß.*

Die praktische Bedeutung der Normfarbtafel wird ersichtlich, wenn man, wie dies in Bild 5.1-4 geschehen ist, die Farborte der *Primärfarben* von Farbanzeigen einträgt. Die sich ergebende Dreiecksfläche beschreibt die erzielbare Farbenvielfalt eines Gerätes und gestattet so auch den Vergleich mit anderen Geräten. Bei der Farbmischung von zwei Komponenten ergeben sich Mischfarben, deren Farborte auf der Verbindungslinie der Farborte der beiden Komponenten liegen. Beispielsweise wird

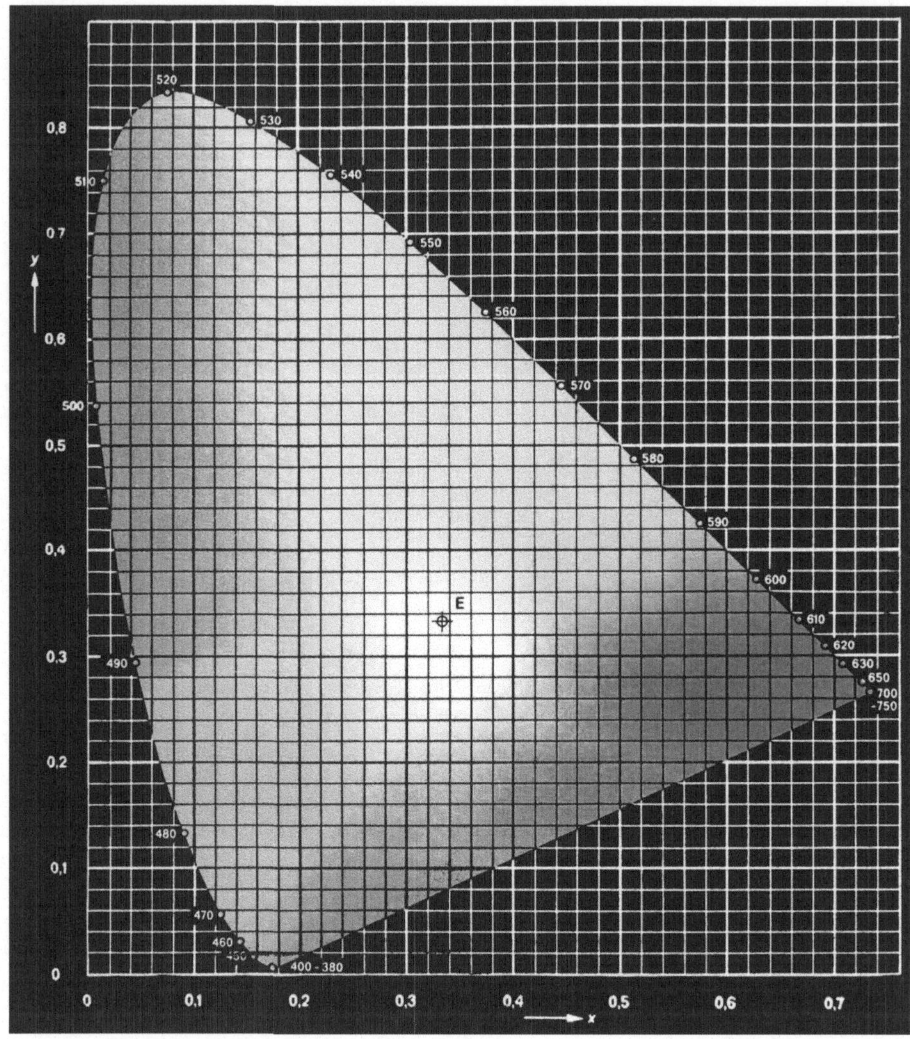


**Bild 5.1-5.** Normfarbtafel [DIN 78]

das weiße Leuchten vieler Monochrom-Kathodenstrahlröhren (Abschnitt 5.3.1) von einer Mischung aus blau- und gelbleuchtenden Leuchtstoffen erzeugt [SEI 86].

Weiterführende Literatur: [RIC 80, WYS 82].

Bild 5.1-6 gibt die Definition der Licht- und Beleuchtungsmaßeinheiten und die Umrechnung gegenüber dem englischen Einheitensystem an [TEX]. Die seit 1967 auf der Strahlung eines schwarzen Körpers bei der Temperatur des schmelzenden Platins aufgebaute Festlegung der Einheit der *Lichtstärke*, der *Candela* [BAU 75], ist 1979 durch den Bezug auf eine Lichtquelle bestimmter Frequenz und Leistung ersetzt worden [BIS 80].

| | |
|---|---|
| Lichtstärke I: | 1 Candela (lat. Kerze) = 1 cd.<br>Die Candela ist die Lichtstärke einer Strahlungsquelle, welche monochromatische Strahlung der Frequenz $540 \times 10^{12}$ Hz in eine bestimmte Richtung aussendet und deren Strahlstärke in dieser Richtung 1/683 Watt durch Steradiant beträgt. |
| Lichtstrom Ø: | 1 Lumen = 1 lm = 1cd × sr<br>Lichtquelle von 1 cd im Mittelpunkt einer Kugel mit 1 m Radius, Lichtstrom durch 1 $m^2$ auf der Kugeloberfläche (Gesamtfläche dieser Kugel 12,56 $m^2$; also Gesamtlichtstrom für diesen Fall 12,56 Lumen). |
| Beleuchtungsstärke E: | 1 $cd/m^2$ [= 1 nit = 1 nt]<br>1 Stilb = 1 $cd/cm^2$ = $10^4$ $cd/m^2$<br>1 foot-lambert = 3,426 $cd/m^2$ |
| Leuchtdichte L:(engl.: luminance) | 1 Lux (lat. Licht) = 1 lx = 1 $lm/m^2$<br>Der von einem Flächenelement einer leuchtenden Fläche in einen kleinen Raumwinkel bestimmter Richtung ausgestrahlte Lichtstrom. |
| Kontrast: (engl.: contrast) | K = Das Verhältnis der Differenz zwischen Informations- und Hintergrundleuchtdichte $L_1 - L_2$ einer Anzeige zu der Leuchtdichte des Hintergrundes $L_2$ |
| Kontrastverhältnis: (engl.: contrast ratio) | $K_V$ = Das Verhältnis der gesamten Leuchtdichte $L_1 + L_2$ einer Anzeige zu der Leuchtdichte des Hintergrundes $L_2$. |

**Bild 5.1-6** Maßeinheiten und Umrechnungsbeziehungen für Licht und Beleuchtung

Die große Zahl der Anzeigentechnologien läßt sich nach verschiedenen Gesichtspunkten in Klassen einteilen:

**Anzeigen mit aktiven und passiven Zellen**

Aktive Zellen sind selbstleuchtende Zellen, passive Zellen wirken als *Lichttore* oder *Lichtventile* in Reflexion bzw. Transmission gegenüber einer meist zentralen Lichtquelle. Für aktive und passive Zellen unterscheiden wir zwei Arten der Anwendung, nämlich erstens in Anzeigen für direkte Betrachtung, bei denen die von den Zellen ausgehenden Lichtstrahlen unmittelbar das Auge treffen, und zweitens in Projektionsanzeigen, bei denen das Licht erst über den Umweg über eine Projektionswand unser Auge erreichen.

Passive Zellen (z. B. Flüssigkristallzellen) sind bei direkter Betrachtung für den Benutzer vorteilhafter, da sie ohne Raumabdunklung benutzt werden können und somit zu geringerer Ermüdung führen (siehe auch "Hellfeldanzeigen", Seite 72). Dies gilt selbstverständlich nicht, wenn die passiven Zellen eine Projektionsanordnung steuern.

Passive Anzeigen zeichnen sich dadurch aus, daß ihr Kontrast nahezu unabhängig von der Umgebungshelligkeit ist, wenn deren Größe über 100 cd/m$^2$ liegt. Sie eignen sich dadurch vor allem für mittlere bis sehr hohe Umgebungshelligkeiten, speziell für rasch veränderliche Sichtverhältnisse, während aktive Anzeigen für niedrige bis mittlere Umgebungshelligkeiten besser geeignet sind (Bild 5.1-7) [SCH 75].

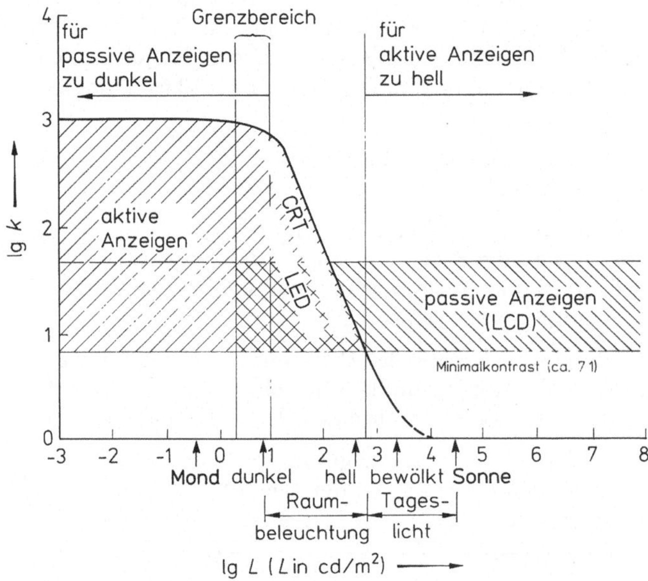


**Bild 5.1-7.** Kontrast verschiedener Anzeigen in Abhängigkeit von der Umgebungshelligkeit [SCH 75]

Aufgrund ihrer weiter fortgeschrittenen Entwicklung sind heute Anzeigen mit aktiven Zellen, vor allem die Kathodenstrahlröhre, gegenüber Anzeigen mit passiven Zellen noch weit in der Überzahl.

## Anzeigen mit speichernden und nichtspeichernden Zellen

Speichernde Zellen können nach Dateneingabe die Information bewahren, in einigen Fällen auch bei Stromausfall beliebig lange. Bei nichtspeichernden Zellen ist oft ein zusätzlicher Bildspeicher erforderlich, der besonders bei großen Anzeigen mit vielen Bildpunkten (Entwurfsverarbeitung, Graphik) einen beachtlichen Kostenfaktor darstellt. Es darf allerdings nicht verschwiegen werden, daß die Realisation speichernder Anzeigezellen oft beträchtliche technische Schwierigkeiten bietet, insbesondere das Einhalten der geforderten Toleranzen.

## Art des physikalischen Vorgangs in der Anzeigezelle

Bild 5.1-8 zeigt eine Reihe dieser physikalischen Prinzipien nach ihrer Geschwindigkeit geordnet. Darüber ist eine Reihe von Anzeigetechnolo-

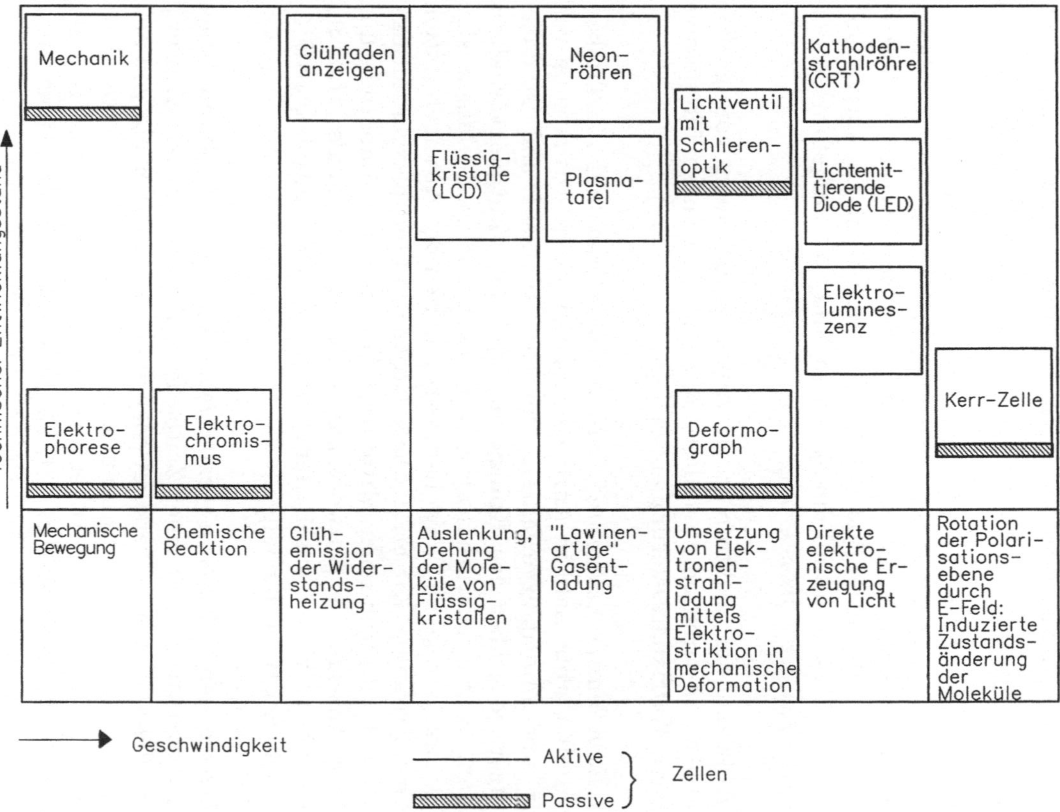


**Bild 5.1-8.** Anzeigetechnologien, geordnet nach der Geschwindigkeit, dem zugrundeliegenden physikalischen Vorgang und dem Entwicklungsstand

gien in einer Höhe aufgetragen, die ihrem jeweiligen Entwicklungsstand entspricht.

**Art der Adressierung als wesentliches Konstruktionsmerkmal**
Wir unterscheiden hier das Ansprechen der Zelle einer Anzeige durch einen Elektronen- oder einen Lichtstrahl oder mittels einer elektronischen Matrixschaltung. Bild 5.1-9 zeigt, aufgeteilt in aktive und passive Anzeigezellen, die Einordnung der in Bild 5.1-8 aufgeführten Beispiele nach der Art der Adressierung.

Um den Aufwand der elektronischen Ansteuerung auch von großen Anzeigematrizen in Grenzen zu halten, hat man Verfahren für passive und für aktive Matrixadressierung entwickelt:

Bei der *passiven Matrixansteuerung* bedient eine kleine Zahl von Treiberschaltungen eine große Zahl in Anzeigeelementen unter Ausnutzung von Koinzidenz- und Multiplexverfahren. Der Elektronikaufwand ist dabei umso geringer, je größer das Koinzidenz- und das Multiplexverhältnis werden kann. Koinzidenzverhältnisse von zwei und mehr lassen sich erreichen bei ausgeprägtem Schwellenwertverhalten der Anzeigefunktion gegenüber der Erregung. Die erreichbare Größe des Multiplexverhältnis - ses ist bestimmt durch die den Mittelwert bestimmende Amplitude und Dynamik der Anzeige als Antwort auf einen Erregerimpuls. Hat das Anzeigeelement Speichereigenschaften, so erreicht das Multiplexverhältnis theoretisch den Wert unendlich.

*Multiplexbetrieb*, genau *Zeitmultiplexbetrieb*, sieht vor, daß während eines Zeitabschnittes $\Delta t$ innerhalb einer Zeitperiode $T$ die Adressierelektronik die Anzeigezelle mit Energie versieht oder auch nicht, in der übrigen Zeit der Periode die Zelle aber unbeaufschlagt bleibt. Das verwertbare *Multiplexverhältnis* $T/\Delta t$ variiert, entsprechend der Anzeigetechnologie, von eins, d.h. keine Multiplexbarkeit, bis zu Werten von weit über einer Million, z.B. für die Kathodenstrahlröhre (siehe auch Tabelle 5.13-1). Bei der Adressierung von Anzeigematrizen verlangt man beides: ausreichendes Koinzidenzverhältnis und großes Multiplexverhältnis: Bei $n$ Zeilen, die periodisch aufgerufen werden, ist ein Multiplexverhältnis von $n$ erforderlich. Dabei ist mindestens das Koinzidenzverhältnis zwei nötig: Entlang der aufgerufenen Zeile müssen alle Zellen, die nicht gleichzeitig von einem Kolonnenimpuls beaufschlagt sind, unerregt bleiben, ebenso die Zellen entlang einer aktivierten Kolonnenleitung, die nicht gleichzeitig einen Zeilenimpuls erhalten. Die Licht- und Elektronenstrahladressierung beruht ihrer Natur nach ebenfalls auf Multiplexverfahren. Für große Anzeigetafeln und ausreichende Helligkeit ist dabei von der Anzeigezelle hohes Multiplexverhältnis oder Speicherfähigkeit verlangt.

Die Technologie der *aktiven Matrixansteuerung*, vor allem mittels des *Dünnschichttransistors* (engl.: *thin-film transistor, TFT*), hat in den

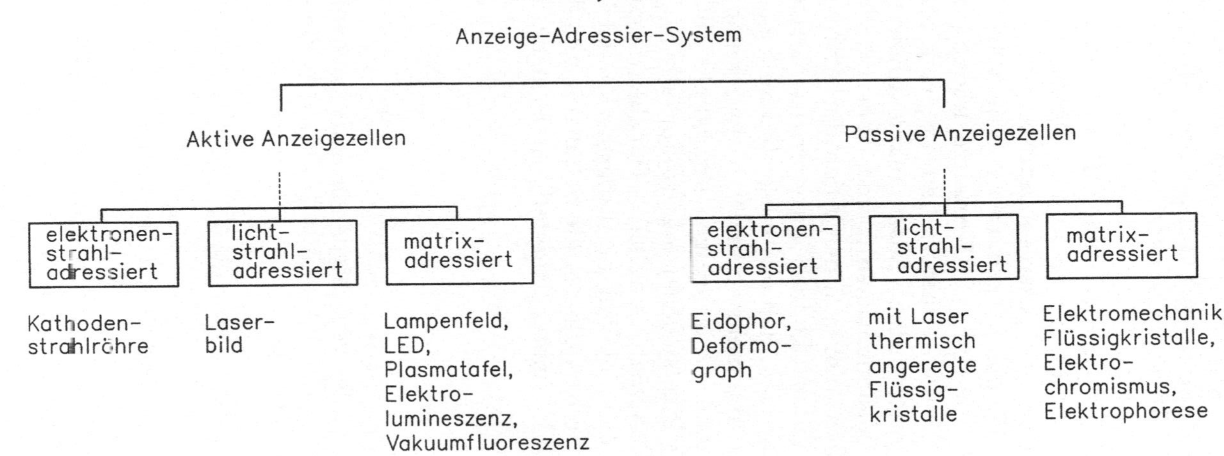


**Bild 5.1-9.** Anzeigetechnologien, geordnet nach aktiven und passiven Zellen und nach Art der Adressierung

letzten Jahren erhebliche Fortschritte gemacht. Die Grundidee ist hier die Vorgabe eines bestimmten Potentials für jeden einzelnen Bildpunkt einer Anzeigematrix durch einen Dünnschicht-Kondensator, der über einen Transistorschalter ge- und entladen wird. Aktive Adressierung bedeutet im Bildpunkt integrierte Ansteuerschaltung. Jedem Pixel ist eine eigene Adressier- und Treiberschaltung zugeordnet. Vorteile der aktiven Adressierung sind gegenüber der passiven Adressierung mit Multiplexbetrieb zum ersten größere Helligkeit, zum zweiten die Möglichkeit, Graustufen zu erzeugen. Die einzelnen TFT-Ansätze können am besten an Hand der verwendeten Halbleitermaterialien unterschieden werden, wie polykristallines Silizium, mittels Laser rekristallisiertes Silizium, amorphes Silizium: a-Si, Cadmiumselenid und andere mehr. Große Fortschritte sind in den letzten Jahren hinsichtlich der Ansteuerung von Flüssigkristallzellen bis hin zu kleinen Farbfernsehschirmen erzielt worden. Es konnte gezeigt werden, daß mit dieser Technik auch hohe Betriebsspannungen von 150 V und mehr zu erzielen sind, was den Betrieb von Plasma- und Elektrolumineszenzanzeigen ermöglicht [BOL 85, UNA 83, SPE 82]. Wegen der Pixelspeicherung ist vor allem der Aufbau von Anzeigen mit hoher Punktzahl möglich. Darüber hinaus macht die implizite Reduktion der prinzipiellen Leistungsmerkmale der Anzeigezelle, wie z.B. die Steilheit der Kennlinien, die Schaltzeit und die Toleranzanforderungen, den Nachteil höherer Herstellkosten mehr als wett [LÜD 82, LUO 82].

**Beurteilungsgesichtspunkte:**

Für die Beurteilung und den Vergleich der verschiedenen Anzeigetechnologien können wir, über die Aufzählung in Abschnitt 2.4 hinausgehend, eine Reihe von Gesichtspunkten herausstellen, die in folgender Liste aufgeführt sind:

- Anzeigefunktion
  - Art der Zeichendarstellung: Als Vollzeichen, in Segmentform, als Matrix oder in Vektorform,
  - Auflösung, angegeben in Bildelementen je mm; im Englischen noch: Bildelemente je inch (*PELs per inch*),
  - Speicherfähigkeit,
  - Farbanzeige,
  - Grauwert-Anzeige,
  - Möglichkeit der Anwendung von Lichtgriffeln.
- Geschwindigkeit
  - Verzögerung zwischen elektrischem Erregerimpuls und Lichtimpuls bei aktiver Zelle bzw. Veränderung des Zustandes vom Schließen zum Öffnen und vom Öffnen zum Schließen bei Lichttoren,
  - Maximal erreichbare Betriebsfrequenz.

Wert der Welt - Jahresproduktion in Millionen US - Dollar

| Technologie | 1983 | 1984 | 1985 | 1986 | 1987 | 1988 | 1989 | 1990 | 1985-1990 |
|---|---|---|---|---|---|---|---|---|---|
| Kathodenstrahlröhre | 22 962 | 28 230 | 24 786 | 22 700 | 23 225 | 25 764 | 26 475 | 25 412 | 1% |
| LED | 40 | 48 | 58 | 70 | 74 | 78 | 93 | 112 | 14% |
| LCD | 42 | 60 | 90 | 122 | 155 | 169 | 219 | 276 | 25% |
| VFD | 14 | 18 | 22 | 26 | 31 | 37 | 44 | 55 | 20% |
| Plasma | 30 | 35 | 45 | 52 | 57 | 64 | 76 | 91 | 15% |
| Elektrolumineszenz | 3 | 10 | 17 | 26 | 38 | 46 | 52 | 60 | 29% |
| Flache Kathodenstrahlröhren | 0 | 0 | 2 | 4 | 8 | 10 | 15 | 18 | 55% |
| Andere lichtemittierende Anzeigen | 0 | 0 | 1 | 3 | 5 | 7 | 9 | 12 | 64% |
| Passive Nicht-LCD Anzeigen | 0 | 0 | 2 | 6 | 13 | 21 | 31 | 44 | 86% |
| Total ohne Kathodenstrahlröhre | 129 | 171 | 237 | 309 | 381 | 432 | 539 | 688 | 23% |

Stückzahlen der Welt - Jahresproduktion in Tausend Einheiten

| Technologie | 1983 | 1984 | 1985 | 1986 | 1987 | 1988 | 1989 | 1990 | 1985-1990 |
|---|---|---|---|---|---|---|---|---|---|
| Kathodenstrahlröhre | 10 710 | 15 640 | 16 200 | 17 080 | 19 100 | 23 380 | 26 770 | 29 010 | 13% |
| LED | 137 | 192 | 259 | 350 | 407 | 476 | 630 | 843 | 27% |
| LCD | 235 | 372 | 599 | 815 | 988 | 1,088 | 1,287 | 1,525 | 21% |
| VFD | 50 | 64 | 76 | 88 | 113 | 136 | 168 | 220 | 24% |
| Plasma | 64 | 74 | 98 | 108 | 123 | 154 | 190 | 236 | 19% |
| Elektrolumineszenz | 1 | 5 | 15 | 30 | 53 | 80 | 125 | 177 | 65% |
| Flache Kathodenstrahlröhren | 0 | 0 | 26 | 64 | 100 | 168 | 255 | 309 | 64% |
| Andere lichtemittierende Anzeigen | 0 | 0 | 1 | 9 | 13 | 19 | 32 | 60 | 127% |
| Passive Nicht-LCD Anzeigen | 0 | 1 | 5 | 8 | 13 | 18 | 26 | 33 | 146% |
| Total ohne Kathodenstrahlröhre | 488 | 708 | 1 076 | 1 481 | 1 841 | 2 202 | 2 813 | 3 551 | 27% |

- Leistungsbedarf
  - Betriebsspannungen: Gefahr und Kosten bei der Verwendung von sehr hohen Spannungen, Bedeutung von sehr kleinen Spannungen bei tragbaren Geräten,
  - Strombedarf, stark verschieden je nach Technologie: Von $\mu A/cm^2$ bei LCD-Anzeigen bis zu $A/cm^2$ bei LED- und mechanischen Anzeigen,
  - *Lichtausbeute*: Wirkungsgrad in Lumen/Watt (lm/W).
- Größe und Form
- Zuverlässigkeit
  - Toleranzbereich,
  - Lebensdauer,
  - Wartung.
- Benutzerfreundlichkeit
  - Helligkeit,
  - Kontrast,
  - Flimmern,
  - Betrachtungswinkel,
  - Entspiegelung [BEA 84],
  - Betrieb bei normalem Raumlicht.
- Kosten beeinflußt vor allem durch:
  - Art der Adressierung,
  - Packung,
  - Herstellbarkeit,
  - Einzel- oder Massenfertigung.

Wirtschaftliche Gesichtspunkte sind in Tabelle 5.1-10 zusammengefaßt.

Weiterführende Literatur: [ALL 80, CAS 82, CHA 80, FIS 80, KNO 86, SHE 79, TAN 85].

## 5.2 Glühfadenanzeigen

Glühfadenanzeigen, auf der von Heinrich Goebel 1854 erfundenen und von Thomas Edison 1879 zur Industriereife entwickelten Glühfadenlampe beruhend, gehören zu den ältesten aktiven Anzeigevorrichtungen.

Als physikalischen Vorgang haben wir die Wärmestrahlung auf Grund der Erwärmung eines Metalldrahtes, meistens Wolfram, durch Gleich- oder Wechselstrom. Die Strahlungsdichte als Funktion der Temperatur und der Wellenlänge wird von der im Jahre 1900 aufgestellten Planckschen Strahlungsformel beschrieben. Die Leuchtdichte – die Strahlungsdichte im sichtbaren Bereich – an der Oberfläche des Drahtes ist sehr hoch: $5 \times 10^6$ cd/m$^2$ , die Lichtausbeute mit 15 bis 20 Lumen/Watt gering gegenüber anderen Beleuchtungstechnologien, hoch aber gegenüber anderen Anzeigetechnologien.

Industrieausführungen sehen vor, den Draht in einem Glaskolben mit Stickstoff unter Atmosphärendruck zu umgeben, um Oxidation und Verdampfung, und auch Metallniederschlag auf der Innenseite des Glaskolbens, klein zu halten und ausreichende Lebensdauer von ca. 1000 Stunden zu gewährleisten.

Neben Lampenfeldern gibt es auch Segment-Anzeigen mit 7 oder 16 Segmenten, die von einzelnen Glühfäden gebildet werden. Mit Hilfe der Dünnschichttechnik lassen sich kostengünstig Matrixanordnungen mit hoher Auflösung herstellen [ALT 73, HOC 73]. Diese Anzeigen sind für besondere Anwendungen, z.B. Anzeigen in Flugzeugkanzeln, auch heute wichtig, da sie die größte aichtstärke aller bisher bekannten Anzeigetechniken aufweisen, TTL-(Transistor-Transistor-Logik-)kompatibel und multiplexbar sind und militärischen Anforderungen bezüglich Temperaturbereich, Stoß, Vibration, Lebensdauer und Zuverlässigkeit genügen.

## 5.3 Kathodenstrahlröhren

### 5.3.1 Fernseh-Schwarzweiß- und -Farbröhren

Die *Kathodenstrahlröhre* (engl.: *cathode ray tube, CRT*) wurde von Karl Ferdinand Braun im Jahre 1898 erfunden. Sie beruht auf der Erzeugung eines Elektronenstrahls in einer evakuierten Glasröhre mit Hilfe einer Glühkathode und eines Wehneltzylinders zur Beschleunigung und Fokussierung der Elektronen und der magnetischen und/oder elektrostatischen Ablenkung des Strahles, der schließlich auf eine Leuchtstoffschicht im Innern der Glasröhre auftrifft und sie dort zum Aufleuchten bringt: Äußere Bahnelektronen der Leuchtstoffatome gelangen auf ein höheres Energieniveau und fallen nach einer gewissen Verweilzeit, unter Umständen über Zwischenstufen, unter Aussendung von Licht wieder auf die alte Bahn zurück. Die mittlere Verweildauer der Elektronen auf der höheren Bahn – die Nachleuchtzeit – kann dabei in weiten Grenzen über die Materialauswahl je nach den Anforderungen eingestellt werden.

Die Kathodenstrahlröhre, zuerst *Braunsche Röhre* genannt, wurde zuerst für physikalische Messungen eingesetzt, später für das Fernsehen weiterentwickelt und findet seit etwa 1950 Verwendung als Sichtanzeige für Informationssysteme.

Aufgrund ihrer großen Verbreitung auf dem Unterhaltungsgebiet – über 300 Millionen Fernsehgeräte in der Welt im Jahre 1980 – und des damit verbundenen günstigen Leistung/Preis - Verhältnisses haben sich die Kathodenstrahlröhren einen außerordentlich großen Anwendungs- und Marktbereich erobern können. Deshalb haben auch alle anderen Anzeigetechnologien nur dann Erfolgsaussichten, wenn wesentlich andere Leistungskriterien verlangt werden, als diejenigen, die von der Kathodenstrahlröhre erreicht werden, z. B.: Kleine Bautiefe, sehr kleines oder sehr großes Anzeigefeld, leichte Tragbarkeit bei kleinen Spannungs- und Leistungswerten, usw. [TAN 78, SCH 76].

Die erwähnte große Bedeutung der Kathodenstrahlröhre für den Unterhaltungssektor führte zu zahlreichen und bedeutenden Verbesserungen, besonders bei Farbbildröhren. Hier sind vor allem die Schattenmaskentechnologie, die Delta-Kanone (Bild 5.3-1a), das Konzept des Trinitrons (Bild 5.3-1b) und schließlich des "Precision-in-line-Systems" (Bild 5.3-1c) zu erwähnen [HER 74, HER 76].

Trinitron und Precision-in-line-Systeme sind wegen ihrer Schlitzblenden gegenüber den Lochblenden der Delta-Kanonen-Anordnung leichter zu justieren. Das Trinitron wird einzig von Sony hergestellt mit einer Rekorddiagonalen von 82 cm [MAN 78, YOS 68]. Die heute weit verbreitete Precision-in-line-Anordnung verringert durch die Maskenquerstege Einflüsse ungleicher Maskenerwärmung und -ausdehnung bei örtlich verschiedenen Bildhelligkeiten, was besonders wichtig ist, wenn Text und Graphik dargestellt werden.

Auf der dem Elektronenstrahl zugewandten Seite der Leuchtstoffschicht ist eine dünne Aluminiumschicht aufgedampft. Diese Aluminiumschicht wirkt als Spiegel für das rückwärts, gegen die Elektronenkanone, gerichtete Licht, verhindert, daß dieses Licht ungenutzt ins Innere der Röhre strahlt und erhöht somit die Lichtausbeute und den Wirkungsgrad fast um den Faktor zwei. Bei ihrer geringen Dicke von nur 0,1 µm dämpft und streut sie den Elektronenstrahl nur unwesentlich. Weiterhin leitet diese Schicht unerwünschte Oberflächenladungen ab, die z.B. durch Sekundärelektronenemission entstehen [SEI 86].

Die störende Reflexion des Umgebungslichtes kann man durch Entspiegelung verringern: Durch Aufrauhen der Oberfläche und optische Vergütung erreicht man eine Reduktion des reflektierten Lichtes von ca. 4% auf ca. 0,2%.

Zur Verminderung der *elektromagnetischen Abstrahlung* – die auf dem Bildschirm dargestellte Information kann mit empfindlichen Geräten im Abstand bis zu 50 m und mehr "abgehört" werden – belegt man die Bildschirmvorderseite mit einer elektrisch leitenden und zugleich optisch durchlässigen Schicht, z.B. mit Indiumzinnoxid, ITO.

Von den zwei möglichen Ablenkarten des Elektronenstrahls, nämlich durch magnetische und durch elektrische Felder, wird heute fast ausschließlich die magnetische verwendet, vor allem deshalb, weil die Magnetspulen außerhalb des Röhrenkolbens angeordnet werden können.

Um die Verluste zu vermeiden, die durch auf die Masken auftreffenden Elektronen entstehen, bringt man magnetische Fokussiereinrichtungen

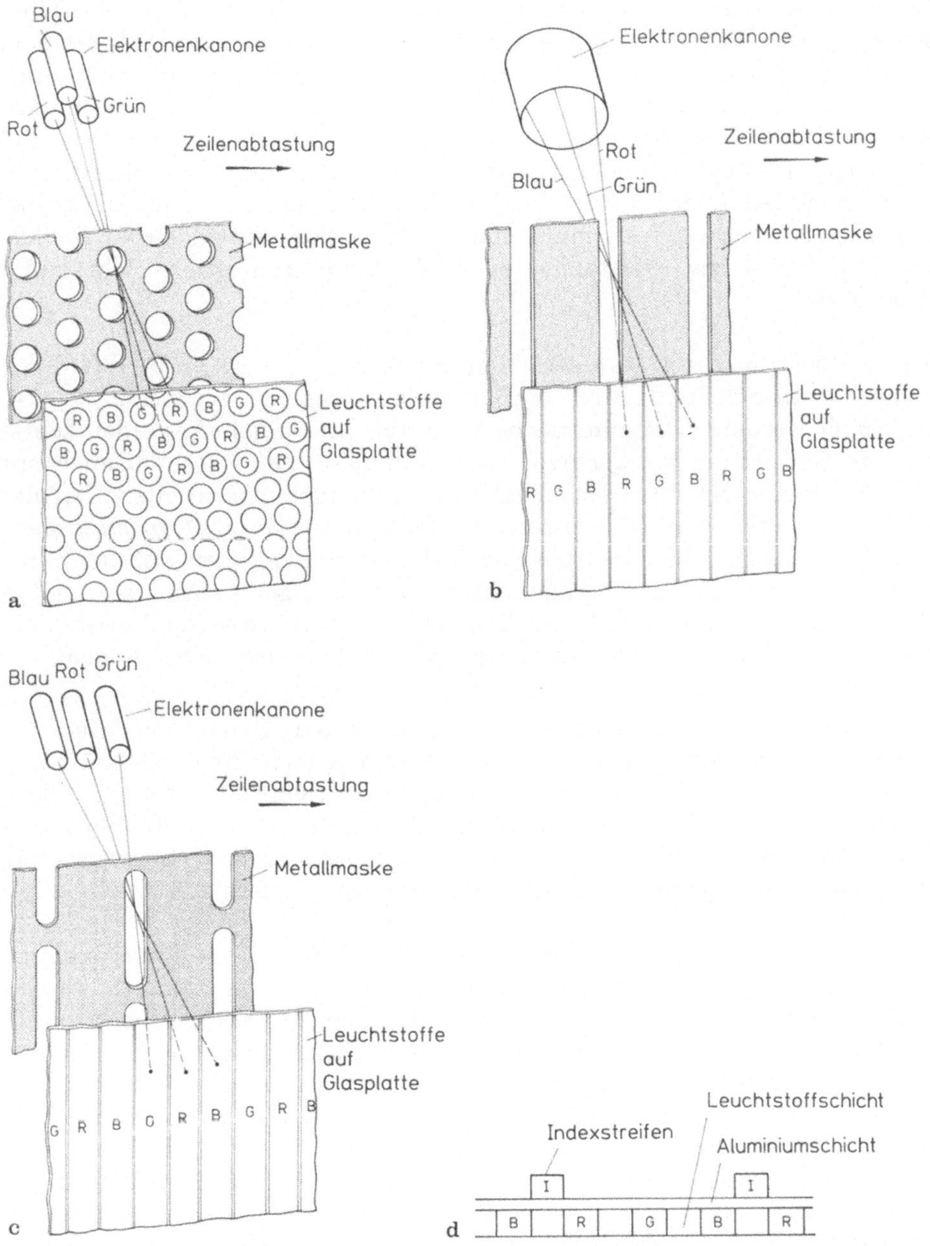


**Bild 5.3-1.** Verschiedene Technologien der Farbbilderzeugung durch Kathodenstrahlröhren. a) Schattenmaskenanordnung der herkömmlichen "Delta-Kanone" [HER 74], b) Trinitron-Anordnung (SONY) [HER 74], c) Precision-in-line-Anordnung [HER 74], d) Strahlindexröhre [AND 83]

vor diesen Masken an [ALP 80, HOC 82, VER 82]: Der Gewinn an Lichtausbeute mit Werten bis 50% ist beträchtlich. Eine weitere Steigerung der Lichtausbeute und eine Vereinfachung der Konstruktion bringt die

"Strahlindexröhre" (engl.: *beam index tube*) (Bild 5.3-1d): Bei den geringen Durchmessern von etwa 2 cm für Sucher-/Anzeigeröhren von Farb-Videokameras können Schattenmasken nicht mehr hergestellt werden. Dünne Schichten, die Ultraviolettlicht bei Elektronenstrahlbeschuß ausstrahlen, Sensoren für dieses Licht innerhalb der Röhre und elektronische Regelschleifen gestatten Farberzeugung auch ohne Schattenmasken [AND 83]. Ein Nachteil der heutigen Indexröhren ist ihr begrenzter Kontrast: Es muß immer ein gewisser Strahlstrom fließen, auch für schwarze Bildstellen, damit die Synchronisation nicht außer Takt gerät.

Die Entwicklung der Nachbeschleunigungsröhre (Bild 5.3-2) [WOO 82] kann als ein Schritt in Richtung auf flache Bildschirme (Abschnitt 5.3.4) aufgefaßt werden. Um eine flache Bauweise zu erreichen, werden zuerst wenige Elektronen bei geringer Geschwindigkeit und deshalb auch mit relativ kleinen Spannungen abgelenkt, dann in einem zweiten Teil der Röhre mit Hilfe von *Elektronenvervielfachern* (engl.: *electron multiplier*) auf die erforderlichen Strahlstromstärken und -energien gebracht, um den Leuchtstoff zum Aufleuchten zu bringen. Die geringeren Ablenkspannungen haben auch den Vorteil einer besseren Verträglichkeit mit den Spannungspegeln heute üblicher Transistorschaltungen.

Bildverzerrungen der Kathodenstrahlröhre in den Randzonen fallen bei Unterhaltungssendungen kaum auf, sie sind jedoch für die Darstellung von Graphik und besonders von Text außerordentlich störend. Diese Verzerrungen werden durch Zusatzgeräte verringert, die abhängig von der zeitlichen Komponente der x- und y-Ablenkung Korrekturwerte zur elektrischen oder magnetischen Strahlablenkung liefern.

Einer Vergrößerung des Bildröhrenschirms über 82 cm Diagonallänge sind hauptsächlich durch das Elektronenstrahlsystem, und durch die Stabilität, das Gewicht und die Kosten der Glasröhre praktische Grenzen gesetzt. Größere Bilder bis zu $2 \times 2$ m für Anwendung in Hotels, kleineren Unterhaltungsräumen usw. kann man durch Projektion mit reflektiver oder refraktiver Optik vom Bildschirm einer Röhre mit sehr hoher Leuchtdichte durch Spannungen über 50 kV erzielen. Die erzielbare Bildhelligkeit und damit auch die Projektionsfläche ist begrenzt durch das Elektronenstrahl- und Glassystem, aber auch durch die Sättigung des Leuchtstoffs, durch Lebensdauerprobleme und Röntgenstrahlung. Der Gefahr einer höheren Dosis von *Röntgenstrahlen* begegnet man durch Gehäuseabschirmung und Strahlumlenkung durch einen Spiegel.

Ein wirkungsvoller, aber auch sehr aufwendiger Weg zur Erzeugung von Großbildern für Sportstadien und Messen wird neuerdings mit der Matrixanordnung von Fernsehbildschirmen und auch von Farbröhren beschritten: Die Adressierung teilt die Bildelemente der Vorlage ein-

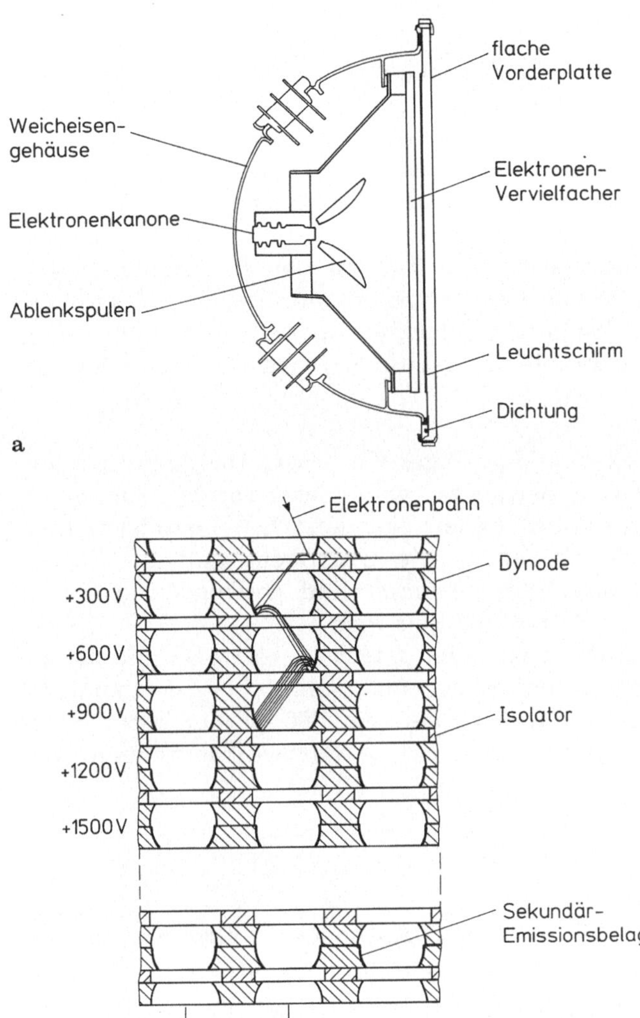


**Bild 5.3-2.** Nachbeschleunigungsröhre [WOO 82].
a) Querschnitt, b) Elektronenvervielfacher

zelnen Bildschirmen oder Farbröhren zu. Beispiele dafür sind zwei mal zwei Bildschirme [KAS 83] – oder Matrixanordnungen von Dreifarbenröhren – z.B. 98 304 3-Farbröhren mit einer Gesamtleistung von 200 kW [MIT 80], neuerdings 151 200 VFD-Farbröhren (siehe 5.3.4) mit fast 50 000 cd/m$^2$ und 40 × 25 m Bildfläche für Tageslichtanzeige in Stadien geeignet, allerdings mit einem Aufwand von mehr als 750 kW [OHK 85].

Weiterführende Literatur: [KAZ 68, MOR 74, SCH 72, SEA 71].

### 5.3.2 Penetron

Ein wesentlicher Nachteil der üblichen Farbfernsehröhre ist die rasterförmige Bilddarstellung bei der graphischen Bildverarbeitung. Besonders das Entstehen von Stufen oder *Moirémustern* (schattiert, franz.: *moiré*) in der Abbildung leicht geneigter Linien ist außerordentlich störend. Dieser Nachteil führte zur Idee des Penetrons [MAY 73]:

Zwei oder drei übereinanderliegende Schichten von Leuchtstoffen verschiedener Farbe (zum Beispiel: blau, rot, grün) werden vom Elektronenstrahl mit verschiedener Intensität selektiv angeregt [BUR 79]. Eine Reihe von grundsätzlichen Problemen verhinderte jedoch den wirtschaftlichen Erfolg:

- Relativ geringe Helligkeit und geringer Kontrast: Das Licht aus den tiefer liegenden, d.h. vom Betrachter weiter entfernten, Leuchtstoffschichten wird durch die höherliegenden Leuchtstoffschichten gedämpft und gestreut, ehe es an die Oberfläche gelangt. Ebenso werden die Elektronenstrahlen gedämpft und gestreut, ehe sie an höherliegende Leuchtstoffschichten gelangen.
- Relativ geringe Geschwindigkeit im Farbwechsel: Da hierzu die Beschleunigungsspannung der Röhre umgeschaltet werden muß, ist infolge der umzuladenden Kapazitäten ($\approx$ 500 pF) und des Spannungshubes ($\approx$ 2 kV) praktisch nur eine Farbwechselfrequenz von etwa 50 kHz zu erzielen.

### 5.3.3 Speicherröhre

Ein wichtiger Nachteil der normalen Kathodenstrahlröhren ist das Fehlen der Speicherfähigkeit. So ist in den meisten Fällen digitaler Ausgabe ein Bildspeicher vorzusehen. Die Kosten dieses Speichers werden beträchtlich, wenn nicht nur einige wenige Zeichen, sondern umfangreiche und komplexe Informationen (z.B. Zeichnungen) ausgegeben werden sollen.

Die Bildröhre mit elektrostatischer Speicherung, deren Grundaufbau in Bild 5.3-3 dargestellt ist, bietet hier Abhilfe. Im Gegensatz zum Penetron, das nur in wenigen Labormustern Realisierung gefunden hat, ist die im wesentlichen von der Firma Tektronix, unter dem Namen *direct view storage tube* (DVST) entwickelte Speicherröhre in Stückzahlen von einigen 10 000 Exemplaren vor allem für graphische Anwendungen im Einsatz.

Diese Entwicklung geht bis auf die Jahre um 1940 zurück, als man bestrebt war, für die ersten elektronischen Rechenmaschinen die früher verwendeten mechanischen und elektromechanischen Speicher durch elektronische zu ersetzen, so auch durch Ladungsspeicherung auf dem

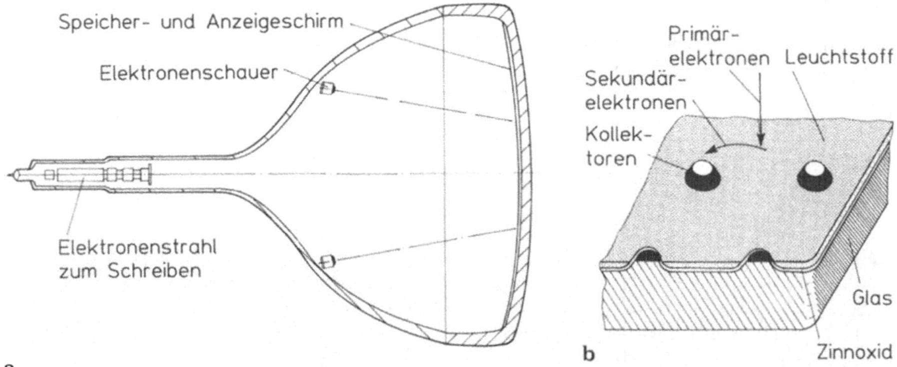


**Bild 5.3-3.** Grundaufbau der Kathodenstrahlröhre mit elektrostatischer Speicherung [nach WOO 78].
a) Querschnitt der Röhre, b) Struktur des Anzeigeschirmes

Schirm einer Kathodenstrahlröhre. Die ersten derartigen Modelle kamen wohl zum Einsatz, wurden aber bald von magnetischen und Halbleiterspeichern verdrängt. Die gewonnene Erfahrung war jedoch nützlich für die Konstruktion von Speicheroszillographen [WIN 67] und mündete schließlich in die Entwicklung der Speicherröhre.

Die Information ist in Form eines Ladungsmusters auf dem Bildschirm gespeichert, genau betrachtet auf kleinen Inseln aus phosphoreszierendem, isolierendem Material, das in ein leitendes Wabengitter eingebettet ist (Bild 5.3-4). Das Speichern, der Schreib- und der Löschvorgang sind im Bild 5.3-5 verdeutlicht.

Hält man die Spannung des Kollektors auf etwa 200 Volt gegenüber den drei Kathoden, nämlich der mittleren Schreibkathode und der oberen und unteren Kathode für Flutelektronen, so lassen sich die Potentialverhältnisse auf einer Leuchtstoffinsel durch die in Bild 5.3-5a gezeigte Kennlinie erklären. Die Strombilanz

$$\Lambda = \frac{\textit{Abfließender Strom}}{\textit{Zufließender Strom}}$$

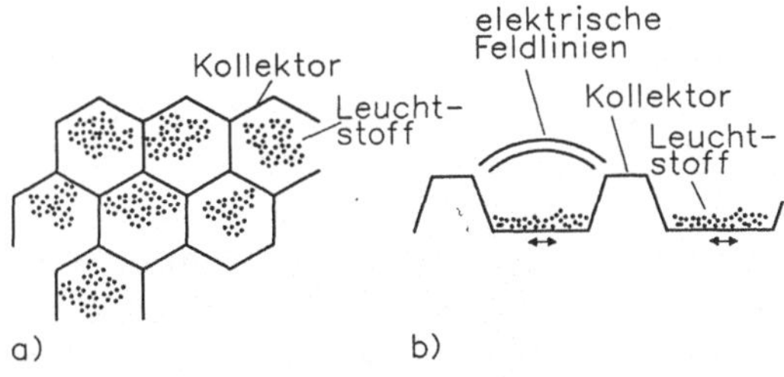


**Bild 5.3-4.** Wabenförmiger Kollektoraufbau der Speicherbildröhre [TEK].
a) Draufsicht, b) Querschnitt

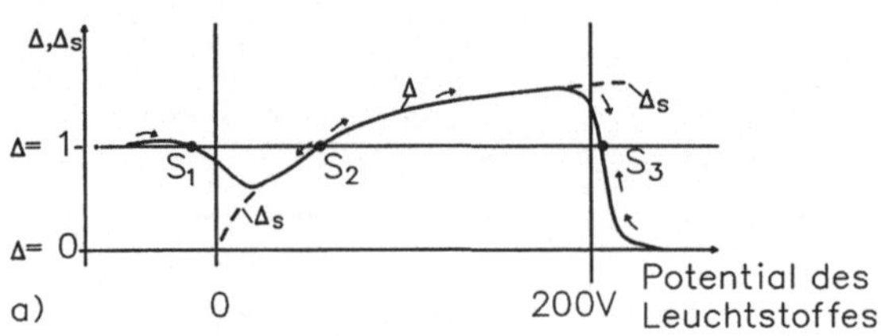


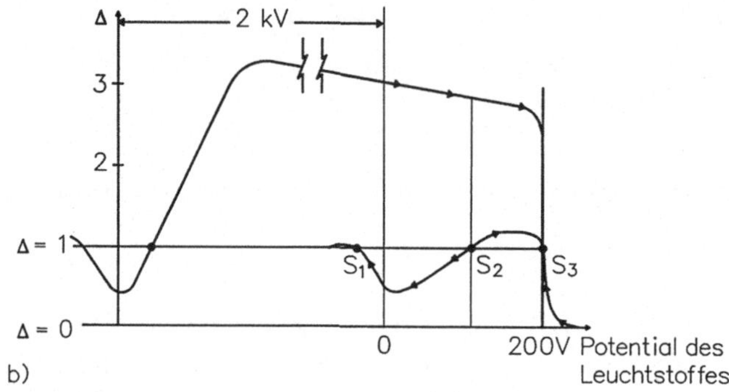


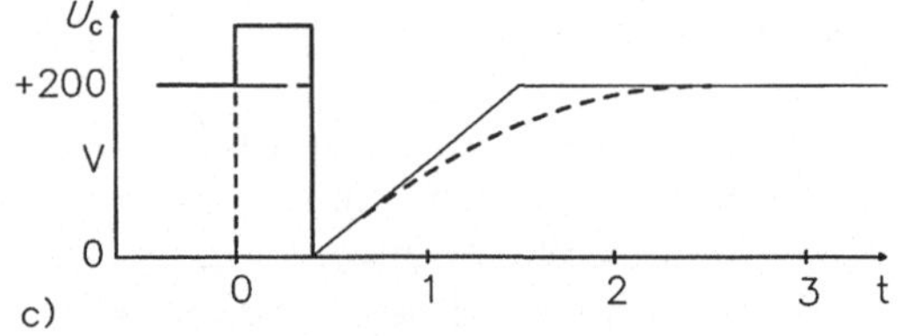


**Bild 5.3-5.** Zur Betriebsweise der Speicherröhre.
a) Strombilanz Δ und Stabilitätspunkte [CHE 75], b) Einschreibvorgang, c) Löschvorgang [TEK]

ist für Potentiale zwischen etwa 30 V und 170 V annährend gleich dem Sekundäremissionsfaktor

$$\Delta_s = \frac{\textit{Sekundäremissionsstrom}}{\textit{Primärstrahlstrom}}$$

$\Delta_s$ steigt von 0 Volt ausgehend mit wachsendem Potential stetig an und erreicht bei etwa 30 bis 50 Volt den Wert 1. Dabei werden genauso viele Elektronen auf der Zielfläche gelandet wie aus ihr herausgeschlagen und vom Kollektor abgesogen. Bei weiterer Steigerung des Potentials beobachten wir eine stetige Zunahme von Δ, die aber dann in der Nähe von 200 Volt und darüber jäh abnimmt und von $\Delta_s$ abweicht, da dann die Sekundärelektronen von dem gegenüber der Phosphorfläche negativen Kollektor zurückgestoßen werden. Betrachten wir dagegen Potentiale der Leuchtstoffinsel um 30 V und darunter, so ist dieser Bereich dadurch gekennzeichnet, daß der Leuchtstoff so negativ aufgeladen wird, daß schließlich der Primärstrom nur noch zum positiven Kollektor fließt. $\Delta$ ist hier größer als $\Delta_s$, weil bei abnehmendem Potential der Primärelektronenstrom immer kleiner wird und Ionen und Oberflächenleitung zunehmend zu berücksichtigen sind. Wir erhalten somit für $\Delta = 1$ drei Schnittpunkte, von denen der mittlere $S_2$ einen labilen Zustand, die beiden äußeren stabile Arbeitspunkte kennzeichnen. In dem oberen Arbeitspunkt $S_3$ um 200 Volt leuchtet der Leuchtstoff, in dem unteren Arbeitspunkt $S_1$ um 0 Volt bleibt er dunkel.

Beim Schreiben tastet man die mittlere Kathode stark negativ auf z.B. auf − 2 000 Volt, während gleichzeitig die beiden Schauerelektronenkathoden bei 0 Volt bleiben. Dabei entsteht die in Bild 5.3-5b gezeigte Kennlinie aus der Überlagerung der ursprünglichen Kennlinie von Bild 5.3-5a mit der zusätzlichen Kennlinie der Schreibkathode auf tiefer Spannung. War das Inselpotential bei Beginn des Schreibpulses bei 0 Volt, so wird es jetzt gegen 200 Volt getrieben. Der Schreibimpuls braucht dabei nur so lange aufrechterhalten zu werden, bis der labile Punkt überschritten ist und damit über die Schauerelektronen alleine der obere Arbeitspunkt erreicht wird; dadurch ist auch die minimale Dauer des Schreibimpulses bestimmt. Eine Verkürzung des Schreibimpulses unter diesen minimalen Zeitwert erlaubt es, das einzuschreibende Bild oder Zeichen zur Überprüfung bzw. Korrektur sichtbar zu machen und erst anschließend einzuschreiben (engl.: *write-through mode*) [CHE 75].

Der Löschvorgang ist in Bild 5.3-5c gezeigt: ein positiver Impuls auf den Kollektor versetzt zuerst alle Bildelemente in den oberen Arbeitspunkt, ein nachfolgender negativer in den unteren Arbeitspunkt. Die Zeitkonstante des anschließenden exponentiellen Anstiegs der Kollektorspannung auf wieder 200 Volt ist so gewählt, daß über die Primärelektronen mit $\Delta > 1$ alle Bildelemente negativ geladen bleiben, d.h. im unteren Arbeitspunkt verharren. Diese letztere Bedingung erklärt auch die Notwendigkeit des vorangehenden Helltastens, da ohne diesen Impuls die Primärelektronen vorwiegend auf die vorher hellgesteuerten Inseln gelenkt werden würden und nicht die vorher dunklen Inseln erreichen könnten. Selbst unter diesen Vorkehrungen beträgt die gesamte Löschzeit ca. 3 Sekunden, was oft als störend empfunden wird.

Wesentliche Nachteile der Speicherröhre sind ihr geringer Kontrast, verursacht durch die Begrenzung der Elektronenstromdichte, aber auch die geringere Lebensdauer, besonders durch die Zerstörung des Schirmes an Stellen, an denen oft geschrieben wird. Um diese Zerstörung möglichst gering zu halten, tastet man das Bild nur während der aktiven Betrachtungsphase hell. Weiterhin ist keine Einzelpunktlöschung möglich. Es muß zur Veränderung auch nur eines Bildpunktes das ganze Bild gelöscht und wieder neu eingeschrieben werden.

Bild 5.3-6 faßt die Kennwerte der Speicherröhre zusammen.

| | |
|---|---|
| Prinzip: | - Bildprojektion mittels Elektronenstrahl auf eine isolierende Leuchtstoffschicht der Bildröhre<br>- Aufrechterhalten der Ladungsverteilung auf der Isolierschicht durch Elektronenschauer und Sekundärelektronenemission<br>- Anzeige des Bildes durch Elektronenschauer auf die Leuchtstoffschicht |
| Vorteile: | - Eingeprägte Speicherung<br>- Sequentieller Bildaufbau ohne Bildspeicher im Hintergrund, daher preisgünstige Ablenkelektronik<br>- kein Flackern |
| Nachteile gegenüber Fernsehbildröhre: | - Zeitbedarf zum Schreiben<br>- Keine Einzelzeichenlöschung möglich<br>- Geringerer Kontrast<br>- Geringere Lichtausbeute<br>- Keine Farbe möglich |
| Anwendung: | - Graphik |
| Kennwerte: | - Vektor-Schreibgeschwindigkeit ≈ 100m/s<br>(1...4) × $10^6$ addressierbare Bildpunkte: 1000 × 1000<br>2000 × 2000<br>74 Zeichen, 35 Zeilen<br>133 Zeichen, 64 Zeilen |
| Hersteller: | - Tektronix, USA: "Direct-View Storage Tube" |

**Bild 5.3-6.** Kennwerte der Speicherröhre

Weiterführende Literatur: [CUR 77, DEV 78].

### 5.3.4 Flache Bildschirme, Vakuumfluoreszenzanzeige

Seit vielen Jahren gibt es weltweit intensive Anstrengungen, flache, möglichst großflächige Elektronenstrahlanzeigen zu entwickeln. Trotz diesen Bemühungen haben sie sich bisher, außer in der Sonderform der Kathodolumineszenzanzeige, in der Praxis noch nicht durchsetzen können.

Flache Kathodenstrahlröhren lassen sich grundsätzlich einteilen in solche mit großflächiger Kathode parallel zur Anzeigefläche [GOE 73] und solche mit punkt- oder linienförmiger Kathode parallel zur Anzeigefläche [SMI 79]. Für die Ausführungen mit großflächiger Kathode werden die einzelnen Elektronenstrahlen durch gesteuerte Elektronenblenden selektiert. Bei punkt- oder linienförmiger Kathode wird der Kathodenstrahl durch vorgespannte Gitter bis zu der Stelle geführt, an der er auftreffen soll (Bild 5.3-7). Die Ausführungen mit großflächiger Kathode zeichnen sich durch einfache Strahlführung aus, die mit punkt- oder linienförmiger Kathode durch geringeren Leistungsbedarf bei kleinflächiger Kathode.

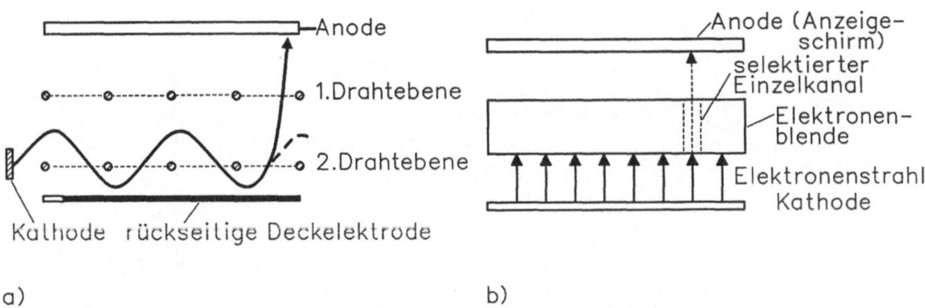


**Bild 5.3-7.** Grundformen flacher Elektronenstrahl-Bildschirme [MAR 78].
a) Geführter Elektronenstrahl, b) großflächige Kathode mit Steuergittern

Eine Ausführung mit beschränkter Funktion stellt die Vakuumfluoreszenzanzeige (engl.: *VFD: vacuum fluorescent display*) dar (Bild 5.3-8a,b). Ergiebige Glühkathoden und Triodenkonstruktionen, Leuchtstoffe mit niedriger Anregungsschwelle [PYK 85], führen zu niedrigen Heizleistungen ($\approx$ 30 mW) und geringen Betriebsspannungen, Steuergitter- und Anodenspannungen um 25 V, die Speisung und Steuerung durch Halbleiterschaltungen erlauben. Bei vielen Konstruktionen ist die Betrachtungsrichtung von der Kathoden- und Steuergitterseite aus, was sehr dünne Drähte erfordert, um die Sichtbarkeit nicht zu schmälern. Die Heizdrähte sind nur schwach leuchtend, so daß bei der Betrachtung von hinten kein störendes Licht entsteht. Bei Blickrichtung von der Vorderseite sind höhere Beschleunigungsspannungen, etwa 100 V anstatt 30 V, erforderlich (engl.: *front luminous vacuum fluorescent display, FLVFD*). Ausführungen in Form von Linearanzeigen und alphanumerischen Anzeigen mit Segmenten oder punktförmiger Matrix sind bekanntgeworden mit bis zu 240 Zeichen von je 5 $\times$ 7 Punkten [KAS 80]. Bei mehrziffrigen Anzeigen können alle Segmente bzw. Punkte der verschiedenen Ziffern miteinander verbunden, die Steuergitter jeweils einer Ziffer zugeordnet und so Multiplexbetrieb erreicht werden. Solche Anzeigen finden zunehmend Verwendung, z. B. im Armaturenbrett von Kraftfahrzeugen. Farben, z.B. Blau, Grün, Gelb und Rot, können durch verschiedene Fluoreszenzmaterialien oder durch Farbfilter erzielt werden. Auch Matrizentafeln mit 256 $\times$ 256 Punkten [UCH 82], und 573

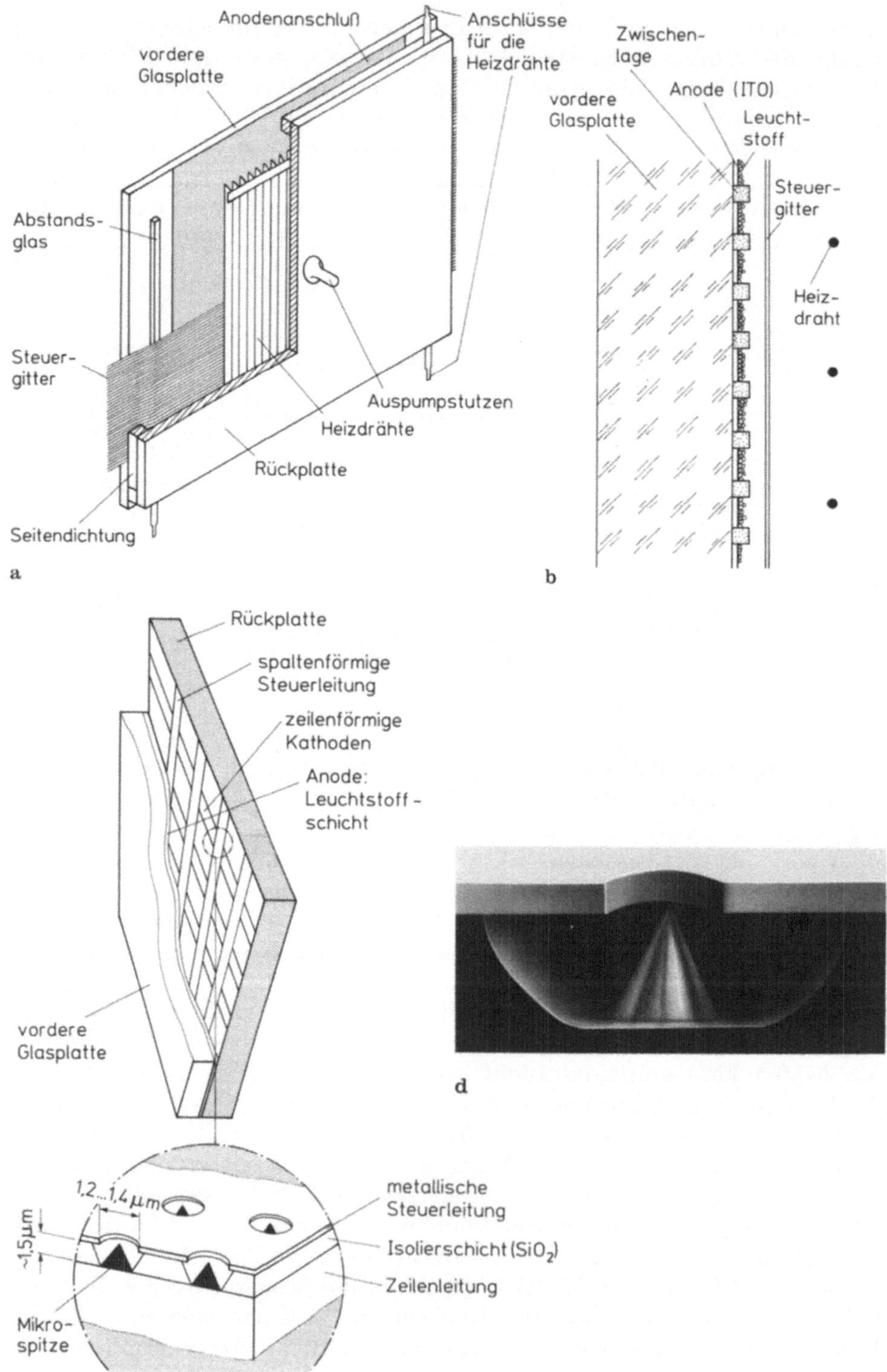


**Bild 5.3-8.** Kathodolumineszenzanzeige.
Aufbau mit streifenförmiger Kathode und Steuergittern [WAT 86] a) Ansicht, b) Querschnitt.
Elektronenstrahlerzeugung und -Ausblendung in Siliziumplanartechnologie [GAL 86]

mal 782 Punkten [GE 82] sind entwickelt worden, die sogar die Wiedergabe von bewegten Fernsehbildern erlauben.

Ein vielversprechender Ansatz zur Verwirklichung kostengünstiger und leistungsfähiger flacher Bildschirme ist in Bild 5.3-8c,d gezeigt. Elektronenstrahlen werden in einer dichten Anhäufung von mikroskopisch kleinen Siliziumkegeln erzeugt. Eine Matrix aus Kathoden- und Steuerstreifenleitungen sorgt für die lokale Auswahl. Zur Herstellung dieser Strukturen zieht man Verfahren der planaren Halbleitertechnologie heran. Erste Versuchsmuster entstanden aufbauend auf Siliziumscheiben und sogar auf Glassubstraten [GAL 86].

Weitere Kennwerte von Vakuumfluoreszenzanzeigen sind in der Tabelle 5.3-9 angegeben.

Stärker allerdings als für die bauchige Kathodenstrahlröhre sind der flachen Vakuumfluoreszenztafel Grenzen gesetzt hinsichtlich ihrer Größe durch den äußeren Luftdruck und die dadurch notwendige mechanische Stabilität, die dicke Gläser, hohes Gewicht und hohe Kosten bei Vergrößerung der Abmessungen nach sich ziehen.

Weiterführende Literatur: [IWA 81, JAC 80, UEM 80].

---

| | |
|---|---|
| Prinzip: | Flache Kathodenstrahlanzeige: Großflächige geheizte Kathoden erzeugen Elektronen, die, selektiert durch nachfolgende Steuergitter, darüberliegende Leuchtstoffpunkte oder -segmente zum Leuchten anregen. |
| Vorteile: | Gegenüber der Kathodenstrahl-Fernsehröhre geringe Betriebsspannungen (ca. 25 V) und Verlustleistungen. |
| Nachteile: | Gegenüber der Kathodenstrahl-Fernsehröhre aufwendige Bildpunktansteuerung |
| Anwendung: | Alphanumerische Anzeigen in Waagen, Meßgeräten, Kassen usw., Instrumentanzeigen, z.B. im Kraftfahrzeug |
| Kennwerte: | Kathodenheizleistung ca. 30 mW,<br>Steuergitter-, Anodenspannung ca. 25V |

| Matrix | 240 Zeichen<br>5 × 7 Punkte | 256 × 256 | 537 × 782 |
|---|---|---|---|
| Größe | 25cm × 10cm | 10cm × 10cm | 13cm × 18cm |
| Literatur | [KAS 80 ] | [UCH 82] | [GE 82 ] |

**Bild 5.3-9.** Kennwerte von Kathodolumineszenzanzeigen

## 5.4 Lichtemittierende Diode (LED)

Lumineszenz ist eine Leuchterscheinung in gewissen Stoffen (z.B. Phosphoren), die auf deren Eigenschaft beruht, bei äußerer Anregung, z.B. durch ein elektrisches Feld, durch Energieabsorption in einen angeregten Zustand zu gelangen und bei Rückkehr in den Grundzustand spontan oder unter Einwirkung der Wärmebewegung eine oder mehrere Energiestufen zu durchlaufen, wobei die Energie als sichtbares Licht abgegeben wird. Dabei handelt es sich um sog. "kaltes Licht", da die durch die Anregung erzeugte selektive Störung des thermischen Gleichgewichtes und damit die Rekombinationsraten viel höher sind als es der Materialtemperatur entspricht. Bei Anregung durch ein elektrisches Feld sprechen wir von Elektrolumineszenz [QUE 81]. Dabei unterscheiden wir zwischen Anregung durch Rekombination von Elektronen und Löchern an pn-Übergängen in III-V-Halbleitern, die *Injektionslumineszenz* zeigen und die dieser Abschnitt behandelt, und direkter Stoßanregung von Leuchtzentren in II-VI-Halbleiter, der *Hochfeldelektrolumineszenz* , der der nächste Abschnitt gewidmet ist.

Die Elektrolumineszenz geht auf das Jahr 1907 zurück, als J. R. Round den Lichteffekt bei Siliziumkarbid beobachtete [LOS 24, ROU 07]. Es dauerte dann bis 1951, bis eine befriedigende theoretische Erklärung gegeben wurde [LEH 51]. Der Durchbruch in Richtung auf lichterzeugende Dioden begann dann im Jahre 1952, als Welker die III-V-Halbleiter, Verbindungen von 3- und 5-wertigen Elementen, entdeckte, die die wichtigsten Materialien für LEDs mit effizienter Lichterzeugung darstellen [WEL 52]. Seit den frühen 60er Jahren ist die kommerzielle Entwicklung und Fertigung der LEDs für sichtbares Licht voll in Gang.

LEDs sind aktive Anzeigen, die ihr Licht selbst erzeugen und nicht auf der Beleuchtung durch die Umgebung beruhen. Sie haben zunächst eine rasche Verbreitung bei Anzeigen für Digitalarmbanduhren und elektronische Taschenrechner gefunden, sind aber wegen ihres relativ hohen Leistungsverbrauchs von den Flüssigkristallanzeigen hier praktisch vollkommen verdrängt worden. Sie haben aber ihre Bedeutung als Hauptanzeigetechnologie für professionelle Systeme mit beschränkter alphanumerischer Zeichenzahl behalten. LEDs werden gelegentlich auch für Anzeigen eingesetzt, die hohe Auflösung und Helligkeit verlangen, wie z.B. bei militärischen Geräten. Mit den Flüssigkristallen haben sie den Vorteil gemeinsam, daß ihre Betriebsspannung im Voltbereich liegt, also kompatibel mit den modernen integrierten Halbleiteransteuer- und treiberschaltungen ist.

Zum Verständnis der Physik einer lichtemittierenden Diode betrachten wir einen Halbleiter-pn-Übergang, also eine Grenzfläche zwischen einem n-leitenden und einem p-leitenden Gebiet innerhalb eines Halbleitereinkristalls. Das n-leitende Gebiet entsteht durch Dotierung des reinen

Halbleiters mit sog. Donatoren, d.h. mit Elementen, die bewegliche Elektronen an das Leitungsband des Halbleiters abgeben, während p-leitendes Gebiet durch Dotierung mit sog. Akzeptoren entsteht, also mit Elementen, die Elektronen aus dem Valenzband aufnehmen und positiv geladene, bewegliche Löcher im Valenzband des Halbleiters erzeugen. Die Verhältnisse sind schematisch im Bändermodell eines Halbleiters in Bild 5.4-1 dargestellt. Legt man nun eine elektrische Spannung in Flußrichtung an den pn-Übergang, so bewegen sich die Elektronen und Löcher des n- bzw. des p-Gebiets über den pn-Übergang hinweg und dringen als Minoritätsladungsträger eine geringe Distanz in das andersleitende Gebiet ein und verschwinden dort durch Rekombination von Elektron-Loch-Paaren, wie in Bild 5.4-2 dargestellt. Die bei der Rekombination freiwerdende Energie kann in Form von elektromagnetischer Strahlung, z.B. Licht, ausgesandt werden oder für die Anregung von Gitterschwingungen verbraucht werden.

Es gibt Band-Band-Übergänge, aber auch Übergänge über Zwischenniveaus in der Energielücke. Die maximal freigesetzte Energie pro Rekombinationsvorgang entspricht dem Bandabstand $E_g$.

Bei strahlenden Übergängen berechnet sich die Energie des ausgesandten Photons nach der Beziehung

$$E = h\nu,$$

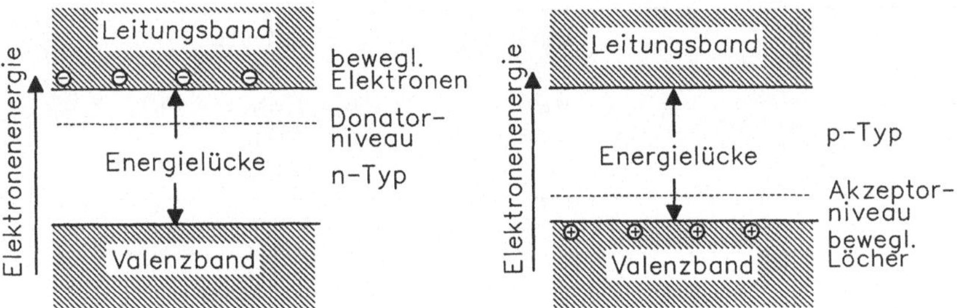


**Bild 5.4-1.** Schematisches Bändermodell eines Halbleiters

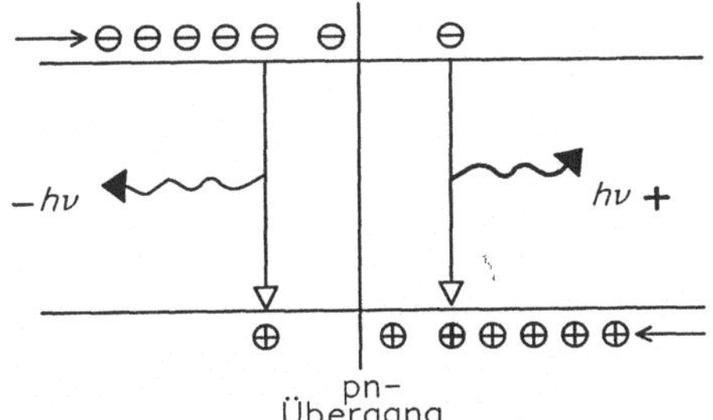


**Bild 5.4-2.** Modell eines in Flußrichtung gepolten pn-Übergangs mit Rekombination der Ladungsträger

wobei $E$ die Energiedifferenz zwischen Anfangs- und Endzustand des rekombinierten Elektrons, also maximal gleich dem Bandabstand $E_g$ , $\nu$ die Frequenz der ausgesandten elektromagnetischen Strahlung und $h = 4{,}1357 \times 10^{-15}$ eVs das Plancksche Wirkungsquantum bedeuten. Die minimale Wellenlänge der emittierten elektromagnetischen Strahlung ist also eine Materialeigenschaft des betreffenden Halbleiters. In Tabelle 5.4-3 sind die Energielücken und die daraus abgeleiteten minimalen Wellenlängen der Strahlung für einige Halbleiter angegeben. Bis etwa $E_g \leq 1{,}8$ eV, d.h. oberhalb einer Wellenlänge von $\lambda = 700$ nm erfolgt die Emission im nichtsichtbaren infraroten Spektralbereich. Für Anzeigen im sichtbaren Bereich müssen deshalb Halbleiter mit größerem Bandabstand gewählt werden. Es sind dies hauptsächlich Mischverbindungen $GaAs_{1-x}P_x$ bis hin zu reinem GaP. Bild 5.4-4 zeigt die Variation des Bandabstandes der Mischverbindung $GaAs_{1-x}P_x$ für zunehmenden Gehalt an Phosphor. Die bekannten rotleuchtenden Dioden bestehen aus GaAsP mit einem 40prozentigen Molanteil von Phosphor, die gelbleuchtenden Dioden aus GaAsP mit 85 Molprozenten Phosphor, während reines GaP im Grünen emittiert. Bild 5.4-5 zeigt die spektrale Empfindlichkeitskurve des menschlichen Auges zusammen mit den Halbleitern, die für Emission im sichtbaren Bereich in Frage kommen.

**Tabelle 5.4-3.** Elektrooptische Eigenschaften einiger Halbleiter

| Halbleiter | Energielücke eV | Min. Wellenlänge nm | Farbe |
|---|---|---|---|
| Ge | 0,67 | 1850 | Infrarot |
| Si | 1,11 | 1120 | Infrarot |
| GaAs | 1,43 | 870 | Rot |
| GaP | 2,26 | 550 | Grün |
| α-SiC | 2,98 | 420 | Blau |

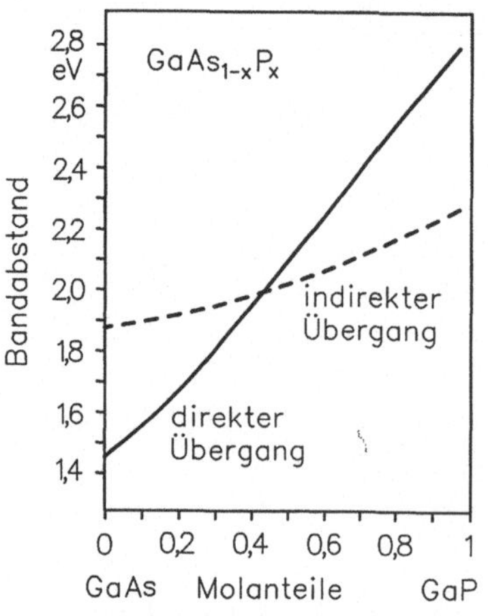


**Bild 5.4-4.** Variation des Bandabstandes von $GaAs_{1-x}P_x$ -Verbindungen

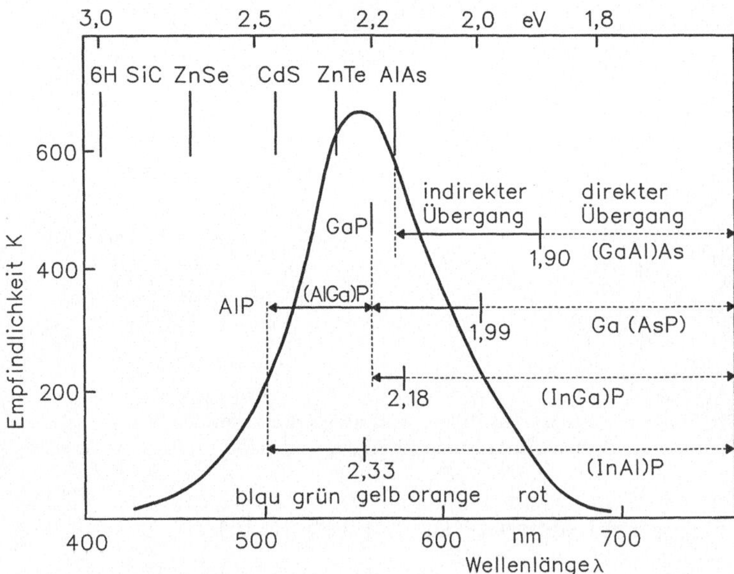


**Bild 5.4-5.** Empfindlichkeit des menschlichen Auges $K(\lambda)$. Die Energielücken einiger LED-Materialien sind mit angegeben [PIL 81]

Eine weitere für die Brauchbarkeit von Lumineszenzdioden wichtige Materialgröße ist die sog. Quantenausbeute. Man versteht darunter den Bruchteil der injizierten Elektronen, der strahlend unter Aussendung eines Photons rekombiniert. Hier ist noch zu unterscheiden zwischen der inneren und der äußeren Quantenausbeute. Letztere ist für die Praxis wichtig, da sie nur die Photonen zählt, die die Diode tatsächlich nach außen verlassen. Die äußere Quantenausbeute ist gegenüber der inneren Quantenausbeute um die Photonenzahl kleiner, die durch Absorption im Halbleiter wieder verloren geht oder infolge Totalreflexion den Halbleiter gar nicht verlassen kann. Die Verluste durch Totalreflexion sucht man durch geeignete Formgebung der Dioden und Eingießen in Harz zu vermindern. Die Quantenausbeute ist bei den klassischen Halbleitern wie Ge und Si sehr klein im $10^{-5}$ %-Bereich, da es sich um sog. indirekte Bandübergangs-Halbleiter handelt, bei denen die Elektronen-Loch-Paarrekombination nur mit Impulsänderung möglich ist. Erst bei den sog. direkten Bandübergangs-Halbleitern, zu denen GaAs und viele andere III-V-Verbindungshalbleiter gehören, liegen die Quantenausbeuten im Prozentbereich. Durch geeignete Dotierung und damit Einbau von Zwischenniveaus, über die die Rekombination erfolgt, lassen sich auch mit indirekten Bandübergangs-Halbleitern hohe Quantenausbeuten und damit Lichtwirkungsgrade erzielen. Ein Beispiel ist die Dotierung von GaAsP mit Stickstoff. GaAsP ist oberhalb von etwa 50 Molprozenten von Phosphor ein indirekter Bandübergangs-Halbleiter (siehe Bild 5.4-4 und Bild 5.4-6).

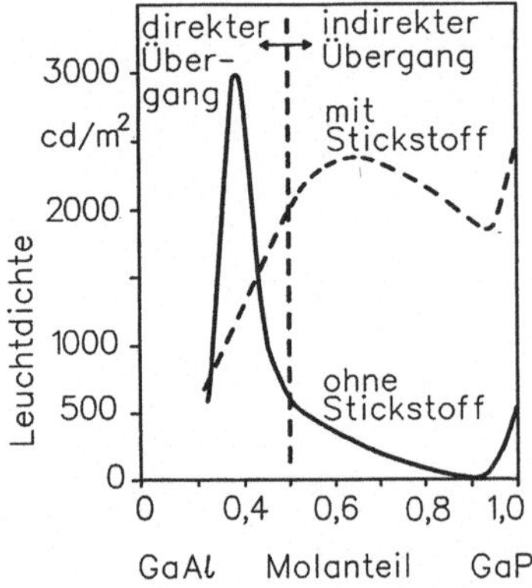


**Bild 5.4-6.** Leuchtdichte einer ungekapselten Diode in Abhängigkeit von der Zusammensetzung mit und ohne Stickstoffdotierung [WIC 80]

Einen Vergleich der verschiedenen LEDs gibt Tabelle 5.4-7.

**Tabelle 5.4-7.** Vergleich verschiedener LEDs [WIN 81]

| LED-Material | Substrat | Farbe | Photometrisches Strahlungsäquivalent lm/W | Äußere Quantenausbeute % Marktdurchs. | Rekord | Lichtausbeute lm/W Marktdurchs. | Rekord |
|---|---|---|---|---|---|---|---|
| GaP: Zn,O | GaP | rotorange | 20 | 4,0 | 15,0 | 0,6 | 3,0 |
| $GaAs_{0,6}P_{0,4}$ | GaAs | rot | 75 | 0,2 | 0,5* | 0,15 | 0,4 |
| $GaAs_{0,35}P_{0,65}$ | GaP | rotorange | 190 | 0,4 | 0,6* | 0,8 | |
| $GaAs_{0,15}P_{0,85}$ | GaP | gelb | 400 | 0,2 | 0,3* | 0,9 | 1,4 |
| GaP: N:GaP | | gelbgrün | 610 | 0,1 | 0,7* | 0,6 | 4,5 |
| GaN:Zn | $Al_2 0_3$ | blau | 60** | - | 0,1 | - | 0,03 |
| ZnS:Al | - | blau | 200** | - | 0,05 | - | 0,05 |
| SiC:Al, N | SiC | blau | 150** | - | 0,004 | - | 0,01 |

* Beste gemessene Werte handelsüblicher LEDs

** Abgeschätzte Werte

Die elektrischen Kenngrößen von LEDs sind etwa 20 mA Durchlaßstrom für eine typische 200 µm × 200 µm große Diode und etwa 1,2 bis 2,7 Volt, abhängig davon, ob es sich um eine rot- oder grünemittierende Diode handelt.

Bei der Herstellung der LEDs geht man von einkristallinen GaAs- oder GaP-Substraten aus, auf die dann das Halbleitermaterial, in dem die

Rekombination stattfindet (z.B. $GaAS_{1-x}P_x$ in der gewünschten Zusammensetzung und Dotierung), epitaktisch in einer Schichtdicke von einigen 10 µm aufgewachsen wird. Die Kristallqualität der aufgewachsenen Schicht ist entscheidend für die später zu erzielende Lichtausbeute. Die pn-Diodenstruktur stellt man entweder wieder epitaktisch oder durch Eindiffusion einer p-Dotierung, gewöhnlich von Zn in ein n-Typ-Material her. Im ersten Fall erhält man ganzflächige Diodenstrukturen und durch Zersägen und Ätzen dann die einzelnen Dioden. Im zweiten Fall kann man von vornherein die Diffusion so maskieren, daß man ein gewünschtes Muster von Einzeldioden erhält. Nun müssen noch die ohmschen Kontakte einlegiert und Leitungsmuster für die Stromzuführung aufgebracht werden. Zum Schluß werden die Plättchen in Einzeldioden oder größere Anordnungen von Einzeldioden zersägt.

Die LEDs werden einzeln als Indikatorlämpchen benutzt oder zusammengeschaltet als Segment- oder Matrixanzeigen. Das gewünschte Format kann entweder mit einer monolithischen, integrierten Technik oder mit einer Hybridtechnik hergestellt werden. Bild 5.4-8 zeigt schematisch eine Segmentanzeige in beiden Ausführungen.

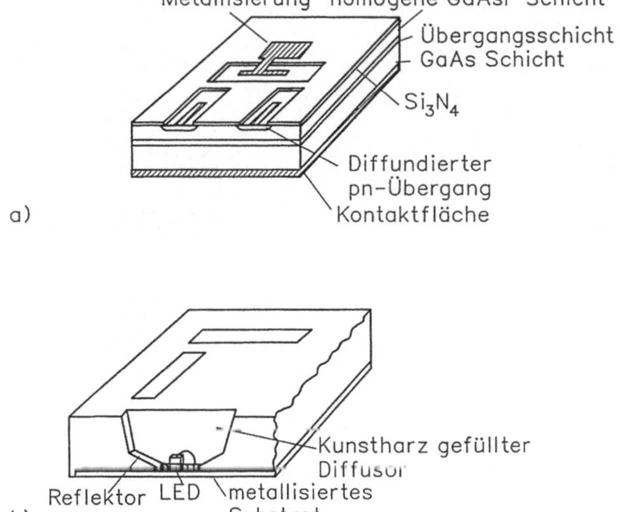


**Bild 5.4-8.** Aufbau einer LED-Anzeige. a) Monolitisch, b) hybrid [WIC 80]

Wegen des hohen Leistungsverbrauchs und auch wegen der Verdrahtungskomplexität [FRE 76, GIL 81] beschränken sich die Anwendungen auf meist einzeilige Anzeigen mit bis zu 40 Zeichen und 5 × 7 - Punktraster oder 7 bis 16 Segmente pro Zeichen [BUR 79, EDM 73, HAR 78].

Weiterführende Literatur: [BAU 77, KIM 84, PIL 81, WIN 81].

## 5.5 Elektrolumineszenz - Anzeigen

Die Elektrolumineszenz (EL) in Zinksulfid (ZnS), der die Stoßanregung zugrunde liegt, wurde 1936 von Destriau entdeckt und beschrieben [DES 36].

Grundsätzlich unterscheiden wir vier Arten von Elektrolumineszenzzellen: Solche aus pulverförmigen Materialien oder aus dünnen Schichten, jeweils entweder mit Gleichspannung oder Wechselspannung betrieben (Bild 5.5-1). Als Material verwendet man vornehmlich mit Mangan dotiertes Zinksulfid, ZnS. Für Gleichspannungsanzeigen, die auf der Stromleitung durch das Material beruhen, müssen die Oberflächen der ZnS-Teilchen zusätzlich stark mit Kupfer dotiert sein. Für Wechselspannungsanzeigen dagegen benötigt man kupferarme Kristalloberflächen [VEC 73].

Der physikalische Funktionsmechanismus in Elektrolumineszenzanzeigen setzt das Entstehen von heißen Elektronen voraus, die im Lawinenzustand die Lumineszenzzentren anreizen. Der Gefahr von katastrophalen Lawinendurchbrüchen durch positive Rückkopplung begegnet

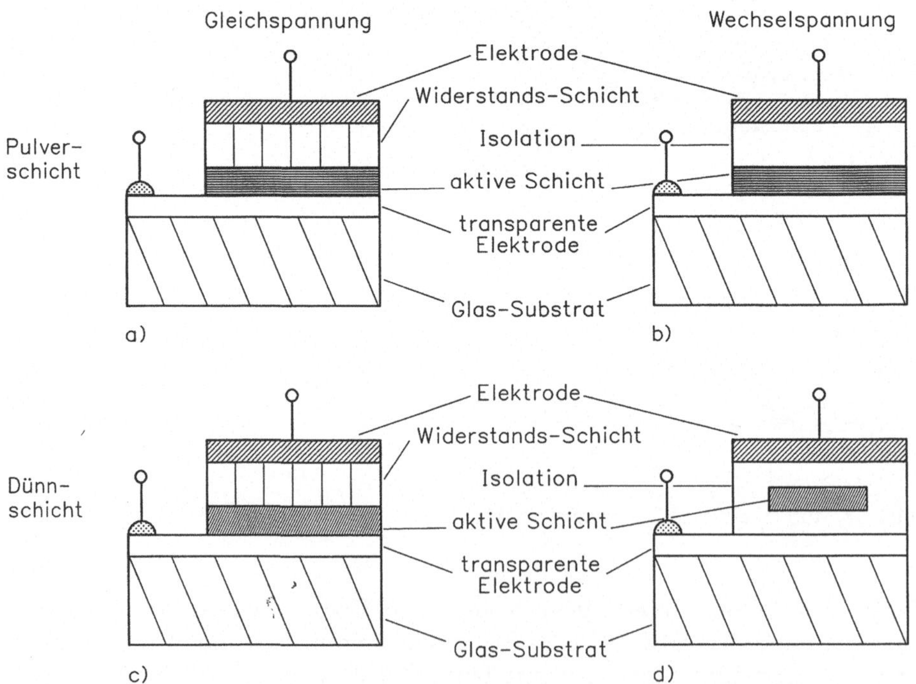


**Bild 5.5-1.** Querschnitt durch verschiedene Elektrolumineszenz - Anzeigezellen.
a) Gleichspannung/Pulverschicht, b) Wechselspannung/Pulverschicht,
c) Gleichspannung/Dünnschicht, d) Wechselspannung/Dünnschicht

man durch Vorschalten eines strombegrenzenden Elementes bei Gleichspannungsanzeigen, z.B. eines Widerstandes in Form einer Widerstandsschicht, bei Wechselspannungsanzeigen durch Vorschalten einer Kapazität in Form einer Isolierschicht [CHA 84].

Unter diesem Gesichtswinkel lassen sich wesentliche Vor- und Nachteile der oben aufgezählten vier Arten von EL-Anzeigen angeben:

- Pulverförmige Schichten sind gegenüber Dünnschichtanordnungen kostengünstiger und durch Formfaktoren weniger begrenzt herzustellen, bieten jedoch Schwierigkeiten hinsichtlich reproduzierbarer und gleichmäßiger Schichtdicke, die wichtig zur Vermeidung von katastrophalen Lawinendurchbrüchen ist (Bild 5.5-2) [KIR 81].

- Gleichspannungsbetrieb ermöglicht niedrigere Spannungswerte und höhere Lichtausbeute als Wechselspannungsbetrieb. Die Erzeugung von strombegrenzenden Elementen, z.B. Widerstandsschichten, gegen den gefürchteten katastrophalen Lawinendurchbruch ist aber wesentlich schwieriger als bei Wechselspannungsbetrieb, wo dies eine Isolierschicht besorgt.

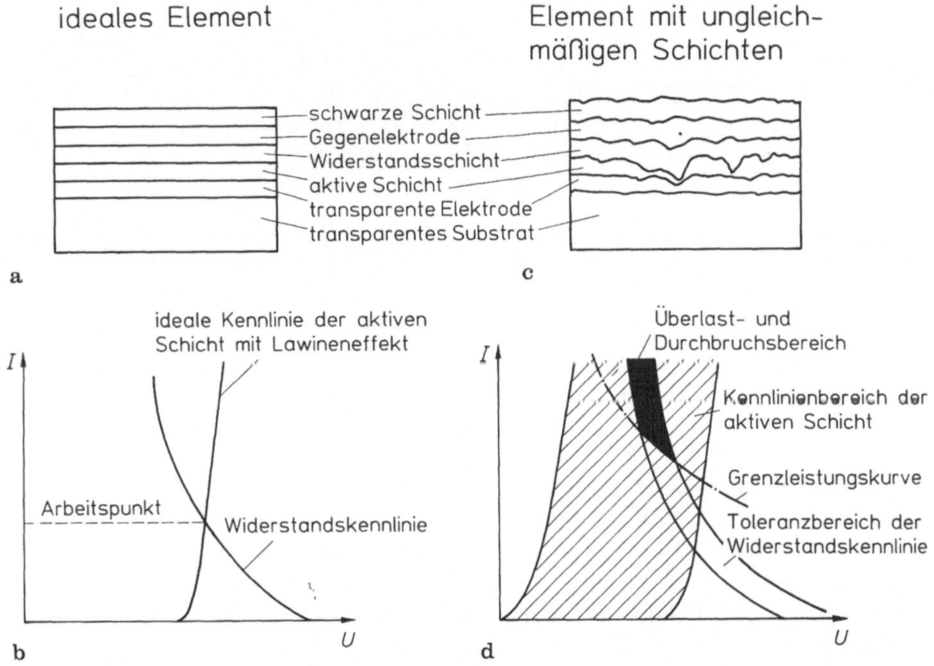


**Bild 5.5-2.** Aufbau, Stabilitätspunkte und Durchbruchsbereich der mit Gleichspannung betriebenen EL - Dünnschichtzelle [KIR 81]. Ideale Zelle: a) Aufbau, b) Kennlinien. Zelle mit ungleichmäßiger Schichtdicke: c) Aufbau, d) Kennlinien und Durchbruchsbereiche

Im folgenden sollen die vier Arten von EL-Anzeigen genauer behandelt werden:

EL-Pulverschichten mit Gleichspannung betrieben [VEC 68, VEC 73]:
Erst in den letzten Jahren ist es gelungen, durch verbesserte Herstellungsverfahren und Strukturen eine zufriedenstellende Lebensdauer von mehreren tausend Stunden zu erreichen [MAY 84, SMI 81]. Eine beachtenswerte Variante stellt hier ein Doppellagenaufbau dar, bei der eine Lage als Widerstandsschicht in Dünnschichttechnik ausgeführt ist [HIG 84]. Nach Anlegen des Spannungsimpulses setzt das Leuchten wegen der Aufladung der kapazitiven Komponente der Schicht erst verzögert ein. Daraus ergibt sich auch die Forderung nach elektronischen Treibern, die nach dem Erregungsimpuls die Entladungsströme aufnehmen können, um mit kurzen Nachleuchtzeiten Geisterbilder zu vermeiden (Bild 5.5-3).

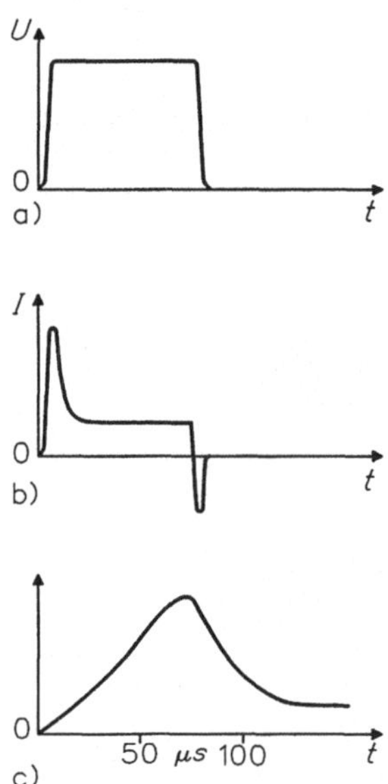


**Bild 5.5-3.** Pulverschicht - Elektrolumineszenzanzeige für Gleichspannungsbetrieb [MAY 84]. a) Spannungsverlauf, b) Stromverlauf, c) Lichtimpuls

EL-Dünnschicht mit Gleichspannung betrieben [CHE 70]:
Diese Zellen sind in den letzten Jahren nicht über das Laborstadium herausgekommen. Bei Betriebsspannungen von nur 30 V lassen sich Leuchtdichten von 350 cd/m$^2$ , sowie hohes Multiplexverhältnis von 1/400 und mehr erzielen [ABD 78, CHA 84, ROB 82].

EL-Pulverschichten mit Wechselspannung betrieben [FIS 76]:
Dies ist die älteste Technologie, in die in den 60er Jahren große Hoffnungen für Digitalanzeigen gesetzt wurden, die sich wegen Lebensdauer-

fragen und ungenügender Multiplexbarkeit jedoch nicht erfüllten. Heute wird diese Technik als flache Lichtquelle in dunkler Umgebung eingesetzt.

EL-Dünnschicht mit Wechselspannung betrieben (engl.: *AC TFEL: AC thin film electroluminescence*) [ALT 84]:
Von allen EL-Zellen ist dies die wichtigste Ausführungsform. Schon 1974 gelang es Sharp, Japan, mit einer in Bild 5.5-4 gezeigten Anordnung die meisten der oben aufgezeigten Schwierigkeiten zu überwinden und insbesonders lange Lebensdauer von 10 000 Stunden und mehr zu erreichen. Es ist hier eine dünne aufgedampfte elektrolumineszente Schicht zwischen zwei ebenfalls aufgedampften Isolierschichten eingebettet und über zwei außen anliegende Elektroden mit Wechselspannung, also mit kapazitiven Strömen, angeregt (Bild 5.5-4) [INO 74]. Als wesentliche Vorteile gegenüber Pulvertechnologien erscheinen hier die kontrollierbarere und sauberere Form der Herstellung durch Aufdampfen im Vakuum; darüber hinaus die Möglichkeit, daß an einzelnen Stellen Kurzschlüsse entstehen können, ohne daß dabei die gesamte Zelle außer Betrieb gesetzt wird. Auf der Grundlage dieser Zelle entstanden kleinere und größere Anzeigetafeln, die im Multiplexbetrieb arbeiten. Aufgrund der kapazitiven Last von 5 000 bis 10 000 pF/cm$^2$ und der gegenläufigen For-

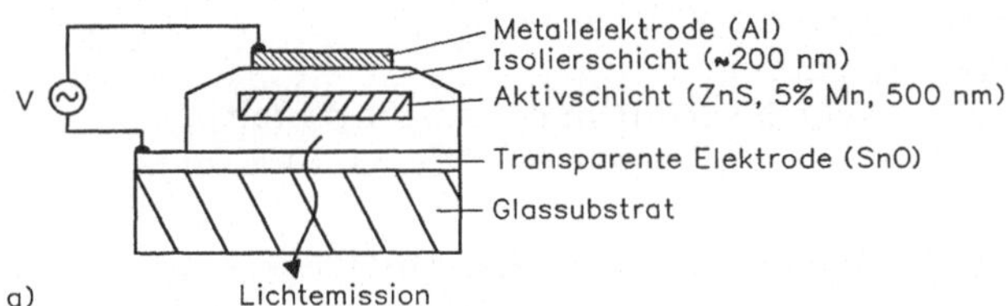


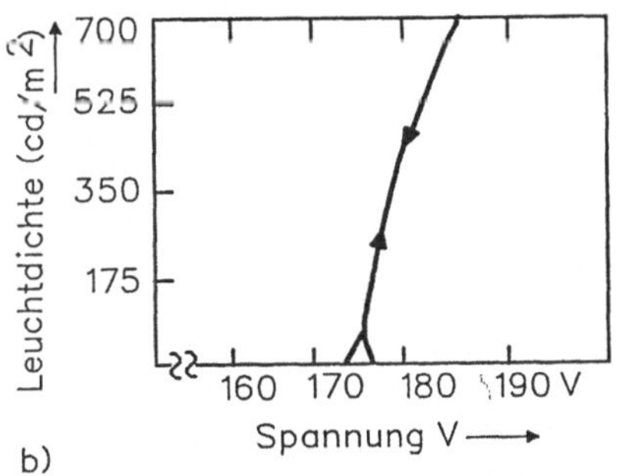


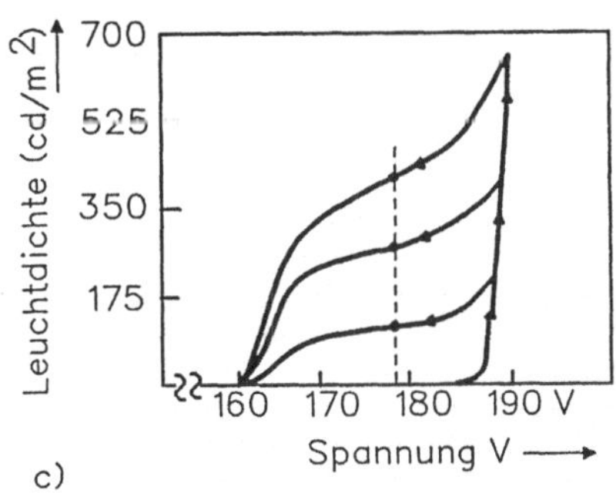


**Bild 5.5-4.** Dünnschicht - Elektrolumineszenzanzeige für Wechselspannungsbetrieb [INO 74]. a) Querschnitt, b) Leuchtdichte als Funktion der Spannung ohne Hysterese, c) Leuchtdichte als Funktion der Spannung mit Hysterese

derungen nach Kontaktschichten hoher Leitfähigkeit und gleichzeitig hoher Transparenz liegt die maximale Betriebsfrequenz praktisch bei etwa 5 kHz. Diese Anzeigen werden heute in großer Stückzahl gefertigt [ABD 84, DUN 83, LIN 84, MIT 77]. Durch verbesserte Isolierschichten ließ sich die Betriebsspannung von ursprünglich 250 V auf etwa 100 V beachtlich senken [FUI 83]. Auch die ersten Farbanzeigen sind bereits entwickelt worden [BAR 86].

Durch geeignete Dotierung und Prozeßführung lassen sich Zellen mit *Hysterese*verhalten und damit Speicherfähigkeit herstellen [ALT 84, YAM 74, SUZ 76b]. Das physikalische Prinzip des Speichervorgangs ist bis heute noch nicht voll verstanden. Man weiß experimentell, daß das Hystereseverhalten mit der Bildung von mikroskopischen Leuchtfäden zu tun hat.

| | |
|---|---|
| Prinzip: | Anregung einer dünnen aufgedampften Zinksulfidschicht durch kapazitive Ströme. |
| Herstellung: | 3-Lagen-Schicht, aufgedampft im Vakuum. |
| Vorteile: | - Lange Lebensdauer: >20 000 h<br>- Große Helligkeit<br>- Speichermöglichkeit<br>- Festkörperelement,<br>- Geeignet auch für große Tafeln. |
| Nachteile: | - Hohe Spannung (ca. 200 V) gegenüber Flüssigkristall-Anzeige.<br>- Sehr starke Nichtlinearität in der Abhängigkeit der Helligkeit von der angelegten (Wechsel-)Spannung. |
| Anwendung: | Möglichkeiten auch für großflächige Anzeigen. |
| Kennwerte: | Leuchtdichte: max. 3000 cd/m$^2$,typ. 100 cd/m$^2$<br>Wechselspannungsbetrieb: 250 V, 300 Hz bis 5 kHz<br>Kontrast: 1 : 10 bis 1 : 50 |

| Jahr: | 1974 | 1976 | 1983 |
|---|---|---|---|
| Matrix: | 90 × 120 | 240 × 320<br>1248 Zeichen | 256 × 1088 |
| Größe: | 3,6 cm × 4,8 cm | 16 cm × 12 cm | 25 cm × 8 cm |
| Hersteller: | Sharp | Sharp | Matsushita |
| Literatur: | [MIT 74] | [SUZ 76b] | [FUJ 83] |

**Bild 5.5-5.** Kennwerte der Dünnschicht-Elektrolumineszenzanzeige für Wechselspannungsbetrieb

1976 hat Sharp das Schreiben und Speichern von optischer Information, auch von Grauwerten, vorgestellt [SUZ 76b]. Die Anzeigetafel vermag Licht (zum Beispiel von einem Lichtgriffel oder aber auch von einem projizierten Muster) aufzunehmen und zu speichern, wenn ein Gleichstromimpuls von einigen Sekunden Dauer angelegt ist. Nachfolgende Wechselspannungsimpulse führen zur Wiedergabe der eingegebenen Information. Auch Löschen ist möglich durch einen Lichtimpuls zwischen den elektrischen Selektionsimpulsen [SUZ 76a, SUZ 77]. Die Auflösung ist mit mehr als hundert Linien pro Millimeter in dieser Anwendung sehr hoch und nur durch die Korngröße des elektrolumineszenten Leuchtstoffs begrenzt.

Beim Löschen einer Zelle entsteht ein Signal auf den Spaltenleitungen, das unterschiedlich ist, abhängig von dem vorher gespeicherten Wert. Dies kann ausgenützt werden, um den Inhalt einer Anzeige auch elektronisch auszulesen [SUZ 78].

Als Vorteile dieser Technologie kann man zusammenfassen: große potentielle Leuchtdichte bei befriedigender Lebensdauer, gute Eignung für Multiplexbetrieb, Bildpunktspeicherung sowie die grundsätzliche Möglichkeit, zu relativ geringen Kosten auch große Anzeigetafeln herstellen zu können. Langfristig könnte auch die Festkörpernatur dieser Anzeige in bezug auf kontrollierte Herstellung und kontrollierten Betrieb gegenüber anderen Technologien von Vorteil sein. Bild 5.5-5 gibt eine Zusammenfassung der Kennwerte.

Weiterführende Literatur: [ALT 84, CHE 70, HOW 81, IVE 63, KIR 81, WIC 80].

## 5.6 Plasma-Anzeigetafel

Die Plasma-Anzeigetafel (engl.: *PDP, plasma display panel*) stellt einen der wichtigsten Konkurrenten der Kathodenstrahlröhre dar. Ihre wesentlichen Vorteile sind: relativ einfacher Aufbau, relativ niedriger Spannungspegel um etwa 100 V und Matrixadressierung, d.h. feste räumliche Zuordnung der Bildpunkte, flache Bauweise und die Möglichkeit, auch große Anzeigen (zum Beispiel für graphische Anwendungen) herstellen zu können. Nachteile sind: der Aufwand zur Matrixadressierung, die Schwierigkeit, Grau- und Farbwerte zu erzeugen, und die relativ geringen Stückzahlen gegenüber der Unterhaltungselektronik. So sehen wir heute hauptsächlich die Anwendung relativ kleiner Plasma-Anzeigetafeln dort, wo die Kathodenstrahlröhre wegen ihrer relativ hohen Grundkosten für Vakuumröhre, Hochspannungsteil usw. unterlegen ist. Ein zweites Anwendungsgebiet sind große Anzeigen für Text und Graphik, wo flache Bauform und exakte Positionierung der Bildelemente gefordert sind.

Die Physik der Gasentladung [DOS 45] wurde besonders von Paschen erforscht. Ihm verdanken wir auch die Beobachtung, daß die Zündspannung $U_z$ von Elektrodenabstand $d$ und Gasdruck $p$ bestimmt ist: $U_z \approx dp$ , das Paschensche Gesetz. Die Verhältnisse bei sehr geringen Elektrodenabständen hat insbesondere Penning untersucht. Plasmaanzeigen beruhen auf den elektrischen und elektrooptischen Effekten der Gasentladung. Unter *Plasma* (griech.: Gebilde) versteht man ein ionisiertes Gas; unter Gasentladung den Durchgang eines Stromes von elektrischen Ladungen – negativen und positiven Ionen sowie Elektronen – durch ein Gas. Dabei werden bei der unselbständigen Entladung diese Ladungen durch äußere Mittel, z.B. eine Glühkathode, dauernd erzeugt, während sie bei der selbständigen Entladung durch die Entladung selbst nachgeliefert werden. Diese Nachlieferung erfolgt entweder durch Stoß- oder Photoionisation der Gasmoleküle oder durch Auslösen von Elektronen aus der Kathode durch die kinetische Energie der positiven Ionen oder durch die bei der Ionisation gebildeten Photonen. Nach der Stärke des Stromes lassen sich drei hauptsächliche Formen der Gasentladung unterscheiden: Die Dunkelentladung, bis etwa $10^{-6}$ A/cm$^2$, die Glimmentladung, bis etwa 0,1 A/cm$^2$, die Bogenentladung bei Stromdichten über 1 A/cm$^2$ (Bild 5.6-1) [DOS 45].

Die Gasentladung spielte schon von Anfang an in der Elektrotechnik eine wichtige Rolle und wurde vielfältig genutzt, z.B. in der Bogenlampe, bei der Funkenentladung, später in der Leuchtstoffröhre. Die Anwendung der Gasentladung in der Datenverarbeitung geht zurück auf die Glimmlampe. Im Bestreben, die Kosten von Glimmlampen-Matrixanordnungen zur Anzeige von Ziffern zu senken, entstand die *Nixie-Röhre*, eine Mehrkathoden-Glimmanzeige (Bild 5.6-2) [SOB 73], der erst in den 60er Jahren zur weiteren Kostensenkung die Plasma-Anzeigetafeln folgten [ARO 67, SLO 76]. Die Wirkungsweise dieser Anzeigen beruht wesentlich auf der elektrischen Hysterese der Glimmentladung, d.h. der gegenüber der Löschspannung etwa um 10% höheren Zündspannung. Weiterhin wird vielfach die Absenkung der Zündspannung durch Ionisation von benachbarten aktiven Glimmstrecken herangezogen.

Plasma-Entladungszellen mit großem Elektrodenabstand zeigen sehr hohe Umwandlungswirkungsgrade von 50 lm/W oder mehr. Leider sinkt der Wirkungsgrad außerordentlich stark bei Verkleinerung der Zelle in den Millimeterbereich für Matrixanzeigen und bei Impulsbetrieb. Es gibt Vorschläge, mit großen Plasma-Entladungszellen flache Anzeigetafeln für Fernsehbildwiedergabe aufzubauen, auch um den dabei zu erzielenden hohen Wirkungsgrad auszunutzen.

Wir können zwei wesentliche Ausführungsformen unterscheiden, nämlich die Plasma-Anzeigetafel für Gleichspannungsbetrieb und die für Wechselspannungsbetrieb, die im folgenden ausführlicher behandelt werden.

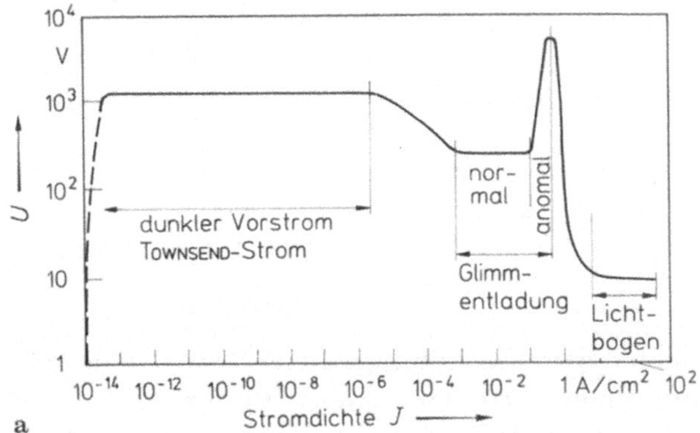


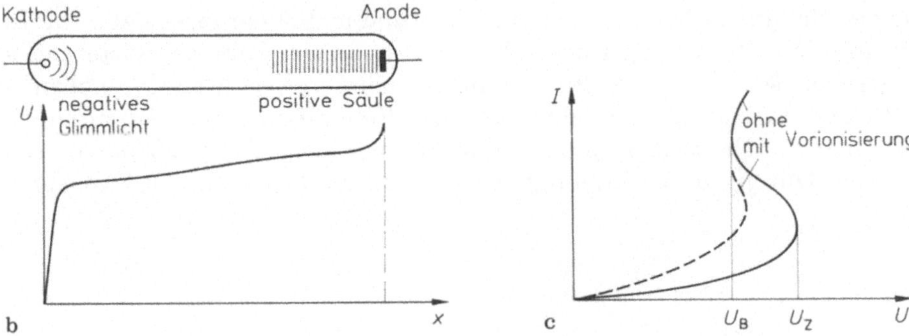


**Bild 5.6-1.** Zum physikalischen Prinzip der Plasmaanzeige.
a) Entladungsarten bei verschiedenen Stromdichten [DOS 45], b) Glimmentladung, Spannungsverlauf und Entladungszonen längs der Strecke, c) Hysterese in der Strom-Spannungs-Kennlinie bei Glimmentladung

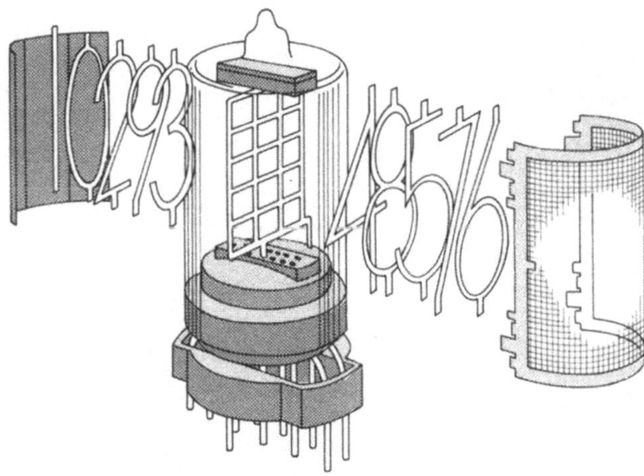

**Bild 5.6-2.** Nixie-Röhre von Burroughs [SOB 73]. Das Gitter in der Mitte bildet die Anode, die ziffernförmigen Drähte wirken als Kathoden, um die sich selektiv der Kathodenfall und damit das Glimmlicht aufbaut.

Weiterführende Literatur: [SLO 76, WES 80].

### 5.6.1 Plasma-Anzeigetafel für Gleichspannungsbetrieb

Das wichtigste Beispiel für die Plasma-Anzeigetafel mit Gleichspannungsbetrieb ist die Ausführungsform der Firma Burroughs mit dem geschützten Namen *Self-Scan Panel* ("Selbstabtast-Anzeigetafel") [HOL 72, MIL 81].

Die Anordnung sieht zwei Entladungsräume vor, die durch ein Muster von Löchern miteinander verbunden sind (Bild 5.6-3). Der Betrieb beruht im wesentlichen darauf, daß die Zündspannung einer Entladungsstrecke durch Ionisation von einer oder mehreren unmittelbar benachbarten Glimmentladungen beträchtlich (um 10% und mehr) herabgesetzt wird. In dem unteren Entladungsraum, dem sogenannten Schieberegisterentladungsraum, schaltet man durch eine Sequenz von phasenverschobenen Zünd- und Löschimpulsen eine einzelne Reihe von Glimmentladungen von links nach rechts durch und wiederholt anschließend diesen Vorgang. Durch die Verbindungslöcher wird auch jeweils die Zündspan-

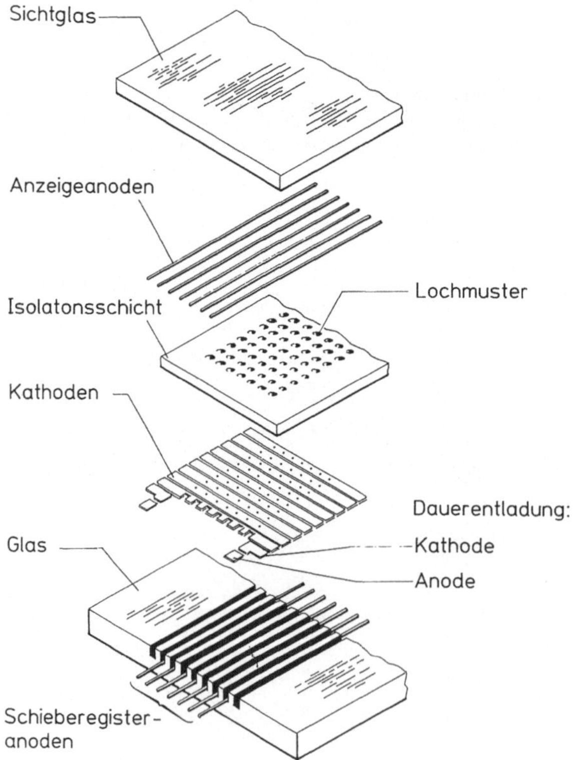


**Bild 5.6-3.** Aufbau der "Self-Scan" (Burroughs) -Plasma-Anzeigetafel für Gleichspannungsbetrieb [HOL 72]

nung der Reihe von Glimmstrecken im Anzeigeraum herabgesetzt, die sich unmittelbar über der gezündeten, im Schieberegisterteil liegenden Reihe befindet. Bietet man im richtigen Takt den horizontalen Elektroden im Anzeigeraum ein entsprechendes Muster von Spannungsimpulsen an, deren Spannung etwas unter dem Zündpunkt einer nicht ionisierten Strecke liegt, so entsteht dort ein Punktmuster (Bild 5.6-4). Farbe läßt sich erzielen durch an den Innenwänden angebrachte Farbleuchtstoffe, die durch ultraviolette Gasentladung lokal angeregt werden [FUK 74].

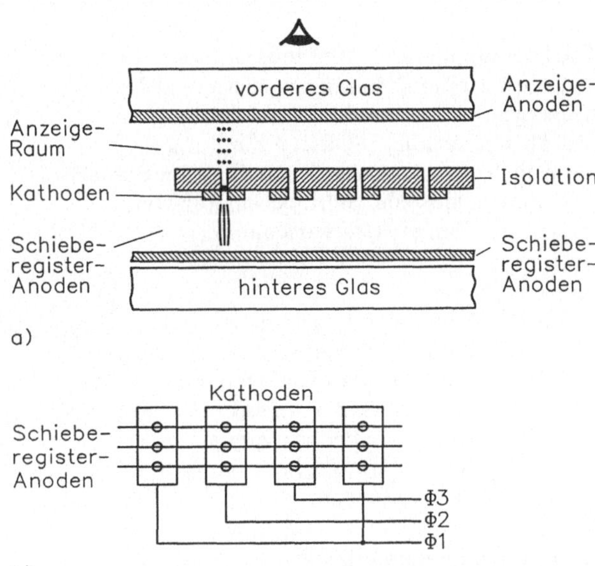


**Bild 5.6-4.** Wirkungsweise der "Self-Scan" (Burroughs) -Plasma-Anzeigetafel. a) Querschnitt, b) Draufsicht

Vorteile dieser Anordnung sind niedrige Herstellungskosten, bedingt durch einfachen Bildaufbau und durch einfache Elektronik, nämlich nur drei Schiebetakt-Pulsgeber, ein Rücksetztreiber und $n$ Informationspulsgeber, mit $n$ der Zahl der horizontalen Anzeigepunkte.

Als Nachteile sind zu nennen: keine Speicherfähigkeit der Zellen selbst und Beschränkung der Dichte auf etwa einen Anzeigepunkt pro Millimeter sowie der Anzeigenbreite auf etwa 200 bis 300 Punkte. Diese Begrenzung ist bedingt durch die erforderliche Umlauffrequenz im Schieberegisterraum von etwa 50 Hz, um Flimmern zu vermeiden, und eine Lichtpulsdauer von etwa 50 µs. Nachteilig ist auch, daß die Elektroden dem Ionenbeschuß während der Glimmentladung ungeschützt ausgesetzt sind, was ihre Lebensdauer beeinträchtigt. Ungünstig ist weiterhin, daß – besonders bei Erhöhung der Pixeldichte und der Betriebsfrequenz – die Entladungen der Schieberegistereinrichtung ungewollt erlöschen oder auf Elektroden außerhalb der Reihenfolge überspringen.

Der Begrenzung der Anzeigenbreite sucht man neuerdings zu begegnen durch weitere Parallelisierung der Schieberegister [AND 77], sowie Einbeziehung von Speichereigenschaften im Anzeigeraum [HOL 83, SMI 82].

Eine Vereinfachung der Struktur mit gleichzeitiger Steigerung von Geschwindigkeit und Auflösung hat Sony entwickelt [AMA 82]. Im

| | |
|---|---|
| Prinzip: | Zweikammer-Gasentladungstafel: "Schieberegisterraum" und "Anzeigeraum" durch kleine Öffnungen verbunden: Entladung im Schiebergisterraum senkt Zündspannung im Anzeigeraum durch Ionisation: Selektive Zündung im Anzeigerraum durch Koinzidenz von Entladung im Schieberegister und Informationsimpuls. Schieberegister-Umlauffrequenz ca. 85 Hz, um Flackern zu vermeiden. |
| Vorteile: | Niedrige Herstellungskosten:<br>Einfache Elektronik: 3 Schiebetaktpulsgeber<br>1 Rücksetztreiber<br>$n$ Informationspulsgeber<br>für $n$ Zeilenleitungen<br>Einfacher Tafelaufbau: keine Isolationsschicht gegenüber Wechselspannungs-Plasmaanzeige<br><br>Grautöne durch Impulslägenmodulation, zum Beispiel, 50µs → 300µs |
| Nachteile gegenüber Wechsel-spannungs-Plasma-anzeige: | - Keine Bildpunktspeicherung,<br>- Geringere Lebensdauer: Ionsenbeschuß der ungeschützten Leiter,<br>- Punktdichte nur ca. 1/mm,<br>- Beschränkung der Anzeigenbreite: bei 85 Hz, 50µs → 235 Punkte |
| Anwendung: | Für kleine Anzeigetafeln, z.B. Waagen, Kassen, etc. |
| Kennwerte: | - Betriebsspannung ≈ 100 V<br>- Helligkeit: Maximal: 30 00 cd/m$^2$<br>Typisch: 100 cd/m$^2$<br>- Multiplexverhältnis 1 : 500<br>- Kontrast: ≈ 1 : 10<br>- Kleinste Zelle: 0,1mm x 0.1mm [AMA 82] |
| Hersteller: | Burroughs: "Self-Scan Panel" |

**Bild 5.6-5.** Kennwerte der Schieberegister- Plasma-Anzeigetafel für Gleichspannungsbetrieb

wesentlichen ist dabei der Schieberegisterraum der Self-Scan-Anzeige von Burroughs durch eine Dünnschichtstruktur ersetzt worden. Auf der Oberseite dieser Struktur liegt das Netz der Kathodenleitungen, darunter isoliert eine oder mehrere Triggerelektroden.

Die wichtigsten Kennwerte der Schieberegister-Plasma-Anzeigetafel für Gleichspannungsbetrieb sind in Bild 5.6-5 zusammengestellt.

Ein neuartiger *Gleichspannungs-Plasmabildschirm für Farbfernsehbilder* wurde 1984 von Hitachi vorgestellt [MIK 84]. Eine Zelle dieses Schirms ist im Bild 5.6-6 gezeigt. Eine Hilfselektrode erlaubt ihre Zündung über Koinzidenz zum zeilenförmigen Einschreiben. Ein hochohmiger Widerstand in Serie mit der Hauptentladungsstrecke sorgt für die Aufrechterhaltung der Glimmladung der gezündeten Zellen. Nachfolgende kurze Impulse von etwa 10 µs Dauer und einer Amplitude von etwa 400 V regen ultraviolettintensive Townsend-Entladung an, diese wiederum Rot- , Blau- oder Grün-Leuchtstoffe an den Wänden der Entladungsstrecke. Über die Anzahl dieser Impulse läst sich die Helligkeit der Anzeige steuern. Kennwerte dieses experimentellen Anzeigeschirms sind: Gasdruck: 25 mbar, Matrixgröße: 120 × 160 Zellen, 3 Zellen je Farbelement, Lichtausbeute: 2 lm/W.

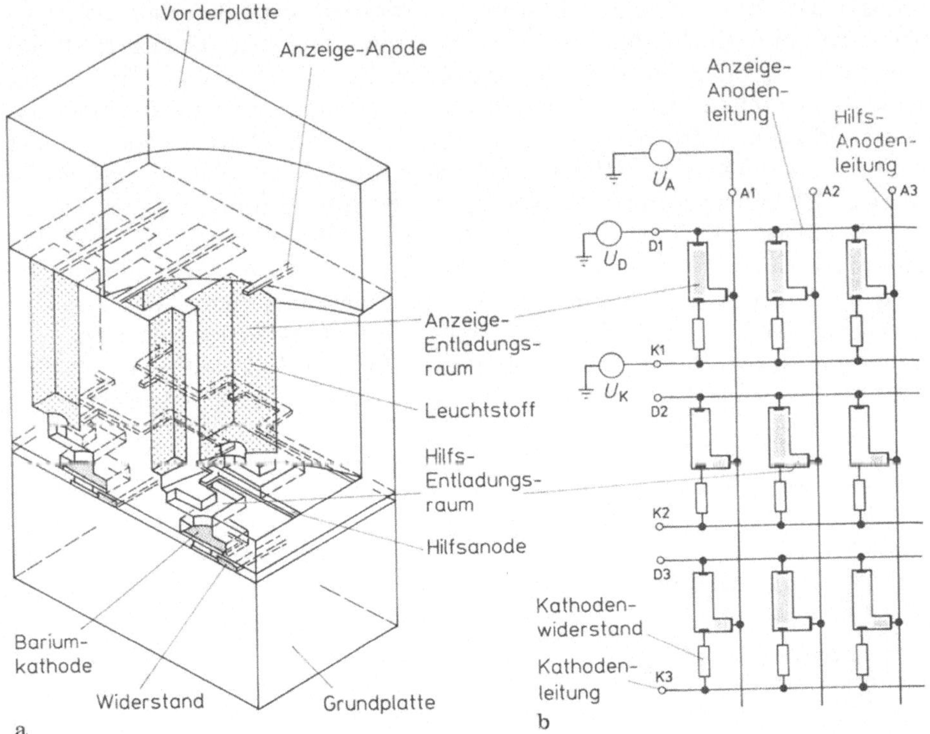


**Bild 5.6-6.** Gleichspannungs-Plasmazelle für Farbfernsehen [MIK 84].
a) Aufbau einer Zelle, b) Matrixanordnung

### 5.6.2 Plasma-Anzeigetafel für Wechselspannungsbetrieb

Die grundsätzliche Wirkungsweise der Plasma-Anzeigetafel mit Wechselspannungsbetrieb (engl.: *ACPDP, AC plasma display panel*) kann am besten anhand der Bilder 5.6-7 und 5.6-8 erklärt werden, die Aufbau und Impulsmuster zeigen. Im Gegensatz zur Plasma-Anzeigetafel mit Gleichspannungsbetrieb sind hier nur zwei Glasplatten vorgesehen, die je ein Muster von parallelen Streifenleitungen tragen, die zum Beispiel mit Hilfe von photolithographischen Verfahren hergestellt werden. Beide Platten sind planparallel, mit geringem Abstand und mit einer Verdrehung der Muster um 90° zueinander angeordnet. Am Kreuzungspunkt zweier gegenüberliegender Leitungen entsteht jeweils eine Entladungsstrecke. Beide Leitungsmuster sind durch eine dünne Isolierschicht vom Entladungsraum getrennt. Durch Beschichten der Isolierschicht mit einem Material, das die Elektronenaustrittsarbeit verringert, z.B. MgO, läßt sich die Zündspannung um 10 bis 20% senken. Eine innen am Rand angebrachte Probe mit äußerst geringer radioaktiver Strahlung sorgt für konstante Anfangsionisation.

An alle Zellen wird über Spalten- und Zeilenleitungen eine Impulsfolge wechselnder Polarität angelegt, deren Amplitude gerade eben so bemessen ist, daß keine Entladung auftritt. Ist ein Zündimpuls dieser Wechselspannung an einem bestimmten Kreuzungspunkt überlagert, so wird dort eine Entladung initiiert. Wie man aus dem Ersatzschaltbild ersehen kann, wird diese Entladung über die entsprechende Aufladung der Isolierstrecken, die als Kondensatoren dienen, auch in den nachfolgenden Phasen aufrechterhalten. Somit können Bildpunkte gespeichert werden, solange die Betriebswechselspannung an der Anzeigetafel anliegt. Einzelne Punkte lassen sich wieder durch Anlegen eines Löschimpulses selektiv löschen, der die "Wandladungen" an den Isolierstrecken wieder abbaut. Im Gegensatz zur Plasma-Anzeigetafel mit Gleichspannungsbetrieb leuchten die Anzeigepunkte nur während der Umladung der Isolierstrecken auf. Die entsprechenden Ionisierungs- und Umladungszeiten liegen im Bereich von einigen Mikrosekunden. Für ausreichend große Bildhelligkeit und auch, um für große Anzeigetafeln

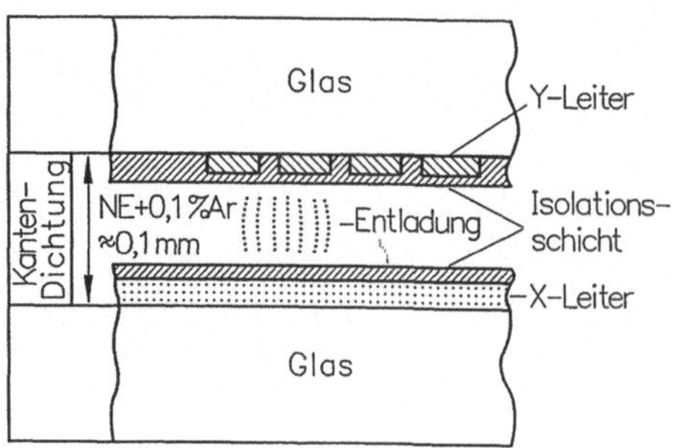


**Bild 5.6-7.** Aufbau der Plasma-Anzeigetafel für Wechselspannungsbetrieb

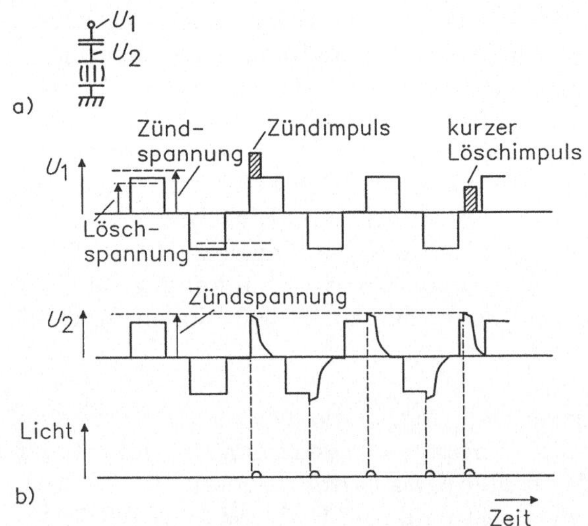


**Bild 5.6-8.** Wirkungsweise der Plasma-Anzeigetafel für Wechselspannungsbetrieb [CRI 81].
a) Ersatzschaltbild der Zelle, b) prinzipieller zeitlicher Verlauf von Betriebsspannung $U_1$, der Spannung an der Entladungsstrecke $U_2$ und der Lichtimpulse $L$

kurze Zeiten für den Bildaufbau zu erzielen, muß mit hoher Frequenz der Betriebsspannung gearbeitet werden: einige 10 kHz bis wenige 100 kHz sind erforderlich, um genügende Helligkeit bei Bildgrößen von $100 \times 100$ bis über $500 \times 500$ Punkten Aufbauzeiten unter einer Sekunde zu erzielen.

Durch Überlagern einer positiven oder negativen Gleichspannung mit einer Amplitude, die zwischen Zünd- und Löschspannung liegt, läßt sich bei der Plasma-Anzeigetafel mit Wechselspannungsbetrieb die angezeigte Information komplementieren, d.h., alle vorher gezündeten Zellen erlöschen und alle nicht gezündeten Zellen leuchten, solange diese Gleichspannung anliegt.

In Anlehnung an den Gedanken, bei Plasmaanzeigen für Gleichspannung deren begrenzte Breite durch Hinzuziehen von Speichereigenschaften zu vergrößern – wie sie die Plasmaanzeige für Wechselspannung besitzt –, sucht man bei Plasmaanzeigen für Wechselspannung deren Nachteil der hohen Adressierungkosten durch Einbeziehung von Schieberegistereigenschaften zu begegnen, – einem der Grundzüge der Plasmaanzeige für Gleichspannung [BEI 79, COL 75, UME 72, YAM 82].

Steuerung und Beherrschung der Wandladungen durch eine besondere Adressiertechnik [KLE 79, SCH 74] erlaubt das Setzen und Löschen einzelner Bildpunkte, ganzer Wortleitungen [CRI 81] und sogar die Darstellung bewegter Fernsehbilder [CRI 85].

Mit dem Vordringen von Halbleiterelementen zur Speicherung des Bildhintergrundes wird bei der Plasmaanzeige für Wechselspannung ihre

Speicherfähigkeit weniger für das Speichern der Bildinformation selbst, als vielmehr für die Erzeugung von flackerfreien Bildern herangezogen. Dadurch entfällt auch die Forderung, einzelne Pixels setzen oder löschen zu können, vielmehr nimmt man die Ansteuerung Zeile für Zeile vor, um dann jeweils durch Impulse auf die Kolonnenleitungen neue Information einzugeben. Durch blockförmiges Löschen und Schreiben von mehreren Zeilen gleichzeitig kann man den Zeitbedarf zum Einschreiben neuer Information in eine Zeile auf weniger als 10 µs verringern. Dies erlaubt die Darstellung von verschiedenen Graustufen, von blinkenden Zeichen und von Fernsehbildern auf Schirmen bis zu 2 000 Zeilen und 40 Bildern/s [nach CRI 86].

Bei *Oberflächenentladungs-Plasmatafeln* (engl.: *surface discharge plasma display panels: SD-PDP*) sind die Leitungen gegeneinander isoliert auf der Innenseite von nur einer der beiden Glasplatten angebracht. Die Entladung entsteht dann zwischen zwei planaren Elektroden (Bild 5.6-9). Damit erreicht man höhere Leuchtdichten und Lichtausbeuten, da das Glimmlicht ungehindert durch eine Streifenleitung das Auge des Betrachters trifft [DIC 74, DIC 79, UCH 83].

Weiterhin läßt sich Farbe, wie bei der Plasmatafel für Gleichstrombetrieb, durch auf der Innenseite angebrachte Farbleuchtstoffe erzielen, die über eine ultraviolette Gasentladung selektiv angeregt werden [BRO 72, HOE 73, SHI 80].

Beim Löschen einer Zelle ist der aufzubringende Strom verschieden, je nach dem, ob sich die Zelle vorher im "0"- oder im "1"-Zustand befunden hatte. Dies kann man zum elektrischen Auslesen des Inhalts einer Plasmaanzeige heranziehen [WEB 73].

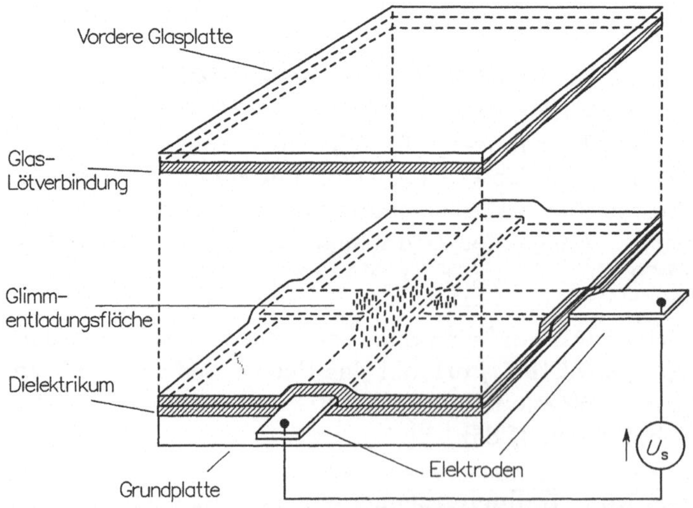


**Bild 5.6-9.** Oberflächenentladungs-Plasmaanzeigetafel [DIC 74]

Auch optisches Einschreiben ist möglich: Lichtstrahlen lösen auf den Innenwänden Photoemission aus, die freiwerdenden Elektronen unterstützen die Bildung von Wandladungen und damit die Zündung angestrahlter Zellen [WEB 71]. Lichtgriffelfunktionen sind ebenfalls möglich [NGO 74].

Die wichtigsten Daten der Plasma-Anzeigetafel für Wechselspannungsbetrieb sind in Bild 5.6-10 zusammengefaßt.

---

Prinzip: Lawinenartige, pulsförmige Gasentladung, angestoßen durch Überlagerung eines Zündimpulses über eine "Halte"- Wechselspannung, deren Amplitude allein zur Zündung nicht ausreicht. Die erste Entladung lädt die Kapazität zwischen Leiter und Entladungstrecke auf, wodurch weitere Entladungen zu jeder Halbwelle der Wechselspannung gesichert sind.

Vorteile:
- Eingeprägte Speicherung
- Flache Bauform } gegenüber
- Feste Bildpunkte } Fernsehbildröhre
- Größere Lebensdauer gegenüber Gleichspannungs-Plasmaanzeige: Schutz der Leiter durch Isolationsüberzug vor Ionenbeschuß
- Aufbau von großen Tafeln möglich.

Nachteile: Grauwerte und Farbe nur mit Schwierigkeiten möglich. Höherer Aufwand an Elektronik gegenüber Gleichspannungs-Plasmaanzeige.

Anwendung: Vor allem für Tafeln mittlerer Größe, für Dialogsichtgeräte, Dateneingabe, usw.

Kennwerte: Gas: Ne + 1% Ar: 700 mbar, orange

| | |
|---|---|
| Dichte: | ca. 4 Punkte/mm |
| Betriebsspannung: | ca. 100 V |
| Leistungsbedarf: | ca. 1 W/cm $^2$ |
| Lawinenaufbau: | ca. 3 μs |
| Lichtausbeute: | 0,2 bis 1 lm/W |
| Helligkeit: | 75 cd/m $^2$ |

| Jahr: | 1972 | 1973 | 1982 | 1982 |
|---|---|---|---|---|
| Matrix: | 512 × 512 | 1024 × 1024 | 1600 × 1200 | 960 × 768 |
| Größe: | 50 cm × 50 cm | 43 cm × 43 cm | 80 cm × 60 cm | 45 cm × 38 cm |
| Hersteller: | Owens-Ill. | Owens-Ill. | Univ. Ohio | IBM 3290 |
| Literatur: | [JOH 72] | [ERN 73] | [SOP 82] | [LOR 82] |

**Bild 5.6-10.** Kennwerte der Plasma-Anzeigetafel für Wechselpannungsbetrieb

Weiterführende Literatur: [LAN 78, PLE 80, REI 78, SLO 77].

## 5.7 Elektromechanische Anzeige

Mechanische und elektromechanische Anzeigeeinrichtungen gehören zu den ältesten Geräten. Sie finden heute noch vor allem dort Verwendung, wo gute Sichtbarkeit für einen großen Personenkreis und für großen Betrachterabstand gefordert werden und wo sich der anzuzeigende Wert relativ langsam im Bereich von Sekunden und darüber ändert. Beispiele sind Eisenbahnsignale, die digitale Uhr für das Büro, Anzeigetafeln von Abflug- und Landezeiten auf Flughäfen, Verkehrsleitschilder, Tanksäulenanzeigen usw.

Einfache Anordnungen sind *Trommeln* (Bild 5.7-1), die auf ihrem Umfang Ziffern und/oder Buchstaben tragen. Mit Hilfe mindestens eines innerhalb der Trommel in radialer Richtung angebrachte Permanentmagneten und einer Reihe außen angeordneter Spulen, die, auch in Kombination, von Strömen verschiedener Richtung durchflossen werden, läßt sich die Trommel in die gewünschten Stellungen drehen.

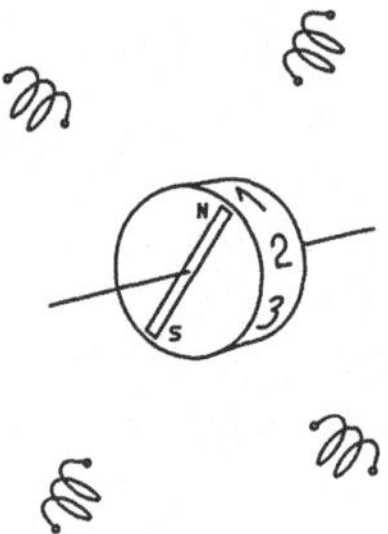


**Bild 5.7-1.** Magnettrommelanzeige

Weitverbreitet sind heute Anzeigen mit *Springziffern* oder *Fallklappen* (Bild 5.7-2). Eine Anzahl von Tafeln, die Zahlen, Buchstaben oder Worte tragen, sind am Umfang einer Walze beweglich angeordnet. Durch Drehen der Walze und möglicherweise durch zusätzliche Kontrolle des Auslösens der einzelnen Tafeln durch einen über einen Elektromagneten betätigten Stift, werden die einzelnen Tafeln zur Anzeige gebracht.

Gegenüber diesen Vollzeichenanzeigen bringen *elektromechanische Segment-* oder *Matrixanzeigen* kürzere Einstellzeiten bei erhöhtem Aufwand. Bild 5.7-3 zeigt ein Anzeigenelement, bei dem ein Segmentbalken über einen kleinen Elektromagneten entweder auf Weiß oder Schwarz gestellt wird. Ein weichmagnetischer Kern ist von einer Spule umschlossen. Ihm gegenüber ist die über eine Achse schwenkbare

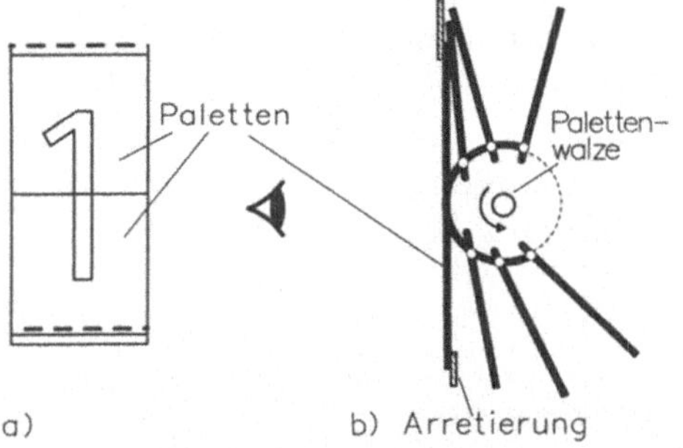


**Bild 5.7-2.** Springziffern [WAL 74].
a) Draufsicht, b) Querschnitt

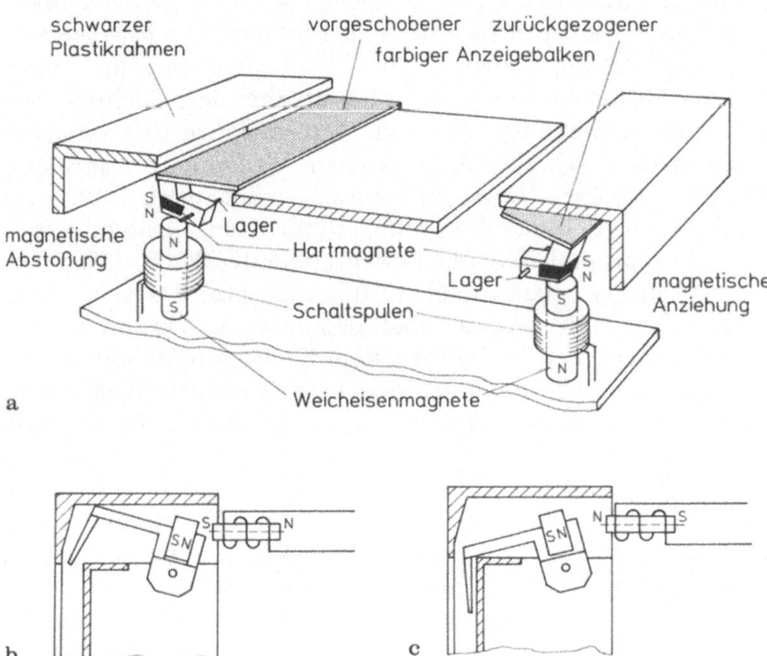


**Bild 5.7-3.** Mechanische Segmentanzeige [SMI 69].
a) Grundaufbau, b) Anziehung, c) Abstoßung des Permanentmagneten durch den Weicheisenmagneten

Anzeigeklappe angeordnet, an der über einen Hebel ein Permanentmagnet angebracht ist. Durch Stromimpulse wechselnder Polarität läßt sich der weichmagnetische Kern umpolen, der seinerseits den Permanentmagneten entweder anzieht oder abstößt und damit die Anzeigeklappe entweder öffnet oder schließt. Die magnetische Remanenz sichert dabei die Stabilität der Endlagen [FER, SMI 69]. Diese Anzeigeart ist weitverbreitet, z.B. sind in der American Stock Exchange in New York 22 000 dieser Ziffernmodule installiert.

In einer Variante des Prinzips der Magnettrommelanzeige ist die Trommel durch eine Kugel ersetzt, die parallel zur Längsachse geteilt, z.B. zur Hälfte schwarz, zur anderen Hälfte weiß ist. Eine einzige Spule genügt dann, um entweder die schwarze oder aber die weiße Seite der Kugel nach oben zu drehen. Mehrere dieser Kugeln, in Matrixform angeordnet, gestatten Zeichen und Linien großflächig darzustellen.

## 5.8 Schlierenoptik-Projektionsanzeige

Ein großer Nachteil der normalen Kathodenstrahlröhre ist die schlechte Eignung für Großbildprojektion. Schon 1939 entstand an der Eidgenössischen Technischen Hochschule (ETH) in Zürich deshalb der Gedanke, das Bild mit Hilfe eines Elektronenstrahles in Form von Ladungsverteilungen auf einem Ölfilm abzubilden und anschließend über Elektrostriktion des Ölfilmes und unter Benutzung der Technik der Schlierenoptik im Großformat zu projizieren. Ein im Jahre 1948 fertiggestelltes Versuchsmodell erhielt den Namen "Eidophor" (griech.: *Bildträger*) [BAU 53, LAB 50]. Die Firma Gretag, Zürich, erwarb 1950 die Produktionsrechte und entwickelte eine Reihe von erfolgreichen Schwarzweiß- und Farbprojektoren für Bewegtbilder [GRE 58, MOL 62]. Eine parallele Entwicklung begann nach 1950 bei General Electric, USA. Schwerpunkt dieser Arbeiten war es, über orthogonale Beugungsgitter auf dem Ölfilm mit einem einzigen Strahlsystem Farbfernsehbilder herzustellen [ELL 63, GLE 65, GLE 70]. Das erste Produkt wurde 1968 vorgestellt und seitdem durch weitere, ebenfalls erfolgreiche Geräte ergänzt [TRU 79].

Die grundsätzliche Arbeitsweise der Schlierenoptik ist wie folgt (Bild 5.8-1a): Das mit einer Lampe und einem Hohlspiegel, Sammellinse 1, Lochblende sowie Sammellinse 2 erzeugte parallele Strahlenbündel wird ohne dazwischenliegendes Objekt durch die Sammellinse 3 auf die scheibenförmige Stoppblende fokussiert und kann somit nicht zur Projektionsfläche gelangen. Auch ein dazwischenliegendes Objekt mit homogenem Brechungsindex ändert am Strahlengang nichts. Weist das Objekt dagegen Zonen mit unterschiedlichen Brechungsindizes auf oder besitzt unterschiedliche Dicke, so wird der parallele Strahlengang zwischen Sammellinsen 2 und 3 gestört, das Licht kann zumindest teilweise die Stoppblende umgehen, und auf der Projektionsfläche erscheint das Schirmbild unseres Objektes. Wir können uns die Entstehung dieses Bildes vorstellen als die Abbildung von einzelnen Streuungszentren des ankommenden parallelen Lichtstrahls im Objekt durch die Sammellinse 3 auf die Projektionsfläche [BER 74, POH 63].

Bei der Schlierenprojektionsanzeige sind Lochblende und scheibenförmige Stoppblende des Bildes 5.8-1a durch Schlitz- und Balkenmasken ersetzt

(Bild 5.8-1b). Bild 5.8-1c zeigt die Aufspaltung des Lichtstrahls in Spektrallinien durch den dickenmodulierten Ölfilm.

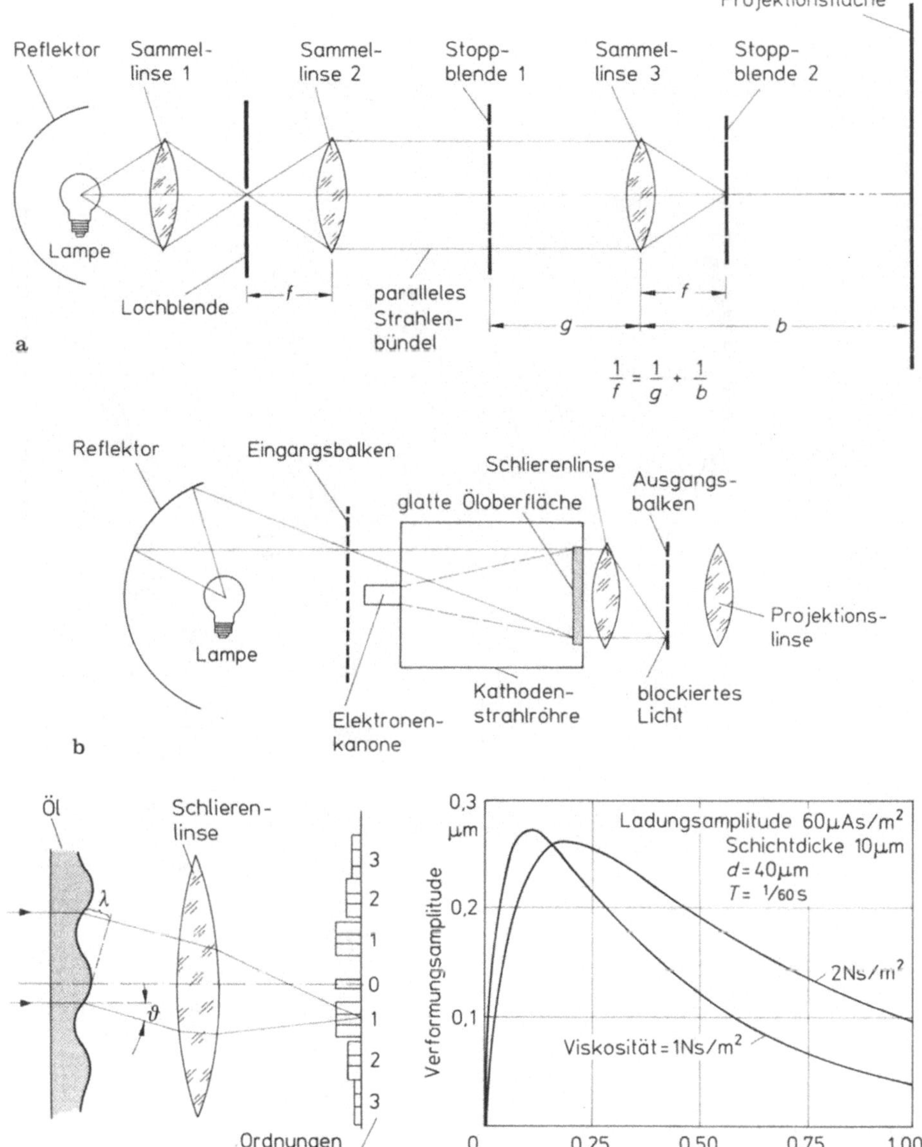


**Bild 5.8-1.** Schlierenoptik.
a) Grundsätzliche Arbeitsweise [BER 74, POH 63], b) Schlieren-Lichttor-Röhre [GOO 69], c) Beugungsspektren erzeugt durch Phasengitter [GOO 69], d) zeitliche Veränderung der Verformungsamplitude während einer Teilbildperiode [TEP 83]

Bei den Eidophor-Geräten von Gretag ist die Ölschicht auf einem sphärischen Spiegel aufgetragen, der langsam rotiert, um die Schicht mit neuem Öl aufzufrischen. (Bild 5.8-2a). Ein Elektronenstrahl mit kon-

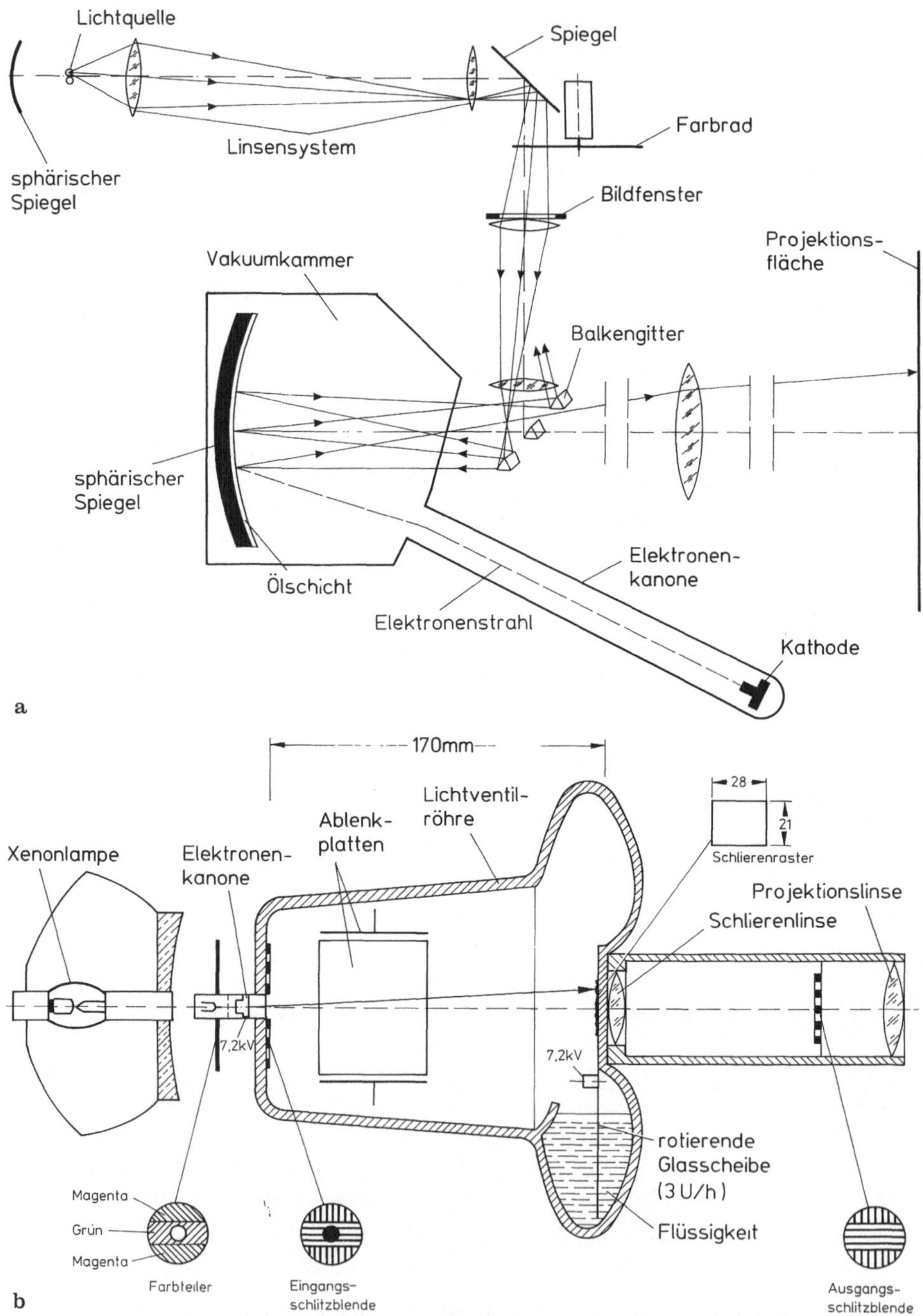


**Bild 5.8-2.** Grundaufbau von Schlierenoptik-Projektoren.
a) Eidophor von Gretag [TRU 73], b) Farbprojektor von General Electric [GOO 69]

stantem Strahlstrom schreibt rasterförmig die Bildinformation auf, dunkle Bildstellen defokussieren den Strahl wenig, helle Bildstellen dagegen stark. Leitfähigkeit und Viskosität des Ölfilms sind so eingestellt, daß eine Relaxation der Oberfläche mit einer Zeitkonstanten von einem Bildrahmen entsteht. Farbbilder können erzeugt werden durch Bildüberlagerung von drei Projektoren mit den Grundfarben Rot, Grün und Blau.

Bei den Schlierenoptik-Projektoren von General Electric können Farbfernsehbilder mit einer Röhre und einer einzigen optischen Achse erzeugt werden (Bild 5.8-2b). Ein Eingangsfilter trennt das weiße Licht auf in äußere grüne Anteile und einem mittleren Teil in Magenta, d.h. Rot und Blau gemischt. Die nachfolgenden Schlitz- und Balkenblenden laufen für Grün waagerecht, für Magenta senkrecht. Grüne Bildteile lassen nun ein waagerechtes Beugungsmuster auf dem Ölfilm entstehen, das Grün senkrecht ablenkt und damit in seiner Intensität im Ausgangsfilter beeinflußt, nicht dagegen Magenta, für das die Filterbalken senkrecht stehen. Ebenso wird Blau und Rot über senkrechte Beugungsmuster verschiedener Wellenlänge gesteuert. Der Elektronenstrahl hat auch hier wieder konstanten Strahlstrom: Horizontale Beugungsgitter entstehen durch Modulation der Fokussierung, vertikale durch Modulation der Ablenkgeschwindigkeit.

Das Heinrich-Hertz-Institut in Berlin hat die Eignung des General-Electric-Projektors für die Wiedergabe von *HDTV* - Bildern (engl.: *high definition TV*, hochauflösendes Fernsehen) untersucht und unter Voraussetzung gewisser Verbesserungen grundsätzlich bejaht [MAH 84].

Ein großer Nachteil der Eidophorgeräte, der ihrer Verbreitung störend im Wege steht, ist der hohe Wartungsbedarf, im wesentlichen bedingt durch die Verunreinigung des Elektronenstrahlsystems durch die ebenfalls im Hochvakuum befindliche Ölschicht. Um die dadurch hervorgerufenen Ausfallzeiten zu verkürzen, sind moderne Eidophorgeräte mit einer Revolvereinrichtung zum Wechseln verbrauchter Kathoden ausgerüstet. Die Bedienung von außen gestattet es, den Wechsel vorzunehmen, ohne das Hochvakuum zu brechen, was zu einer wesentlichen Zeitersparnis führt.

Eine andere Art der Abhilfe sollte das Prinzip des *Deformographen* bringen, bei dem Elektronenstrahlsystem und Lichtstrahlsystem voneinander getrennt sind. Das Bild wird mittels Elektronenstrahl auf die Vorderseite einer Isolierschicht projiziert, wobei durch Elektrostriktion die Dicke einer an der Rückseite der Isolierschicht angebrachten Kunststoffschicht moduliert wird. Dies wiederum beeinflußt den Lichtpfad einer Schlierenprojektionsoptik durch Reflexion an der Oberfläche der Kunststoffschicht. Die bekannt gewordenen Ausführungen zeigen im Gegensatz zu den Geräten von Gretag und General Electric keine

Relaxation und Wiederaufladung der Zielpunkte durch den Elektronenstrahl; damit wird auch die Darstellung von Bewegtbildern nur begrenzt möglich. Versuchsmuster erreichten bei 5×5 cm Röhrenbildfläche eine Auflösung von 25 Punkten/mm [LAK 76, ROS 73].

Weitere Einzelheiten und Kennwerte sind in Bild 5.8-3 zusammengestellt [HAK 74, TRU 79].

Weiterführende Literatur: [GOO 68, GOO 71, THO 82, TRU 71].

---

| | | |
|---|---|---|
| Prinzip: | Bildprojektion mittels Elektronenstrahl auf die Oberfläche eines Ölfilms, dessen Dicke durch Ladungsmuster und Elektrostriktion moduliert wird. Beeinflussung des Lichtpfades einer Schlierenprojektionsoptik durch den Ölfilm in Reflexion (Eidophor) oder Transmission (General Electric).<br>Für Bewegtbild und Fernsehen.<br>Farbe bei Eidophor nur durch Überlagerung von drei Bildern möglich. | |
| Vorteile: | Großbildprojektion<br>Farbbildprojektion<br>Fernsehprojektion | |
| Nachteile: | Hohe Herstellungskosten<br>Hohe Wartungskosten bei Eidophor:<br>Verunreinigung der Elektronenstrahlkanone durch Öl | |
| Anwendung: | (Farb-)Fernseh-Großbildprojektion | |
| Kennwerte: | Helligkeit: | ca. 200 cd/m $^2$ |
| | Bildwand: | Bis 4 m × 5 m für Eidophor,<br>bis 2 m × 3 m für General Electric Projektor |
| | Kontrast: | 100 : 1 |
| | Bildwechsel: | ca. 30/s |
| Hersteller: | GRETAG (Zürich)<br>General Electric (USA) | |

---

**Bild 5.8-3.** Kennwerte der Schlierenoptik-Projektionsanzeige

## 5.9 Kerr-Zellen-Projektionsanzeige

Lichttore auf der Grundlage des elektrooptischen Kerr- oder Pockels-Effektes werden für Projektionsanzeigen in Betracht gezogen und in Sonderfällen eingesetzt. Dabei dienen elektrisch polarisierbare Einkristalle oder organische Flüssigkeiten, wie z. B. KDP (*Kaliumdihydrogenphosphat)* oder Nitrobenzol, zur Drehung der Polarisationsebene eines polarisierten Lichtstrahles in Transmission oder Reflexion, gesteuert durch ein elektrische Feld. Beim Kerr-Effekt liegt dieses elektrische Feld senkrecht zur Richtung des Lichtstrahles, beim Pockels-Effekt parallel dazu. Die Grenzfrequenz der Kerr-Zelle selbst liegt bei 1 GHz. Indirekt, über die Elektronik, ist die Betriebsfrequenz auf 100 bis 200 kHz begrenzt. Erste Versuchsanordnungen, auch mit Bildspeichereigenschaften und unter Ausnützung der Sekundärelektronenemission ähnlich wie bei der Kathodenstrahlspeicherröhre (siehe Abschnitt 5.3.3), entstanden bereits in den 30er Jahren [ARD 38, ARD 39].

Eine Anordnung zur Erzeugung eines Lichttores ist in Bild 5.9-1a gezeigt. Der von links kommende Lichtstrahl trifft auf ein Polarisationsfilter, der linear polarisierte Strahl dann auf eine Kerr-Zelle. Eine Veränderung der Elektrodenspannung an der Kerr-Zelle verändert die Drehung der Polarisationsebene innerhalb der Zelle, so daß das nachgeschaltete Analysatorfilter den Lichtstrahl entweder durchläßt oder nicht. Wenn keine Spannung an der Kerr-Zelle anliegt, ist die Flüssigkeit isotrop und beeinflußt die Polarisation des durchtretenden Lichtstrahls nicht. Bei Anlegen einer Spannung wird die Flüssigkeit optisch anisotrop, und die Polarisationsebene des durchtretenden Lichtstrahls wird proportional zur Dicke der Zelle und dem Quadrat der angelegten Spannung gedreht. Für unsere Zwecke bemessen wir Zelle und Spannung so, daß eine Drehung der Polarisationsebene um 90° eintritt.

Durch Nachschalten eines doppelbrechenden Kristalls, z. B. Kalkspat, hinter die Kerr-Zelle, wie dies in Bild 5.9-1b gezeigt ist, läßt sich ein binärer Lichtablenker erzeugen. Je nach Polarisationsebene des aus der Kerr-Zelle austretenden Lichtstrahles tritt in dem nachfolgenden Kristall Lichtablenkung auf oder nicht. Der Betrag der Ablenkung ist dabei von der Dicke des Kristalls abhängig. Der doppelbrechende Kristall läßt den linear polarisierten Lichtstrahl unverändert als "Normalstahl" durchtreten, wenn die optische Achse des Kristalls in der Polarisationsebene des Lichtstrahls liegt. Der Lichtstrahl wird aber als "außerordentlicher Strahl" abgelenkt und versetzt, wenn die optische Achse des Kristalls senkrecht zur Polarisationsebene steht.

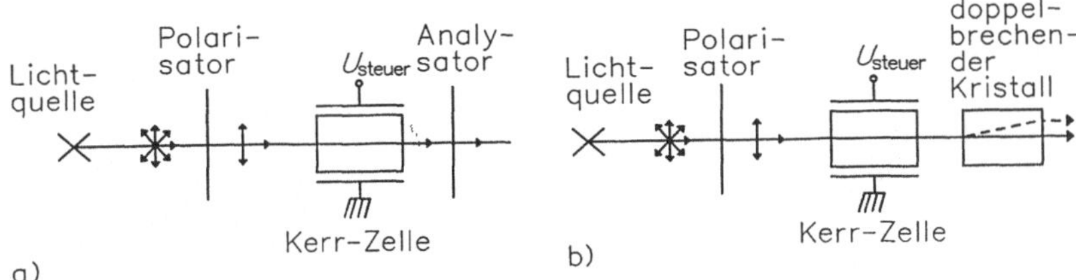


**Bild 5.9-1.** Kerr-Zelle.
a) Lichttor, b) Binäre Lichtablenkung

Schaltet man eine Reihe dieser lichtablenkenden Elemente hintereinander und sorgt für die Ablenkung in horizontaler wie auch vertikaler Richtung, so läßt sich damit ein Gerät zur Erzeugung eines flächenhaften Rastermusters aufbauen [KUL 64, KUL 66].

Für die Großprojektion und auch zur exakten Bildauswertung hat Philips ein Gerät entwickelt, zuerst mit 32 × 32 Punkten [SCH 69], später mit 1024 × 1024 Punkten (Bild 5.9-2) [SCH 76, THU 81, 82]. Die Elektroden der Kerr-Zellen und die doppelbrechenden Kristalle, hier als Prismen ausgebildet, sind in einem 30 cm langen, 5 cm tiefen Trog angeordnet, der mit Nitrobenzol, einer polarisierbaren Flüssigkeit, gefüllt ist. Die eine Hälfte der Prismen ist so ausgerichtet, daß der Strahl in horizontaler Richtung abgelenkt wird, die andere Hälfte besorgt die vertikale Ablenkung. Jedes Prisma lenkt dabei um den doppelten Winkel ab als das vorausgehende Prisma der entsprechenden Gruppe. Die Umschaltspannung liegt zwischen 3 und 7 kV, die Umschaltzeit von einer Lichtpunktposition zu einer anderen ist kürzer als 1 μs, die Betriebsfrequenz ist etwa 200 kHz.

Verwendet man in der Kerr-Zelle eine ferroelektrische Substanz, so kann man aufgrund der elektrischen Hysterese eine gleichbleibende Drehung der Polarisationsebene des Lichtstrahles erreichen, die, vereinfacht gesagt, nur davon abhängt, ob vorher ein positiver oder ein negativer Impuls an den Kristall angelegt worden ist [MAR 73].

Der Hauptnachteil dieser Anordnungen ist die erforderliche hohe Umschaltfeldstärke, bei praktischen Anordnungen resultierend in Umschaltspannungen von mehreren 1000 V, die über die Leistungsfähigkeit der Elektronik auch die Betriebsfrequenz auf Werte von 100 bis

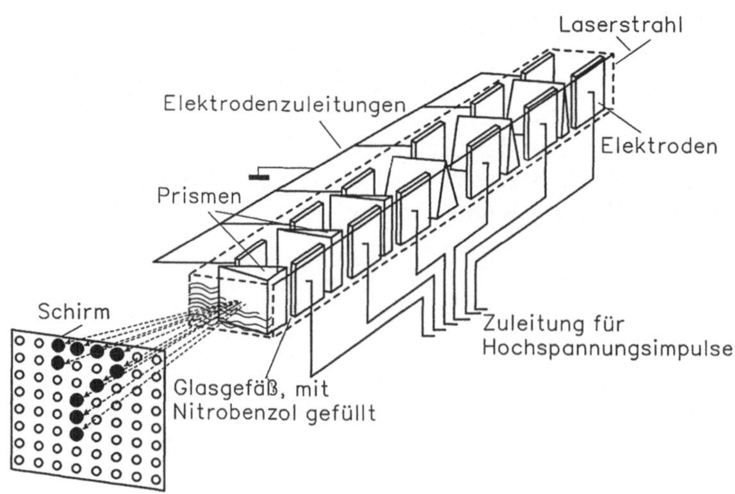


**Bild 5.9-2.** Prinzipieller Aufbau des 1024 × 1024-Punkte-Kerr-Zellen-Projektors von Philips [SCH 67]

200 kHz begrenzt. Durch Betrieb in der Nähe der Curie-Temperatur läßt sich die notwendige Steuerspannung wesentlich vermindern, doch handelt man sich dafür den Nachteil der notwendigen Temperaturregelung ein. In dem Termperaturbereich knapp über dem Curiepunkt arbeitet die Bildspeicher- und Projektionsröhre Titus, *tube image à transparence variable spatiotemporelle*, bei der zur Steuerung und Speicherung elektrischer Ladungen ebenfalls die Sekundärelektronenemission wie bei der Kathodenstrahlspeicherröhre herangezogen wird MAR 73. Aufgrund dieser Schwierigkeiten sind, trotz langjähriger Forschung und Entwicklung, nur wenige Geräte, vornehmlich für militärische Anwendungen, hergestellt worden. Projektionsanzeigen mit Flüssigkristallen (siehe Abschnitt 5.10) sind wegen ihrer besseren Leistungsmerkmale an die Stelle der komplizierten Kerr-Effekt-Technologie getreten.

## 5.10 Flüssigkristalle

Die Entdeckung von Flüssigkristallen geht auf das Ende des letzten Jahrhunderts zurück. Aber erst in den Jahren um 1970 begann die praktische Anwendung, zuerst für flächenhafte Temperaturindikatoren. Erst später setzte die Entwicklung von Digitalanzeigen ein, zuerst auf Grundlage der Lichtstreuung, später auf der Absorption beruhend.

Flüssigkristallanzeigen (engl.: *LCD: liquid crystal display*) sind passive Anzeigen. Ihre Anzeigeelemente wirken als Lichttore und beeinflussen die Reflexion oder den Durchlaß des auftreffenden Lichtes. Die für die Anzeige aufzuwendende Leistung liegt bei modernen Anzeigen außerordentlich niedrig bei nur einigen $\mu W/cm^2$, die Betriebsspannungen liegen im Bereich von einem bis mehreren Volt. Daher findet diese Technik eine breite und immer noch wachsende Anwendung, besonders bei batteriebetriebenen tragbaren Geräten wie Taschenrechnern und Digital-Armbanduhren.

Ein Flüssigkristall ist eine anisotrope Flüssigkeit. Wie gewöhnliche Flüssigkeiten besitzt er die Eigenschaft, unter dem Einfluß von schon geringen Kräften zu fließen. Im Unterschied zu gewöhnlichen Flüssigkeiten besitzt der Flüssigkristall jedoch eine molekulare Orientierungsordnung. Die organischen Moleküle sind stark anisotrop, d.h. langgestreckt oder scheibchenförmig, wobei die Achsen der Moleküle eines Flüssigkristalls eine einheitliche Ausrichtung haben. Die Ausrichtung der Einzelmoleküle unterliegt einer thermischen Fluktuation um die mittlere Vorzugsrichtung. Der Flüssigkristall besitzt keine regelmäßige Anordnung der Moleküle auf Gitterpunkten wie die echten Kristalle, sondern nur eine Orientierungsordnung der Moleküle. Man bezeichnet die Flüssigkristalle deshalb auch als Mesophasen (griech.: *mesos, mittel*), weil sie in ihrer Natur zwischen den Flüssigkeiten und Kristallen stehen.

Entsprechend der Ausrichtung der Moleküle der Flüssigkristalle teilt man diese ein in *nematische*, *smektische* und *cholesterinische* Kristalle. Diese Namen sind aus dem Griechischen abgeleitet und beziehen sich, mit nema = der Faden auf die fadenförmige, lineare Molekülausrichtung (Bild 5.10-1a), mit smektikos = seifig, auf das häufige Auftreten dieser Molekülanordnung in Seifen (Bild 5.10-1b) und mit cholesterinisch auf das häufige Auftreten dieser Art in Cholesterinen (Bild 5.10-1c). Wie die nematischen Flüssigkristalle sind die smektischen auch durch eine lineare Molekülausrichtung charakterisiert, besitzen aber eine Schichtstruktur. Cholesterinische Flüssigkristalle haben eine schraubenförmige Molekülausrichtung.

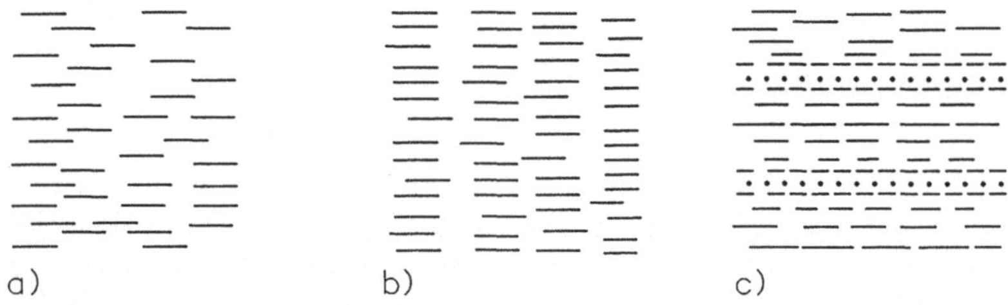


**Bild 5.10-1.** Flüssigkristalle.
a) Nematisch, b) smektisch, c) cholesterinisch

Die Ordnungszustände der Moleküle existieren innerhalb fester Temperaturintervalle mit definierten Umwandlungspunkten. Bei den Umwandlungspunkten, z.B. von nematisch nach smektrisch oder von anisotrop nach isotrop und umgekehrt, treten sprunghafte Eigenschaftsänderungen auf (Viskosität, Permittivität, optische Eigenschaften). Oberhalb einer bestimmten Temperatur verlieren die Moleküle ihre Ordnung und die Flüssigkeiten werden isotrop. Mit der geordneten bzw. ungeordneten Ausrichtung der Moleküle, die durch lokale Temperaturänderung und elektrische Felder beeinflußbar ist, sind unterschiedliche makroskopische elektrische und optische Eigenschaften verbunden, was man für Anzeigezwecke verwenden kann.

Die Flüssigkristallzellen werden meistens aufgebaut durch Einbetten der Flüssigkeit zwischen zwei parallele Glasplatten, die einen Abstand von 5 bis 10 µm voneinander haben. Die richtige Oberflächenbehandlung dieser beiden Glasplatten ist wichtig: Sie ist verantwortlich dafür, daß die Moleküle an der Oberfläche entweder senkrecht oder parallel zu dieser verankert werden. Mechanisches Riffeln der Oberfläche, Kathodenzerstäubung einer dünnen, dielektrischen Schicht von Siliziummonoxid unter einem gerichteten Winkel, dünne organische Schichten und anderes mehr werden von den Herstellfirmen oft als Fabrikationsgeheimnis gehütet.

Grundsätzlich unterscheiden wir Anzeigen, die auf dem Effekt der Absorption und solche, die auf dem Effekt der Lichtstreuung beruhen. Bei Anzeigen mit Absorption werden die Molekülachsen unter dem Einfluß elektrischer Felder gedreht. Dadurch wiederum wird die Polarisationsebene durchtretender Lichtstrahlen beeinflußt, die dann in einem Austrittspolarisator oder durch pleochroitische Farbstoffmoleküle absorbiert werden können. Bei Lichtstreuungsanzeigen sind die Moleküle entweder geordnet oder ungeordnet und lassen somit Lichtstrahlen durchtreten bzw. zerstreuen sie.

## Lichtabsorption

Hier gibt es drei Arten der Beeinflussung der Flüssigkristallmoleküle durch elektrische Felder:

- **Freedericksz-Effekt**: Durch Anlegen eines elektrischen Feldes senkrecht zu den Glasplatten wird die ursprüngliche Ausrichtung der Molekülachsen parallel zur Oberfläche in eine senkrecht zur Oberfläche geändert (Bild 5.10-2a). Zwischen gekreuzten Polarisatoren erscheint die Zelle nun dunkel. Die Ansprech- und Abklingzeiten liegen im Bereich von 10 bis 30 ms, bzw. von 30 ms bis 100 ms, die Betriebsspannung bei $U_0$ = (3...6) V.

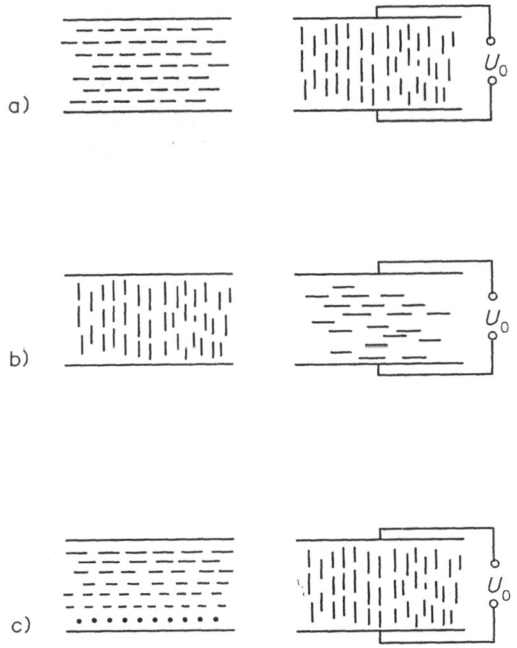


**Bild 5.10-2.** Dielektrische Deformation in einem nematischen Flüssigkristall (nach [MEI 75]). a) Parallele Orientierung: Freedericksz-Effekt, b) senkrechte Orientierung: DAP-Effekt, c) verdrillte Orientierung: Schadt-Helfrich-Effekt

- **DAP-Effekt (Deformation ausgerichteter Phasen):** Die ursprüngliche Ausrichtung senkrecht zur Oberfläche wird in eine parallel zur Oberfläche geändert (Bild 5.10-2b). Die optische Doppelbrechung wird elektrisch verändert. $U_0$ = (3...6) V. Die Ansprech- und Abklingzeiten liegen im gleichen Bereich wie beim Freedericksz-Effekt.

- **Schadt-Helfrich-Effekt:** Eine schraubenförmig verdrillte Ausrichtung der Moleküle parallel zur Oberfläche wird in eine senkrecht zur Oberfläche geändert (Bild 5.10-2c). $U_0$ = (1...5) V. Eine Drehung der optischen Polarisationsrichtung von durchgehendem Licht findet nach der senkrechten Ausrichtung der Moleküle nicht mehr statt.

**Anwendungsformen.** Je nach Bauform und Anwendung unterscheiden wir *reflektive, transmissive* und *transflektive Anzeigen.* Reflektive Anzeigen eignen sich gut bei Tageslicht, transmissive mit Hintergrundbeleuchtung gut für Betrieb im Dunklen. Transflektive Anzeigen sind für beide Betriebsarten ausgelegt. Die transflektive Anzeige enthält eine teildurchlässige Reflektorfolie, die sowohl Licht der rückwärtigen Beleuchtung durchläßt, als auch von vorn auftreffendes Licht reflektiert.

Unter den verschiedenen Verfahren und Strukturen von Flüssigkristall - anzeigen einschließlich der zerstreuenden Arten besitzt die *verdrillt-nematische Zelle* (engl.: *twisted nematic cell*), auch *Feldeffekt-Drehzelle* genannt, bei weitem den höchsten technischen Reifegrad und die größte wirtschaftliche Verbreitung und Bedeutung: Die Deckglasplatten des Flüssigkristalls sind orthogonal zueinander geriffelt und mit durchsichtigen Elektroden in Form von Zahlensegmenten oder Matrixelementen versehen. Diese Elektroden sollen einerseits gut leitend, andererseits lichtdurchlässig sein. Hierfür hat sich *Indiumzinnoxid, ITO*, sehr bewährt. Auf der Vorder- und Rückseite befinden sich gekreuzte Polarisatoren (Bild 5.10-3a). Bei angelegter Spannung erscheint das betreffende Bildsegment im durchgehenden Licht dunkel, wie aus dem Prinzipbild (Bild 5.10-3b) zu verstehen ist. Die Flüssigkristallzellen werden allgemein mit Wechselspannung oder Wechselimpulsen ohne Gleichstromkomponente betrieben, um elektrolytisches Zersetzen der Elektroden zu vermeiden. Die Anzeige läßt sich auch im reflektierten Licht betreiben, wenn statt des rückwärtigen Polarisators ein Spiegel verwendet wird. Der elektrische Leistungsverbrauch beträgt ungefähr 10 $\mu W/cm^2$. Dazu kommt noch der Verbrauch der Steuer- und Treiberelektronik, der vom Schaltkreistyp abhängt. Der erzielbare Kontrast ist abhängig vom Betrachtungswinkel und beträgt maximal 50:1.

Ein bisher noch nicht zufriedenstellend gelöstes Problem stellt die Ansteuerung von Flüssigkristallanzeigen mit nichtspeichernden Zellen dar, besonders von Tafeln mit sehr vielen Bildpunkten. Zur Begrenzung

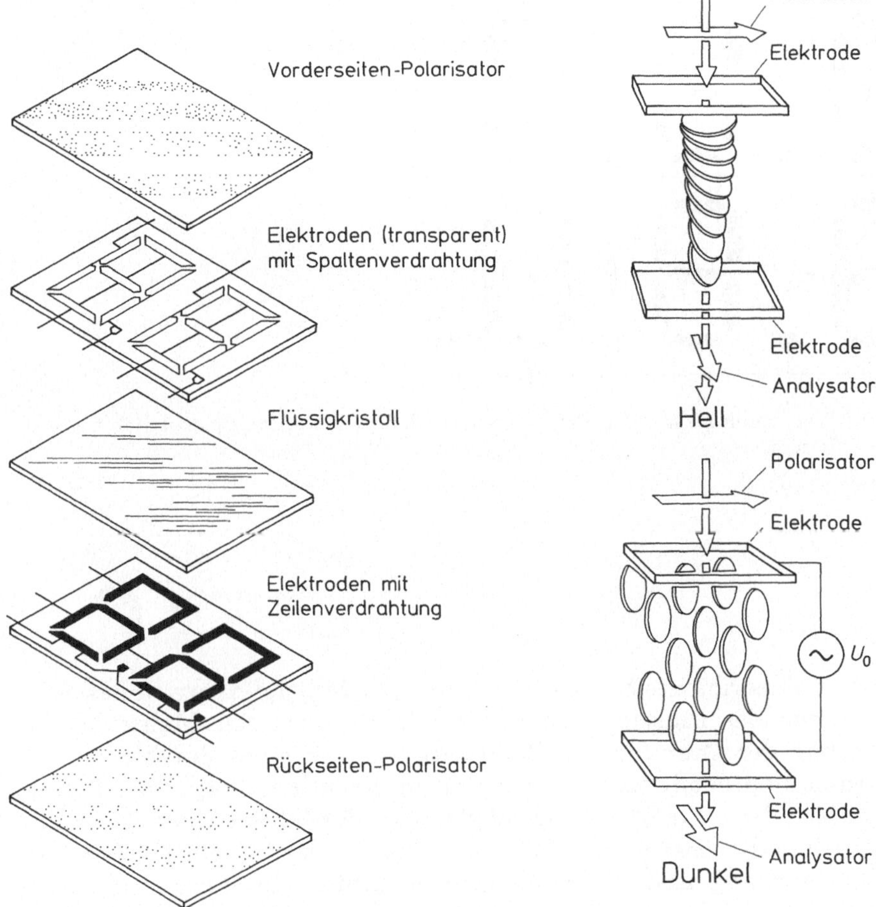


**Bild 5.10-3.** Verdrillte nematische Flüssigkristallanzeige mit gekreuzten Polarisatoren [CLA 80]. a) Grundaufbau, b) Funktionsweise

des Aufwandes an Elektronik sucht man die Bildpunkte oder Bildsegmente nicht statisch, sondern im Multiplexverfahren matrixadressiert zu betreiben. Die Matrixadressierung verbindet mehrere Segmente vertikal auf der Vorderseite und horizontal auf der Rückseite miteinander (Bild 5.10-4). Dadurch verringert sich die Zahl der benötigten Leitungen und Treiber. Im Multiplexbetrieb werden dann z.B. die Zeilen zyklisch gepulst und die darzustellende Information pulsartig auf die Spalten verteilt. Die grundsätzlichen Untersuchungen der Begrenzungen des Multiplexverhältnisses und die verschiedenen Spielarten von Verdrahtung und Signalformen, um diese Grenzen zu weiten [KME 82, LAG 82, SHA 78], beruhen weitgehend auf empirischen Beobachtungen des dynamischen Verhaltens der Flüssigkristallzelle. Bei höheren Multiplexverhältnissen steigen die Ansteuerspannungen, und der Kontrast und der *Betrachtungswinkel* sinken, da auch nichtselektierte Elemente unter Spannung stehen (Bild 5.10-5) [REE 79, SCH 82, SMI 78].

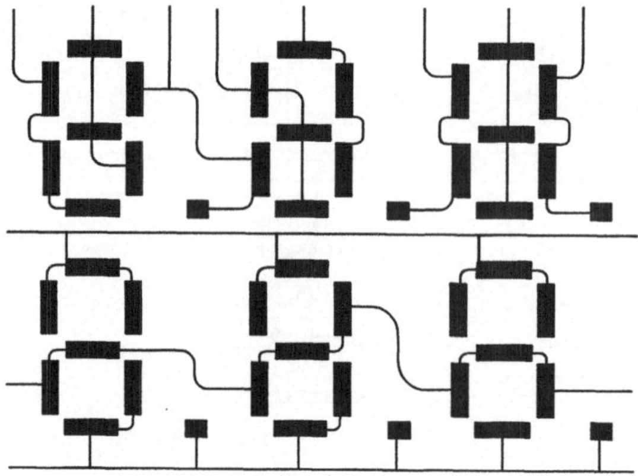

**Bild 5.10-4.** Vor- und Rückseite des Elektrodenmusters für 3-Leiter-Multiplexbetrieb bei Segment-Ziffernanzeigen

Es hat sich experimentell gezeigt, daß für den Multiplexbetrieb das Antwortverhalten des Flüssigkristalls, d.h. die Drehung der Moleküle, die Veränderung der Drehung der Polarisationsebene eines durchtretenden Lichtstrahls und damit seine Absorption in einem nachfolgenden Polarisationsfilter, dem quadratischen Mittelwert der anliegenden Wechselspannungsimpulse entspricht [ALT 74]. Daraus ergibt sich bei passiver Matrixansteuerung und für hohe Multiplexraten die Forderung nach sehr steilen Kennlinien der Lichtabsorption als Funktion der Schaltspannung.

Flüssigkristallzellen mit mehr als 90° Verdrehung der Moleküle zwischen den beiden inneren Glasflächen zeigen eine sehr steile Kennlinie der Lichttransmission in Abhängigkeit von der angelegten Spannung, was die Herstellung von Matrixanzeigen mit hohem Multiplexverhältnis bei gutem Kontrast erlaubt. Ihr verbessertes Schwellenwertverhalten beruht auf dem sog. SB-Effekt, engl.: *supertwisted birefringence effect, SBE,* [SCH 84]. Bei Verdrehung um 270° ist ein Multiplexverhältnis von mehr als 100 bei einem Kontrast von über 7 erreicht worden [SCH 85].

Die unerwünschten Teilselektionsspannungen bei passiver Matrixansteuerung kann man vermeiden durch Vorschalten von Dioden [BAR 81], MOSFET- (Metalloxid-Feldeffekt-Transistor) Speicher, CMOS- (engl.: *complementary metal oxide semiconductor*) Speicher [KAS 81, MAT 81], oder TFT- (engl.: *thin film transistor*) Speicher [BRO 73, LIP 73, OKU 82, UGA 84] vor jede Anzeigezelle. Grundsätzlich lassen sich so hohe Multiplexverhältnisse von 100 und mehr erzielen. Ausreichende Lebens-

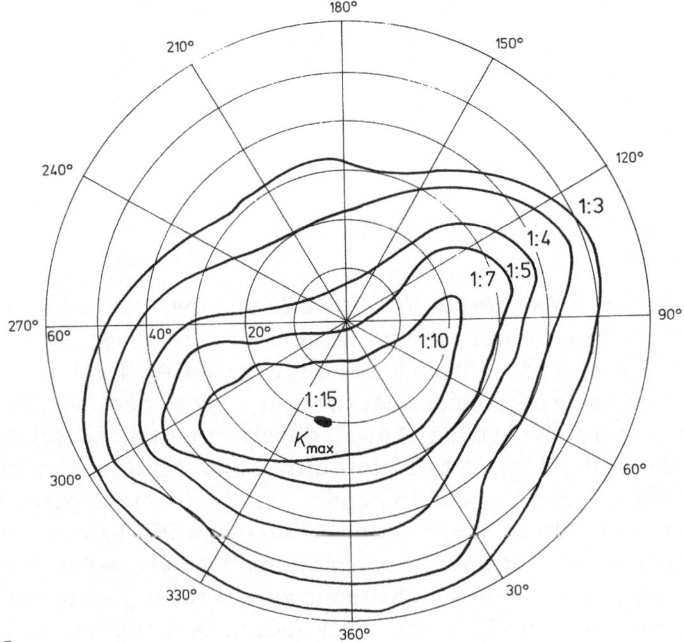


a

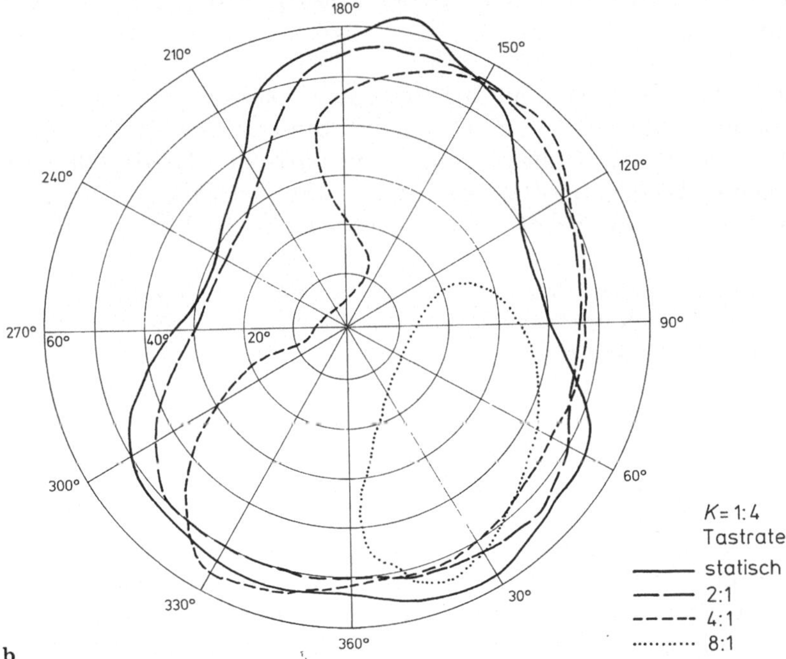


b

**Bild 5.10-5.** Kontrast $K$ eines typischen LCD-Anzeigesegments für verschiedene Betrachtungswinkel [HAM 85].
a) Bei statischem Betrieb, b) bei höherer Tastrate nimmt der Kontrast ab

dauer, geringe Kosten, hohe Dichte, großes Anzeigefeld und Verträglichkeit des Halbleiters mit dem Flüssigkristall sind jedoch Forderungen, die nur schwer zu erfüllen sind. Zweckmäßigerweise wird man daher Zeile um Zeile einer Anzeigetafel ansteuern und die Information spaltenweise eingeben oder verändern. Die gegenwärtige Grenze bei kommerziellen Geräten liegt bei 28 × 80 Zeichen zu je 7 Segmenten pro Zeile, wofür 208 Spalten- und Zeilenelektroden benötigt werden. Auch großflächige Anzeigen lassen sich so herstellen [BUR 83, WIE 84].

Durch Vorschalten eines *Flüssigkristallfarbschalters*, einer Anordnung von Farbpolarisationsfiltern, (dichroitische Filter, griech.: zweifarben) und einer Flüssigkristallschicht, läßt sich ein schwarzweißer Kathodenstrahl-Bildschirm zu einem zweifarbigen aufwerten: Von dem weißen Licht des Bildschirms wird der grüne Anteil durch ein dichroitisches Filter polarisiert, anschließend der rote Anteil durch ein orthogonal zum ersten gerichtetes Filter. Eine nachfolgende verdrillt nematische Flüssigkristallschicht dreht diese Polarisationsebenen um 90° bzw. auch nicht. Schließlich filtert ein normales Polarisationsfilter entweder Rot bzw. Grün heraus. Bei schnellem synchronisierten Wechsel von zwei unterschiedlichen Schwarzweißbildern und der Flüssigkristallschicht entsteht für unser Auge ein Zweifarbenbild. Auch Mischfarben, z.B. Orange, Gelb, Gelbgrün, sind mit diesem Flüssigkristallfarbschalter zu erreichen [BOS 83].

Die Helligkeit, der Kontrast und der Gesichtswinkel der Flüssigkristallanzeigen können mit einer Technologie verbessert werden, die keine Polarisatoren benötigt. Dabei werden nematische [HEI 68] oder cholesterinische [WHI 74] Flüssigkristalle mit *pleochroiden* (griech.: mehrfarben, Eigenschaft, Licht nach verschiedenen Richtungen in verschiedene Farben zu zerlegen oder in mehreren Richtungen verschiedene Farben zu zeigen) Farbstoffen dotiert. Diese Farbstoffmoleküle absorbieren das Licht abhängig von ihrer Orientierung relativ zum einfallenden Licht. Die Farbstoffmoleküle lagern sich den nematischen Flüssigkristallmolekülen an und machen deren Richtungsänderung im elektrischen Feld nach dem Gast-Wirt-Prinzip mit (Bild 5.10-6). Durch Verwendung entsprechender Farbstoffe läßt sich eine ganze Skala von Farben, darunter auch Schwarz, erzeugen. Weitere Verbesserungen sind zu erreichen hinsichtlich niedriger Betriebsspannung und kürzerer Schaltzeiten durch Serienschaltung zweier gekreuzter Zellen (engl.: *DGH, double guest-host*) [SAW 82, UCH 80]. Trotz der bestechenden vorausgesagten Eigenschaften dieser Zellen haben sie sich bisher noch nicht durchsetzen können. Wegen der ungenügenden Ausrichtung und Angliederung der Farbmoleküle an die Flüssigkristallmoleküle ist der Kennlinienverlauf der Lichtabsorption als Funktion der Erregerspannung flach, der Multiplexbetrieb in passiver Matrixansteuerung verbietet. Durch Verbindung von schwarzgefärbten Gast-Wirt-Flüssigkristallen mit einer Ansteuerungsmatrix aus

Dünnschichttransistoren (Bild 5.10-7), erreichten 1983 die Japaner erstmals Farbanzeigen mit 325×108 Bildelelementen und einer Schirmdiagonalen von 18,5 cm [UGA 84].

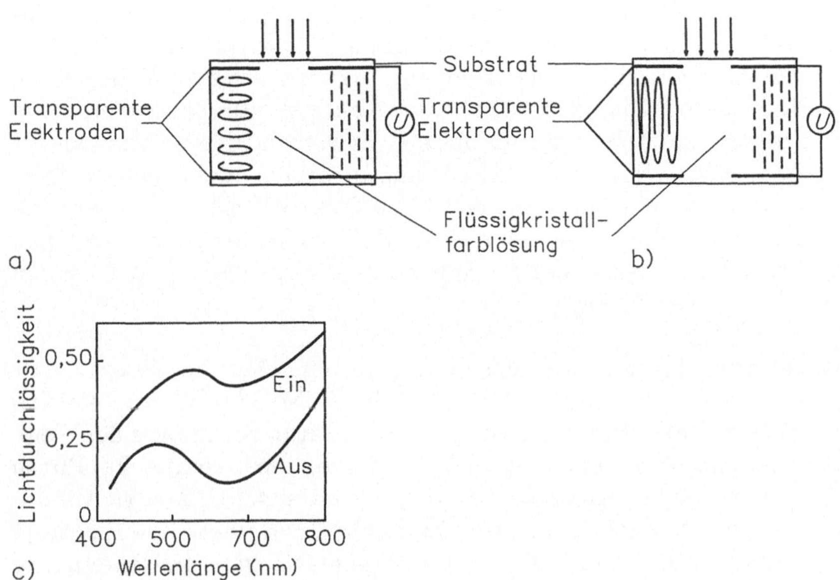


**Bild 5.10-6.** Gast-Wirt-Flüssigkristallzelle mit pleochroiden Farbstoffmolekülen eingebettet in cholesterinische Flüssigkristalle [WHI 74].
a) Zelle mit homogener Grenzfläche, b) Zelle mit homöotroper Grenzfläche,
c) Lichtdurchlässigkeit der Zelle in Abhängigkeit von der Wellenlänge für den ein- und ausgeschalteten Zustand

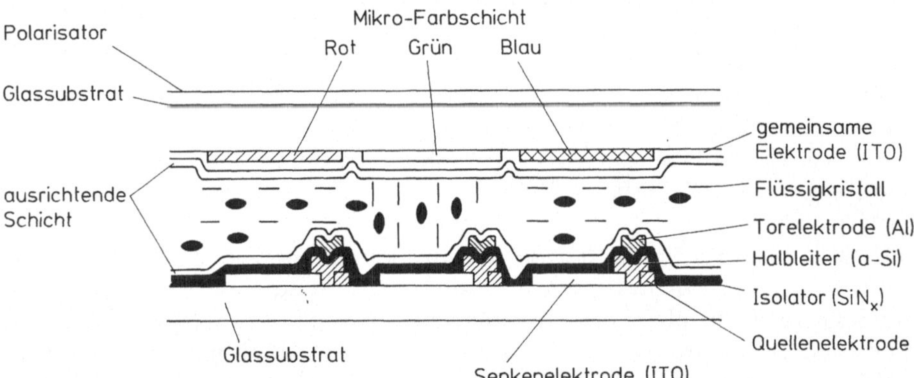


**Bild 5.10-7.** Gast-Wirt-Flüssigkristallfarbanzeige angesteuert von Dünnschichttransistor-Matrix [UGA 84]

**Lichtstreuung**

Dieser Effekt beruht auf einer Störung der Ordnung der Moleküle des Flüssigkristalls durch Erwärmung. Die Zeit bis zur Rückkehr vom ungeordneten in den geordneten Zustand ist von der Zusammensetzung des Flüssigkristalls bestimmt und kann Stunden, Tage, ja sogar Wochen betragen. Das Anlegen einer Wechselspannung von etwa 25 V beschleunigt diese Rückkehr. Die Ansprech- und Abklingzeiten betragen etwa 25 ms. Anzeigen entstehen durch lokale Erwärmung und/oder lokale Ausrichtung der Moleküle beim Abkühlen in einem elektrischen Feld. Der Leistungsbedarf ist jedoch mit 500 bis 2 000 μW/cm$^2$ etwa 1 000fach höher als der der Zellen, die nach dem Feldeffekt arbeiten, was dem breiteren Einsatz im Wege steht. Die beiden folgenden Anordnungen beruhen auf dieser Betriebsart.

Zur Anzeige von Telefonnummern ist eine speichernde Matrix mit Flüssigkristallen vorgeschlagen worden: Eine Mischung von smektischen und nematischen Flüssigkristallen durchläuft bei steigender Temperatur, ausgehend von der smektischen Phase, die nematische Phase und geht dann in den isotropen Zustand über. Bei anschließender Abkühlung werden die Phasen wieder in umgekehrter Reihenfolge (isotrop, nematisch, smektisch) durchlaufen. In der nematischen Zwischenphase ist die Molekülanordnung des Flüssigkristalls durch elektrische Felder änderbar, in der smektischen Phase jedoch nicht mehr. Die Anzeigematrix wird gebildet durch zeilenförmig angeordnete elektrische Widerstandsheizleitungen auf der Oberseite, und durch spaltenförmig angeordnete elektrische Feldelektroden auf der Unterseite des Flüssigkristalls. Im Betrieb wird nun Zeile für Zeile des Flüssigkristalls in den isotropen Zustand überführt, und beim Abkühlen wird in der nematischen Phase über elektrische Felder Information in die Spalten eingeschrieben. Bei weiterer Abkühlung bleibt diese Information im smektischen Zustand erhalten und kann auch durch nachfolgende elektrische Felder nicht mehr verändert werden. Die erforderlichen elektrischen Signale bewegen sich im Bereich 15 bis 20 Volt, die zulässige Raumtemperatur liegt zwischen 15 und 30 °C (Bild 5.10-8) [DRE 79, HAR 78, LEB 82]. Auch die Einbeziehung des Gast-Wirt-Prinzips ist möglich [LU 82]. Bei einer Aufheizzeit einer Zelle von 5 ms und einer Abkühlzeit von 4 bis 10 ms, bei der das Schreibfeld anliegen muß, benötigt das Schreiben einer Tafel mit 500 Zeilen zwei bis fünf Sekunden.

Eine weitere Anordnung beruht darauf, durch lokale Erwärmung mit Laserstrahlen die Ordnung von Flüssigkristallen zu zerstören und das so gespeicherte Bild über eine Projektionsoptik zu vergrößern. Anlegen einer Wechselspannung löscht das Bild. Eine Ausführungsform ist in [DEW 77, DEW 82a, DEW 82b, DEW 83] beschrieben. Auf einem quadratischen Flüssigkristallplättchen von ca. 10 cm $\times$ 10 cm sind 8000 $\times$ 8000 Bildpunkte untergebracht; jeder Bildpunkt mißt etwa 150 μm$^2$. Der Laserstrahl wird mit zwei senkrecht zueinanderstehenden Spiegelgalvanometern mäanderförmig über das Plättchen geführt. Die Laserschreibimpulse sind etwa 300 µs lang; damit ergibt sich eine Schreibgeschwindigkeit von etwa 20 Zeichen/s (Bild 5.10-9).

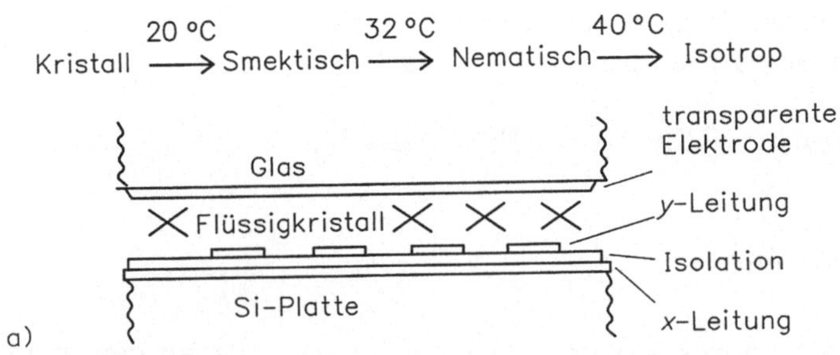


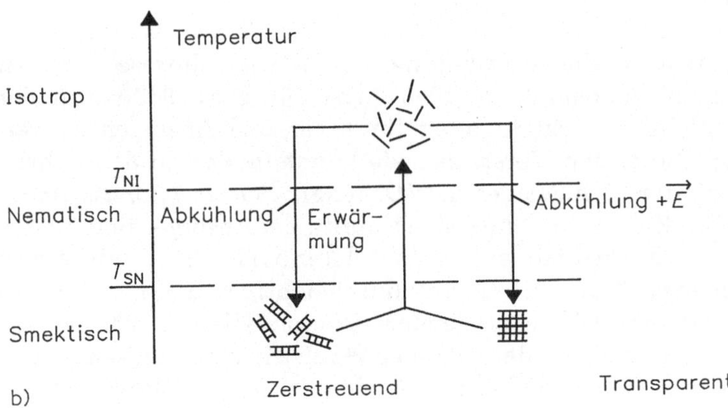


**Bild 5.10-8.** Matrixansteuerung einer Flüssigkristallanzeige durch Erwärmung und elektrisches Feld [LEB 82]. a) Querschnitt der Zelle, b) Arbeitsprinzip

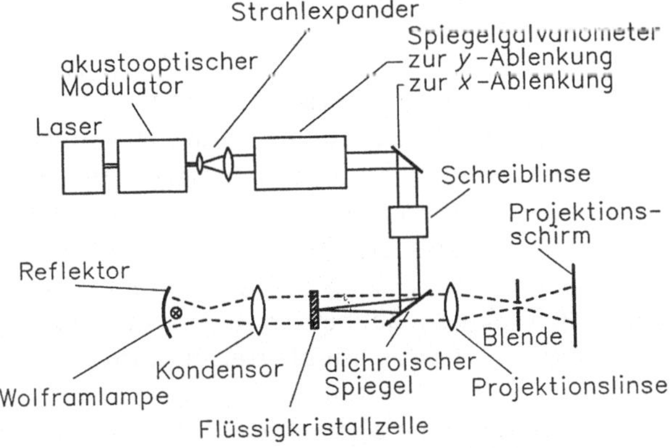


**Bild 5.10-9.** Projektionsanzeige mit Flüssigkristall [DEW 77]

Auf einem ähnlichen Grundgedanken beruht eine Großprojektionseinrichtung: Licht, z.B. in Form eines Laserstrahls, fällt auf eine Photoleiterschicht, durch die dann eine dahinterliegende verdrillt-nematische Flüssigkristallschicht gesteuert wird. Diese Flüssigkristallschicht wiederum beeinflußt durch Absorption die Lichtstrahlen einer Projektionsoptik. Ein nach diesem Prinzip arbeitendes Gerät der Firma Hughes liefert einen monochromen Lichtstrom von etwa 1 000 Lumen.

Weiterführende Literatur: [GEN 74, KME 76, MEI 75].

## 5.11 Elektrophorese

Unter Elektrophorese (*-phoros*, griech.: *- tragend*) versteht man den auch in der Medizin verwendeten Effekt, daß sich in einer Flüssigkeit suspendierte kleine elektrisch geladene Teilchen unter dem Einfluß eines elektrischen Feldes bewegen.

Der erste Bericht über die Anwendung der Elektrophorese für den Kopierprozeß stammt aus dem Jahre 1956 [MET 56]. Erst 1969 wurde der Vorschlag gemacht, diesen Effekt auch für reversible Anzeigen zu verwenden [EVA 69]. Die ersten Versuchsmodelle entstanden in den Jahren um 1973, und erhielten den Namen *EPID*, (engl.: *electrophoretic image display*) [OTA 73]. Zur Erzeugung einer digitalen Anzeige sind kleine elektrisch geladene Farbtröpfchen, z. B. Titanoxid, $TiO_2$, mit einem Durchmesser von etwa 3 µm in einer undurchsichtigen, z. B. milchigen Flüssigkeit suspendiert. Die abstoßenden Coulomb-Kräfte überwiegen dabei gegenüber den anziehenden van-der-Waals-Kräften zwischen den gleichpolig geladenen Farbtröpfchen und sichern so die Stabilität der kolloiden Lösung [VER 48]. Diese Farbtröpfchen werden durch ein elektrisches Feld, erzeugt durch Spannung an durchsichtigen Elektroden, an die Oberfläche dieser Flüssigkeit gezogen und so sichtbar gemacht. Die Zelle besitzt Speichereigenschaften, da Oberflächenkräfte die Tröpfchen an beiden Grenzschichten festhalten und man Gleichspannungsimpulse nur zur Veränderung der Anzeige benötigt.

Im Anwendungsbereich ist die Geschwindigkeit der Teilchen und damit auch die Umschaltzeit proportional zur elektrischen Feldstärke und bei gegebener Dicke der elektrophoretischen Schicht proportional zur angelegten Umschaltspannung. Erst bei Feldstärken über 10 000 V/cm tritt *Dielektrophorese* auf, die eine Abhängigkeit der Teilchengeschwindigkeit proportional zum Quadrat der Feldstärke zeigt, aber, für uns unerwünscht, zu einem Wandern der Teilchen zu beiden Elektroden gleichzeitig führt, unabhängig von der Polarität der angelegten Spannung.

Bild 5.11-1 zeigt einen Querschnitt einer solchen Anordnung. Betriebskennwerte sind in Tabelle 5.13-1 eingetragen.

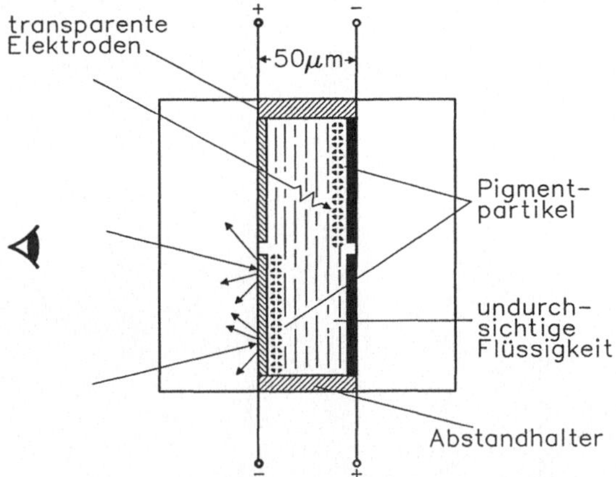


**Bild 5.11-1.** Aufbau der Anzeige mittels Elektrophorese [DAL 74]

Der Vorteil dieser Technologie besteht vor allen Dingen in dem hohen Kontrast, der guten Auflösung und dem weiten Betrachtungswinkel, der in Bild 5.11-2 im Vergleich zu anderen Technologien dargestellt ist. Auch die Speicherfähigkeit und die geringe Verlustleistung sind hier zu nennen. Als wichtigste Nachteile zählen neben der geringen Geschwindigkeit, nämlich Setz- und Löschzeiten der Zelle im Zeitbereich 3 bis 10 ms, die heute noch ungenügende Lebensdauer dieser Zelle, hauptsächlich durch chemische Zersetzung der Elektroden und Zusammenklumpen von Farbteilchen. Auch die Betriebsspannung von etwa 30 V, ungünstig für Batteriebetrieb, und das Fehlen eines Schwellenwertverhaltens, das Koinzidenzansteuerung erlauben würde, sind hier anzuführen. So hat sich diese Anzeige trotz ihrer so günstigen ergonomischen Eigenschaften in der Praxis bisher noch nicht durchsetzen können.

Erst in den letzten Jahren konnte durch neue Materialien die Lebensdauer, durch verbesserte Zellstrukturen mit Redundanz die Zuverlässigkeit verbessert werden [KOR 84]. Da, wie oben erwähnt, die Zelle ohne zusätzliche Vorkehrungen ein lineares Verhalten gegenüber der Spannung zeigt, also nicht multiplexbar ist, sucht man durch neue Materialien mit Schwellenwertverhalten, durch Zwischenschalten von Steuergittern [MUR 84] und durch aktive Matrixschaltung diesem Nachteil zu begegnen. Auf diesen Grundlagen gelang es, große Matrixanzeigen [BEI 86, MUR 84] und auch Balkenanzeigen (engl.: *bar graph*) [WHI 81] zu entwickeln.

Obwohl strenggenommen nicht hier einzuordnen, soll aufgrund ihrer Verwandtschaft mit der elektrophoretischen Anzeige an dieser Stelle noch eine Anordnung erwähnt werden, bei der mikroskopisch kleine magnetische Kugeln, auf der einen Halbkugel weiß, auf der anderen schwarz getönt, in einer Flüssigkeit suspendiert sind. Durch ein äußeres Feld,

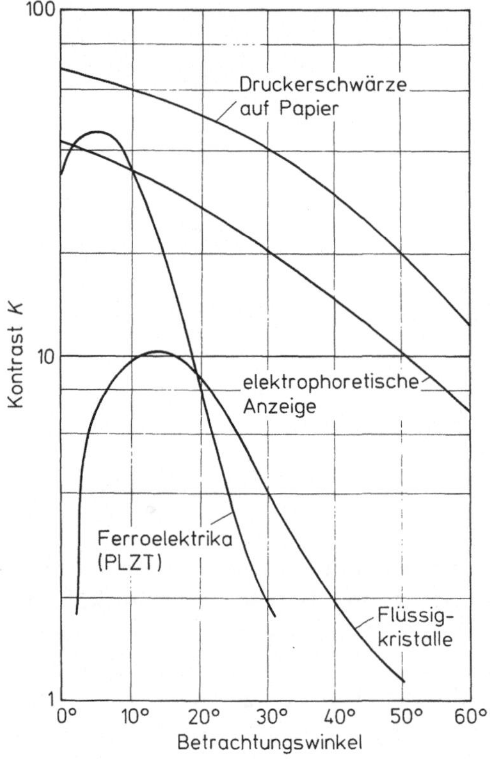


**Bild 5.11-2.** Kontrast *K* verschiedener passiver Anzeigen in Abhängigkeit vom Betrachtungswinkel [DAL 74]

örtlich begrenzt durch Streifenleitungen, lassen sich diese Kügelchen in etwa 30 ms um 180° drehen. [LEE 75, 77, SAI 82, SHE 77]. Diese Ausführung ist auch mit der Magnettrommelanzeige (Bild 5.7-2) verwandt.

Weiterführende Literatur: [CHI 77, DAL 77, OTA 73, SIN 77, WHI 81].

## 5.12 Elektrochromismus

Unter Elektrochromismus, genauer Elektrochemichromismus (ECC), versteht man die Farbänderung der Oberfläche einer Substanz unter dem Einfluß einer injizierten elektrischen Ladung. Untersucht werden seit Anfang der 70er Jahre für Digitalanzeigen organische und anorganische Substanzen, wie die Viologene, Wolframoxid, $WO_3$, Iridiumoxid oder ähnliche Substanzen, die durch Zuführung oder Wegführung von Ionen reversibel in den oxidierten oder reduzierten Zustand überführt werden können und dabei intensiven Farbwechsel zeigen. Für die praktische Anwendung ist von Bedeutung, daß dieser Zustandswechsel oft genug, viele millionenmal und mehr, wiederholt werden kann.

Eine experimentelle Ausführungsform ist in Bild 5.12-1 dargestellt. Kennwerte dieser Zelle sind in Bild 5.13-1 eingetragen.

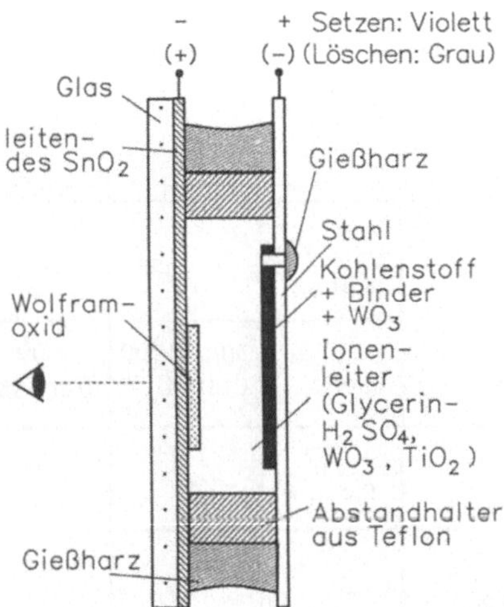


**Bild 5.12-1.** Aufbau der elektrochromen Anzeige [GIG 75]

Vorteile dieser Technologie sind die geringe Betriebsspannung von etwa 1 V, die passive Natur der Anzeige und der vor allem gegenüber Flüssigkristallen breite Betrachtungswinkel. Von Nachteil sind der noch geringe Kontrast und die kleine Lebensdauer dieser Zellen, die großen Schaltzeiten im Bereich von vielen Millisekunden und das wenig ausgeprägte Schwellenwertverhalten, das den Matrixbetrieb sehr erschwert. Um das letztgenannte Problem zu umgehen, versucht man, die Ansteuerung auf einer Halbleiterscheibe unterzubringen und diese mit den Anzeigezellen zu integrieren. Solche Anordnungen sind mit bis zu 64 × 64 Elementen bekannt geworden [BAR 80]. Auch großflächige Anzeigetafeln lassen sich in dieser Technologie herstellen [AND 86].

Trotz der in den letzten Jahren erzielten großen Verbesserungen steht diese Technologie noch am Anfang ihrer Entwicklung.

Weiterführende Literatur: [CHA 76, CHA 81, MAS 82].

## 5.13 Zusammenfassung

In Bild 5.13-1 sind die Kenndaten der wichtigsten Anzeigetechnologien aufgeführt [REI 74]. Falls in einem Feld mehr als ein Wert eingetragen ist, bezieht sich meist der günstige Wert auf eine experimentelle Anordnung, der konservative Wert auf Produkte.

| Technologie / Kennwert | Glühfaden | aktive Anzeigen: Kathodenstrahl: Fernsehröhre | Speicherröhre | Vakuumfluoreszenz | LED | Elektrolumineszenz | Plasma |
|---|---|---|---|---|---|---|---|
| Auflösung: Pixel/mm | 0,2 | 5 ... 10 (Farbe) | 100 | 3 | 10 ... 20 [KIM 84] | 2 ... 100 | 5 |
| Leuchtdichte cd/m $^2$ | 5 x $10^6$ | 500 | 60 | 300 | 450 | 30 ... 4000 [INO 74] | 2,00 [UCH 85] |
| Lichtausbeute lm | 20 | 5 | 2,5 | 10 | 0,5 ... 4 | 1 | 4 |
| Leistungsverbr. W/cm$^2$ | | 0,2 | | 0,2 | 30 | 5 | 1 |
| Geschw. Schreiben | s | 1 $\mu$s | $10^6$ cm/s ( $10^9$.. $10^{10}$ mit Transferröhre) | 1 $\mu$s | 0,1 $\mu$s | 70 $\mu$s ... 30000 | 5 $\mu$s |
| Multiplexverhältnis | 10 | $10^6$...$10^7$ | $\infty$ | $10^5$ | $10^5$ | $10^6$ | $10^3$ |
| Geschw. Löschen | s | | 3 s | | | 10 $\mu$s ... 2500 | 5 $\mu$s |
| Betriebs-Spannung V | 1 ... 220 | 10000 S/W 25000 F | 200 V Anzeige, Löschen 1000V Schr. | 30 ... 100 | 2 | 100 ... 300 | 100 |
| Speicherzelle | - | - | x | - | - | * | * |
| Lebensdauer | 1000 h | | | | | 20 000 h | |
| Gesichtswinkel | + | | | | + | + | + |
| Kontrast 1: | | 50 | 8 ... 10 | | | | 20 |
| Max. Schirm: Pixel x Pixel cm x cm | | 4000x4000 | | 320x240 12x9,5 [UCH83] | 32x16 2x2 [ICH83] | 256x1088 25x8 [FUJ83] | 1600x1200 80x60 [SOP 82] |

**Bild 5.13-1.** Zusammenfassung der Kenndaten der wichtigsten Anzeigetechnologien

passive Anzeigen

| Mech. | Schlieren-optik | Kerr-zelle | Flüssigkristall | | Elektro-phorese | Elektro-chrom. |
|---|---|---|---|---|---|---|
| | | | Absorpt. | Zerstreu-end | | |
| 0,2 | | | | 50 | 10 | 2,5 |
| --- | --- | --- | --- | --- | --- | --- |
| --- | --- | --- | --- | --- | --- | --- |
| | | | $200 \times 10^{-6}$ | $20 \times 10^{-6}$ | $20 \times 10^{-6}$ | $200 \times 10^{-6}$ |
| s | 2 ms | 1 $\mu$s (250 KHz) | 10 $\mu$s | 5 ms | 100 ms | 1 s 10 ... 100 ms |
| $\infty$ | ...$10^6$ | ...$10^6$ | 3...100 | $\infty$ | $\infty$ | $\infty$ |
| s | 20 ms | 1 $\mu$s | 500 $\mu$s | 100 ms | 100 ms | 10 ... 100ms |
| 2 ... 60 | | 2500 | 3 ... 100 | 3 ... 10 | 30 | 1 |
| x | x | * | - | x | x | x |
| | | | | | ca. $10^6$ Zyklen | ca. $10^6$ Zyklen |
| + | | | - | | + | |
| | 100 | | 30 | 40 | 40 [DAL 74] | 3 ... 20 |
| | 400x500 | 1024x1024 [THU 81] | 325x108 [UGA 84] | 8000x8000 0,5x0.5 [DEW 83] | | 64x64 2,5x2,5 [BAR 80] |

# 6.0 Schreibmaschinen, Druckwerke, Kopierer

## 6.1 Übersicht, Beurteilung, wirtschaftliche Gesichtspunkte

Das weite Gebiet der Druckwerke, in das wir auch elektrische Schreibmaschinen und Kopierer einbeziehen wollen, läßt sich auf vielfältige Weise gliedern. Hier soll versucht werden, technologischen Gesichtspunkten gegenüber anderen, zum Beispiel Anwendungsgesichtspunkten, den Vorzug zu geben. Beurteilungsgesichtspunkte, die es erlauben, einzelne Technologien zu bewerten und gegeneinander abzuwägen, sind in Bild 6.1-1 aufgeführt.

Für die *Druckqualität* sind mehrere Faktoren maßgebend:

- Die formgetreue und maßstabsgerechte Wiedergabe und die richtige Plazierung der Druckzeichen entsprechend der Vorlage.
- Die Dichte des Farbauftrags und seine Lichtabsorption, bewertet durch die *reflektive Dichte D*. Sie ist definiert als der Logarithmus des Verhältnisses des in einem bestimmten Winkel auf das bedruckte oder unbedruckte Papier einfallende Lichtstrahlung $I_e$ zu der im Gegenwinkel reflektierten Lichtstrahlung $I_r$

  $$D = \lg(I_e/I_r)$$

  Für ideales Weiß, mit $I_e = I_r$, ergibt sich $D = 0$. Schwarz führt mit $I_e \approx 10 I_r$ zu $D = 1$, tiefes Schwarz auf Werte von $D > 1$.
- Die Gleichmäßigkeit des Farbauftrags über die Fläche des Schriftzeichens, über die Seite und über das ganze Dokument.

Für die reproduzierbare Bestimmung der Druckqualität, auch in Abhängigkeit von der verwendeten Papierart, stehen heute spezielle Meßeinrichtungen zur Verfügung [CRA 84].

Der *Schattendruck* erlaubt es mit geringem Aufwand den Zeichensatz zu erweitern und einzelne Buchstaben, Worte oder Überschriften hervorzuheben. Dieses Verfahren eignet sich sowohl für den Vollzeichen- als auch für den Matrixdruck. Die einzelnen Zeichen eines Ausgangszeichensatzes werden dabei zweifach oder noch öfters unter jeweils geringer horizontaler Verschiebung abgedruckt.

- Funktion
  - Zeichensatz
  - Druckqualität
  - Proportionalschrift
  - Darstellung von Grauwerten
  - Möglichkeiten des Farbdruckes
  - Einzelblattdrucker / Endlospapierdrucker
  - Zahl der Kopien, manchmal auch *Nutzen* genannt
  - Flexibilität: Wechsel der Schriftart, der Papierbreite, usw.
- Geschwindigkeit:
  - Zeichen/s, Zeilen/s
- Preis bzw. Kosten:
  - Herstellung
  - Farbträger- und Papierkosten
  - Wartung
  - Lebenserwartung
- Zuverlässigkeit/Verfügbarkeit/Wartbarkeit:
  - Arbeitsumgebung: Klima, Staub
  - Art der Technologie: Reifegrad, Komplexität
- Benutzerfreundlichkeit:
  - Papiereinzug
  - Papierablage
  - Lärmpegel
- Leistungsverbrauch
- Größe

**Bild 6.1-1.** Beurteilungsgesichtspunkte für Schreibmaschinen, Druckwerke und Kopierer

In Bezug auf Zuverlässigkeit und Lebensdauer ist noch folgendes anzumerken:

- *MCBF*, engl.: *mean cycles between failures*, bezeichnet die mittlere Zahl der Anschläge zwischen zwei Fehlern. Typische Werte liegen je nach Druckerart zwischen 10 und 50 Millionen Zeichen, als Spitzenwerte werden 200 Millionen Zeichen genannt.

- Als praktischer Wert für die Lebensdauer bietet sich der Zeitpunkt an, bei dem die Reparaturkosten 30% des Neuwertes erreicht haben.

**Lärm: Bestimmung, Messung und Dämmung**
Maßgebend für den Grad der Belästigung ist nicht die Schallimission des betrachteten Gerätes, sondern die auf den Menschen einwirkende Schallimmission, die auch von den Raumverhältnissen abhängt.

Für die empfundene Belästigung kann man folgende Einflußgrößen unterscheiden: Lautstärke bzw. Intensität, Klangfarbe bzw. Frequenzspektrum, Impulshaltigkeit, Tonhaltigkeit, d.h. das Vorhandensein von Einzelfrequenzen, und die persönliche Einstellung zum Geräusch. Zum letzten Punkt ist bemerkenswert, daß Lärm als besonders störend empfunden wird, wenn er in keinem direkten Zusammenhang mit der eigenen Tätigkeit steht. Wichtig ist also, daß die Geräuschverursacher im funktionellen Zusammenhang mit den gewünschten Wirkungen stehen sollen. Geräuschverursacher, die nicht im Zusammenhang mit solchen Wirkungen stehen, sind z.B. Lüfter.

Weiterhin ist zwischen Geräuscherzeugern und Geräuschabstrahlern zu unterscheiden, wobei die Geräuscherzeuger Luft- und/oder Körperschall erzeugen können. Geräuscherzeuger sind bei Druckern im wesentlichen die Druckmagnete und Druckhämmer, Schrittmotore und Papiervorschubeinrichtungen. Die Geräuschabstrahler werden durch diesen Schall zu Schwingungen angeregt und geben somit Schall an die Umgebungsluft ab. Geräuschabstrahler sind bei Druckern im wesentlichen das durchlaufende Papier und auch das Gehäuse.

Der Hörbereich unseres Ohres umfaßt einen Frequenzbereich mit fast 3 Zehnerpotenzen von etwa 16 Hz bis 16 kHz bei jungen Menschen und Druckschwankungen von über 6 Zehnerpotenzen von 20 µPa bis 20 Pa (Pascal). Aufgrund dieses großen Druckbereiches wird die Lautstärke als der Logarithmus des Verhältnisses des Schalldrucks zu dem Referenzdruck 20 µPa bestimmt.

Die Lautstärke hängt wegen der Empfindlichkeit unseres Ohres sowohl von der Größe des Druckes als auch von der Frequenz des Schallsignals ab, was bei Geräuschmessung international durch die Bewertungskurve A berücksichtigt wird. Der so gemessene Pegel – der Maximalwert im Spektralbereich – wird in dB(A) angegeben (Bild 6.1-2).

Bei der Geräuschverringerung unterscheiden wir Maßnahmen zur Bekämpfung der Geräuschanregung, z.B. das Verlangsamen von Stoßvorgängen und die Beschränkung des Energiegehaltes eines Stoßes auf das Funktionsnotwendige sowie Maßnahmen zur Verringerung der Geräuschabstrahlung, z.B. die Entkopplung des Geräuschanregers von den Außenflächen, das Anbringen von Abdeckhauben usw. [WÖH 87].

Für den Arbeitsplatz werden mehr von privaten und öffentlichen Auftraggebern maximale Geräuschwerte von 55 dB(A) für Drucker am Arbeitsplatz gefordert. Der zulässige *Lärmpegel* für Arbeitsstätten ist in der Arbeitsstättenverordnung, § 15 Lärm, festgelegt. Die Einhaltung dieser Vorschrift läßt sich mit modernen Methoden, wie Spektralfilterbänken und Auswertung mit Hilfe von Rechenmaschinen, schnell überprüfen [HEN 86, WÖH 82].

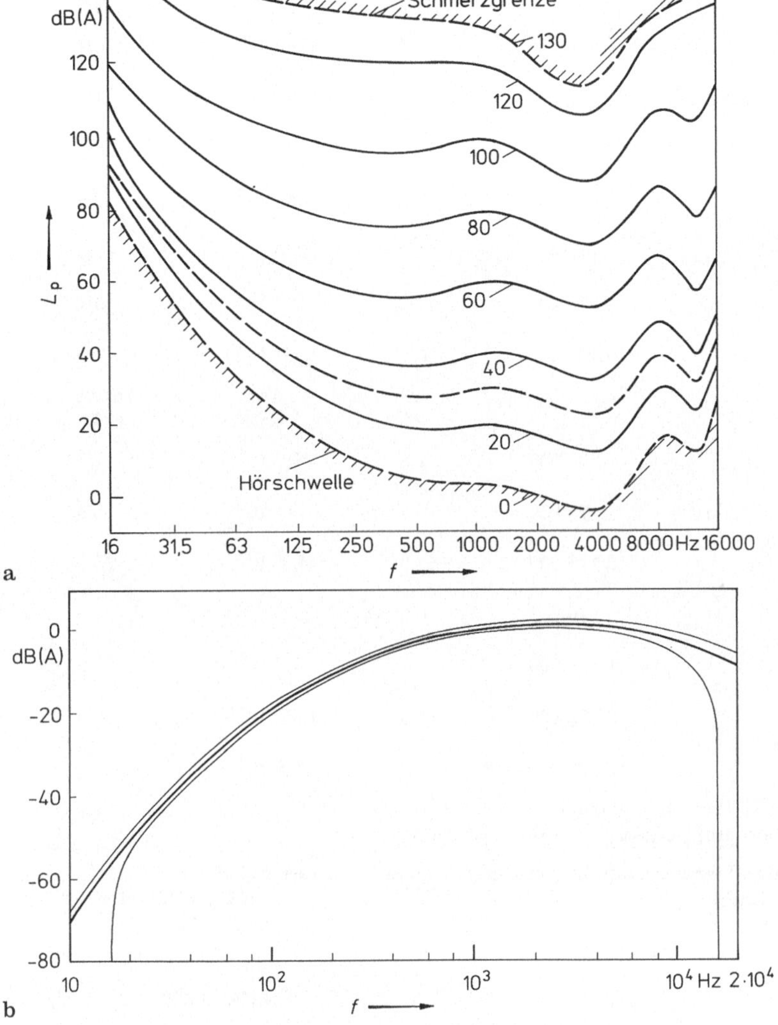


**Bild 6.1-2** Zur Empfindung und Messung von Schall [DIN 70]).
a) Frequenzempfindlichkeit des Ohres mit Hörschwelle, Kurven gleicher Lautstärke und Schmerzgrenze, b) Bewertungskurve A

In Bild 6.1-3 sind wesentliche wirtschaftliche Entwicklungslinien für Drucker verschiedener Technologieklassen zusammengefaßt. Diese Voraussagen, wie auch die in den Abschnitten 5.1 und 8.1, sind generell mit Vorsicht zu verwenden, da die Zahlen naturgemäß mit starken Streubreiten und Veränderungen behaftet sind.

Die Entwicklung der letzten Jahre zeigt, daß *aufschlagfreie Drucker* (engl.: *non-impact printer*) gegenüber *Aufschlagdruckern* (engl.: *impact printer*) an Bedeutung gewinnen. Ebenso nimmt die Bedeutung von Matrixdruckern gegenüber Vollzeichendruckern zu. Die Ursache für

| 1986 | Einheiten | Anteil % | Wert US-$ | Anteil %,US-$ |
|---|---|---|---|---|
| Seriell Aufschlag Vollzeichen | 826 000 | 7,6 | $690 \cdot 10^6$ | 6,1 |
| Vollzeichen Aufschlag Zeilendrucker | 112 000 | 1,0 | $1{,}28 \cdot 10^9$ | 11,5 |
| Seriell Aufschlag Matrix | 7 910 000 | 72,3 | $5{,}420 \cdot 10^9$ | 48,4 |
| Matrix Zeilendrucker | 95 000 | 0,9 | $780 \cdot 10^6$ | 6,9 |
| Aufschlagfrei (**) Seitendrucker | 413 000 | 3,8 | $2{,}0 \cdot 10^9$ | 18,0 |
| Seriell (*) Aufschlagfrei | 1 578 000 | 14,4 | $1{,}0 \cdot 10^9$ | 9,1 |
| Gesamt | 10 934 000 | 100 | $11{,}17 \cdot 10^9$ | 100 |

| 1990 | Einheiten | Anteil % | Wert US-$ | Anteil %,US-$ |
|---|---|---|---|---|
| Seriell Aufschlag Vollzeichen | 530 000 | 2,8 | $280 \cdot 10^6$ | 1,5 |
| Vollzeichen Aufschlag Zeilendrucker | 75 000 | 0,4 | $1{,}0 \cdot 10^9$ | 5,3 |
| Seriell Aufschlag Matrix | 10 179 000 | 54,9 | $4{,}8 \cdot 10^9$ | 25,5 |
| Matrix Zeilendrucker | 110 000 | 0,6 | $850 \cdot 10^6$ | 4,5 |
| Aufschlagfrei (**) Seitendrucker | 1 156 000 | 6,1 | $7{,}12 \cdot 10^9$ | 38,2 |
| Seriell(*) Aufschlagfrei | 6 778 000 | 36,0 | $4{,}65 \cdot 10^9$ | 25,0 |
| Gesamt: | 18 826 000 | 100 | $18{,}70 \cdot 10^9$ | 100 |

(*) Tintenstrahl- und Thermodrucker
(**) Elektrophotograpische- und ähnliche Drucker

Vorausschau der Jahreserzeugung von Datendruckern von 1986 auf 1990:

- Gesamtstückzahl — x 1,7 : 14%/Jahr
- Gesamtmarkt — x 1,7 : 14%/Jahr
- Dominanz von Terminaldruckern
  - Stückzahl: 94%
  - Markt: 64% → 52%
- Starkes Wachstum für aufschlagfreie Drucker
  - Serielle Drucker:
    - Stückzahl — x 4,3 : 44%/Jahr
    - Markt — x 4,6 : 47%/Jahr
  - Zeilendrucker:
    - Stückzahl — x 2,8 : 29%/Jahr
    - Markt — x 3,6 : 37%/Jahr
- Rückgang der Aufschlagdrucker, jedoch immer noch hoher Anteil
  - Serielle Drucker:
    - Stückzahl — x 1,2 : 5%/Jahr
    - Markt — x 0,83 : 5%/Jahr
  - Zeilendrucker:
    - Stückzahl — x 0,89 : 3%/Jahr
    - Markt — x 0,90 : 3%/Jahr
  - Anteil:
    - Stückzahl: 82% → 58%
    - Markt: 73% → 37%

**Bild 6.1-3** Marktaufteilung und Vorhersage für verschiedene Druckertechnologien

diese Entwicklung ist, wie eingangs schon erwähnt, der wachsende Umfang von Dialogstationen und Dialogbetrieb, der Lärmfreiheit und Flexibilität der Zeichengestaltung bei geringen Kosten verlangt. Auf Grund der Breite der Anforderungspalette kann jedoch angenommen werden, daß auch in Zukunft eine einzige Technologie nicht alle Bedürfnisse befriedigen kann. So wird beispielsweise zur Herstellung von Durchschlägen immer der Aufschlagdrucker benötigt werden, und dort, wo höchste Schriftqualität verlangt wird, ist der Vollzeichendrucker schwer zu ersetzen. Von der Anzahl der Geräte her gesehen, dominieren die Terminaldrucker. Betrachten wir jedoch die, z.B. in einem Jahr, bedruckten Seiten von Papier, so haben Zeilen- und Seitendrucker das Übergewicht.

Punktdrucker eignen sich sogar für die Wiedergabe von Bildern mit unterschiedlichen Grauwerten und Farben. Da jedoch für alle Druckverfahren keine Modulation der optischen Dichte und/oder der Größe eines einzelnen Punktes erlauben, lassen sich Halbtöne und Farben nur durch eine räumliche Verteilung der Häufigkeit der einzelnen Punkte erzielen. Ein so gewonnenes Schwarz/Weiß-Bild nennt man Pseudohalbtonbild. Die Verfahren zur Bestimmung der Punktdichteverteilung ausgehend von der Bildvorlage sind in den letzten Jahren weit entwickelt worden, um feine und gleichmäßige Auflösung und Stufung zu erreichen. Gebräuchliche Verfahren benützen für diese Umsetzung entweder eine Schwellenwertmatrix, engl.: dither-matrix, oder einen Algorithmus, der die Grauwerte der Umgebung der umzusetzenden Bildpunkte beachtet, und damit den Schwellenwert zwischen schwarz und weiß steuert [ANA 82, STU 79].

Weiterführende Literatur: [NIC 81, ROT 82, ROT 83, SPR 82].

## 6.2 Aufschlagdrucker

### 6.2.1 Übersicht

Bild 6.2-1 zeigt die wichtigsten Technologien, die den Aufschlagdruckern zugrunde liegen.

### 6.2.2 Vollzeichendrucker

Das mechanische Druckwerk von Vollzeichendruckern setzt sich aus vier Grundelementen zusammen, nämlich:

- Papier mit Papierhalter und Vorschubeinrichtung,
- Farbträger (Farbband oder -tuch), ebenfalls mit Vorschubeinrichtung,

| Kontrasterzeugung | Normalpapier | Spezialpapier |
|---|---|---|
| Gewebefarbband<br>Einmalfarbband<br>(Kunststoff) | Vollzeichendrucker:<br>Vorderseitendruck<br>Seriendrucker<br>Zeichen auf dem Hammer:<br>Schreibmaschine<br>Zeichen nicht auf dem Hammer:<br>Typenscheibe<br>Paralleldrucker<br>Typenstangen<br>Typentrommel<br>Typenkette, -zug<br>Typenband<br>Rückseitendruck<br>Paralleldrucker | |
| | Matrixdrucker:<br>Punktreihendrucker<br>Punktzeilendrucker | |
| Tinte | Eingefärbte Typen:<br>Vorder- oder Rückseitendruck | |
| Deckschicht öffnen | | Mehrschichtenpapier |
| Chem. Reaktion | | Mehrschichtenpapier |

**Bild 6.2-1.** Klasseneinteilung von Aufschlagdruckern

- Typenträger,
- Druckhammer.

Diese Elemente sollen im folgenden in ihrer grundsätzlichen Wirkungsweise erläutert werden.

Beim **Papier** gibt es eine Vielzahl unterschiedlicher Formate, Ausführungsformen (Rolle oder Einzelblatt (engl.: cut-sheet), perforierter Rand, perforierte Seiten, Durchschlagpapier bis zu 6 Durchschlägen), Farben, Glätten usw. Normen haben sich bisher weltweit noch nicht durchsetzen können, so daß Drucker für den internationalen Markt Papiere mit großem Toleranzspielraum bearbeiten können müssen. Besonders wichtige Faktoren sind der Einfluß von Feuchtigkeit auf die Papiermaße sowie Dehnung und Stauchung von Mehrfachpapier beim Durchzug über gekrümmte Flächen und schließlich die Papierablage.

Die *Glätte* einer Papiersorte wird nach *Bekk* bestimmt. Sie ist festgelegt durch die Zeit in Sekunden, die benötigt wird, um eine bestimmte Luftmenge zwischen der Papieroberfläche und einer ringförmigen ebenen Fläche nach innen hindurchzusaugen [DIN 82]. Praktische Werte für die Glätte liegen zwischen 2 und 1 000 Sekunden Bekk.

Bei *Sonderpapieren* sind die Funktionen des Aufzeichnungsträgers und die des Farbträgers miteinander verknüpft: Bei einer Art sind chemische Substanzen isoliert in die Papierstruktur eingebettet; durch lokalen Druck werden sie dort freigesetzt und führen zu einer Verfärbung der Papieroberfläche. Bei einer zweiten Art liegt eine halbtransparente Schicht in losem Kontakt auf einem farbigen oder schwarzen Träger; bei lokalem Druck entsteht enger Kontakt und die Farbe des Trägers wird dort sichtbar [HÄC 86].

*SD-Papiere* sind selbstdurchschreibende Papiere. Sie haben den Vorteil geringerer Dicke, sind aber etwas teurer als die entsprechenden Lagen von Normalpapieren mit dazwischenliegenden Durchschlagpapieren. Bei SD-Papieren ist die Rückseite der inneren Papierseiten mit einer durchschlagenden Farbschicht versehen.

Auch aufgrund des Datenschutzes gewinnen Formulare für *verdeckten Druck* an Bedeutung. Sie sind außen beidseitig mit einem dichten willkürlichen Schriftmuster versehen, damit man ohne Öffnen den gedruckten Inhalt nicht lesen kann. Alle vier Ränder sind fest verklebt. Innen liegt jeweils einem zu bedruckenden Blatt ein Durchschlagpapier gegenüber. Wird dieses Formular von außen bedruckt, kann nur der Empfänger nach Entfernen der Randstreifen seinen Inhalt erkennen.

Für den *Papiervorschub* stellen sich eine große Zahl konstruktiver Anforderungen: Das Papier soll genau positioniert werden können, wozu perforierte Ränder dienen, in die Stacheln von Trommeln oder Walzen eingreifen. Walzenantrieb hat den Vorteil, daß die Beschleunigungskraft, besonders bei Zeilensprung, über eine größere Fläche auf das Papier einwirkt. Die Zeit für den Zeilensprung sucht man soweit wie möglich zu verringern, die untere Grenze ist durch die Reißfestigkeit des Papiers gegeben. Schließlich ist bei Mehrfachpapier dafür zu sorgen, daß die Papierführung genügend große Radien aufweist, um Schriftversetzung zwischen den einzelnen Kopien zu vermeiden.

Bei der Papierablage kennt man eine Reihe von Konstruktionen:

- Nur auf Schwerkraft beruhend, ohne Höhenverstellung des Ablagestapels.

- Mit Transportrollen für das abzulegende Papier und manueller Höhenverstellung.
- Mit Transportrollen, zusätzlichen mechanischen Ablagehilfen und automatischer Höhenverstellung.

*Ergonomische Gesichtspunkte* gewinnen zunehmend an Bedeutung, wie automatischer Papiereinzug und automatische Korrektur bei Schreibmaschinen, leichtes Beladen mit dem Papierstapel, Bogeneinzug und Nachbehandlung des bedruckten Papiers, wie Entfernen der Randperforation, Ablösen des Kopierpapiers, Sortieren und Stapeln bei Schnelldruckern.

Das **Farbband** oder **-tuch** aus Gewebe eignet sich zur mehrmaligen Benutzung. Es muß die Eigenschaft haben, beim Aufschlag der Type die Farbe ohne Verschmieren möglichst gradlinig in Richtung der Aufschlagbewegung an das Papier weiterzugeben. Nach dem Schlag sollen sich die an Farbe verarmten Zonen durch Zufluß von Farbe aus den Nachbarzonen möglichst gleichmäßig wieder auffüllen. Einmalkarbonfarbband erbringt etwa 300 Zeichen je Meter, Mehrfarbkarbonband etwa 2 000 Zeichen je Meter, Gewebeband etwa 65 000 Zeichen je Meter. Besonders gute Druckqualität erhält man mit dem Plastikfarbband, das die mit einer Plastikfolie verbundene Farbe beim Auftreffen der Drucktype vollständig an das Papier abgibt und deshalb auch nur einmal zu verwenden ist. Um die Bedienfreundlichkeit zu verbessern, werden in modernen Schreibwerken die Farbbänder in Kassetten untergebracht [HÄC 86]. Gleichmäßigere Abnützung und damit längere Lebensdauer bringt eine Verschränkung des Endlosfarbbandes in einer Kassette in Form einer *Möbiusschleife.*

Für den **Typenträger** gibt es eine große Zahl von Ausführungen. Die Typen können angeordnet sein: längs eines Stabes, auf dem Umfang eines Rades oder einer Trommel, in konzentrischen Ringen auf der Oberfläche einer Kugel, auf den Enden einer Zahnscheibe oder eines Kammes, an den Gliedern einer geschlossenen Kette oder Schubgliedern eines umlaufenden Zuges oder auf der Außenseite eines Stahlbandes.

Auch für den **Druckhammer** kennen wir viele verschiedene Konstruktionen.

Der Druckhammer mit *Arbeitselektromagnet* liefert die größten Geschwindigkeiten trotz ungünstigem Kraft-Weg-Diagramm: Am Anfang der Bewegung ist der Luftspalt zwischen Anker und festem Magnetteil groß und damit sind die Induktion, die Kraft und auch die Beschleunigung klein. Am Ende der Bewegung entsteht über kleinen Luftspalt und hohe Induktion eine große Kraft, die zu Verschleiß, Gefahr des Durchschlags des Papiers und geringem Wirkungsgrad führt. Als Beispiel für Druckhämmer mit Arbeitsmagnet sind Ausführungen in den Druckern IBM 3262 und IBM 1403 [GRE 63] im Bild 6.2-2 angegeben. Das Einele-

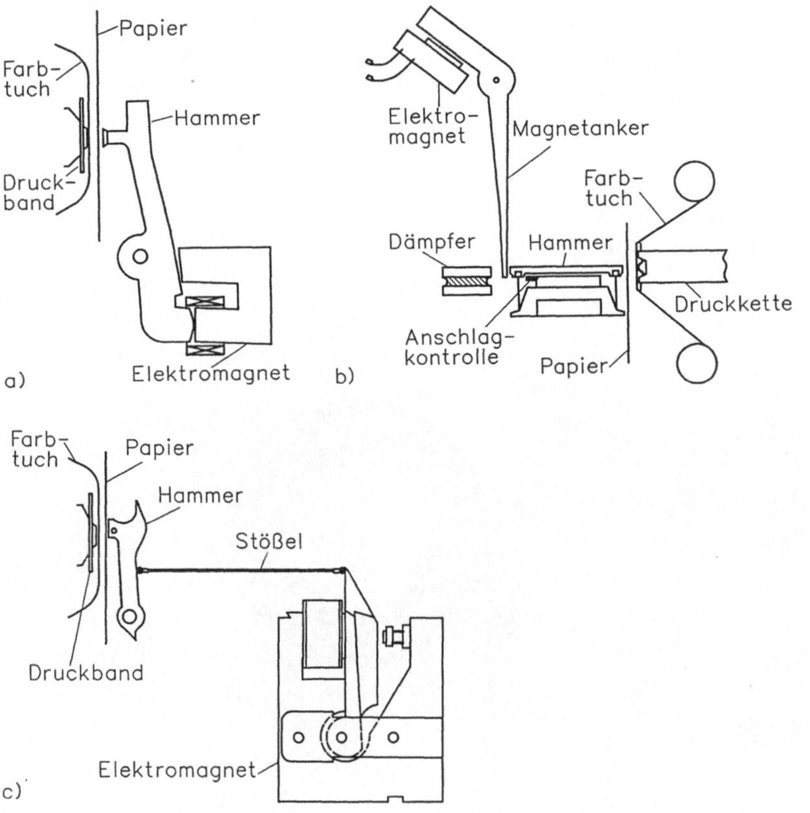


**Bild 6.2-2.** Druckhammer mit Arbeitsmagnet (nach [LOU 85]).
a) Einteiliger Anker, z.B. IBM 3262; b) zweiteiliger Anker, z.B. IBM 1402-3; c) dreiteiliger Anker, z.B. IBM 1403-NI

mentdrucksystem hat als Vorteil den einfachen Aufbau, als Nachteil jedoch eine relativ große Masse, die höhere Druckgeschwindigkeiten als etwa 600 Zeilen je Minute verhindert. Das Zweielementsystem hat durch die Entkopplung von Anker und Stößel wesentlich geringere Massen und läßt auch eine Verschränkung einzelner Hammerelemente zu, bietet bessere Kühlungsmöglichkeiten und wird deshalb bei den meisten Zeilendruckern der Mittelklasse bei Druckleistungen von 600 bis 1 000 Zeilen je Minute eingesetzt. Das Dreielementdrucksystem bringt eine weitere Verringerung der Massen und besonders eine Verkürzung der Ausschwingzeiten nach einem Druckvorgang. Es wird deshalb vornehmlich für Zeilendrucker der oberen Leistungsklasse mit Geschwindigkeiten bis zu 3 600 Zeilen pro Minute eingesetzt.

Eine zweite, oft verwendete Hammerart ist der Druckhammer mit *Ruhemagnet.* Hier werden zuerst eine oder mehrere Federn vorgespannt, die den eigentlichen Hammer tragen. Ein Elektromagnet, oder auch eine von einem Elektromotor getriebene Nockenwelle bringen zentral für mehrere

Hammereinheiten die Federspannung auf. Der angezogene Anker des Druckelektromagneten hält die Federn in ihrer vorgespannten Lage. Beim Abschalten des Ruhestromes des Elektromagneten wird der Anker freigegeben und über die Federn der Hammer auf die Type geschlagen. Der Kraft-Weg-Verlauf ist hier sehr günstig: Große Kraft am Anfang der Bewegung, hohe Anfangsbeschleunigung, kleine Kraft am Ende des Bewegungsvorganges. Als Beispiel sei hier der Hammer des IBM - Druckers 2203 gezeigt (Bild 6.2-3).

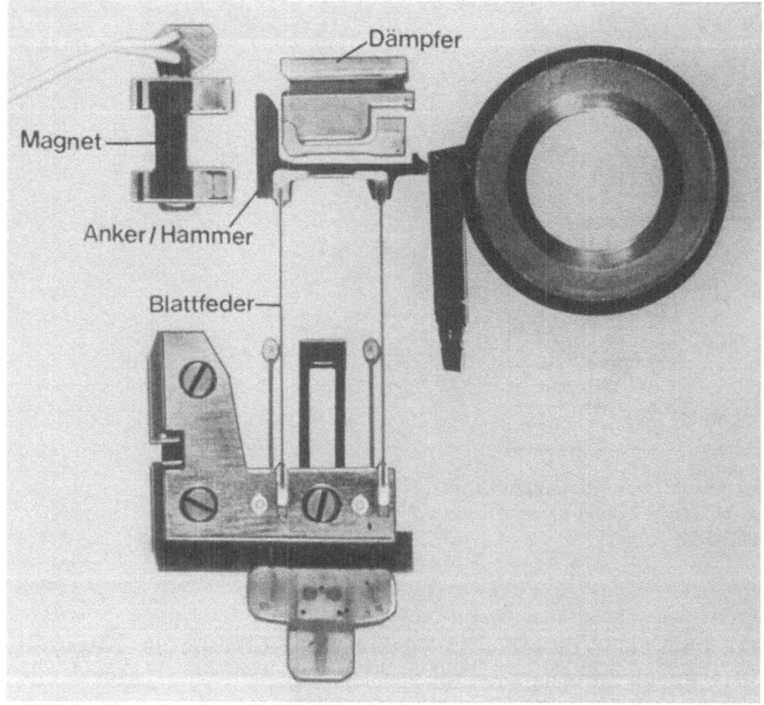


**Bild 6.2-3.** Druckhammer mit Ruhemagnet

Betriebskennwerte dieser Druckhämmer zeigt Tabelle 6.2-4.

Das Einrücken von Keilen (engl.: *interposer*) in die Bewegungsbahn von umlaufenden Nocken, wodurch dann indirekt die Hammerbewegung ausgelöst wird, ist mit dem eben geschilderten Prinzip sehr verwandt [GAL 73]. Auch hier wird, wie eben beim Spannen der Druckfedern, die Energie zum Drucken zentral und preisgünstig bereitgestellt.

Eine dritte Art der Druckhammereinheit beruht auf dem *Tauchspulprinzip* (engl.: *voice coil*), (Bild 6.2-5): Eine stromdurchflossene Spule auf einem Isolierkörper aus Keramik oder Kunststoff erfährt in

**Tabelle 6.2-4.** Betriebskennwerte von Arbeits- und Ruhedruckmagnet

| Drucker | IBM 1403 | IBM 2203 |
|---|---|---|
| Zeilen/min | 110 | 350 |
| *I* | 4,6 A | Halten/Anschlag<br>0,7 A/2,16 A |
| *U* | 60 V | 36 V |
| Hammer-Magnet an: | 1000...1400 μs | 300 μs |
| Flugzeit | 1475 μs | 2400 μs |
| Hammermasse | 0,4 g | 1,72 g |
| Hammergeschwind. | 5 m/s | 2,9 m/s |

einem statischen Magnetfeld eine Beschleunigung in Richtung auf die Type. Bei diesem *elektrodynamischen Prinzip* wird die Spule bewegt im Gegensatz zum *elektromagnetischen Prinzip*, bei dem die Spule stationär ist und ein Anker bewegt wird. Das Tauchspulprinzip ermöglicht einen wesentlich günstigeren Wirkungsgrad von etwa 10% und eine sehr kompakte Bauform im Vergleich zu den anderen Druckhämmern. Das Druckwerk der Firma Data Products kann ohne Staffelung der Magnete arbeiten. Es verwendet nur eine stehende und eine hängende Hammerbank. Der Permanentmagnet ist für alle Hämmer gemeinsam in Druckzeilenhöhe angebracht. Da Hartmagnet und Druckhammer aus einem Teil bestehen, sind wegen der großen effektiven Masse der maximalen Druckhammergeschwindigkeit enge Grenzen gesetzt und die Druckleistung auf etwa 1 500 bis 2 000 Zeilen je Minute begrenzt.

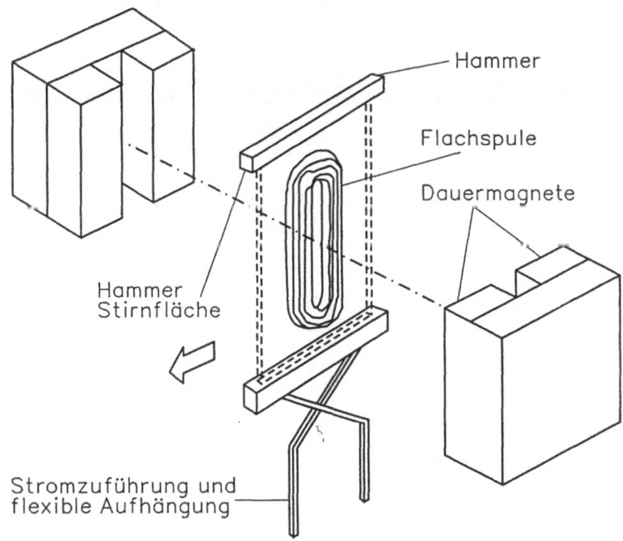


**Bild 6.2-5.** Druckhammer mit Tauchspule, Ausführungsbeispiel der Firma Data Products [LOU 85]

Als letztes Prinzip soll schließlich der *Linearmotor* erwähnt werden: Der Hammer ist mit einem Permanentmagneten oder einer stromdurchflossenen Spule verbunden, die sich im Magnetfeld äußerer Spulen bewegen.

Die *Druckenergie* $E_D$ ergibt sich einfach aus der Beziehung $E_D = 1/2\, mv^2$, mit $m$ der Masse des Druckhammers, und $v$ seiner Auftreffgeschwindigkeit. Ein typischer Wert für $E_D$ ist $\approx$ 10 mJ, bei 1 g Masse und $v \approx 4$ m/s. Der elektromechanische Wirkungsgrad – das Verhältnis zwischen zugeführter elektrischer Energie und Druckenergie – beträgt nur etwa 2 bis 10%.

Diese vier Elemente, Papier, Farbträger, Typenträger, Druckhammer, können je nach den Anforderungen in verschiedenen Kombinationen zueinander angeordnet sein.

In Bild 6.2-6a ist die Reihenfolge Hammer, Typenelement, Farbträger, Papier gezeigt, das heißt, der Hammer ist vor dem Papier (engl.: *front printing*). Diese Anordnung trägt die Bezeichnung *Vorderseitendruck*, da sowohl die Druckhämmer, wie auch Farbband und Typen vor dem Papier angeordnet sind. Eine zweite Grundform des Vollzeichen-Aufschlagdruckers zeigt Bild 6.2-6b, bei der der Hammer hinter dem Papier angeordnet ist (engl.: *back printing*). Diese Anordnung trägt den Namen *Rückseitendruck*; Typen und Farbband befinden sich vor dem Papier, die Druckhämmer hinter dem Papier. Der hauptsächliche Vorteil dieser Form ist, daß die Anforderungen an die Genauigkeit des Hammeraufschlages in Bezug auf die Lage des Typensatzes im Vergleich zur Anordnung des Hammers vor dem Typensatz herabgesetzt werden kann, da hier nicht die Gefahr besteht, daß sich der Hammer zwischen zwei Typenelementen verfängt. Nachteilig gegenüber dem Vorderseitendruck ist das etwas weniger scharfe Schriftbild.

Die Aufschlagdrucker erzeugen Flächenpressungen im Bereich von 100 $N/mm^2$ und eine überlagerte Reibkomponente. Diese hohe Flächen-

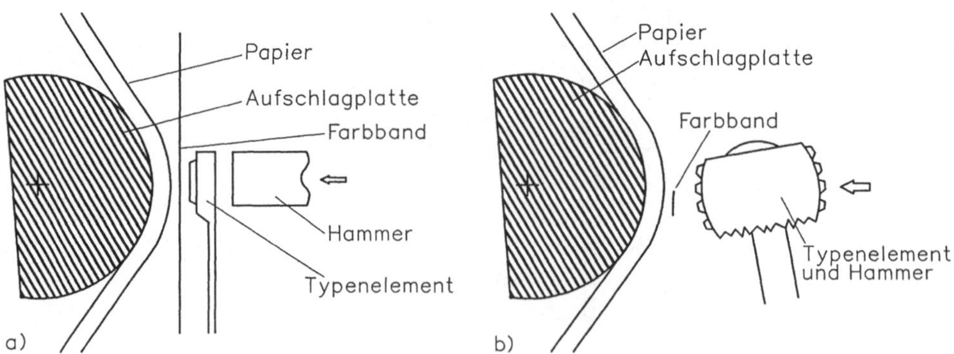


**Bild 6.2-6.** Anordnung der einzelnen Bestandteile des Aufschlag-Vollzeichendruckers. a) Vorderseitendruck, b) Rückenseitendruck

pressung zusammen mit Reibung vermindert schlagartig die Viskosität der Farbe durch Erwärmung und preßt sie in die Rauigkeiten der Papieroberfläche. Dies erklärt, daß Schlagdruckverfahren mit viel mehr Papiersorten arbeiten können als z.B. Verfahren mit Thermotransfer (siehe Abschnitt 6.3.-5): Bei Thermotransferverfahren muß die Viskositätserniedrigung durch zugeführte Joulesche Wärme größer sein, da dort der Anpreßdruck nur etwa 1 N/$mm^2$ beträgt.

Eine Sonderform ist das Aufbringen eines über längere Zeit gleichlautenden Aufdruckes, eines "Stempels", mit Angaben z.B. von Zeit und/oder Ort auf Formularen, wie Schecks u.s.w. Hier vereinfacht sich die Anwendung von Farbträger, Typen und Hammer zu einem den Aufdruck tragenden Typenrad, das über ein Walzenwerk mit Tinte benetzt und über einen einfachen Andruckmagneten mit dem zu bedruckenden Papier in Kontakt gebracht wird.

Wir können weiter zwei wesentlich verschiedene Ausführungsformen unterscheiden, nämlich eine erste, in der nur ein Hammer vorhanden ist, der seriell Position für Position einer Zeile druckt, und eine zweite, bei der für jede Position einer Zeile ein Druckhammer vorgesehen ist.

Im ersten Fall, bei **seriellen Druckern**, ist entweder der Hammer stationär und das Papier wird in Zeilenrichtung verschoben, oder aber das Papier bewegt sich beim Druck einer Zeile nicht, und der Hammer wird verschoben.

Schon seit vielen Jahren vermeiden zahlreiche Schreibmaschinenkonstruktionen den unhandlichen und aufwendigen Papierwagen mit seinem energie- und zeitaufwendigem Zeilenrücklauf. Statt dessen trägt ein Schlitten, der entlang der Zeile läuft, das Schreibwerk, z.B. Kugelkopf oder Typenrad. Um den horizontalen Zeichenversatz durch mechanische Hysterese des Kopfschlittens bei bidirektionalem Druck auszuschalten, der besonders bei Strichgraphik stört, wendet man den *Pilgerschritt* an: Bei Linkslauf des Schlittens überschießt dieser eine oder mehrere Positionen die Stelle des abzudruckenden Zeichens und kehrt dann von links kommend zum Abdruck dort zurück.

Beim *Kugelkopf* sind Hammer und Typenträger zusammengefaßt: Dreh- und Nickwinkeleinstellung des Kopfes gestatten die Auswahl des gewünschten Zeichens. Man erhält so Zeichensätze von z.B. 22 Zeichen/Umfang × 4 Zeichenringe = 88 Zeichen. Austausch des Kugelkopfes erlaubt schnellen Wechsel der Schriftart (Bild 6.2-7). Die mit dem Kugelkopf erzielbare Schreibgeschwindigkeit beträgt etwa 15 Zeichen je Sekunde: Auswahl der Type, Anschlag, Rückholen des Kugelkopfes und Vorrücken der Einheit Kugelkopf, Hammer, Farbbandträger und Schlitten um einen Zeichenabstand dauern etwa 66 ms. Für manuelle Eingabe ist dies völlig ausreichend, da die Schreibgeschwindigkeit selbst einer geübten Schreibkraft 7 Zeichen/s kaum übersteigt und Zeichenpufferspeicher zum Abfangen von Geschwindigkeitsspitzen wenig Aufwand erfordern [BEA 81].

**Bild 6.2-7.** Kugelkopf

Eine wesentliche Steigerung der Geschwindigkeit bis zu 100 Zeichen je Sekunde, wie sie z.B. für die maschinelle Ausgabe erwünscht ist, bringt das *Typenrad*, auch *Typenscheibe*. genannt. Die Grundidee der Typenradschreibmaschine geht auf den Italiener de Vincenti zurück, der sie bereits 1855 zum Patent angemeldet hat. Der Typenträger ist in Form eines Speichenrades ausgebildet, das auf den strahlenförmig angeordneten Speichen die einzelnen Typen trägt (Diablo, Qume) (Bild 6.2-8). Beim Drucker mit Typenrad können wir zwei Fälle unterscheiden, nämlich ob das Rad vor jedem Druckvorgang zum Stillstand gebracht wird, oder ob *"im Fluge"* gedruckt wird. Im ersten Fall ist höherer elektronischer und elektromotorischer Aufwand (Sektor-Servomotore) erforderlich, der jedoch zu besserer Druckqualität führt. Im zweiten Fall ist es erforderlich, den dynamischen Ablauf des Druckhammerschlages genau (im Mikrosekundenbereich) zu steuern, da sonst die Gefahr besteht, daß die Zeichen unsauber geschrieben und auch in extremen Fällen die benachbarten Speichen beschädigt werden. Um diese Gefahr zu verringern nutzt man oft den Druckhammer, der gut geführt werden kann, über einen Keil am Typenfinger die Type in die exakte Druckposition zu lenken.

Die Typenraddrucker sind heute meistens für den Start/Stopp-Betrieb ausgelegt. Das Typenrad kann in beiden Richtungen angetrieben werden, um die gesuchte Type auf dem kürzesten Wege mit der kürzesten Einstellzeit auszuwählen. Auch die Plazierung der einzelnen Zeichen auf dem Umfang des Rades entsprechend der Häufigkeit ihres Auftretens dient der Geschwindigkeitssteigerung.

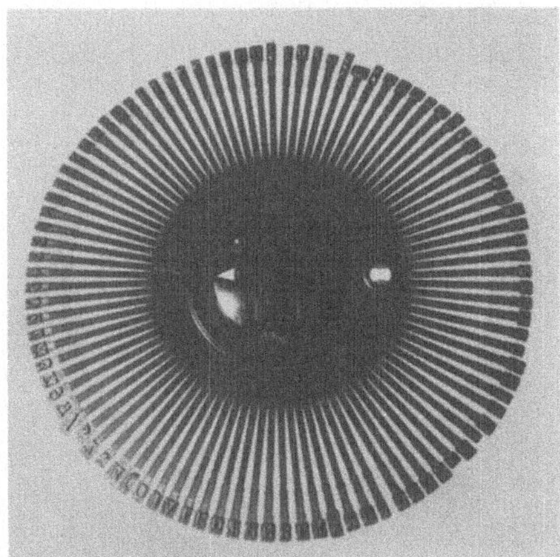

**Bild 6.2-8.** Typenrad

Moderne Schreibmaschinen sind mit einer *Korrektureinrichtung* ausgestattet. Mit Hilfe eines zusätzlichen Löschbandes kann die Farbe, die eben auf das Papier abgesetzt ist, durch erneuten Anschlag der entsprechenden Typen wieder abgehoben werden. Diese Funktion erfordert erneutes genaues Positionieren der Typen und ist deshalb so wirkungsvoll, weil die meisten manuellen Schreibfehler sofort beim Tastenanschlag wahrgenommen werden. Eine weitere Erleichterung der Arbeit bringt die automatische Wiederholung der Anschläge zur Korrektur mit Hilfe eines Wort- oder Zeilenspeichers. Den Nachteil der fehlenden Korrektur auf den Durchschlägen kann man durch Zwischenschalten eines Wort-, Zeilen- oder Seitenspeichers vermeiden, wobei der Druckvorgang erst dann ausgelöst wird, wenn die eingetippten Zeichen überprüft und für richtig befunden worden sind [BEA 81].

Ein großer Vorteil der seriellen Drucker gegenüber den im folgenden behandelten Zeilendruckern ist die Möglichkeit, auf einfache Weise *Proportionalschrift* zu erzeugen, d.h. den horizontalen Vorschub entsprechend der Zeichenbreite einzurichten, was zu einem gefälligen Schriftbild führt.

Bei **Parallel- oder Zeilendruckern** ist je Druckposition ein Druckhammer vorgesehen und der Typenträger in Form von Schubstangen, einer Typentrommel, eines Typenkammes, eines Schubzuges (engl.: *train*), einer Kette (engl.: *chain* ) oder eines Bandes (engl.: *belt*) ausgebildet (Bild 6.2-9). Bei der Typenkette und beim Schubzug laufen gekoppelte bzw. ungekoppelte Typensteine, von denen jeder mehrere Typen trägt, in einer ringförmig geschlossenen Führungsschiene. Zum Antrieb tragen die Typensteine auf ihrer Rückseite eine Verzahnung, in die ein Zahnrad eingreift, das an einem der Umkehrpunkte der Kette angebracht ist und von einem starken, sehr gleichlaufstabilen Synchronmotor angetrieben wird.

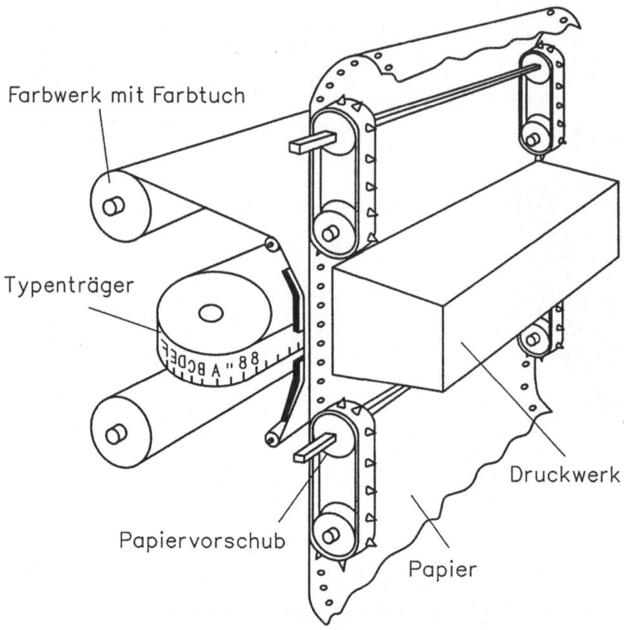


**Bild 6.2-9.** Prinzip des Aufschlag - Zeilendruckers [HAA 86]

Aufgrund der größeren Massen der Typenträger und ihrer hohen Geschwindigkeit kommt hier nur der Druck im Fluge in Frage. Der langsame Schubstangendrucker der mechanischen Lochkartentechnik wurde mit dem Beginn der elektronischen Datenverarbeitung abgelöst durch den schnelleren Trommeldrucker. Wesentliche Nachteile des Trommeldruckers sind aber der vertikale Zeichenversatz, der unser Auge sehr stört, und die enge horizontale Teilung der Buchstaben, die zu horizontalem Schattendruck führen können, d.h. dem ungewollten teilweisen Abdruck benachbarter Zeichen. Beide Nachteile vermeiden Typenkette und Typenband: Durch den größeren horizontalen Zeichenabstand entsteht kein Schattendruck mehr, und ein möglicher horizontaler Zeichenversatz durch schlecht justierte Druckhämmer ist für unser Auge wenig störend.

Die Forderung nach einem flexiblen, zu geringen Kosten schnell wechselbaren Typensatz verleiht dem bandförmigen Typenträger wachsende Bedeutung. Als weitere Vorzüge weist das Stahlband auch geringere Masse und größere mechanische Stabilität auf, Grundvoraussetzungen für Hochgeschwindigkeitsdrucker: Mit dem Typenband können Umlaufgeschwindigkeiten bis etwa 20 m/s gegenüber 5 bis 6 m/s bei der Typenkette erreicht werden. Maximale Druckleistungen für Typenträger in Ketten-, Zug- und Bandform sind etwa 1500, 2000 bzw. über 4000 Zeilen/Minute (siehe auch Tabelle 6.2-12). Obwohl der Band-Typenträger im Vergleich zu den anderen Typenträgern größere Abnutzung zeigt, setzt er sich bei modernen Konstruktionen aufgrund seiner geringeren Kosten – nur etwa 10% der Kosten einer Typenkette –, seiner leichten Austauschbarkeit und guten Stabilität mehr und mehr durch (Bild 6.2-10).

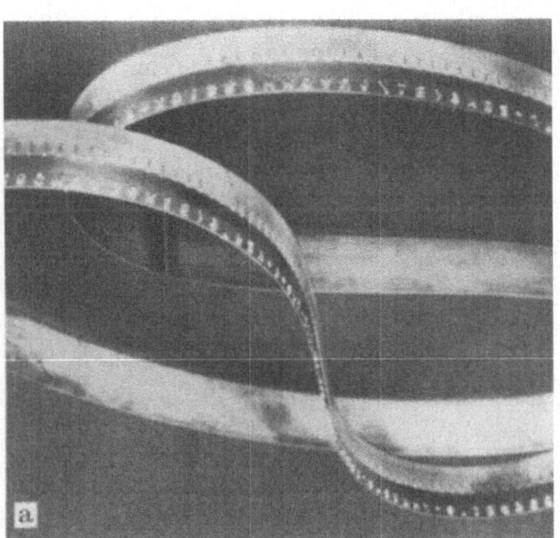

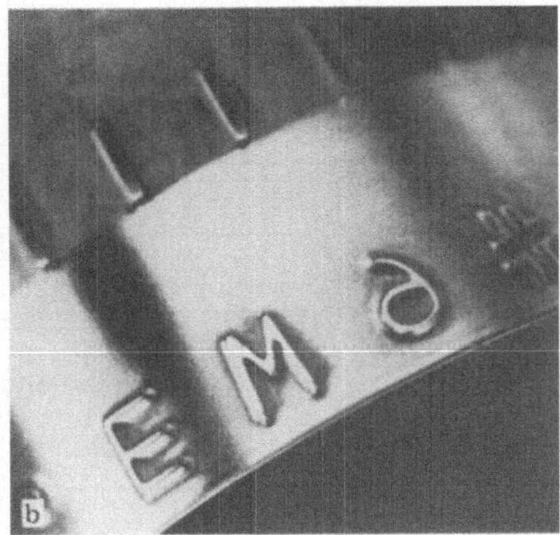

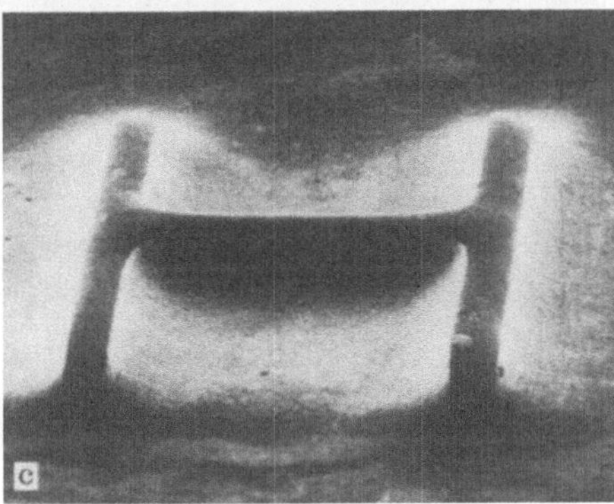

**Bild 6.2-10.** Band-Typenträger.
a) Stahlband, b) Teilansicht, c) aufgeschweißte Type

Da die Kosten der Druckhammermechanik und der zugehörigen Elektronik die Kosten eines Druckers stark beeinflussen, sind für Ausführungen geringerer Leistungsfähigkeit Konstruktionen bekannt geworden, in denen ein Druckhammer mehrere Positionen (zum Beispiel zwei, drei oder vier) überstreicht, alle parallelen Druckhämmer in einer verschiebbaren Hammerbank angeordnet sind, die zum Beispiel durch einen Servomotor in die verschiedenen Druckpositionen gebracht werden kann. Durch diese Anordnung ist in einem gewissen Umfang Geschwindigkeit gegen Kosten austauschbar.

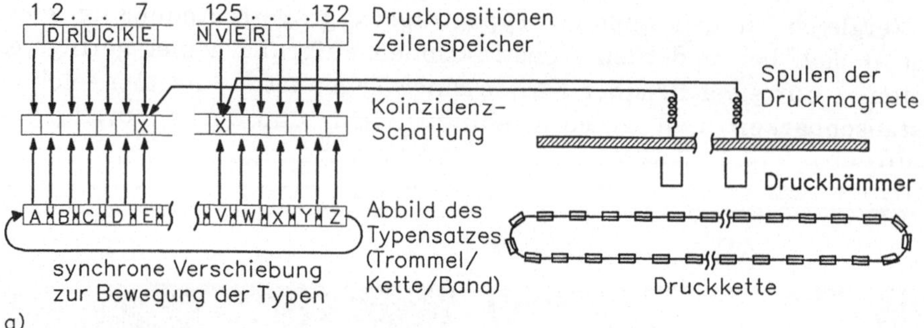


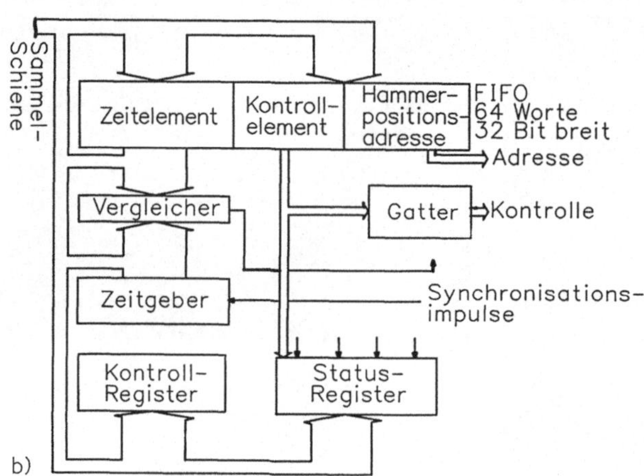


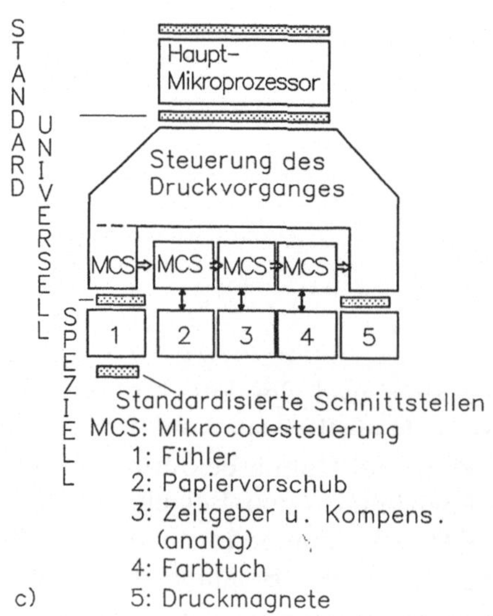


**Bild 6.2-11.** Steuerung des Hammerwerkes von Zeilendruckern [BÜH 86].
a) Koinzidenzschaltung, b), c) Mikroprozessorsteuerung

Ein Zeilenspeicher, eine ringförmige Verschiebekette, die den Zeichensatz des Typenträgers abgebildet enthält, und eine dazwischenliegende Koinzidenzschaltung dienen dazu, Auswahl- und Zündzeitpunkt der Druckhämmer zu bestimmen (Bild 6.2-11a). Das Fortschalten auf die nächste Zeile ist erst dann möglich, wenn sämtliche Zeichen im Zeilenspeicher "abgearbeitet" sind. Um den Druckvorgang zu beschleunigen, sind auf dem Typenträger meist die häufig vorkommenden Zeichen, wie das *e* mehrfach ausgeführt. Der Abstand der Typen auf dem Typenträger ist verschieden von dem Spaltenabstand auf dem Papier, um zu vermeiden, daß zu viele Hämmer gleichzeitig aktiviert werden. Dies wäre ungünstig wegen des impulsförmigen Strombedarfs, der mechanischen Belastung und der elektromagnetischen Strahlung.

Die Fortschritte der Halbleitertechnik erlauben es neuerdings, die Koinzidenzeinrichtung in Siliziumplanartechnologie zu realisieren und den Zeilenspeicher und die Bestimmung des Zündzeitpunktes für die Druckhämmer flexibel in einen Mikroprozessor einzubetten. Für jede Druckbandart wird entsprechend dem Zeichensatz, seiner Ausführung und Teilung ein Datensatz erstellt, der die Position der Zeichen in Bezug setzt zu einer sehr feinen Teilung des Druckbandes in etwa 10 000 bis 20 000 Schritte. Ein übergeordneter Standardmikroprozessor (Bild 6.2-11b) vergleicht dann vorausschauend die einzelnen Buchstaben der zu druckenden Zeile mit diesem Referenzdatensatz, errechnet daraus die genauen Druckzeiten für jedes einzelne Zeichen und ordnet sie entsprechend der Reihenfolge ihres Abdrucks in einen Speicher eines untergeordneten speziellen Mikroprozessors (Bild 6.2-11c) ein. Dieser Speicher hat die Eigenschaft, die Worte in der Reihenfolge wiederzugeben, in der sie in ihn eingegeben wurden (engl.: *FIFO: first in, first out*). Gleichermaßen berechnet und überträgt der übergeordnete Mikroprozessor weitergehende Steuerinformationen für den Druckvorgang, wie z.B. Steuerung der Energie der einzelnen Druckhämmer in Abhängigkeit von den abzudruckenden Zeichen, der Zahl der Durchschläge usw., durch entsprechende Bemessung der Druckimpulsdauer. Auch das Einleiten des Zeilenvorschubs, u. U. sogar vor Beendigung der letzten Druckhammerbewegung, um höchste Zeilenleistung zu erreichen, kann auf diese Weise berechnet und veranlaßt werden. Sieht man je Hammereinheit einen Sensor vor, der den Bewegungsablauf des Hammers messend verfolgt, so läßt sich durch Mikroprozessorsteuerung eine weitere Verbesserung der Bemessung der Flugzeit und der Druckenergie erzielen [SRI 86].

Eine Zusammenstellung wichtiger Kennwerte von bekannten Aufschlagdruckern, geordnet nach Aufbau und Arbeitsweise, ist in Tabelle 6.2-12 gegeben.

Weiterführende Literatur: [BLU 72, NAE 79].

**Tabelle 6.2-12.** Kennwerte von erfolgreichen Aufschlagdruckern

| Aufbau und Arbeitsweise | | | | Anwendung | Leistung | | | |
|---|---|---|---|---|---|---|---|---|
| Typenträger bzw. Druckelement | Zeichenfolge | Abdruckvorgang | Beim Abdruck bewegt sich | Verfahren angewendet in | Erreichte Druckgeschw. Zeichen je sec | Zeilen je min | Zeichen je Zeile | Hersteller/ Modell |
| Typenhebel | in Serie | statischer Abdruck | Typenträger gegen Papier | Schreibmaschine | 7 | | | Schreibm. allg. |
| Typenkugel | zeilenweise im Takt (parallel) | | | | 14 | | | IBM 72 |
| Typenstange | | | | Tabelliermaschine | | 150 | 102 | Bull 60.10 |
| Typenrad | | fliegender Abdruck | | | | 100 | 100 | Rem.Rand 3100 |
| Typenprisma | in Serie | | Papier gegen Typenträger | Formulardruck | | 600 | 130 | ADS 931 |
| Typenplatte | | statischer Abdruck | | | 50 | | | IBM 370 |
| Typenscheibe | | | | Streifenschreiber | 30 | | | Potter 3310 |
| Typentrommel | | fliegender Abdruck | | moderne mech. Schnelldrucker | | | | |
| Typenkette | 4-Takt | | | | | 1600 | 132 | UNIVAC 0768-98 |
| Typenschubglied. | zeilenweise springend | | Typenträger gegen Papier | Zeilendrucker | | 1200<br>200 | 132<br>96/132 | IBM 1403, 3203<br>IBM 5203 |
| Typenstab | | | | | | 2000 | 132/150 | IBM 3211 |
| Typenband | | | Papier gegen Typenträger | | | 600<br>400 | 120/132<br>132 | UNIVAC 9300<br>IBM 3776-2 |
| Typenfingerband | | | Typenträger gegen Papier | | | 700<br>2250<br>1600 | 132<br>132/150<br>136 | UNIVAC 0784<br>DOCUMENTATION (DCP)<br>HONEYWELL/BULL 1600 DPU |

| Aufbau und Arbeitsweise | | | | Anwendung | Leistung | | | |
|---|---|---|---|---|---|---|---|---|
| Typenträger bzw. Druckelement | Zeichenfolge | Abdruckvorgang | Beim Abdruck bewegt sich | Verfahren angewendet in | Erreichte Druckgeschw. Zeichen je sec | Zeilen je min | Zeichen je Zeile | Hersteller/ Modell |
| Wälztrommel Typen auf der Trommel | zeilenweise springend | Wälzabdruck | Papier gegen Typenträger | Zeilendrucker | | 600 | 21 | Clary E 2000 |
| Wälztrommel Typen am Stempel | zeilenblockweise springend | | Typenträger gegen Papier | | | 3000 | 100 | Clary (Johnston) |
| Einzelpunktraster | zeilenweise im Takt | fliegender Abdruck | Druckelemente gegen Papier | | | 300 | 140 | ICT SAMASTRONIC |
| | in Serie | | Papier gegen Druckelemente | | | 500 | 132/176 | Potter 6351 |
| Linienpunktraster | | | Druckelemente gegen Papier | | 120 | | 132 | IBM 3767 |
| | | | | | 165 | | 132 | Centronix 503 |
| | | | | | 180 | | 132 | Logabax LX 180 |
| | | | | | 200 | | 132 | Mannesmann M80/77 |
| | | statischer Abdruck | | Blattschreiber | 85 | | 132 | IBM 5213 |
| | | | | | 100 | | | Creed 1000 SEL |
| Flächenpunktraster | | | | Zeilendrucker | 140 | | 136 | Rena 100-2 |
| Typenfingerscheibe | | | | | 30 | | 132 | Diabolo 1550/Xerox 800 |
| | | | | | 30 | | 83 | IBM 3612 |

### 6.2.3 Matrixdrucker

Auch beim Matrixdrucker können wir wieder Ausführungsformen mit serieller und paralleler Zeichenerzeugung unterscheiden.

Bei dem gebräuchlicheren seriell arbeitenden *Nadeldrucker* läuft der Druckkopf die Zeile entlang. In Bild 6.2-13 ist die Grundanordnung, in Bild 6.2-14 eine Reihe verschiedener Hammerprinzipien dargestellt.

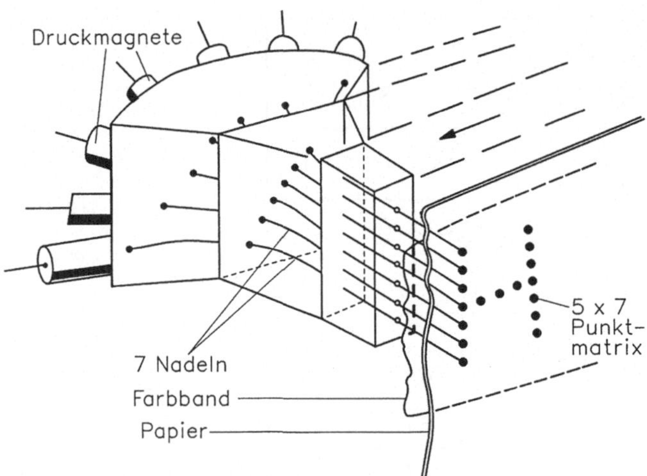


**Bild 6.2-13.** Prinzipbild des Nadeldruckers

Der Druckkopf besteht aus bis zu 24 einzelnen Druckelementen, jedes einzelne wiederum enthält einen Druckmagneten, der den Druckdraht gegen das Papier schleudert [WAN 82]. Beim Tauchankerprinzip (Bild 6.2-14a) wird die an einem Anker befestigte Drucknadel gegen eine Feder durch ein elektromagnetisches Feld zum Papier hin bewegt und anschließend durch die Feder wieder zurückgeholt. Während beim Tauchspulprinzip die Magnetanordnung den Anker in ihre Mitte zieht, wirkt beim Topfankerprinzip (Bild 6.2-14b) eine Kraft, die den Anker ganz in die Magnetanordnung zu ziehen sucht. Eine Blattfeder besorgt hier die Rückstellung. Sehr wirkungsvoll ist das Klappankerprinzip (Bild 6.2-14 c,d). Nach Einschalten des Spulenstromes bewegt der Anker die Nadel gegen das Papier, nach dem Abschalten holt die gespannte Feder Anker und Nadel wieder in ihre Ausgangsstellung zurück. Im Gegensatz zu den beschriebenen Anordnungen, die alle auf dem Arbeitsmagnetprinzip beruhen, arbeiten Druckhämmer nach dem Dauermagnetprinzip (Bild 6.2-14e) auf der Grundlage des Ruhemagneten. Im Grundzustand ist die Druckenergie in einer gespannten Feder gespeichert. Der Anker, der die Feder hindert loszuschießen, wird dabei durch einen Permanentmagneten in seiner Position festgehalten. Erst das durch eine Spule erzeugte Gegenfeld bewirkt, daß der Anker die Feder freigibt, die dann die Drucknadel gegen das Papier bewegt.

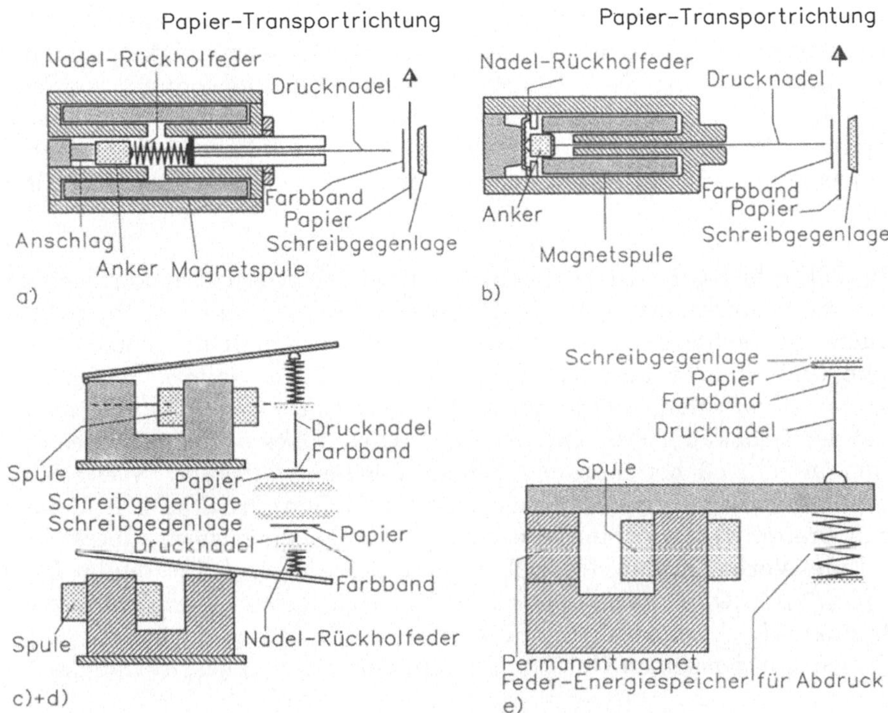


**Bild 6.2-14.** Druckhämmer von Nadeldruckern [ULL 85]
a) Tauchankerprinzip, b) Topfmagnetprinzip, c) d) Klappankerprinzip, e) Dauermagnetprinzip

Die an sich reizvolle Idee, die *Magnetostriktion* zur Erregung der Drucknadeln heranzuziehen, konnte sich nicht durchsetzen, vor allem deshalb, weil der für das Bedrucken von Mehrfachpapier erforderliche Hub von mindestens 0,5 mm nicht erreicht werden konnte, selbst wenn man Verstärkungsmechanismen, wie ein exponentiell geformtes Anpassungsstück zwischen dem magnetostriktiven Element und der Drucknadel oder mechanische Resonanz, zu Hilfe nahm [PRE 66]. Auch die piezoelektrische Anregung versagte aus dem gleichen Grund.

Die Anforderungen an Wartungsfreiheit und Lebensdauer sind heute sehr groß: Erreicht werden mit einem Druckkopf etwa $10^8$ Zeichen bis zur nächsten Wartung und eine Gesamtlebensdauer von mehr als $10^9$ Zeichen, d.h. fast $10^{10}$ Anschläge der einzelnen Drucknadeln. Um die Abnutzung herabzusetzen, ist die Drahtspitze durch metallurgische Verfahren gehärtet.

Die Anordnung von Druckhammer, Farbträger und Papier entspricht der in Bild 6.2-6a, d.h. dem Vorderseitendruck. Um möglichst hohe Druckleistungen zu erreichen, sucht man die bewegten Massen klein zu halten und den Druckmagneten möglichst wirkungsvoll zu gestalten. Dabei ist der Ruhemagnet dem Arbeitsmagneten überlegen, da die Anfangsbeschleunigung des Drahtes größer, die Gefahr des Durchschlagens des Papiers kleiner ist, und über die bei wachsender Geschwindigkeit zunehmende Elastizität des Aufschlages Energie zurückgewonnen werden kann. Als größte Geschwindigkeit sind heute etwa 400 Zeichen/s bekannt (z.B. Mannesmann/Tally), was bei etwa 8 Punkten in Längsrichtung eines Zeichens 3000 Anschlägen/s, das heißt 0,3 ms je Anschlag entspricht.

Um die Schreibleistung zu erhöhen, kann bei mehreren Druckerausführungen unter Vorschaltung eines Zeilenspeichers von links nach rechts und auch von rechts nach links geschrieben, und damit die Totzeit des Druckkopf-Rücklaufes ausgeschaltet werden. Eine weitere Beschleunigung ist zu erzielen, wenn durch *Druckwegoptimierung* (engl.: *logic seeking*) der Druckkopf während des Zeilenvorschubes auf dem kürzesten Weg den Ort des nächsten zu druckenden Zeichens aufsucht. Weiterhin gibt es Ausführungen mit mehr als einem seriellen Druckkopf je Zeile, oder mit breiten Druckköpfen, die mehrere Zeilen gleichzeitig überstreichen. Eine Verbesserung der Schriftqualität, *Schönschrift* (engl.: *LQ, letter quality; NLQ, near letter quality*), läßt sich durch Überlappung der Druckpunkte in horizontaler und vertikaler Richtung erreichen, teilweise sogar mit demselben Gerät bei verminderter Druckgeschwindigkeit.

Auch beim *Matrix-Paralleldrucker* kennt man die Ausführungsform des Vorderseitendrucks (Bild 6.2-15a) und die des Rückseitendrucks (Bild 6.2-15b).

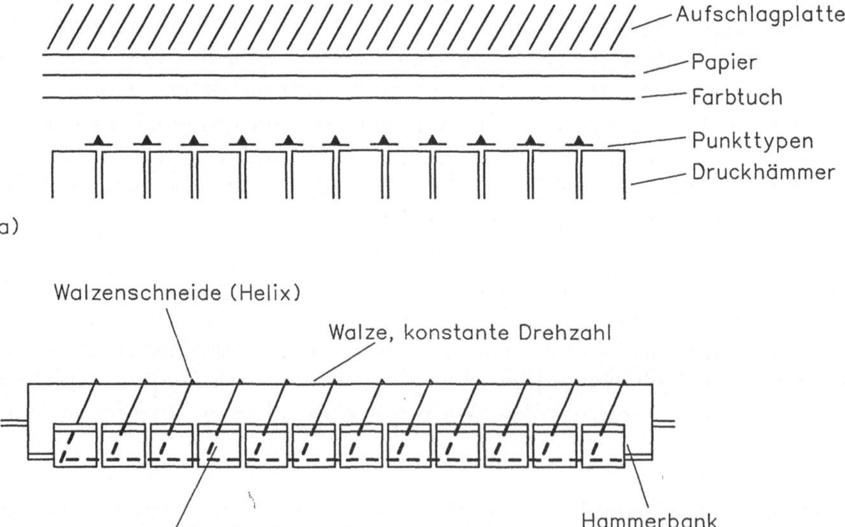


**Bild 6.2-15.** Parallel-Matrixdrucker.
a) Vorderseitendruck, b) Rückseitendruck

Die erste Form entspricht im Prinzip der in Bild 6.2-6a, des Vollzeichendruckers mit Vorderseitendruck, wobei aber die Vollzeichen durch eine Punktreihe ersetzt sind.

Bei der zweiten Ausführungsform, dem Rückseitendruck, entsprechend Bild 6.2-6b für den Vollzeichendrucker, dreht sich eine zylindrische Schraube hinter dem Papier; beim Anschlag von Druckhämmern vor dem Papier, die einen Längsbalken tragen, entsteht am Kreuzungspunkt zwischen Balken und Schraubenlinie ein Abdruck. Praktische Ausführungen sehen vor, daß sich das Papier kontinuierlich bewegt, jeder Hammer 6 Zeichenstellen überstreicht und so bei etwa 2000 Anschlägen je Sekunde 500 Zeilen je Minute erreicht werden.

## 6.3 Aufschlagfreie Drucker

### 6.3.1 Übersicht

Aus der großen Fülle der Möglichkeiten sind in Bild 6.3-1 die praktisch wichtigsten Ausführungsformen herausgestellt, die alle Matrixdruck verwenden.

Weiterführende Literatur: [MYE 84].

<table>
<tr><th>Kontrasterzeugung</th><th>Normalpapier</th><th>Kontrasterzeugung</th><th>Spezialpapier</th></tr>
<tr><td>Pulverförmiger Farbträger</td><td>Elektro-photographie, Magnetographie</td><td>Öffnen einer Deckschicht</td><td>Elektro-Erosion</td></tr>
<tr><td>Tinte</td><td>Tintenstrahl-drucker<br>Kontinuierlicher Strahl<br>Tropfen Anforderung<br>0,1,2 dimensionale Ablenkung</td><td rowspan="2">Chemische Reaktion</td><td rowspan="2">Thermisches Drucken</td></tr>
<tr><td>Suspendierter Farbträger</td><td>Elektrophorese</td></tr>
<tr><td>Schmelzende Farbe</td><td>Thermotransfer-druck</td><td></td><td></td></tr>
</table>

**Bild 6.3-1.** Klasseneinteilung von aufschlagfreien Druckern

### 6.3.2 Elektrophotographie

Für Kopierer und in den letzten Jahren zunehmend auch für Datendrucker aller Leistungsklassen hat sich das elektrophotographische

Verfahren sehr bewährt. Dieses Verfahren, genau genannt "Trocken-Transfer-Elektrophotographie", auch oft *Xerographie* (griech.: *Trockenschreiben*), wurde 1937 von Chester Carlson erfunden [CAR 38], später vom Battelle-Institut weiterentwickelt und ab 1947 von der Haloid Company, später Xerox, zu Produktreife gebracht.

Die grundsätzliche Wirkungsweise ist in Bild 6.3-2 dargestellt.

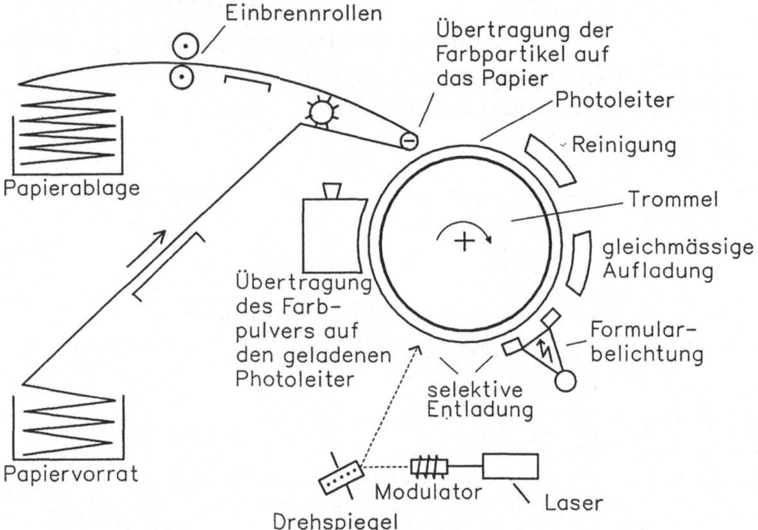


**Bild 6.3-2.** Anordnung der Arbeitsschritte im elektrophotographischen Drucker und Kopierer

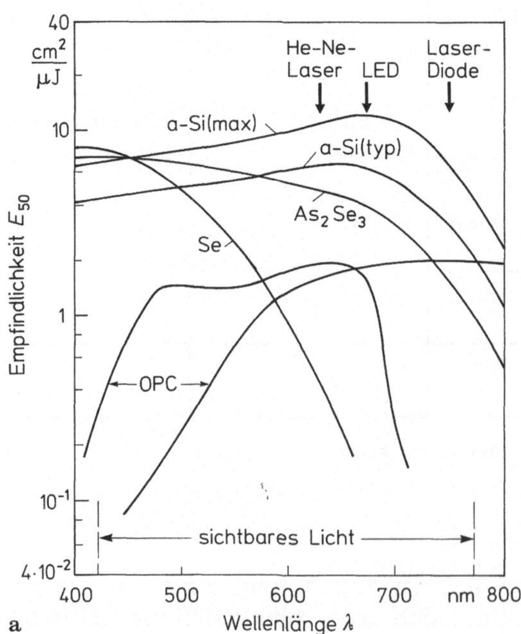


**a**

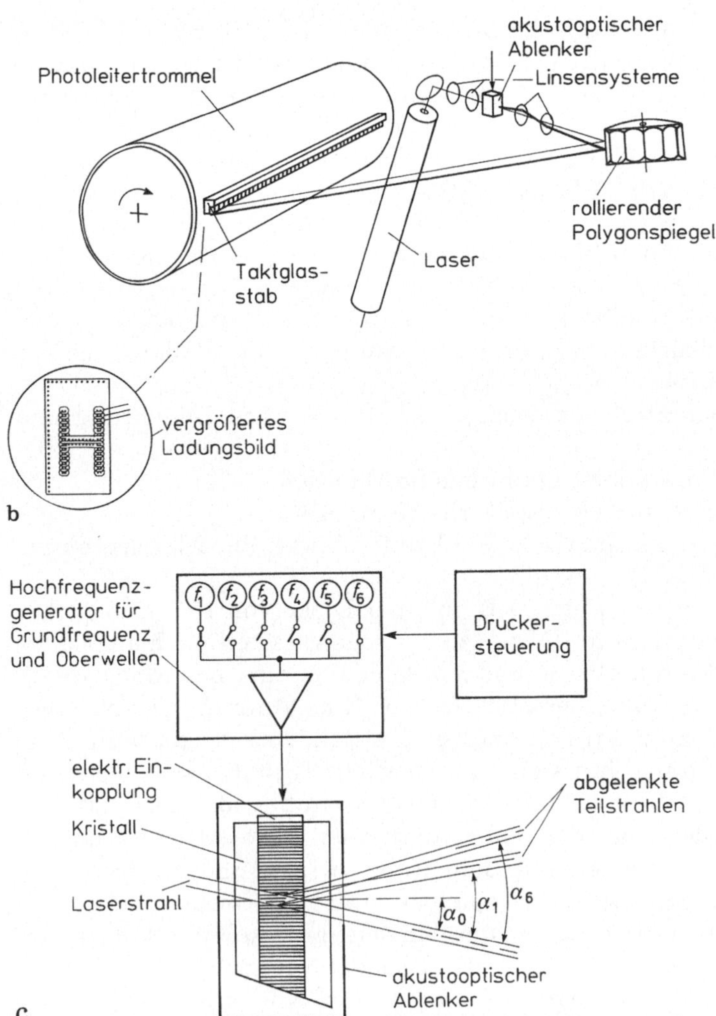


**Bild 6.3-3.** Belichtung des Photoleiters mit einem Laserstrahl [WIE 86].
a) Spektrale Empfindlichkeit verschiedener Photoleiter, OP: Organisatorische Photoleiter,
b) Grundanordnung und Strahlengang, c) Erregung des akustischen Kopplers mit Grundfrequenz und Oberwellen

Der erste Schritt besteht darin, daß auf einer Trommel oder einem Gürtel, beschichtet mit photoleitendem Material, das abzudruckende Muster in Form einer elektrischen Ladungsverteilung abgebildet wird.

*Photoleiter* wirken im Dunklen als Isolator, bei Bestrahlung mit Licht als Leiter. Im Dunklen befinden sich im Leitungsband des Photoleiters keine Ladungsträger, bei Lichteinfall werden Ladungsträger erzeugt und in das Leitungsband befördert.

Als Photoleiter finden organische Materialien, z.B. TNF-PVCz [SCH 71] oder anorganische Materialien, z.B. Selen, Arsentrisulfid oder Cadmiumsulfid, Verwendung. Der Vorteil von Cadmiumsulfid ist die Infrarotempfindlichkeit, die den Einsatz von Festkörperlasern ermöglicht (Bild 6.3-3a). Anorganische Photoleiter verwenden z.B. Xerox und Siemens [KUC 76], organische z.B. IBM [ELZ 81].

Die Anforderungen an den Photoleiter sind

- hohe konstante Aufladbarkeit auf Potentiale von über 1 000 V,
- schnelle Entladbarkeit bei guter Anpassung an die Wellenlänge des Zeichengenerators,
- geringes Restpotential von weniger als 100 V nach Belichtung und Entladung,
- geringer Abfall des hohen Potentials im Dunklen,
- hohe mechanische und photoelektrische Stabilität,
- vernachlässigbare mechanische Fehlstellen in der Photoleiterschicht.

Organische Photoleiterschichten, z.B. in einer Dicke von 15 µm, auf einer dünnen Aluminiumschicht auf Mylar aufgetragen, zeigen nach 10 000 bis 20 000 Kopien starke Abnutzung und müssen dann, oder bei hohen Qualitätsansprüchen auch früher, ersetzt werden. Eine Anordnung von einer Außentrommel und zwei Innentrommeln für Bandvorrat und -aufnahme für 40 bis 60 neue Seiten, hat sich dafür bewährt (Bild 6.3-4). Nachteilig ist hier allerdings der Schlitz für Bandnachschub und -einzug in der äußeren Trommel, der enge Fertigungstoleranzen erfordert, zur Synchronisierung zwischen Trommel und Belichtung zwingt, und die freie Verwendung von verschiedenen Kopierseitenlängen verbietet. Diesen Nachteil vermeidet die mit einem anorganischen Photoleiter kontinuierlich beschichtete Trommel, wie sie z.B. Siemens verwendet. Ermüdungs- und Abnutzungseffekte (Kratzer!) treten hier vor allem wegen der härteren Oberfläche bei Selen erst nach etwa 100 000 DIN-A4-Seiten, bei $As_2Se_3$ sogar erst nach weit über einer Million DIN-A4-Seiten auf.

Die umlaufende Photoleiterschicht wird in einer ersten Station über die gesamte Oberfläche gleichmäßig aufgeladen, in einer zweiten Station diese Ladung durch Einwirkung von Licht örtlich selektiv abgeleitet. Dabei kann das Licht entweder über eine Bildvorlage, auch mit Verkleinerung oder Vergrößerung, oder über einen abgelenkten und gepulsten Laserstrahl zum Aufbringen von alpha-numerischen Zeichen, Graphiken oder Rasterbilder, auf die photoleitende Oberfläche einwirken [FLE 77, WIE 86]. Deshalb werden diese Drucker oft *Laserdrucker* genannt, manchmal fälschlicherweise. Andere Verfahren benutzen zur Belichtung Flüssigkristall- oder magnetooptische Lichttore [HIL 82], LED-Zeilen und -Matrizen oder auch Kathodenstrahlröhren mit flacher Schirmvorderseite.

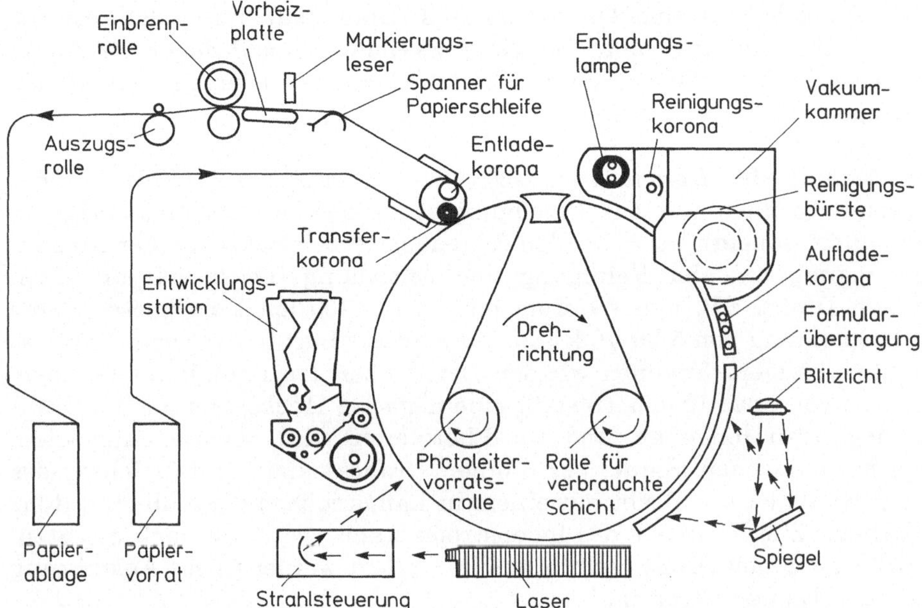


**Bild 6.3-4.** Prinzipbild des elektrophotographischen Druckers IBM 3800 (nach [ELZ 81])

Obwohl die LED-Zeile oder -Matrix im Prinzip einfacher und zuverlässiger ist, besonders durch das Fehlen von komplexer Mechanik, ist die Belichtung durch einen Laserstrahl wegen der Verwendung von bewährten und in großen Stückzahlen hergestellten Komponenten heute noch wesentlich kostengünstiger und zuverlässiger.

Bei Belichtung mit einem Laserstrahl lenkt ein rotierender Polygonspiegel den Strahl Zeile für Zeile ab (Bild 6.3-3b). Ein im Strahlengang davor angeordneter akusto-optischer Koppler blendet den Laserstrahl aus oder lenkt ihn in Spaltenrichtung ab (Bild 6.3-3c). Bei waagrechten Strichen wird der Laserstrahl nicht abgeschaltet, was anders als bei senkrechten Strichen, die Punktüberlappung zeigen, zu sehr sauberen Kanten führt.

Der akusto-optische Koppler besteht aus einem Quarzplättchen, das mit einem aufgedampften Leitermuster versehen ist. Durch piezoelektrische Anregung entstehen Oberflächenwellen (engl.: *SAW: surface acoustic wave*) die, einem Phasengitter entsprechend, auftreffendes Licht durch Beugung ablenken. Ist der Koppler nicht erregt, so trifft der Laserstrahl nur die in Zeilenrichtung verlaufende Blende. Diese Blende kann Maßstabmarken tragen, um den mit nichtkonstanter Geschwindigkeit entlang einer Zeile laufenden Laserstrahl durch reflektiertes und von einer Photozelle aufgefangenes Licht zu synchronisieren und genau jeder Druckspalte zuzuordnen. Wird der Koppler erregt, so trifft der Laserstrahl den Photoleiter. Bei Erregung mit einer wählbaren Kombination aus Grundfrequenz und Oberfrequenzen kann man durch die resultierende Überlagerung der Beugungsmaxima verschiedener Ordnung mehrere Punkte gleichzeitig in Spaltenrichtung erzeugen und so die Druckgeschwindigkeit erhöhen.

Die Technik der *Koronaentladung* (Korona, lat.: *Kranz, Krone*) findet Anwendung nicht nur zur Erzeugung einer bestimmten, gleichmäßigen Aufladung, sondern auch bei den folgenden Arbeitsschritten der Musterübertragung und der Reinigung und Entladung. Legen wir an einen dünnen Draht, z.B. aus Wolfram mit 50 bis 100 µm Durchmesser, eine hohe Spannung von 5 bis 10 kV an, so wird die Luft in der Umgebung des Drahtes ionisiert. Spannen wir den Draht über den Photoleiter in einem Abstand von etwa 10 mm, so stößt eine negative Hochspannung am Draht die negativen Ionen ab, und der Photoleiter wird negativ aufgeladen. Zum mechanischen Schutz des dünnen Drahtes und zur Bündelung des Ionenstrahls ist der Draht mit einem in Längsrichtung geschlitzten Rohr umgeben. Zur Kontrolle des Ionenstroms kann weiterhin auch ein Steuergitter zwischen Draht und Photoleiter gelegt werden; diese Ausführung trägt den Namen *Corotron*.

In einem zweiten Schritt überträgt man pulverförmige Farbpartikel (engl.: *toner*) selektiv auf die aufgeladenen Stellen des photoleitenden Gürtels.

Die Farbteilchen, mit einem Durchmesser von etwa 10 µm, befinden sich im Vorratsbehälter gemischt mit sogenannten Trägerkugeln, d.h. mit Kunststoff (Teflon) beschichteten Stahlkugeln von 100 bis 300 µm Durchmesser. Die Oberflächen von Farbpartikeln und Trägerkugeln besitzen verschiedene Elektronenaustrittspotentiale (engl.: *work functions*), so daß sie sich durch *Reibungselektrizität (Triboelektrizität)* verschieden aufladen, wenn sie durch das Rühr- und Transportwerk von dem unteren in den oberen Vorratsraum befördert und aneinander gerieben werden. In dem in Bild 6.3-4 gezeigten Beispiel sind dabei die Materialien so gewählt, daß sich die Farbpartikel positiv, die Trägerkugeln negativ aufladen. Am Ausgang des oberen Vorratsbehälters fallen die Trägerkugeln und Farbpartikel auf eine rotierende Trommel, bei der im Inneren stationär ein statisches Magnetfeld erzeugt wird, entlang dessen Feldlinien sich die Stahlkugeln zu Pyramiden auftürmen. So entsteht eine magnetische Bürste, die über den Photoleiter streicht und, wiederum unterstützt durch eine Koronaentladung, die positiv geladenen Farbpartikel auf die negativ gebliebenen Flächen des Photoleiters aufträgt. Teflonbeschichtete Stahlkugeln haben eine weiße Oberfläche und gestatten es so, über Photozellenabtastung festzustellen, wann die Menge der Farbpartikel in dem Vorratsbehälter zur Neige geht.

In einem dritten Schritt wird sodann das Pulvermuster von dem Gürtel auf das Papier übertragen, wobei wiederum ein elektrisches Feld hilft.

Ohne zusätzliche Maßnahmen entsteht ein Negativ- oder Umkehrbild, d.h. die von dem Laserstrahl bestrichenen Stellen bleiben unbedeckt von Farbteilchen, alle anderen Stellen werden bedeckt. Positivbilder erhält man sehr einfach durch Vorspannung der gesamten Einheit, die die Farbpartikel enthält, auf das Potential des geladenen Photoleiters. Die Güte der Kopien, gut bestimmbar durch die Anzahl der *Generationen* von guten *Kopien von Kopien*, hängt wesentlich ab von der *Transferausbeute* der Farbpartikel (90 % für gute Kopien), die besonders für große schwarze Flächen kritisch ist. Hier hilft eine Schirmelektrode, störende Randfelder zu vermeiden (Bild 6.3-5).

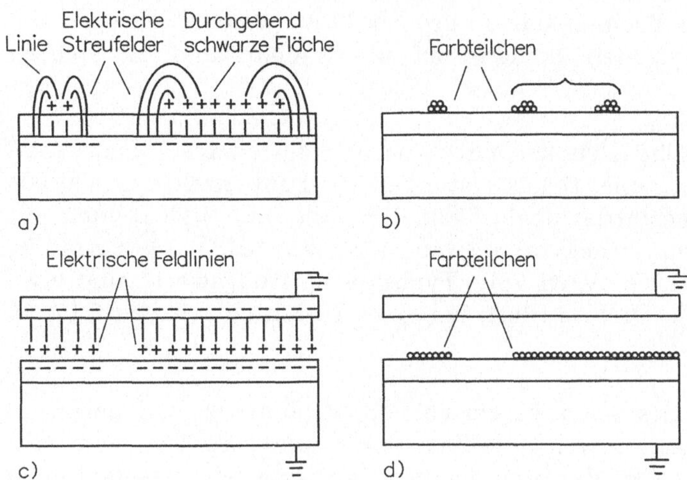


**Bild 6.3-5.** Übertragung des Pulvermusters vom Photoleiter auf das Papier unter Ausschaltung störender Randfehler durch eine Entwicklungselektrode [STO].
a) b) Feldlinien und Pulverablagerung ohne Entwicklungselektrode, c) d) Feldlinien und Pulverablagerung mit Entwicklungselektrode

In zwei weiteren Stationen werden die Farbpartikelchen auf dem Papier durch Wärme, Druck oder chemische Behandlung fixiert und die Ladung auf dem photoleitenden Gürtel wieder gelöscht. Auch hier finden wir wieder zwei Koronen: Eine positive Korona, wo eine im Innern beleuchtete Plastikbürste die verbliebenen Farbpartikel von der Trommel nimmt und eine Wechselspannungskorona hinter der Fixierstation, um das Papier möglichst vollständig wieder zu entladen.

Zweiseiten- und Farbdruck erzielt man durch mehrfachen Durchlauf des Papiers durch dasselbe Gerät bzw. Bearbeiten in mehreren seriell angeordneten Druckstationen. Dieser mehrfache Durchlauf stellt hohe Anforderungen an den Drucker wie auch an das Papier: Bei einem erneuten Durchlauf hat das Papier veränderte mechanische und elektrische Eigenschaften gegenüber denen beim vorausgegangenen Durchlauf, bedingt durch die in den verschiedenen Stationen erfahrene Behandlung. Durch Kopplung von mehreren Stationen mit verschiedenfarbigen Tonern lassen sich Farbbilder erzeugen. Die Qualität dieser Kopien ist zum Teil so gut, daß durch Fälschung von Urkunden bereits großer Schaden entstanden ist.

Da beim elektrophotographischen Drucker das Druckmuster, ausgehend von einem Seitenspeicher und dem Photoleiter als Zwischenträger, als ganze Seite auf das Papier übertragen wird, bezeichnet man ihn auch als *Seitendrucker.*

Angesichts der großen Zahl von Prozeßschritten stellt die Produktzuverlässigkeit ein ernstes Problem dar. In großem Maße werden Sensoren eingesetzt, um die einzelnen Schritte zu überwachen und zu steuern [GRA 80].

Elektrophotographische Drucker mit programmgesteuertem Laserlichtstrahl erzielen sehr hohe Druckleistungen – IBM 3800: ca. 10 000 Zeilen/min – und gestatten auch, Text, Graphik und Bilder, auch mit Halbtönen, in einem Druckvorgang zu vereinen [BRO 78, CAM 78, ELZ 81, FIN 78, SVE 78, VAH 78]. Typische Leistungswerte sind etwa 0,5 bis 4 Sekunden je DIN-A4-Blatt, bei einer Durchlaufzeit von 5 bis 10 Sekunden.

Eine Modifikation des oben beschriebenen Verfahrens, um geringere Gerätekosten zu erzielen, wenn die Zahl der Kopien pro Tag nicht sehr hoch ist, besteht in der Verwendung von Sonderpapier, das mit einer dielektrischen Schicht versehen ist. Wie Bild 6.3-6 zeigt, entfällt dann die

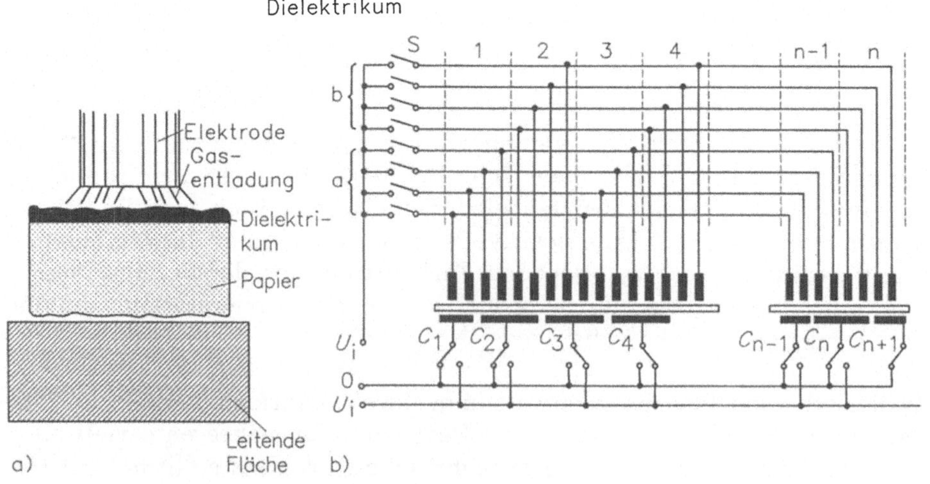


**Bild 6.3-6.** Elektrographie mit Sonderpapier [ROT 76].
a) Querschnitt von Sonderpapier und Schreibelektrode, b) Matrixanordnung und Ansteuerung für Paralleldrucker

Zwischenstufe der Mustererzeugung auf Trommel oder Band, die mit einem Photoleiter beschichtet sind. Das Bildmuster wird hier, gegebenenfalls auch beidseitig, über eine Reihe von Stiftelektroden auf das Sonderpapier aufgebracht. Durch drei bis vier hintereinanderliegende Auflade- und Entwicklungsstationen mit verschiedenfarbigen Farbteilchen lassen sich auch Farbdrucke erzeugen. Nachteilig sind hierbei die etwa 2- bis 3mal höheren Kosten des Sonderpapiers gegenüber Normalpapier. Eine Reihe von Produkten, wie Faksimiledrucker und Zeichentische für ein- und mehrfarbigen Druck beruhen auf dieser Technik.

Weiterführende Literatur: [ELZ 81, LEE 84, ROS 79, SCH 65].

### 6.3.3 Tintenstrahldrucker

Auch bei diesem Verfahren werden Farbträger auf normales Papier übertragen: Tintentröpfchen werden in einem Düsensystem erzeugt, treten gegebenenfalls durch eine Steuer- und Ablenkeinrichtung und treffen anschließend auf das Papier auf, wo sie die Schriftzeichen und Muster bilden.

Die erste Vorrichtung dieser Art stellte R. Sweet, Stanford University, 1965 zur Aufzeichnung von Kurvenzügen bei Meßinstrumenten vor. Beachtenswert ist dabei, daß die physikalischen Grundlagen des Verfahrens, wie Tröpfchenbildung usw., bereits im letzten Jahrhundert ausführlich behandelt wurden [SWE 65]. Die ersten Produktausführungen entstanden 1970 bei den Firmen A.B. Dick und IBM für Textanwendungen.

Unterschiedliche Anwenderwünsche, aber auch die vielen Versuche, die beträchtlichen technischen Schwierigkeiten zu überwinden, führten zu einer großen Zahl von Ausführungsformen, die sich in der Strahlerzeugung und der Tropfenablenkung voneinander unterscheiden.

Bei der **Strahlerzeugung** arbeiten die Systeme entweder mit kontinuierlichem Strahl oder aber mit Tropfen auf Anforderung (engl.: *drop on demand*).

Bei den *Verfahren mit kontinuierlichem Strahl* (Bild 6.3-7) ist an einem Farbvorratsbehälter eine Düse mit einem Durchmesser von etwa 30 µm angebracht. Die Tinte in dem Behälter steht unter einem Druck von einigen Bar und zusätzlich unter dem Einfluß eines Schwingquarzes von etwa 100 kHz, der Druckwellen in der Flüssigkeit erzeugt. Damit entsteht am Ausgang der Düse ein amplitudenmodulierter Strahl mit einer Geschwindigkeit von einigen m/s, der sich in kurzem Abstand nach der Düse in einzelne Tröpfchen auflöst [BRU 76]. Bild 6.3-8a zeigt eine Hochgeschwindigkeitsaufnahme des Tintenstrahls in der Nähe der Düse: Man sieht deutlich die Amplitudenmodulation des Strahles und die Ausbil-

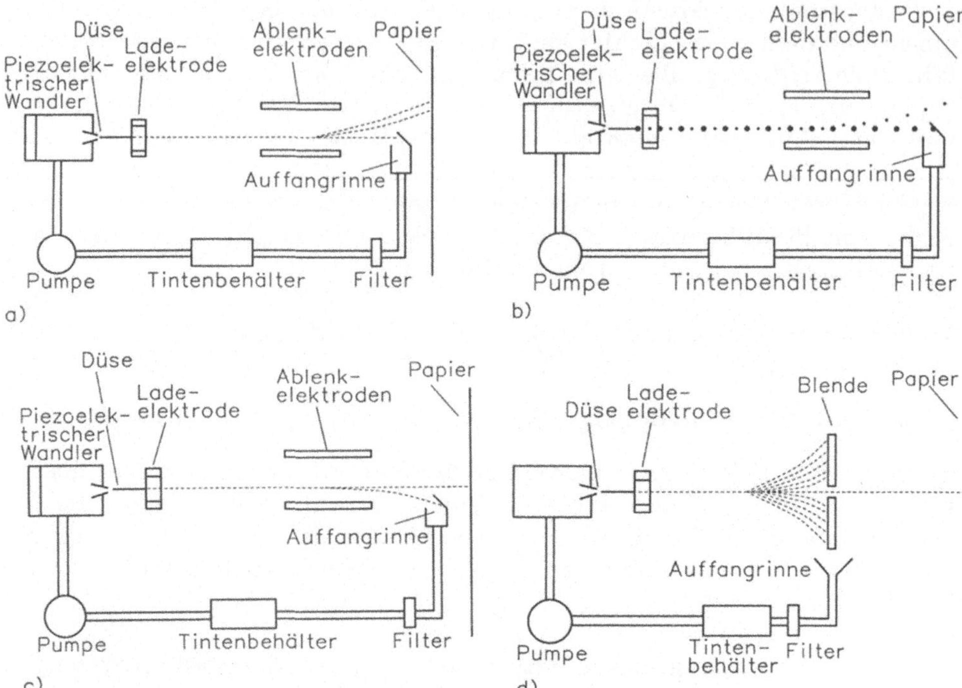


**Bild 6.3-7.** Wirkungsweise von Hochdruck-Tintenstrahldruckern [EIS 86].
a) Tintenstrahl mit analoger Ablenkung (IBM, A.B. Dick), b) Tintenstrahl mit binärer Ablenkung: Microdot (Hitachi), c) Tintenstrahl mit binärer Ablenkung (Mead, IBM experimentell), d) Tintenstrahl mit Zerstäubung (Hertz, Applikon)

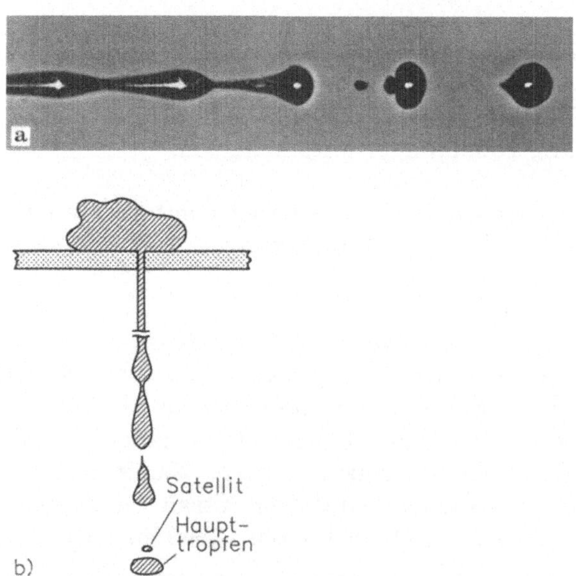


**Bild 6.3-8.** Tropfenbildung bei kontinuierlichem Tintenstrahl.
a) Hochgeschwindigkeitsaufnahme [KUH 79], b) Simulation der Tropfenbildung [CUR 77]

dung von Tröpfchen in einigem Abstand von der Düse durch die Oberflächenspannung. Das Ergebnis einer Simulation der Tropfenbildung ist in Bild 6.3-8b dargestellt. Ein Vorteil dieses Verfahrens gegenüber dem zweiten liegt in der höheren Tropfenzahl von etwa ungefähr 100 000/s durch das Hochdrucksystem. Ein zweiter Vorteil besteht in der Erzeugung von kleinen *Satellitentröpfchen*, die für die Herstellung von Bildern mit sehr hoher Auflösung genutzt werden können [YAM 83]. Sein Nachteil liegt in der Notwendigkeit eines Tintenzirkulationssystems, da im Mittel nur etwa 2 % der erzeugten Tröpfchen tatsächlich zum Schreiben benutzt werden, die ungenutzten Tröpfchen in den Ablauf gelangen und wieder dem Tintenvorratsbehälter zugeführt werden. Ein solches Tintenzirkulationssystem, das in Bild 6.3-9 gezeigt ist, erfordert einen beachtlichen Aufwand vor allem an Filtern, um die nötige Reinheit und Konsistenz der Tinte aufrechtzuerhalten.

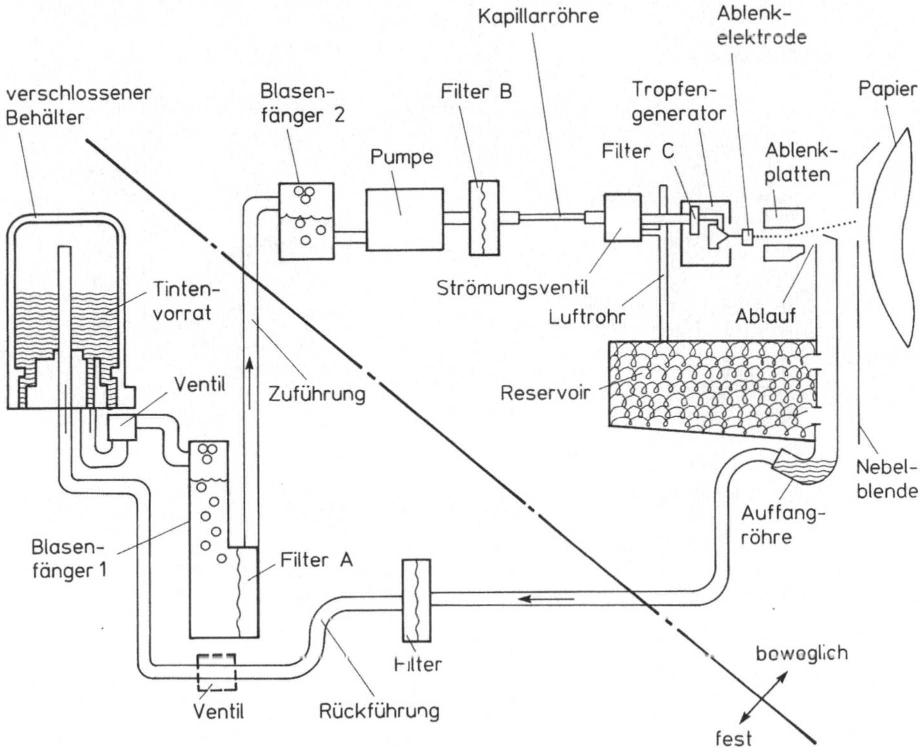


**Bild 6.3-9.** Tintenzirkulationssystem [BUE 77]

Bild 6.3-10 zeigt im Querschnitt eine Reihe von Düsen für das Verfahren *Tropfen auf Anforderung*. An eine piezoelektrische Keramik, die über ein hydraulisches Tiefpaßfilter mit dem Tintenvorrat verbunden ist, wird eine Spannung von 5 bis 10 V gelegt (Bild 6.3-10 a,b,c,d). Bei jeder Kontraktion tritt an der Öffnung ein Tropfen aus. Die ersten Konstruktionen dieser Art entstanden um das Jahr 1973 und hatten nur maximale Tropfenzahlen von etwa 1000 je Sekunde [STE 73]. Durch Optimierung der Düsenform und der Tintenzufuhr sowie der elektrischen Anregung können heute maximale Tropfenzahlen von über 10 000 je Sekunde erzielt werden [HOF 82, LEE 82].

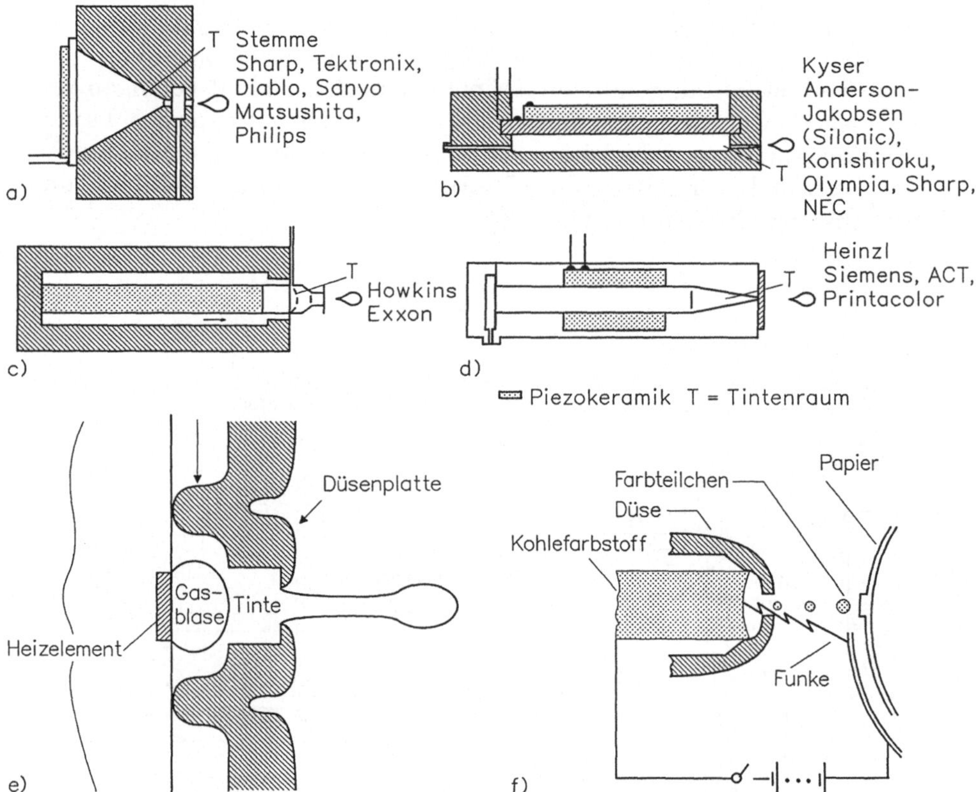


**Bild 6.3-10.** Tintenstrahl-Erzeugung "Tropfen auf Anforderung" [EIS 86].
a) b) Anordnungen mit planaren Schwingern, c) mit stempelförmigem Schwinger, d) mit röhrchenförmigem Schwinger; e) Blasenstrahlverfahren; f) Verfahren mit Trockentinte

Bei dem Anfang der 80er Jahre entwickelten *bubble-jet* Verfahren (Bild 6.3-10e) – im Deutschen wohl als Blasenstrahl- Verfahren zu bezeichnen – wird in unmittelbarer Nähe der Düse durch ein kleines Heizelement Tinte zum plötzlichen Verdampfen gebracht und durch das vergrößerte Volumen ein Tropfen ausgestoßen. Anschließend kondensiert das Gas wieder und saugt neue Tinte nach.

Das von Olivetti entwickelte *dry-ink*-Verfahren (Bild 6.3-10f) – deutsch wohl Trockentinten-Verfahren – verwendet einen festen Kohlefarbstoff, aus dem durch elektrische Funken Farbteilchen herausgelöst und auf das Papier übertragen werden. Mit diesem Verfahren ist bisher nur ein

Drucker mit Einzeldüse und niedriger Geschwindigkeit hergestellt worden.

Auch für die **Tropfenablenkung** gibt es eine große Zahl von Verfahren.

Ein erstes Verfahren fußt auf der elektrischen Ablenkung der Tröpfchen (Bild 6.3-7 a,b,c). Ein zweites sieht vor, die Tropfen durch Anlegen einer hohen Spannung vor der Düse zum Zerplatzen zu bringen; nur unbeeinflußte Tröpfchen erreichen das Papier (Bild 6.3-7d) [HER 72, HER 74b]. Bei einem weiteren Verfahren, der magnetischen Ablenkung, sind der Tinte magnetische Partikel, z.B. Ferrit-Pulver, zugegeben. Wegen der Gefahr des Zusammenklumpens der Magnetpartikel in der Tinte und auch wegen des höheren Aufwandes für die magnetischen Ablenkeinrichtungen gibt man der elektrostatischen Ablenkung den Vorzug.

Bei der elektrostatischen Ablenkung wird dem einzelnen Tröpfchen kurz vor seinem Abreißen vom Strahl durch eine unmittelbar benachbarte Elektrode eine kontrollierte Ladung mitgegeben, die dann in einem nachfolgenden Gleichspannungsfeld zu einer entsprechenden Ablenkung des Tröpfchens führt. Da jedes einzelne Tröpfchen beeinflußt wird, von der Luftbewegung durch die vorangehenden Tröpfchen sowie den elektrostatischen Kräften zwischen einem Tröpfchen und seinen nächsten Nachbarn, muß die erforderliche Tröpfchenladung genau berechnet werden, um Treffgenauigkeit zu gewährleisten [FIL 77]. Um diese elektrostatischen Kräfte zu verringern, wird bei dem Drucker IBM 6640 zwischen je zwei abzulenkenden Tröpfchen ein nicht abgelenktes Puffertröpfchen eingeschoben. Durch Anblasen der Düse von hinten mit einem laminaren Luftstrahl läßt sich die nachteilige unterschiedliche aerodynamische Beeinflussung der einzelnen Tröpfchen vermindern und damit die Treffsicherheit erhöhen [ADA 84].

Die Tinte erfährt auf ihrem Weg von der Düse über den Tropfen bis zum Fleck auf dem Papier eine starke Vergrößerung ihres Durchmessers, nämlich etwa im Verhältnis von 1 : 2 : 4. Um auf dem Papier Punktdurchmesser von 0,1 bis 0,2 mm zu erhalten, muß der Durchmesser der Düse im Bereich von 25 bis 50 µm liegen. Vorteilhaft ist hierbei ein Sonderpapier, dessen obere Lage so behandelt ist, daß sie die Flüssigkeit der auftreffenden Tinte rasch absorbiert und so zu einem schnelltrocknenden, wenig verlaufenden Abdruck verhilft. Zur kostengünstigen Herstellung solch feiner Düsen, auch von Mehrfachdüsen, haben sich Verfahren der planaren Siliziumtechnologie bewährt [BAS 77]. Die erzielbare Auflösung liegt heute schon bei etwa 40 Punkten/mm. Eine wesentliche Verbesserung des Verhältnisses Düsen- zu Punktdurchmesser erreicht man, wenn man die Düsen nicht in ihrer Grundresonanz, sondern mit Oberwellen anregt. So ist es gelungen, bei Abmessungen von 40 µm × 70 µm einer Düse für Tropfen auf Anforderung durch Anregung mit der fünften Oberwelle, sehr kleine Tintentropfen und gedruckte

Punkte von 50 µm bzw. 100 µm Durchmesser zu erzielen [UEM 86]. Ein ähnliches Verfahren ist auch für den kontinuierlichen Tintenstrahl vorgeschlagen worden: Anregung mit 1 MHz anstatt mit 100 kHz hat zu Tropfendurchmessern von nur 10 µm geführt [HER 86].

*Farbbilder* lassen sich erzeugen mit den Verfahren mit kontinuierlichem Strahl [HER 74a] wie auch mit Tropfen auf Anforderung [LEE 84] durch Überlagerung von drei bis vier Strahlen mit den Farben Gelb, Cyan, Magenta und meistens auch Schwarz. Die Qualität dieser Farbbilder ist heute bei einigen Ausführungen so gut, daß sich kaum mehr ein Unterschied zur Farbphotopapierbildern feststellen läßt.

Aufgrund der beschriebenen Schwierigkeiten sind derzeit nur wenige Konstruktionsformen zu Produkten herangereift. Einzig auf dem Markt von Tintenstrahldruckern sind Ausführungen mit Piezorohr- und Blasenstrahldüsen, sowie mit Trockentintenverfahren.

Weiterführende Literatur: [DÖR 82, EIS 86, HEI 77, KAM 72, KUH 79].

### 6.3.4 Elektroerosion

Ausgehend von einer Entwicklung von Metallpapierkondensatoren (MP-Kondensatoren) für harte militärische Anforderungen durch die Firma Bosch in den Jahren vor dem zweiten Weltkrieg entstand die Idee des Elektroerosionsdruckers [BOS 70, ORT 43, ORT 71]. Die Technik der Elektroerosion ist besonders geeignet für Photokomposer, weiterhin für gerade noch lesbare Ausdrucke, z.B. für Taschenrechner in Form von Streifendruckern oder für einfache Arbeitsplatzrechner.

Wie Bild 6.3-11a zeigt, wird hier mit Hilfe von Funkenerosion selektiv eine aufgedampfte Aluminiumschicht von etwa 0,1 µm Dicke abgetragen und eine darunter liegende Farbschicht freigelegt. Die Vorteile dieses Verfahrens sind vielfältig: Bei einer Punkt-Schreibdauer von weniger als 1 µs ist eine hohe Schreibleistung zu erzielen (Bild 6.3-11b). Experimentell hat Bosch Schreibgeschwindigkeiten bis zu 50 m/s erreicht. Durch Elektroden mit geringem Durchmesser läßt sich eine hohe Auflösung bis zu 100 Punkten/mm und damit unmittelbar Miniaturschrift erzielen. Bei dem Ausbrennen von Punkten entsteht ein wesentlich schärferer Rand als bei anderen Druckverfahren (Bild 6.3-11c). Auch der gute Kontrast, die Zuverlässigkeit und die geringen Grundkosten, entsprechend dem einfachen technischen Grundprinzip, sowie die geringe Lärmentwicklung, sind als Vorteile zu nennen. Weiterhin gestattet dieses Verfahren, unmittelbar Druckplatten für den Offsetdruck herzustellen. Bei hydrophober Lackschicht und hydrophiler Aluminiumschicht bleiben beim Überstreichen mit einer nassen Rolle die freiliegenden Lackmuster unbenetzt, die in einem zweiten Rollengang eingefärbt werden und so in einem letzten Schritt das gewünschte Muster auf das

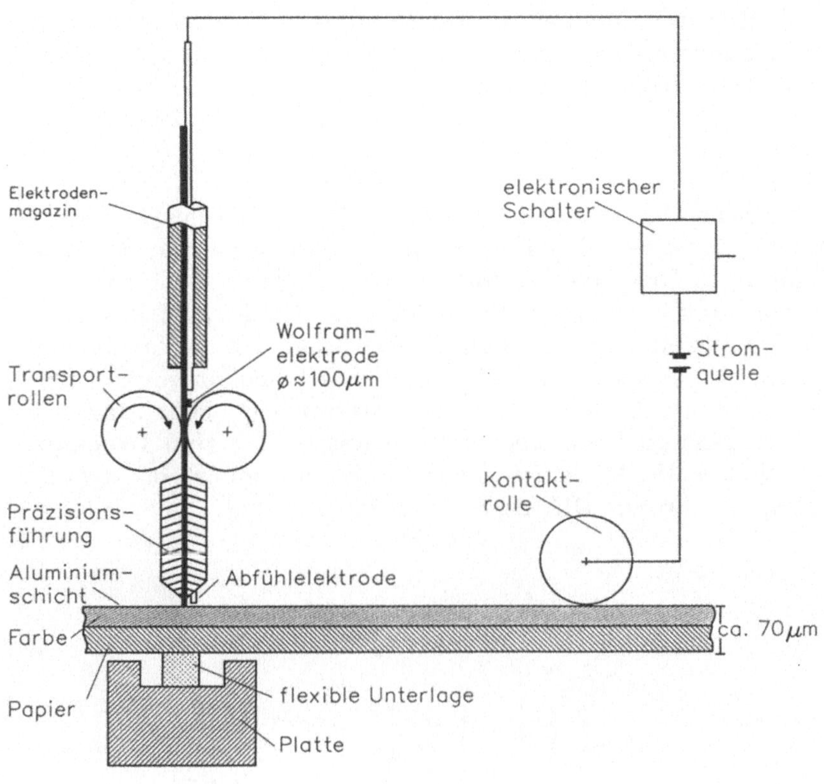


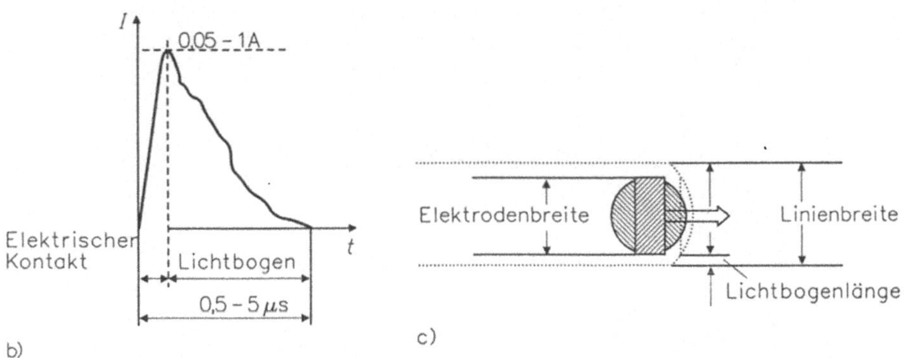


**Bild 6.3-11.** Elektroerosionsdrucker [BAH 85].
a) Grundsätzlicher Aufbau, b) zeitlicher Verlauf des Ausbrennstromes, c) Geometrie der Erosion

Papier übertragen lassen [WID 65]. Nachteilig gegenüber den beiden zuvor behandelten Verfahren ist das Erfordernis eines Sonderpapiers, das höhere Kosten verursacht und auch wegen seiner metallisch glänzenden Oberfläche nicht für alle Anwendungen geeignet ist. Zeichentische sind mit dieser Technik nicht möglich, da beim Bildaufbau einzelne Teile durch äußere geschlossene Linienzüge isoliert werden können.

Ein von IBM 1983 entwickelter Elektroerosionsdrucker, Modell 4250, besitzt zur Erhöhung der Druckgeschwindigkeit einen seriell arbeitenden Druckkopf mit 32 Elektroden, die linear in Längs- und Querrichtung zum Papiervorschub versetzt sind (Bild 6.3-12). Um für alle Drähte eine sichere Stromversorgung über das leitende Papier zu gewährleisten, ist dabei allerdings Schreiben beim Hin- und Rücklauf des Kopfes nicht mehr möglich. Beim Überstreichen einer Zeile mit etwa 2 m/s werden 32 Linien gedruckt, mit einer Druckhöhe von insgesamt 1,4 mm. Die einzelnen kreisförmigen Druckpunkte überlappen sich etwa zur Hälfte, um so eine Verdoppelung der Auflösung auf etwa 24 Punkte/mm und möglichst gerade Druckkanten zu erhalten. Dabei kann sich die für die einzelnen Druckimpulse auszubrennende Fläche ganz erheblich voneinander unterscheiden. Es ist deshalb durch die elektronische Schaltung, die zugeführte Druckenergie entsprechend anzupassen. Die Druckzeit beträgt etwa 40 µs je Punkt, womit sich eine Schreibdauer von etwa 90 Sekunden im Mittel für eine DIN-A4-Seite ergibt.

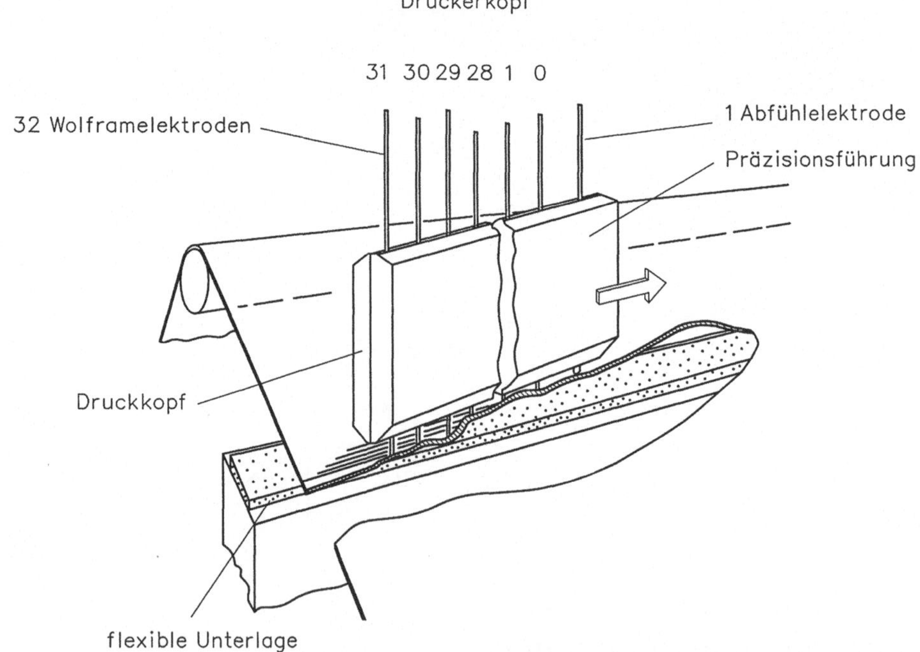


**Bild 6.3-12.** Elektrodenanordnung beim Elektroerosionsdrucker IBM 4250 [BAH 85]

Beim Verbrennen des Aluminiums entsteht in einer Reaktion mit der umgebenden Luft eine geringe Menge Aluminiumoxid, das auch als Schleifmittel bekannt ist, die ständig abgesaugt wird. Damit beim Zünden der Stromkreis geschlossen werden kann, müssen die Elektroden immer in Kontakt mit der Aluminiumschicht bleiben. Beim Gleiten über die Aluminiumschicht mit den darauf befindlichen Oxidresten entsteht jedoch ein Abrieb, der die Elektrode allmählich verkürzt. Eine zusätzliche Fühlerelektrode überwacht deshalb den Abstand zur Papieroberfläche. Sobald dieser einen bestimmten Wert überschreitet, veranlaßt sie einen Vorschub der Druckelektroden durch ein Rollenpaar, das oberhalb der Elektrodenführung angebracht ist.

### 6.3.5 Thermodrucker

Bei dieser Klasse von aufschlagfreien Druckern wird durch lokale Erwärmung entweder ein Sonderpapier gefärbt oder es werden von einem Farbband Farbteilchen auf Normalpapier übertragen. Gemeinsame Vorteile gegenüber anderen Druckverfahren sind: Geräuschlosigkeit, einfacher Aufbau und damit hohe Zuverlässigkeit.

Die örtliche Erwärmung kann, wie in Bild 6.3-13 gezeigt, durch einen *Thermodruckkopf* erzeugt werden, der eine Reihe, eine Zeile oder eine Matrix von Widerständen trägt, die in Kontakt mit dem Papier oder dem

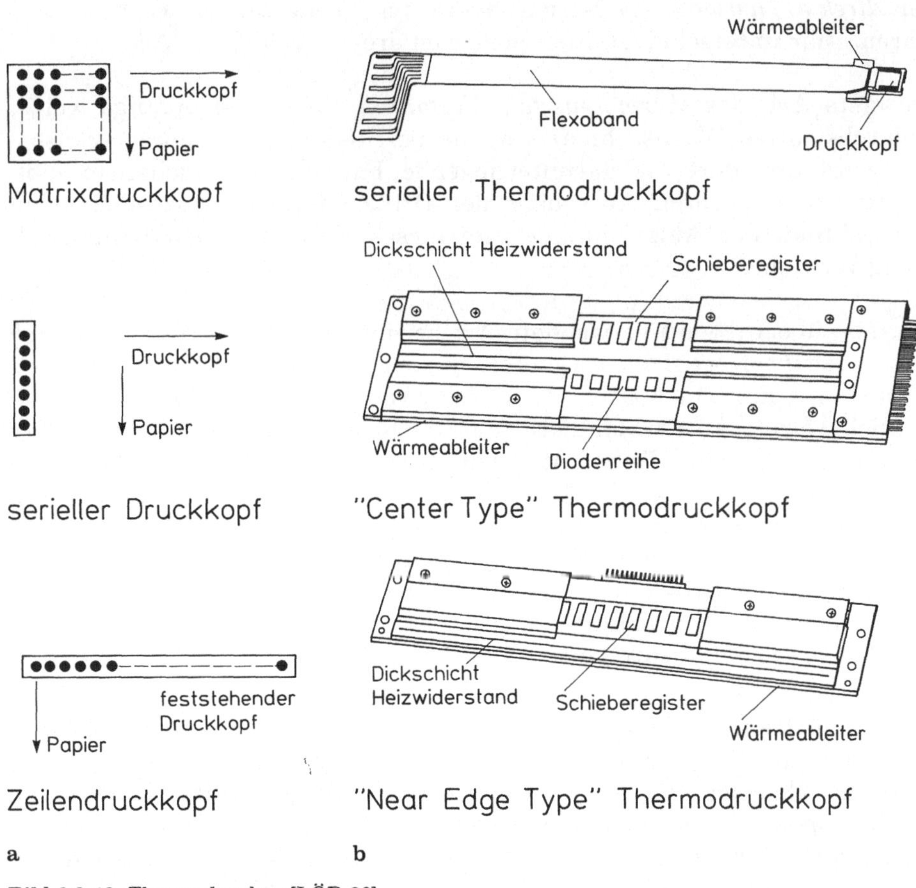


**Bild 6.3-13.** Thermodrucker [LÖB 86].
a) Anordnung der Heizelemente, b) Druckkopfkonfigurationen

Farbband gebracht werden. Die Matrixanordnung findet kaum noch Verwendung. Für diese Thermodruckköpfe gibt es drei Herstellungstechnologien, nämlich aus Halbleiter-Silizium, als Dickschicht- und Dünnschichtelemente. Elemente mit Halbleiter-Silizium sind noch nicht im Einsatz, da der Herstellungsprozeß noch zu teuer ist. Dickschichtelemente werden kostengünstig im Siebdruckverfahren hergestellt, während für Dünnschichtelemente die genauen, aber teureren Aufdampf- und Ätzverfahren zur Anwendung kommen. Der Dickschichtkopf zeigt eine geringere Auflösung aber auch eine geringere Empfindlichkeit gegen Abrieb und Beschädigung als der Dünnschichtkopf. Im Prinzip könnten auch gepulste Laserstrahlen zur lokalen Erwärmung benutzt werden, wegen der hohen Kosten macht man jedoch von dieser Möglichkeit praktisch keinen Gebrauch.

Im einzelnen gibt es drei verschiedene Thermodruckverfahren, die sich durch die Art der Farberzeugung und zwar durch das verwendete Papier, das Farbband und den Druckkopf unterscheiden.

Der *direkte Thermodruck* ist das heute am häufigsten verwendete Verfahren. Wir unterscheiden hier wiederum drei verschiedene Arten.

Die erste Art, das *thermosensitive Verfahren* sieht eine anfangs weiße, undurchsichtige Wachsschicht vor, die bei lokaler Erwärmung transparent wird und dort die darunterliegende Farbschicht erscheinen läßt. Wegen des schlechten Aussehens der Drucke und der unzureichenden Lichtechtheit der Aufzeichnung wird dieses Verfahren heute nur noch wenig verwendet.

Die jetzt überwiegend verwendete Art beruht auf *thermoreaktiven Druck* mittels *Leukofarbschichten* (leukos, griech.: weiß): Dieses Verfahren arbeitet mit nur einer Schicht, in der zwei Substanzen enthalten sind, nämlich farblose Farbbildner und farblose Farbentwickler. Bei Erwärmung auf eine Temperatur von etwa 100 °C tritt eine chemische Reaktion ein, die je nach Zusammensetzung ein großes Spektrum von verschiedenen Farben – Schwarz, Rot, Grün, Blau, Orange, Gelb, Magenta – entstehen läßt. Schwerwiegende Nachteile des thermoreaktiven Drucks mit Leukofarbschichten sind das Verblassen des Druckbildes bei Einwirkung von Licht, Wärme oder Lösungsmitteldämpfen sowie die unzureichende Lagerungsfähigkeit.

Bei der dritten Art, dem *Diazoverfahren*, sind farblose, in Öl lösliche Diazosalze in Mikrokapseln mit einem Durchmesser von 0,1 µm bis 1 µm in einem Gemisch aus Farbentwicklern eingebettet. Bei Erwärmung durchdringen die Farbentwickler die Wände der Mikrokapseln und lassen dort Farbe entstehen. Nach der Belichtung erfolgt die Fixierung mit ultraviolettem Licht, so daß eine weitere Farbbildung unterbunden wird. Das Diazoverfahren hat gegenüber dem Leukoverfahren den

Vorteil, daß nach der Belichtung eine weitere Tönung des Papiers bei Lagerung, Erwärmung und Belichtung unterbleibt [USA 86]. Erste thermoreaktive Papiere auf der Basis des Diazoverfahrens sind bereits auf dem Markt.

Nachteile des direkten Thermodrucks sind die begrenzte Auflösung von ca. 2 bis 3 Punkten/mm und die durch die Aufwärm- und Abkühlzeit des Thermokopfes von vielen Millisekunden begrenzte Schreibgeschwindigkeit. Ungünstig sind auch die höheren Kosten des Sonderpapiers gegenüber denen von Normalpapier.

Bei dem zweiten Verfahren, dem *Thermotransferdruck*, schematisch in Bild 6.3-14 dargestellt [TOK 80], bringt man mit Hilfe einer gepulsten Widerstandsheizung Farbe auf einem Farbband zum Schmelzen und überträgt diese unter Druck auf Normalpapier. Vorteile gegenüber dem direkten Thermodruck ist die Verwendung von Normalpapier, Nachteil wiederum die Trägheit der Widerstandsheizung, die hohe Schreibgeschwindigkeiten verhindert.

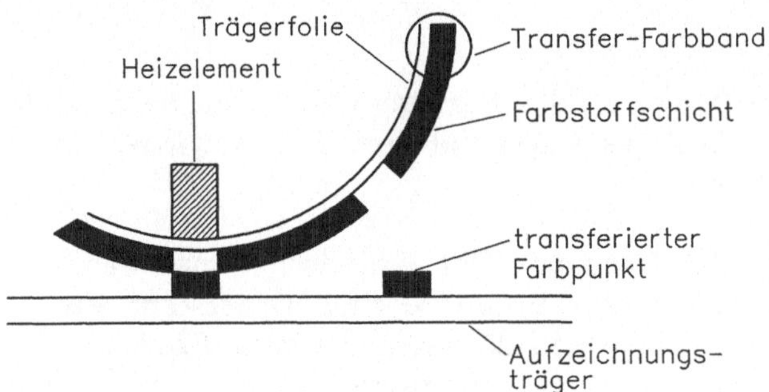


**Bild 6.3-14.** Prinzip des Wachs-Thermotransferdrucks [LÖB 86]

Das dritte Verfahren schließlich, kürzlich von IBM vorgestellt [PEN 85], vermeidet die geschilderten Nachteile durch Verlagerung der Aufheizung in das Farbband selbst: Wie in Bild 6.3-15 gezeigt, besteht das Farbband aus einer unteren Widerstandsschicht und einer darüber angebrachten Farbschicht. Stromimpulse über dünne Elektroden erwärmen und schmelzen örtlich begrenzt die Farbe, die dann über Druck auf das Papier übertragen wird. Dieser *Widerstandfarbband-Thermotransferdruck* (engl.: *resistive ribbon thermal transfer, RRTT*) erlaubt Druckgeschwindigkeiten bis zu 450 Zeichen/s bei geringem Energiebedarf von 3 J/cm$^2$ und sogar Farbdruck.

Zusätzlich bietet dieses Verfahren auch als einziges der aufschlagfreien Druckverfahren die selektive Zeichenlöschung, und dies mit dem gleichen Farbband, das auch zum Schreiben benutzt wird: Nochmaliges, aber schwächeres Erwärmen an der gleichen Stelle heftet die irrtümlich über-

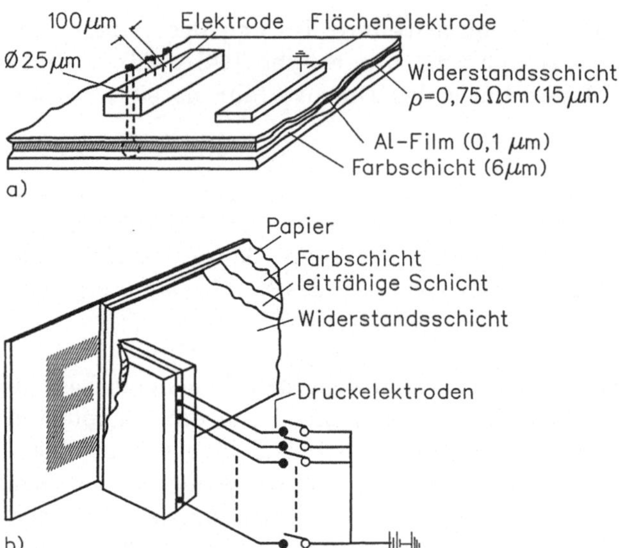


**Bild 6.3-15.** Widerstandfarbband-Thermotransferdruck: RRTT [PEN 85].
a) Aufbau des Bandes mit Farb- und Widerstandsschichten und Elektrodenanordnung,
b) Konfiguration der Druckelemente

tragenen Farbteile auf dem Papier an das Farbband, die dann nach einer gewissen Erkaltungsdauer über das Farbband vom Papier wieder abgezogen werden können [APP 85].

Die Schreibmaschine und der Drucker IBM Quietwriter beruhen auf dieser Technologie. Kennwerte dieser Produkte sind: Druckkopf mit 40 Elektroden mit einem Durchmesser von 25 µm und einem Abstand von 100 µm, Auflösung 10 Punkte/mm, Geschwindigkeit 48 Zeichen/s [APP 85].

Ein neuer Prozeß ist der *Sublimations-Farbtransfer* [GOT 86]. Hier werden auf der Oberfläche eines Farbbandes liegende Farbstoffmoleküle durch Erwärmung sublimiert und in die Oberfläche des Aufzeichnungsmediums dispergiert. Obwohl die Aufzeichnungszeiten und -energien noch wesentlich höher sind als bei den anderen Transferverfahren, findet dieses Verfahren große Beachtung wegen der Möglichkeit der Erzeugung von Farbbildern mit photographischer Qualität.

Der Thermotransferdruck besitzt im Vergleich zu den übrigen Druckverfahren das größte Potential für hochqualitativen Farbdruck, u.U. auch für Anwendungen der *elektrischen Photographie.* Erste Versuchsmodelle zeigen größere Farbtreue als die der farbigen Elektrophotographie und größere Auflösung als die der Tintenstrahldrucker.

Von den behandelten Prozessen sind die Transferprozesse die wirtschaftlich bedeutendsten. Der in der Vergangenheit dominierende Wachstransferprozeß wird zunehmend von Leuko- und Diazoprozessen sowie in der Zukunft möglicherweise auch durch Sublimationsprozesse verdrängt.

Eine eigenartige Technologie, die zwischen Anzeige und Drucker steht, verwendet eine mit Quecksilberiodid beschichtete Folie, deren optische Dichte bei Erwärmung über 50 °C und Abkühlung unter 30 °C sich von etwa 0,5 auf 1 und wieder auf 0,5 verändert und dabei Hysereseverhalten zeigt. Bei Betrieb um 40 °C, lokaler Erwärmung zum Schreiben und Abkühlung zum Löschen läßt sich hohe Auflösung mit 16 Punkten je mm und große Schreibgeschwindigkeit mit 5 m/s erzielen [NAK 81, NAK 82a, NAK 82b].

Weiterführende Literatur: [LÖB 86, PAY 73, SAI 80, SHI 76].

### 6.3.6 Elektrophoretische Drucker

Auch beim elektrophoretischen Drucker wird das Druckbild auf einen Zwischenträger, hier eine Metalltrommel oder ein Metallband, aufgebracht, ehe es auf das Papier übertragen wird [HIN 80].

Wie Bild 6.3-16 zeigt, benetzt über eine metallische Düse eine Flüssigkeit, in der elektrisch geladene Farbpartikel suspendiert sind, die metallische Oberfläche einer sich drehenden Trommel. Beim Anlegen einer elektrischen Spannung zwischen Düse und Trommel wandern Farbpartikel in

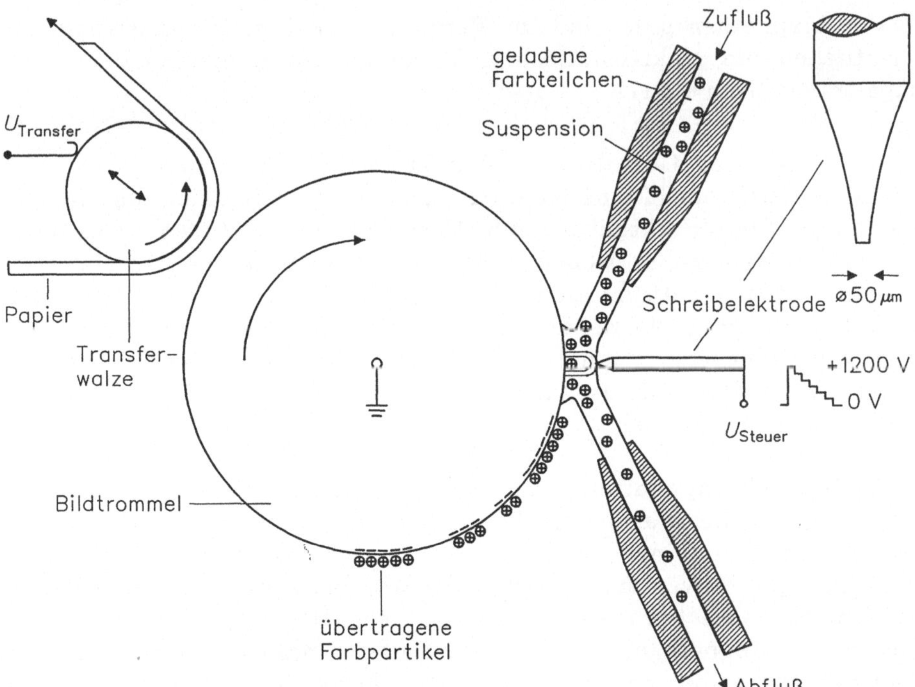


**Bild 6.3-16.** Elektrophoretischer Drucker [HIN 80]

der Flüssigkeit gegen die Trommel und setzen sich dort auf der Oberfläche fest. Wird die Düse zeilenförmig entlang der Mantellinie der sich zuerst schnell drehenden Trommel geführt, so lassen sich mit Hilfe einer entsprechenden Impulsspannung Druckbilder auf die Trommeloberfläche aufbringen, die anschließend bei einer langsameren Trommelumdrehung unter Druck und elektrischer Spannung auf das Papier übertragen werden.

Auch Farbdruck ist möglich, wie es Philips in einem Versuchsmodell nachgewiesen hat [EHL 83]. Die Farbbildanteile Gelb, Cyan, Magenta und Schwarz werden sequentiell bei einem Elektrodendurchmesser und -abstand von etwa 150 µm und einer Summenspannung von etwa 400 V mit Amplitudenmodulation auf eine Trommel und anschließend auf das Papier übertragen. Bei 120 Elektroden, einer Auflösung von 4 Punkten/mm, und einer Übertragungszeit von 10 bis 20 ms je Bildpunkt ergibt sich eine Zeit von 40 bis 60 Sekunden für den Aufbau eines DIN-A4-Bildes.

Nachteile dieses Verfahrens sind: Langsame Bewegung der Farbpartikel in der Flüssigkeit und damit auch geringe Abscheiderate und unbefriedigende Auflösung und Kontrast, was bisher einer praktischen Verwertung dieser Technologie im Wege steht.

### 6.3.7 Magnetographische Drucker

Bei der Magnetographie sind im Vergleich zur Eletrophotographie im wesentlichen die elektrostatischen Vorgänge durch magnetische Vorgänge ersetzt (Bild 6.3-17):

An die Stelle des Gürtels oder der Trommel, beschichtet mit einem Photoleiter, tritt ein Magnetband oder eine Magnettrommel, die als Zwischenträger für die abzudruckende Vorlage dienen. Dabei kann diese Vorlage auf den magnetischen Träger übertragen werden durch einen oder mehrere magnetische Schreibköpfe, wie sie in der herkömmlichen Magnetbandtechnik verwendet werden oder durch einen getasteten Laserstrahl, der das magnetische Material örtlich selektiv über den Curiepunkt erhitzt und zusammen mit einem steuerndem Magnetfeld die Magnetisierung verändert.

An der Entwicklungsstation bringt eine magnetische Kaskade pulverförmige magnetische Farbpartikel auf die magnetisierten Stellen des Magnetbandes. In einer nachfolgenden Station zieht ein Staubsauger überschüssiges Pulver vom Magnetband ab, das sonst eine Schwärzung des Hintergrundes herbeiführen würde. Die Übertragung des Pulvers von dem Magnetband auf das Papier besorgt wie bei der Elektrophotographie eine Korona durch elektrostatische Kräfte, da die magnetostatischen Kräfte für diesen Zweck zu schwach wären. In einer

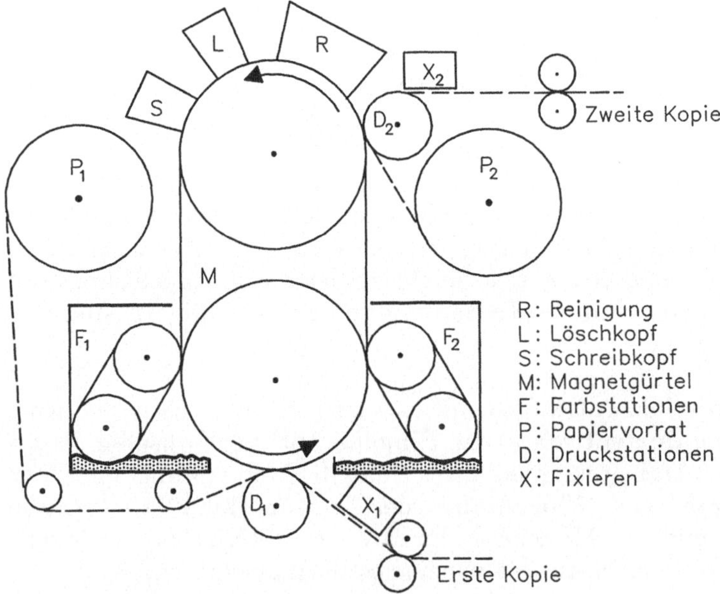


**Bild 6.3-17.** Magnetographischer Drucker [SCH 74]

nachfolgenden Station werden die Farbpartikel (engl.: *toner*) mit Hilfe einer starken Lampe in das Papier eingebrannt.

Gegenüber der Elektrophotographie hat die Magnetographie folgende Vorteile:

- Bei dem Entwicklungsprozeß genügt eine Komponente, nämlich die Magnetpartikel, im Gegensatz zu dem in Abschnitt 6.3.2 beschriebenen elektrophotographischen Prozeß, der zwei Komponenten benötigt, nämlich Farbpartikel und Kunststoffkugeln zur elektrostatischen Aufladung. Wir sprechen deshalb hier von einem *Monokomponentenprozeß*, der geringere Komplexität aufweist als *Zweikomponentenprozesse.*
- Herstellung von mehreren Kopien, ohne daß die Vorlage auf den Zwischenträger wiederholt abgebildet werden muß, da bei der Übertragung der Farbpartikel vom Magnetband auf das Papier das magnetische Muster auf dem Magnetband erhalten bleibt.
- Höhere reflektive Dichte *D*.

In einem Versuchsmodell erreichte Xerox [HER 82] folgende Werte:
Reflektive Dichte *D* :
$D_{min} = 0{,}01$ $D_{max} = 1{,}40$
Druckgeschwindigkeit größer als 150 cm/s
Auflösung: 30 Linien/mm.

Weiterführende Literatur: [BER 79, ELT 80].

## 6.4 Zeichentische

Zur Erstellung von Graphiken hoher Qualität, wie z. B. Landkarten, komplexen Verfahrungsplänen, Ingenieurzeichnungen, Computer-Kunstdrucken, eignen sich in hervorragendem Maße Zeichentische (engl.: *plotter*). Sie liefern vor allem stetige, gleichmäßige und auch farbige Kurvenzüge, die mit dem in den vorangegangenen Abschnitten behandelten Druckerarten nicht oder nur schwer zu erzielen sind. Auch Schriften beliebiger Schriftart und Größe sind leicht zu erzeugen, jedoch nicht mit hoher Geschwindigkeit. Für die Erstellung von Halbtonbildern sind Zeichentische ungeeignet.

Die meisten technischen Ausführungen entsprechen im Prinzip der Konstruktion des Koordinatentisches zur Eingabe mit mechanischer Kopplung (siehe Bild 3.4-1). Unterschiedlich ist, daß die beiden Laufwagen von zwei Servomotoren zur Einstellung der gewünschten x,y-Position gesteuert werden und der Markierer durch einen aktivierbaren Schreibstift oder ein steuerbares Karussell von Farbstiften ersetzt ist.

Auch *Unterschriftsautomaten* (engl.: *signing machine*) fußen auf dieser Technik.

# 7.0 Weitere Ausgabeverfahren

## 7.1 Ausgabe auf Mikrofilm

Für die Archivierung großer Datenmengen, wie Bankkontoauszüge, bei der Scheckbearbeitung, für Auskunftssysteme ist trotz ständig sinkender Kosten und Preise von digitalen Schreib-/Lesespeichern das Mikrofilmverfahren immer noch von großem wirtschaftlichen Interesse. Zur Verkleinerung und Aufzeichnung der Vorlagen nützt man überwiegend photografische Techniken, obwohl sich heute auch digitale Verfahren anbieten. Auch der Elektroerosionsdruck ist für diese Anwendung wegen seiner hohen Auflösung und des einfachen Arbeitsprinzips vorgeschlagen worden.

Weiterführende Literatur: [NEU 76].

## 7.2 Sprachausgabe

Die maschinelle Sprachausgabe ist gegenüber anderen Ausgabeverfahren von geringerer Bedeutung und weniger weit entwickelt.

Ein seit vielen Jahren angewandtes Verfahren ist die analoge Speicherung von Wörtern, Wortfolgen und Sätzen im System, z.B. auf Band oder Platte, die programmgesteuerte Auswahl einer Sequenz und deren Zusammensetzung und akustische Ausgabe, z.B. auch über Fernleitungen. Anwendungsbeispiele dafür sind im Bankwesen die automatischen Börsenkursmeldungen über Telefon [DUB 65, KNA 66], im öffentlichen Sektor seit fast 50 Jahren beim Telefon die Zeitansage, neuerdings auch die automatische Auskunft und andere erweiterte Telefondienste.

Die maschinelle Spracherzeugung , Vocoder (Abk. von engl. *voice coder*), hat die Bandbreitenreduktion zum Ziele, weniger für kostengünstige Übertragung als für Speicherung des Vokabulars auf engem Raum. Da jedoch diese maschinelle Sprache vom Hörer noch als unangenehm empfunden wird, ist der Einsatz bis heute sehr begrenzt [DUD 39, DUB 65, KNA 66]. Verfahren zur Sprachausgabe sind die *Signalformcodierung*, die *Formantsynthese* und die *lineare prädiktive Codierung*.

Bei der *Signalformcodierung* wird das Sprachsignal abgetastet, die analogen Abtastwerte digital codiert, die Digitalwerte gespeichert, bei der Synthese abgerufen und über einen Digital-Analog-Umsetzer dem Lautsprecher zugeführt. Für die Abtastung mit dem *Puls-Code-Modulationsverfahren (PCM)* nimmt man heute, um gute Sprachqualität zu erreichen, eine Abtastrate von 8 kHz und eine Amplitudenquantisierung in 256 Stufen, entsprechend 8 bit, was zu 64 kbit/s führt. Andere Abtastverfahren, wie *DPCM*: *Differenz-Pulse-Code-Modulation* oder *ADPCM: Adaptive DPCM* führen auf geringere Raten von ca. 56 kbit/s und 24 kbit/s.

Die maschinelle Spracherzeugung beruht auf dem Grundgedanken, die Spracherzeugung beim Menschen nachzubilden. Wie Bild 7.2-1 zeigt, erzeugen die Stimmbänder obenwellenreiche Grundtöne, die bei Männern um 100 Hz, bei Frauen um 250 Hz liegen, die anschließend durch den Nasen- und Rachenraum sowie durch die Lippen moduliert werden. In Bild 7.2-2 ist die elektrische Ersatzschaltung dargestellt. Zur Erzeugung von Sprachsignalen ist es erforderlich, die verschiedenen Stellglieder dynamisch zu beeinflußen, wobei bei fortlaufender Sprache der Verlauf von Tonhöhe, Lautstärke und Lautlänge entscheidend die Ähnlichkeit zur natürlichen Sprache festlegen. Diese Einstellsignale können aus der natürlichen Sprache abgeleitet werden, wobei deren Änderungsgeschwindigkeit relativ gering ist, da sich die Einstellung der Sprechwerkzeuge beim Menschen nicht sprunghaft ändern kann. Diese Tatsache bildet auch die Grundlage der *linearen prädiktiven Codierung, LPC* [MAR 76]. Zeitlich benachbarte Abtastwerte des Sprachsignals sind statistisch voneinander nicht unabhängig, sondern korreliert. Merkmale zur Spracherkennung werden direkt aus Abtastwerten des Zeitsignals gewonnen. Somit lassen sich mit diesem Verfahren, gegenüber den vorigen, Bandbreitenreduktionen auf 1/20 bis 1/50 erzielen. Unter Verwendung von digitalen Filtern stellte ATM in Frankfurt 1982 eine automatische Zugauskunftanlage für die Deutsche Bundesbahn in Betrieb, die, über

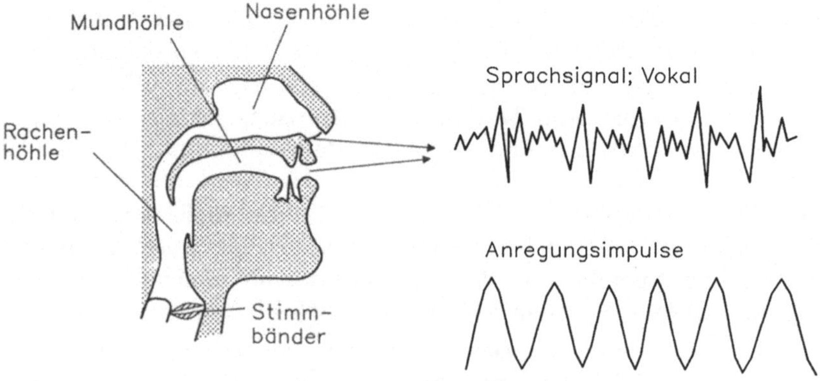


**Bild 7.2-1.** Spracherzeugung beim Menschen [MAN 81]

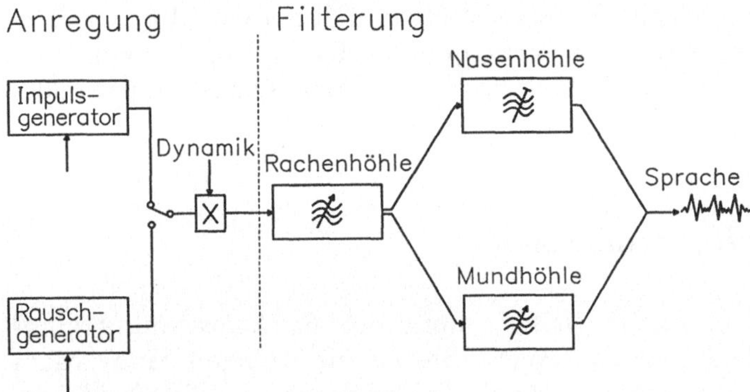


**Bild 7.2-2.** Prinzip der elektronischen Spracherzeugung [MAN 82]

Telefonwahlimpulse ansteuerbar, die z.Z. größte Einrichtung dieser Art in der Welt darstellt [MAN 81].

Weiterführende Literatur: [FLA 73, LEB 80, MAN 82, TAN 83].

## 7.3 Ausgabe an Steuerungen und Steuerungssysteme

Dieses Gebiet hat für die chemische Industrie und in zunehmendem Maße bei der automatischen Fertigung große Bedeutung. Die technischen Ausführungsformen zeigen jedoch im Vergleich zu den übrigen Ein- und Ausgabeverfahren eine geringere Vielfalt. In vielen Fällen wird das Prinzip der Extremwertsteuerung angewendet.

Ausnahmen hiervon sind Winkel- und Drehzahlsteuerungen. Ein Beispiel ist der *Sektorsteuermotor*, dessen Prinzip in Bild 7.3-1 gezeigt ist. Eine Reihe von Photodioden tastet die Schwarz-Weiß-Werte auf den Sektorscheiben ab. Der Motor dreht die Sektorscheiben so lange, bis Koinzidenz

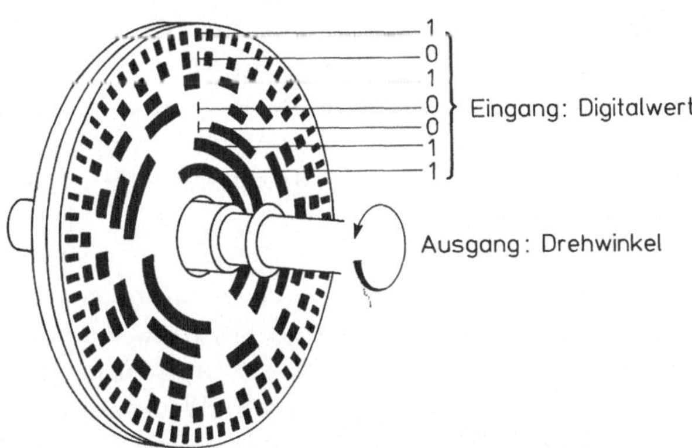


**Bild 7.3-1.** Winkelsteuerung über Sektorscheiben [KÜR 74]

mit dem Inhalt des Suchregisters festgestellt und damit der Motor stillgesetzt wird. Sinngemäß kann dieses Prinzip auch für die Eingabe von Winkelstellungen für Steuerungen und Steuerungssysteme angewendet werden.

## 7.4 Digital-Analog-Umsetzer

Die Digital-Analog-Umsetzung (*DAU*) dient der Rückgewinnung eines Analogsignals aus dem codierten Wert. Sie ist im strengen Sinne nicht die inverse Operation zur Analog-Digital-Umsetzung, da die Quantisierung nicht rückgängig zu machen ist. Der Digital-Analog-Umsetzer rekonstruiert eine Folge von Abtastwerten, die der anschließende Tiefpaß zur Interpolation und Erzeugung des Ausgangssignals benutzt (Bild 7.4-1). Die Abweichung des Ausgangssignals von dem des ursprünglichen besteht nur im Quantisierungsgeräusch.

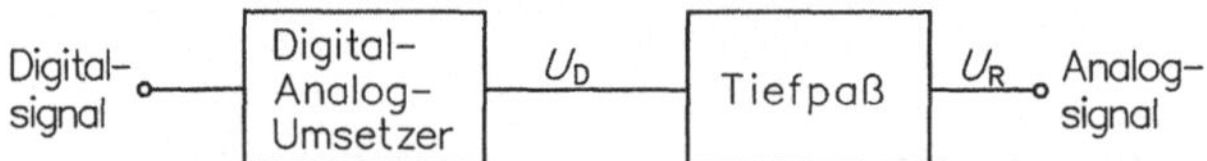


**Bild 7.4-1.** Grundaufbau von Digital-Analog-Umsetzern [SEI 77]

Aus der Vielzahl der Verfahren zur Digital-Analog-Umsetzung seien die folgenden genannt, die praktische Bedeutung erlangt haben: Das Verfahren der *gewichteten Ströme* (Bild 7.4-2a), der Umsetzer mit *Leiternetzwerk* (Bild 7.4-2b), die Kombination von beiden Verfahren (Bild 7.4-2c), der Umsetzer mit *stochastischer Codierung* als Zwischenschritt (Bild 7.4-2d), die Umkehrung des Prinzips der *Delta-Modulation* und schließlich das Prinzip der *geschalteten Kondensatoren.*

Beim Verfahren mit **gewichteten Strömen** werden nach dem Faktor 2 abgestufte Ströme rückkopplungsfrei addiert. Nachteilig ist, daß die Widerstände, die über Schalter an die Referenzspannungsquelle angeschlossen werden, bei großer Genauigkeit der Umsetzung, d.h. vielen Digitalstellen, stark verschieden sind. Da jede Schaltungstechnologie in optimaler Weise nur einen begrenzten Wertbereich überstreicht, ergeben sich herstellungstechnische Schwierigkeiten.

Beim **Leiternetzwerk** werden über Schalter, die vom Eingangssignal gesteuert sind, gleiche Ströme eingespeist. Bei dualer Stufung dämpft dann jedes Glied gerade um den Faktor 2 gegen den Ausgang hin. Der Nachteil dieses Verfahrens liegt in der größeren Zahl von Widerständen gegenüber dem ersten Verfahren, weshalb man in der Praxis gerne beide Verfahren miteinander verbindet.

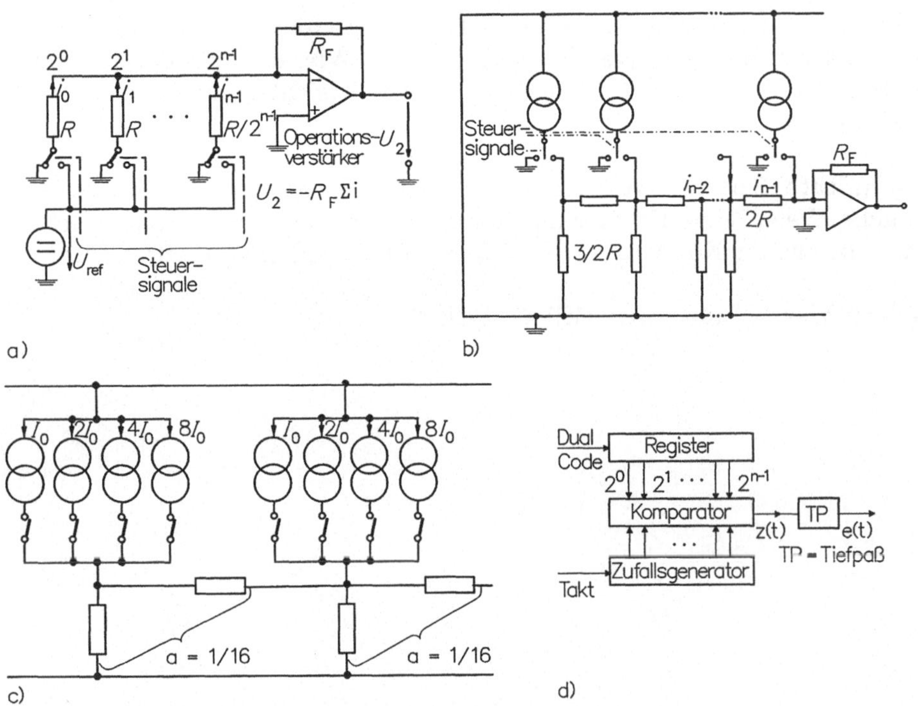


**Bild 7.4-2.** Umsetzverfahren bei Digital-Analog-Umsetzern [SEI 77].
a) Verfahren der gewichteten Ströme, b) Verfahren mit Leiternetzwerk, c) Kombination von (a) und (b), d) Verfahren mit stochastischer Codierung als Zwischenschritt

Umsetzer mit **stochastischer Codierung** als Zwischenschritt ( *stochastisch* , griech.: den Zufall oder die Wahrscheinlichkeit betreffend) besitzen einen Komparator, der die zu übersetzende Binärzahl mit Zahlen aus einem Zufallsgenerator vergleicht (Bild 7.4-2d). Der Zufallsgenerator überstreicht dabei einen Wertebereich, der dem Maximalwert der zu übersetzenden Zahlen entspricht. Ist die Zufallszahl kleiner als die zu übersetzende Zahl, so entsteht am Ausgang des Komparators eine logische "1", d.h. eine Spannung konstanter Amplitude, ist die Zufallszahl größer als die zu übersetzende Zahl, so entsteht am Ausgang des Komparators eine logische "0", d.h. keine Spannung. Ein nachfolgender Tiefpaß glättet das so entstehende Signal. Zur Vereinfachung der Schaltung kann an Stelle des Zufallsgenerators auch eine Zählkette verwendet werden, die auch alle Zahlen mit gleicher Wahrscheinlichkeit entstehen läßt, wenngleich nicht zufällig. Für diesen Fall ist die Bezeichnung "stochastische Codierung als Zwischenschritt" sicher nicht exakt. Als Vorteil dieser Umsetzerart stehen einfacher Aufbau dem Nachteil von großem Zeitbedarf zur Umsetzung gegenüber. Der praktische Einsatz ist deshalb sehr begrenzt.

Bei Umsetzern mit **Umkehr der Deltamodulation** wird bei Vorhandensein eines Taktimpulses dem Eingang einer integrierenden Schaltung ein positiver Spannungswert zugeführt, bei Abwesenheit eines Impulses zu einer Taktzeit ein negativer Spannungswert. Wie auch bei der Deltamodulation für Analog-Digital-Umsetzer ist das Digitalsignal dual und entspricht keiner Binärzahl.

**Geschaltete Kondensatoren** (engl.: *switched capacitors*) erlauben auf einfache Weise eine Halbierung der Spannung an einem Kondensator, wenn ein zweiter Kondensator gleicher Größe parallel geschaltet wird.

Weiterführende Literatur: [SEI 77, SEI 83].

# 8.0 Externe Speicher, Systemverbindungen

## 8.1 Übersicht, Beurteilung, wirtschaftliche Gesichtspunkte

Für ein gut ausgestattetes Datenverarbeitungssystem ist es unbedingt erforderlich, daß es mit einem mehrstufigem, hierarchisch gegliederten Speichersystem versehen ist. Eng gekoppelt mit den eigentlichen Recheneinheiten sorgen relativ kleine und, in Kosten pro Bit ausgedrückt, verhältnismäßig teure interne Speicher für schnellen Datenverkehr. Heute meistens über Kanalanschluß verbundene externe Speicher bieten kostengünstige Bereitstellung und Archivierung größerer Datenmengen, jedoch auf Kosten der Zugriffszeiten (Bild 8.1-1). Im Zuge der Dezentralisierung von Systemfunktionen besitzen diese externen Speichersysteme im wachsenden Maße autarke Zugriffsverwaltung und tragen so zur Entlastung der Zentralsysteme bei. Übertragungsgeschwindigkeiten und breite Datenpfade helfen dabei, die großen Unterschiede der Zugriffszeiten der einzelnen Hierarchiestufen, insbesondere zwischen Halbleiterspeichern und magnetomotorischen Speichern zu überwinden.

Bei den externen Speichern hat sich im Wettbewerb der verschiedenen Technologien und Produktarten vor allem der Magnetplattenspeicher

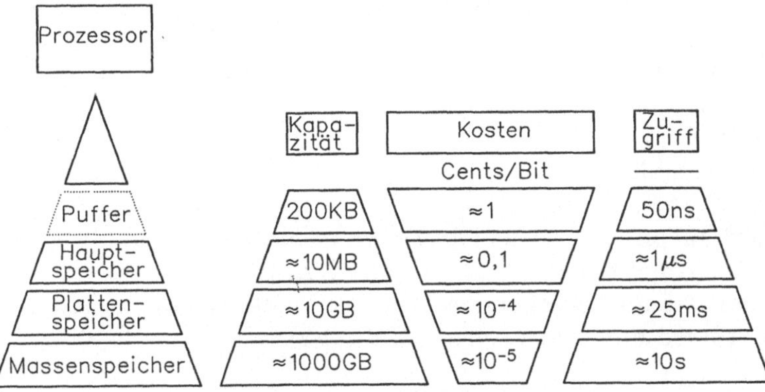


**Bild 8.1-1.** Speicherhierarchie: Gegenseitige Abhängigkeit von Kapazität, Zugriffszeit, Bitkosten [LEN 78]

durchgesetzt. Die früher so beherrschende Lochkartentechnik ist zur Bedeutungslosigkeit herabgesunken. Magnetbandspeicher behaupten sich wegen der bei ihnen immer noch preisgünstigsten Archivierung großer Datenbestände. Die Diskette und der Diskettenspeicher haben heute für Kleinsysteme und PC, engl.: *personal computer*, die Bedeutung erlangt, die der Plattenspeicher für mittlere und große Systeme besitzt. Optische Großspeicher haben in den letzten Jahren vor allem über die CD-Platte *(CD: Compact Disc)* der Unterhaltungselektronik ihre anfänglichen technologischen Schwierigkeiten überwunden und beginnen, ihren Platz in der Hierarchie externer Speicher zu erobern. Da Einzelbitlöschung erst in Laborausführungen gezeigt wird, ist der Einsatz optischer Speicher gegenwärtig auf die Verbreitung und Archivierung großer Datenmengen beschränkt. Der Magnetblasenspeicher, dem einst eine große Zukunft vorausgesagt wurde, ist von den unerhörten Fortschritten der Halbleiter-Großspeicher überholt worden. Er wird heute nur noch für vereinzelte Sonderanwendungen gefertigt.

Zur Beurteilung von externen Speichern dienen folgende Merkmale:

- Funktion:
  - Schreib-/Lesespeicher oder Lesespeicher, dessen Inhalt an zentraler Stelle, z.B. bei der Fertigung, festgelegt, oder auch nach einer gewissen Nutzungsdauer verändert wird,
  - Binäre oder Mehrwertspeicherung,
  - Serieller oder paralleler Zugriff auf einzelne Bits, Bytes oder ganze Datenblöcke,
  - Verträglichkeit (engl.: *compatibility*) mit anderen Speicherarten, Erweiterbarkeit,
- Geschwindigkeit,
  - Zugriffszeiten, Zeitbedarf für Schreiben und Lesen,
- Raumbedarf von Speicherzelle, Datenträger und Speichersystem,
- Leistungsbedarf,
- Kosten bzw. Preis bezogen auf das gespeicherte Bit oder Byte, unterschieden zwischen Datenträgerkosten und den Kosten der gesamten Speichereinheit,
- Zuverlässigkeit, gesichert insbesondere durch Fehlererkennung und Fehlerkorrektur,
- Wartungsbedarf,
- Benutzerfreundlichkeit.

Externe Speicher haben eine ebenso große wirtschaftliche Bedeutung wie die zentralen Rechensysteme. Trotz der großen technologischen Fortschritte und der ständig steigenden Produktionskapazitäten ist eine Bedarfssättigung noch nicht abzusehen (Bild 8.1-2).

Weiterführende Literatur: [PRO 78, STE 81].

| | | |
|---|---|---|
| Magnetplattenspeicher | | |
| – Untere Leistungsklasse: Kapazität < 100 MByte | 7 | Größter Zuwachs: ≈ 30% /Jahr |
| – Mittlere Leistungsklasse: Kapazität 100 MByte ... 1 GByte | 10 | |
| – Obere Leistungsklasse: Kapazität > 1 GByte | 9 | |
| Magnetbandspeicher | 4 | Geringster Zuwachs: ≈ 10% /Jahr |
| Optische Speicher | Noch vernachlässigbar | |
| Gesamt | 30 | |

**Bild 8.1-2.** Weltweite Jahresproduktion externer Speichereinheiten im Jahre 1986 in Milliarden Dollar

## 8.2 Magnetische Speicher

### 8.2.1 Grundlagen der magnetischen Aufzeichnung und Wiedergabe

Die Speicherung von Daten in magnetomotorischen Speichern, Platten-, Band-, Disketten- und Kassettenspeichern, beruht auf der magnetischen Remanenz des Materials der Speicherzelle, d.h. seiner Magnetisierbarkeit in zwei verschiedenen Richtungen und dem Fortbestehen dieser Magnetisierung auch nach Abklingen der äußeren Erregung. Zugriff, Wiederauffinden und Lesen beruhen auf einer mechanischen Bewegung der Speicherzelle gegenüber einer meist festen Schreib-/Lesestation und der Induktion einer Lesespannung, hervorgerufen durch die zeitliche Veränderung des eingekoppelten Streuflusses der bewegten Speicherzelle (Bild 8.2-1).

Bei den magnetischen Materialien unterscheiden wir zwischen Metallen und Ferriten. Magnetische Metalle, wie Nickel, Eisen, Kobalt, zeigen Ferromagnetismus. Ferrite, wie Magnesiumferrit, Manganferrit, besitzen Ferrimagnetismus. Magnetische Metalle und Metallegierungen zeichnen sich durch hohe magnetische Sättigungsflußdichte aus, Ferrite vor allen Dingen durch gute Hochfrequenzeigenschaften wegen der viel kleineren Wirbelströme, aber auch durch wirtschaftliche Herstellung und leichte Verarbeitbarkeit. Weiterhin unterscheiden wir zwischen *weichmagnetischen Materialien* für Schreib-/Leseköpfe mit geringer Koerzitivkraft und hoher Permeabilität und *hartmagnetischen Materialien* für die Spei-

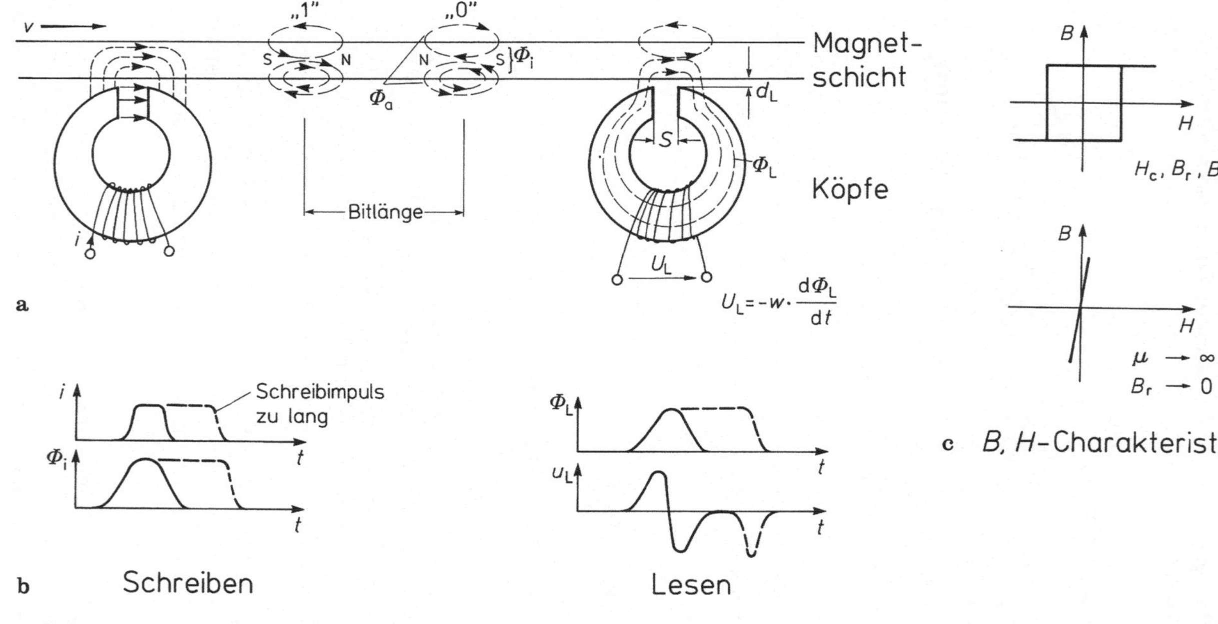


**Bild 8.2-1.** Magnetomotorische Speicherung: Schreiben, Speichern, Lesen [EIN 86].
a) Querschnitt von Magnetschicht, Schreib- und Lesekopf mit magnetischen Feldlinien,
b) idealisierte Charakteristik von Induktion B und magnetischer Feldstärke H, c) zeitlicher Verlauf von Schreib- und Leseimpulsen

cherschichten selbst mit hoher Koerzitivkraft und hoher Sättigungsfluß - dichte. Beide Arten kann man durch entsprechende Materialwahl und -Zusammensetzung sowohl bei magnetischen Metallen als auch bei Ferriten erhalten.

Allgemein bestehen der Wunsch und die Forderung, die Speicherzelle selbst möglichst klein zu gestalten und im Zusammenhang mit dem Schreib-/Lesevorgang die gespeicherte Information sicher wieder aufzufinden, also besonders mit genügendem Abstand von Signal zu Störungen zu arbeiten. Für diese einander widersprechenden Forderungen hat es sich als zweckmäßig für die geometrische Konfiguration von Kopf und Speicherschicht erwiesen, den Polspalt, den Kopfabstand zur Plattenoberfläche und die Dicke der Magnetspeicherschicht etwa gleich groß zu machen (Bild 8.2-2). Abweichungen von dieser Regel führen zu unnötig ausgedehnten Speicherzellen, zu ungenügender Magnetisierung beim Einschreiben, Beeinflussung von Nachbarzellen sowie ungenügender Koppelung zwischen Magnetkopf und Speicherzelle, wobei diese unerwünschten Effekte auch in Kombination auftreten können. Kleine Speicherzellen bei genügend großem Streufluß verlangen wegen der bei Verkürzung der Zelle wachsenden Entmagnetisierung und damit Scherung der *magnetischen Hystereseschleife* eine hohe Koerzitivfeldstärke und hohe Remanenzflußdichte des Speichermaterials. Diese Forderungen erfüllen am besten sogenannte harte Magnetika mit uniaxialer Kristallanisotropie. Diese uniaxiale Kristallanisotropie zwingt die Magnetisierung in eine bestimmte Richtung oder in die entgegengesetzte, wie wir es für binäre Speicherung wünschen. Sie wird oft durch Formanisotopie unterstützt, d.h. von einer entsprechenden Formgebung der magnetischen Teile oder Teilchen, wie wir sie etwa beim Stab- oder Hufeisenmagneten kennen, die ebenfalls die Magnetisierung in eine Achsenrichtung zu zwingen sucht. So ist man z.B. bei der Erzeugung von kleinen Magnetpartikelchen als Ausgangsmaterial für Magnetschichten bestrebt, diese in länglicher Form herzustellen und auch bei der Herstellung der Magnetspeicherschicht selbst, diese in der gewünschten Richtung anzuordnen, z.B. unter Zuhilfenahme eines Gleichmagnetfeldes. Techniken wie magnetische Trennung (engl.: *magnetic separation*) helfen dabei,

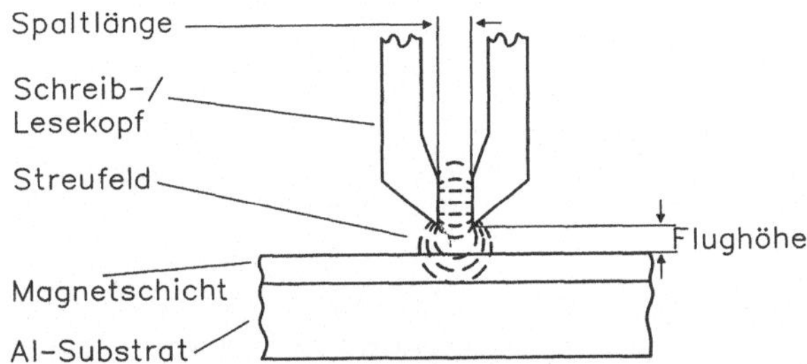


**Bild 8.2-2.** Optimale Bemessung von Kopfspaltabstand, Abstand von Kopf zu Magnetschicht, und Dicke der Speicherschicht [WIN 85]

Teilchen von gleicher Größe zu erreichen, die wiederum zu scharfem Schwellenwertverhalten, d.h. bevorzugter Rechteckigkeit, der Hysteresekurve führen (Bild 8.2-3). Die magnetischen Kennwerte der wichtigsten Materialien für Speicherschichten sind in Tabelle 8.2-4 angegeben [KÖS 78].

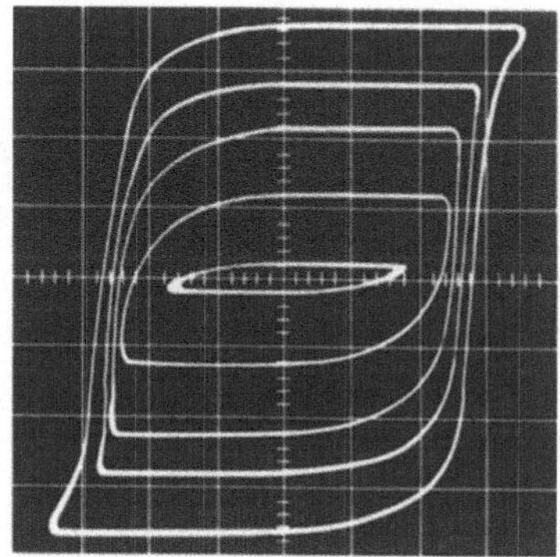

**Bild 8.2-3.** Magnetische Hysterese: Schleifen für Voll- und Teilmagnetisierung [IWA 84]

**Tabelle 8.2-4.** Kennwerte magnetischer Speichermaterialien [KÖS 78].
$M_s$, Sättigungsflußdichte; $K_1$, Kristallanisotropie; $H_c$, Koerzitivfeldstärke; θ, Curietemperatur

| Magnetisches Material | | $M_s$ | $K_1$ | $H_c$ *) | $\Theta_c$ |
|---|---|---|---|---|---|
| | | kA/m | kJ/m³ | kA/m | °C |
| Teilchen | | | | | |
| $\alpha$ - $Fe_2O_3$ | | 360 | − 4,6 | < 32 | 570 |
| $\alpha$ - $Fe_2O_3$ | 1% Co | 355 | 25 | ≅ 28 | - |
| | 2% Co | 345 | 36 | ≅ 37 | - |
| | 4% Co | 310 | 50 | ≅ 78 | - |
| $Fe_3O_4$ | | 480 | − 11 | < 35 | 590 |
| $CrO_2$ | | 490 | 22 | < 80 | 127 |
| Fe | | 1700 | 48 | > 80 | 770 |
| Fe 30% Co | | 1900 | 30 | > 80 | 950 |
| Co | | 1100 | 430 | > 80 | 1100 |
| *) Dichte der Pulverprobe 1,2 g/cm³ | | | | | |
| Dünne Schichten | | | | | |
| Co-P | | 1430 | - | > 50 | - |
| $Fe_3O_4$ | | 480 | − 11 | < 45 | 590 |

Schreib-/Leseköpfe haben eine lange geschichtliche Entwicklung. In der Pionierzeit der Jahre um 1940 und 1950 gab es getrennte Köpfe für Lesen, Schreiben und auch Löschen, die meistens aus vielen isoliert übereinandergestapelten und verklebten weichmagnetischen Metallfolien, z.B.

Mumetall, bestanden. Später wurden dann diese metallischen Magnetika durch Ferrit ersetzt, das neben guten Hochfrequenzeigenschaften, wie schon erwähnt, auch den Vorzug leichter Herstellbarkeit und Verarbeitbarkeit und somit geringere Kosten erbrachte. In jüngster Zeit wird das Ferrit als Kopfmaterial wiederum abgelöst durch dicke oder dünne magnetische Schichten, die es erlauben, außerordentliche kleine Spaltabstände herzustellen. Abgesehen von einigen Sonderformen sind heute bei den meisten Köpfen die Funktionen Schreiben, Lesen und auch Löschen in einem Element vereinigt (Bild 8.2-5).

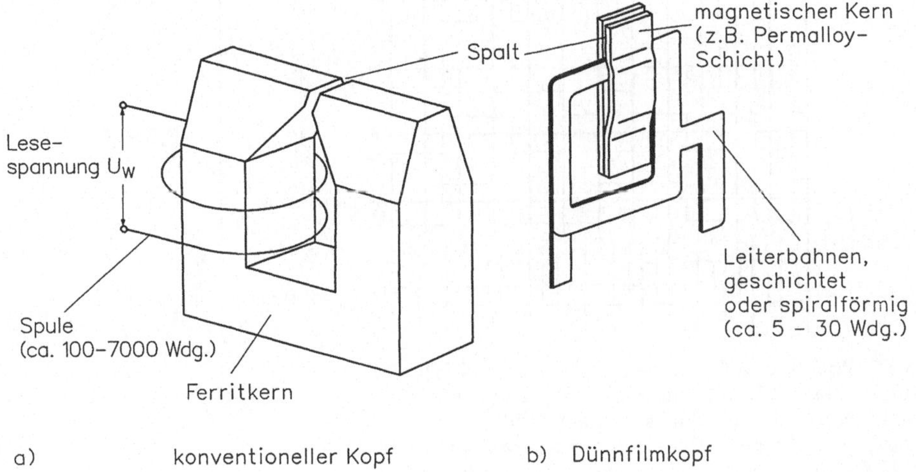


**Bild 8.2-5.** Konstruktionen von Schreib-/Leseköpfen a) in Ferrit- und b) in Dünnschichttechnik

Ähnlich wie die Schreib-/Leseköpfe besitzen auch die *Aufzeichnungsverfahren* eine lange Entwickungsgeschichte. Die Forderungen sind hier: Aufzeichnung der Information mit möglichst wenig Flußwechseln, um hohe Datendichte zu erreichen, Rückgewinnung des Impulstaktes beim Lesen, wichtig vor allem bei Magnetbändern, die ungleichförmige Bewegung aufweisen, neuerdings aber auch für alle Verfahren mit sehr hoher Bitdichte. Die ursprüngliche Forderung, die Information einer einzelnen Speicherzelle für sich allein ohne Beeinflussung der Nachbarzellen zu verändern zu können, ist längst fallengelassen worden. Bei den neuesten Verfahren wird die abzuspeichernde Information zuerst umcodiert, um die aufgeführten Forderungen optimal erfüllen zu können. Bild 8.2-6 gibt einen Überblick über die historischen und heute gängigen Aufzeichnungsverfahren.

Ein neues Verfahren, die sogenannte *vertikale magnetische Aufzeichnung*, versucht die Speicherdichte nochmals beträchtlich zu steigern. Wie in Bild 8.2-7 gezeigt, liegt bei diesem Verfahren die Magnetisierung nicht in der Schichtebene, sondern ist senkrecht zur Schichtebene ausgerichtet

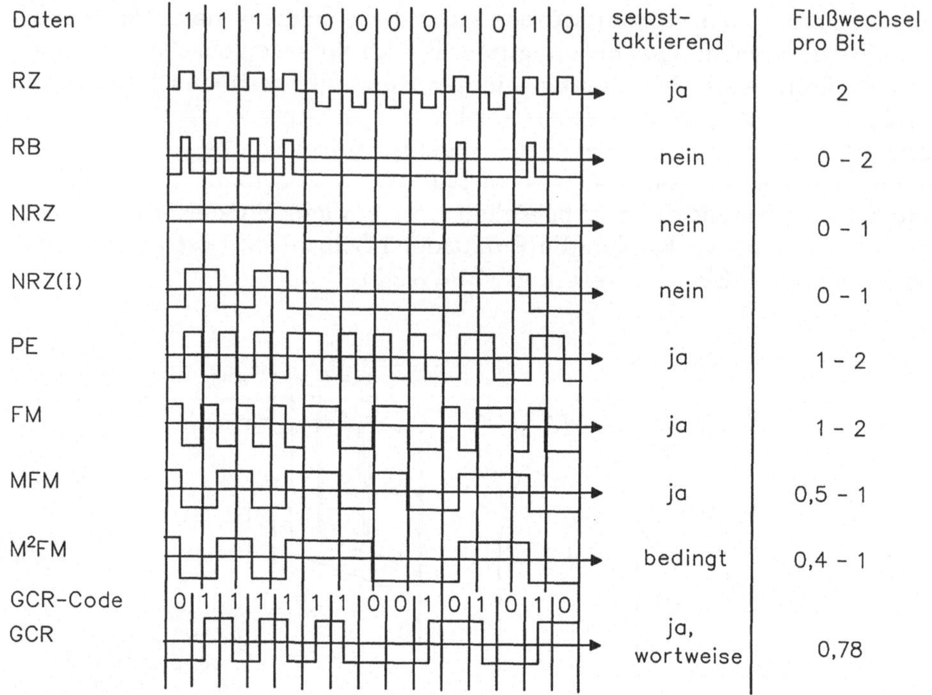


**Bild 8.2-6.** Wichtige Aufzeichnungsverfahren [EIN 86].
Verlauf des Magnetflusses und weitere Eigenschaften.
RZ (engl.: return to zero), Rückkehr nach Null,
RB (engl.: return to bias), Rückkehr zur Grundmagnetisierung,
NRZ, NRZ(C) (engl.: non return to zero), Richtungsschrift,
NRZ(I), NRZ(M) (engl.: non return to zero (one), non return to zero (mark)), Wechselschrift,
PE (engl.: phase encoding), Richtungstaktschrift, hauptsächlich bei Bandaufzeichnung,
FM (engl.: frequency modulation), Wechseltaktschrift, gebräuchlich bei Disketten,
MFM (engl.: modified frequency modulation), modifizierte Frequenzmodulation,
$M^2$FM (engl.: double modified frequency modulation), doppelt modifizierte Frequenzmodulation,
GCR (engl.: group coded recording), Gruppencodierung
GCR-Code: Codierung für das Gruppencodierungsverfahren: je 4 Bits werden als 5-Bit-Gruppe codiert

mit Hilfe besonderer Materialauswahl und -herstellung sowie entsprechend ausgebildeter Schreib-/Leseköpfe [DES 84, IWA 84].

Weiterführende Literatur: [KRY 86]

### 8.2.2 Magnetischer Trommelspeicher

Der magnetische Trommelspeicher hatte vor allem in der Anfangszeit der Datenverarbeitung große Bedeutung. Er diente nicht nur als Hintergrundspeicher, sondern meistens auch als Arbeitsspeicher. Besondere Anordnungen von Schreib- und Leseköpfen erlaubten sogar die Verwendung als Pufferspeicher. Bild 8.2-8 zeigt einige Aufzeichnungsverfahren, Tabelle 8.2-9 einige historische Ausführungsbeispiele und deren technische Werte.

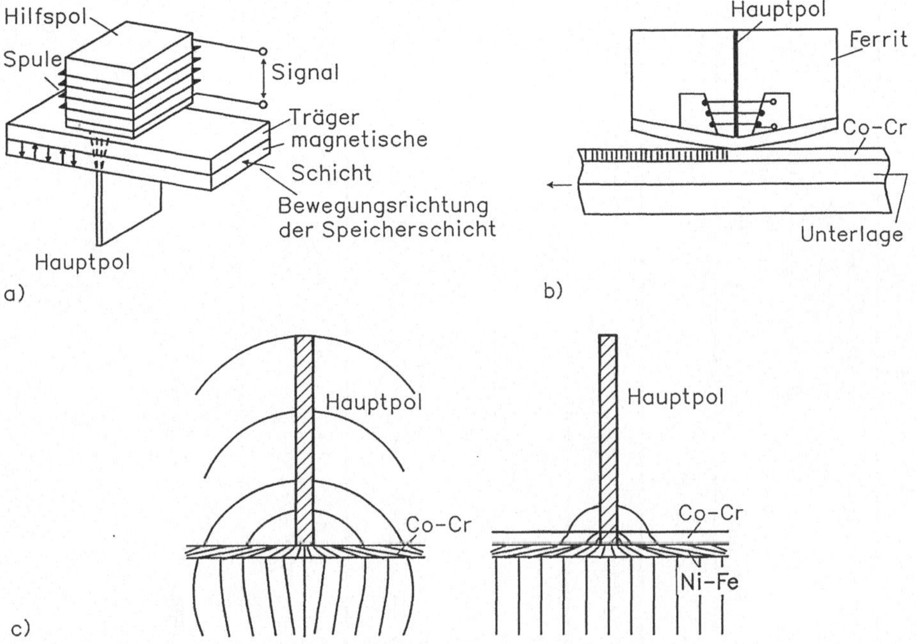


**Bild 8.2-7.** Vertikalaufzeichnung [IWA 84].
a) Grundanordnung bei der Aufzeichnung von zwei Seiten b) und von einer Seite,
c) Bündelung des magnetischen Flusses durch eine weichmagnetische Schicht

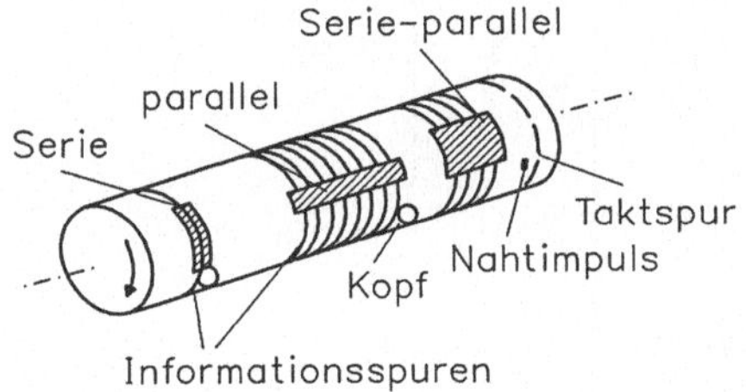


**Bild 8.2-8.** Datenanordnung beim Trommelspeicher [EIN 86]

Die Begrenzung der Speicherung auf die Trommeloberfläche, der Fortschritt von Magnetplattenspeichern als Hintergrundspeicher, der Ersatz der langsamen Elektronenröhren durch schnelle Transistoren und integrierte Halbleiterschaltungen sowie das Aufkommen von Halbleiterspeichern als Arbeits- oder Pufferspeicher verdrängten den Trommelspeicher bis auf wenige Sonderanwendungen.

### 8.2.3 Magnetplattenspeicher

Der Fortschritt der Plattenspeichergeräte und -systeme von frühen Anfängen bis zu den heutigen ausgereiften Konstruktionen ist in Bild 8.2-10 zu erkennen. Verbesserungen um mehrere Größenordnungen in

**Tabelle 8.2-9.** Ausführungsbeispiele von Trommelspeichern [EIN 86]

| Hersteller, Typ | Durchmesser d/mm | Länge l/mm | Drehzahl 1/s | Bahngeschw. m/s | Max. Zugriffszeit ms | Anzahl Spuren | Spurbreite mm | Lineare Bitdichte Bit/mm | Abstand Kopf-Schicht µm | Impulsfrequenz kHz | Kapazität Bit × $10^3$ | Schichtmaterialdicke | Aufzeichnung |
|---|---|---|---|---|---|---|---|---|---|---|---|---|---|
| SEL, Kleintrommel | 150 | 80 | 50 | 23,6 | 20 | 60 | 1,2 | 4,2 | 20 | 100 | 100 | Fe-Oxid 20µm | NRZ |
| IBM 650 | 101 | 405 | 208 | 63 | 4,8 | 200 | 1,3 | 2,0 | 10 | 125 | 124 | Co-Ni 15µm | RZ |
| Rem. Rand, UCT | 150 | 350 | 295 | 130 | 3,4 | 158 | 2,0 | 5,0 | einige µm | 707 | 379 | Fe-Oxid | NRZ |
| TH München, PERM | 100 | 220 | 250 | 78,5 | 4,0 | 217 | 1,0 | 6,5 | 20 | 500 | 410 | Fe-Oxid | RZ |
| S & H, Si 20002 | 400 | 280 | 43,5 | 54,6 | 23 | 192 | 1,4 | 3,6 | 40 | 200 | 560 | Fe-Oxid 20µm | NRZ |
| Lab. für Electronics, H - D - Drum | 375 | 350 | 3 | 3,6 | 333 | 300 | 1,17 | 41,6 | 4,5 | 147 | 15 000 | Cu-Ni-Fe Draht | Wellenschrift |

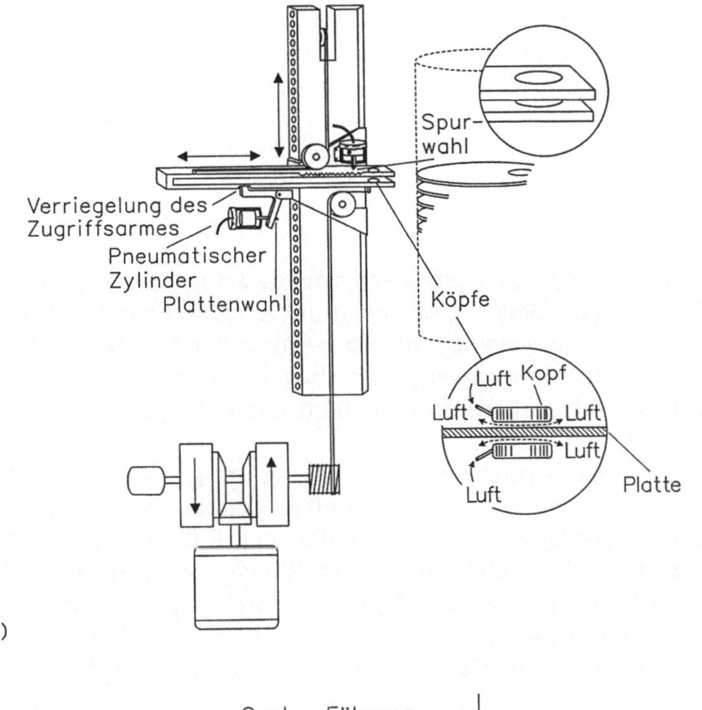


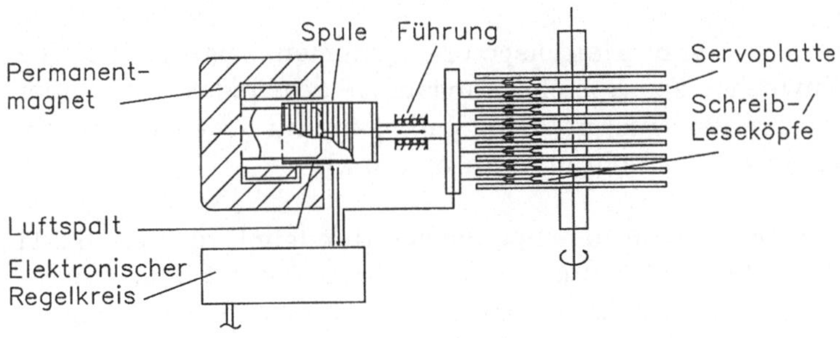


**Bild 8.2-10.** Fortschritt der Konstruktionen von Magnetplattenspeichern [WIN 85]. Querschnitt des Zugriffsmechanismus und des Magnetplattenstapels a) für die Einheit IBM RAMAC, 1964, b) für die Einheit IBM 3330, 1971

bezug auf Kapazität und Zugriffszeiten wurden durch entsprechende Verbesserungen der technologischen Grundlagen erreicht.

Von außen gesehen, kann man folgende Gerätegenerationen unterscheiden:

Die erste Phase ist gekennzeichnet durch Anlagen, die, wie die IBM RAMAC, eine große Zahl von Platten in einen gemeinsamen Turm angeordnet aufweisen, die von einem einzigen Zugriffsarm bedient werden, der Heb- und Tauchbewegungen ausführt.

Eine zweite Generation zeichnet sich dadurch aus, daß jeder Plattenseite ein eigener Schreib-/Lesekopf zugeordnet ist. Diese Köpfe werden gemeinsam kammartig durch einen Stellmotor in den Plattenstapel auf die gewünschte konzentrische Spur eingetaucht. Bei dieser Einstellbewegung sind die Köpfe nicht in Kontakt mit den Platten, erst wenn die gewünschte Spur erreicht ist, werden die Köpfe aufgesetzt oder "geladen".

Eine Variante dieser Ausführungsform sieht vor, daß die Magnetplattenstapel ohne die Köpfe vom Gerät getrennt und ausgewechselt werden können. Damit läßt sich eine wesentliche Steigerung der für das System verfügbaren Speicherkapazität erzielen, und dies kostengünstig, da die teure Zugriffsmechanik und -elektronik mehrfach genutzt werden kann.

Die bei einer dritten Generation erreichte Steigerung von Bitdichte entlang einer Spur und Spurendichte selbst ließen eine solche Trennung von Plattenstapel und Kopfelementen aus Toleranzgründen nicht mehr zu. Bei dieser Generation, die auch den Namen *Winchester* trägt, ist eine feste Verbindung von Plattenstapel und Kopfelementen vorgesehen. Zum Wechsel von Plattenstapeln ist also die Schnittstelle jetzt näher an das Gerät gerückt, nämlich zwischen Plattenkamm und Stellmechanismus.

Die jüngste Generation von Plattenspeichersystemen zeigt schließlich einen solchen Zuwachs an Speicherkapazität, gegründet auf einer weiteren Verfeinerung der Technologie, daß man auf jede Austauschbarkeit des Plattenstapels verzichten kann und muß.

Die Herstellungsschritte moderner Speicherplatten sind in Bild 8.2-11 aufgeführt: Die Schicht-Kopf-Abstände im Mikron- und Submikronbereich verlangen als erstes Oberflächenrauhigkeiten derselben Größenordnung auch bei der Aluminiumträgerplatte, was mit Diamantdrehen und/oder mehrstufigen Schleifprozessen erreicht werden kann. Anschließend folgt die Beschichtung mit einer dünnen Emulsionsschicht, in die die Magnetpartikelchen eingebettet sind, das Aushärten dieser Schicht und schließlich das Polieren der Oberfläche und die Prüfung.

Ein Magnetkopf in "Winchestertechnik" ist in Bild 8.2-12 gezeigt. Schon bei dieser dritten Plattenspeichergeneration wird der Kopf beim Spurenwechsel oder beim Stillstand des Gerätes nicht mehr von der Plattenoberfläche abgehoben, sondern liegt beim Stillstand der Platte auf der Oberfläche. Beim Anlauf der Platte bildet sich dann eine dünne Luftschicht zwischen Kopf und Platte, ein Luftkissen, wobei sich die Kraft einer Andruckfeder einerseits und die aerodynamische Auftriebskraft andererseits bei dem gewünschten Abstand gerade im Gleichgewicht befinden. Um geringe Masse und niedrige Herstellungskosten zu erzielen, ist der Ferritkopf gleichzeitig als "Flugkörper" ausgebildet.

- Diamantdrehen der Oberfläche der Aluminiumplatte
- Beschichten der Plattenoberfläche mit Eisenoxid
- Tangentiale Ausrichtung der Magnetpartikel in einem starken Magnetfeld beim Aushärten
- Aushärten
- Polieren
- Reinigen
- Prüfung der Oberflächengeometrie
- Prüfung der magnetischen Eigenschaften

**Bild 8.2-11.** Herstellungsschritte der Speicherplatte [WIN 85]

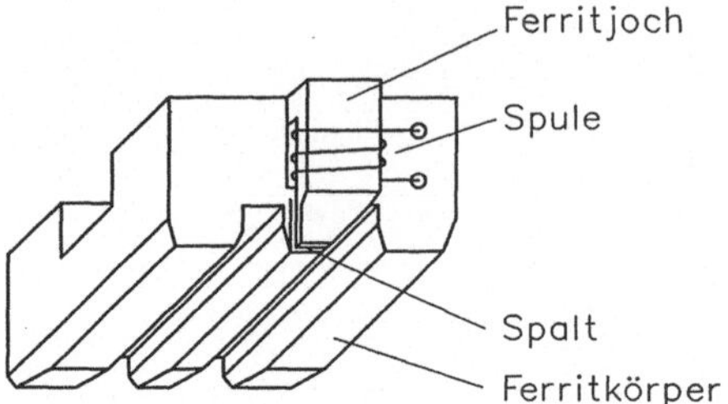


**Bild 8.2-12.** Kopf in "Winchestertechnik". Integration von Schreib-/Lesekopf und Flugkörper [WIN 85]

Bild 8.2-13 zeigt einen Dünnschichtkopf. Magnetschichten, Isolierschichten und Leiterbahnen sind auf einem Keramikträger in Dünnschichtätztechnik ausgeführt.

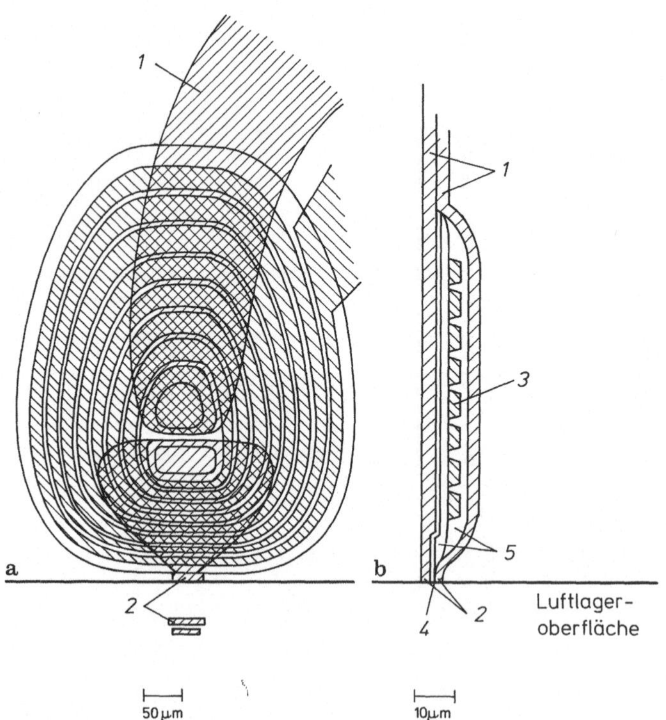


**Bild 8.2-13.** Kopf in Schichttechnik [HARK 81].
a) Querschnitt, b) Längsansicht.
(A) Anschlußleitung, ausgeführt als Kupferstreifenleitung, (B) Magnetschicht aus Permalloy, (C) Schreib-/Lesespule, ausgeführt als flache Schichtspirale, (D) Spalt, (E) Isolierschichten

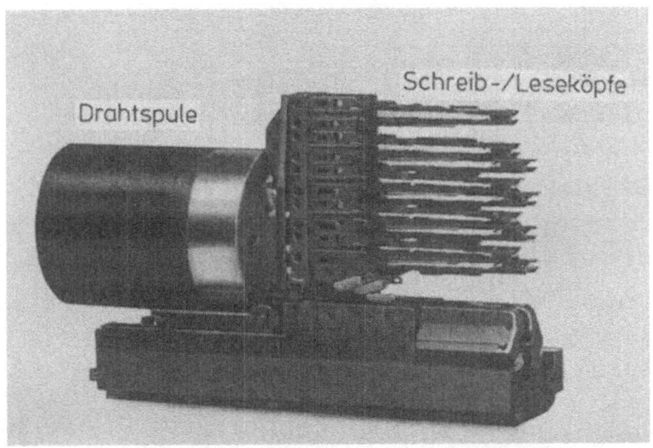


a

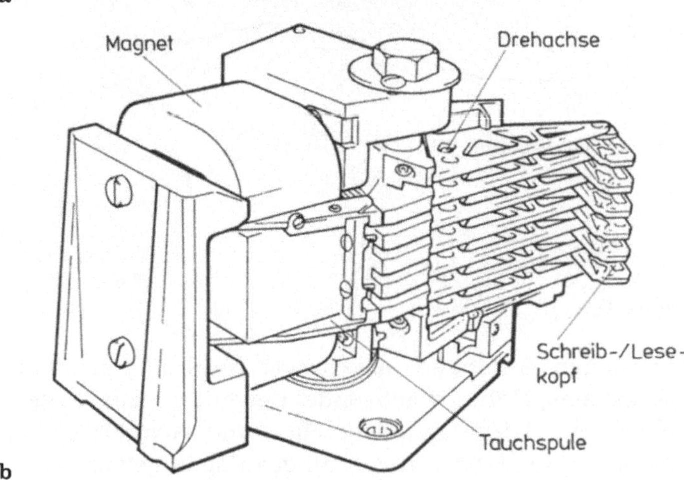


b

**Bild 8.2-14.** Konstruktionen zur Spureinstellung [HAR 81].
a) Translation und b) Drehbewegung

Bild 8.2-14 zeigt moderne Konstruktionen, um den Kopf oder eine Kopfgruppe durch Translation oder Drehbewegung auf eine neue gewünschte Spur zu bringen. Geregelte Tauchspulenmotoren sorgen dabei für kürzeste Einstellzeiten. Die Steuerwerte werden bei modernen Konstruktionen von einer eigenen Servoplatte abgenommen, die sowohl Spur- als auch Sektorinformation liefert (Bild 8.2-15). So kann ohne oszillatorische Suchbewegung mit maximaler Beschleunigung, Geschwindigkeit und Verzögerung eine neue Spur erreicht werden.

Tabelle 8.2-16 gibt einen Überblick über wesentliche technische Ausführungsbeispiele und deren technische Werte.

Weiterführende Literatur: [HARK 81, WEN 78, WIN 85].

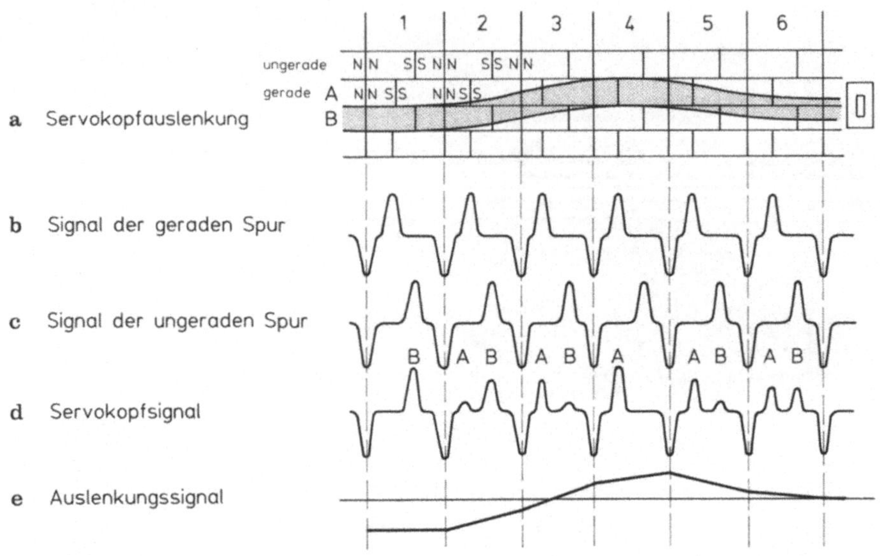


**Bild 8.2-15.** Spureinstellung über Servospuren [WEN 78]

### 8.2.4 Diskettenspeicher

Ausgehend von bescheidenen Anfängen, als Ersatz für Lochkarteneingabe, haben heute Diskettenspeicher wachsende Bedeutung zur Ergänzung des Hauptspeichers, als Hintergrundspeicher und Archivspeicher für mittlere, kleine und kleinste Datenverarbeitungsanlagen gewonnen.

Die den Geräten zugrunde liegenden Technologien sind im wesentlichen konservative Spielarten der im letzten Kapitel behandelnden Magnetplattentechnologien. Ausnahmen davon bilden lediglich der flexible, aus Kunststoff bestehende Träger der Magnetschicht und die wegen der langsamen Umlaufzahlen von 6 oder 12 Umdrehungen pro Sekunde im dauernden Kontakt mit der Magnetplatte stehenden Magnetköpfe.

Den Weg hin zum vollwertigen Archivspeicher für Kleinsysteme beschreitet eine Gerätekonstruktion, die zwei unabhängige, automatisch bediente Diskettenmagazine mit je 10 Kassetten beinhaltet, und die zusammen mit 3 unabhängigen Schreib-/Lesestationen, die von beiden Magazinen her beschickt werden können, eine Gesamtkapazität von 25 MByte aufweist.

Bemerkenswerte Ausführungsbeispiele und deren technische Werte sind in Tabelle 8.2-17 angegeben.

Weiterführende Literatur: [ENG 81].

**Tabelle 8.2-16.** Ausführungsbeispiele und Kennwerte einiger Plattenspeicher [WIN 85]

| IBM-Plattenspeicher-Type | 350 | 1301 | 1311 | 2311 | 2314 | 3330 01 | 3350 | 3370 | 3380 | 3380 E |
|---|---|---|---|---|---|---|---|---|---|---|
| Erstauslieferung | 1957 | 1962 | 1963 | 1964 | 1967 | 1971 | 1976 | 1979 | 1982 | 1985 |
| Spurendichte Spuren/mm | 0,8 | 2,0 | 2,0 | 3,9 | 3,9 | 7,6 | 18,8 | 25 | 33 | 63 |
| Bitdichte bit/mm | 3,9 | 20,5 | 40,4 | 43,3 | 87 | 159 | 253 | 477 | 600 | 600 |
| Datendichte bit/mm$^2$ | 3,1 | 40,3 | 80 | 169 | 340 | 1 200 | 4 800 | 11 900 | 19 800 | 37 800 |
| Übertragungsrate MByte/s | 0,008 | 0,007 | 0,007 | 0,151 | 0,312 | 0,806 | 1,2 | 1,85 | 3,0 | 3,0 |
| Zugriffszeit ms | 600 | 165 | 150 | 75 | 60 | 30 | 25 | 20 | 16 | 17 |
| Kapazität pro Laufwerk in MByte | 5 | 50 | 2,7 | 7,5 | 29,2 | 100 | 317 | 570 | 1 260 | 2 520 |
| Schreib-/Lese-Element | Mu-Metall | | | Ferrit | | | Dünnschicht | | | |

**Tabelle 8.2-17.** Ausführungsbeispiele und Kennwerte von Diskettenspeichern [ENG 81]

| Diskette Typ | Formatierte Kapazität in Byte | Kodierung | Innere Spur bit/mm | Aufzeichnungs-seiten | Gesamt-spuren |
|---|---|---|---|---|---|
| | 81 644 | FM | 62,3 | 1 | 32 |
| 1 | 242 944 | FM | 127,7 | 1 | 77 |
| 2 | 586 320 | FM | 133,1 | 2 | 154 |
| 2D | 1 212 416 | MFM | 246,7 | 2 | 154 |

| Antrieb | Umdre-hungen/min | Zahl der Schreib-/Leseköpfe | Datenrate bit/s | Bit-Zellen-dauer in µ | Spur - zu - Spur Suchzeit in ms |
|---|---|---|---|---|---|
| 23FD | 90 | 1 | 33 333 | 30 | 333 |
| 33FD | 360 | 1 | 250 000 | 4 | 50 |
| 43FD | 360 | 2 | 250 000 | 4 | 5 |
| 53FD | 360 | 2 | 500 000 | 2 | 5 |
| 72Md | 720 | 2 | 1 000 000 | 1 | 5 |

### 8.2.5 Magnetbandspeicher

In vielleicht noch größeren Maße als der Plattenspeicher umfaßt der magnetische Bandspeicher eine sehr große Zahl von Spielarten. Drei wesentliche und technisch besonders interessante werden in Bild 8.2-18 vorgestellt.

Die verbreitetste und wirtschaftlich bedeutendste ist die auf dem international genormten 1/2 Zoll breiten Magnetband fußende Ausführungsart. Das Prinzip der mechanischen Konstruktion ist in Bild 8.2-19 gezeigt. Die Information ist hier im wesentlichen byteseriell auf einem etwa 700 m langen Band angeordnet. Um die für den geforderten möglichst raschen Start-/Stop-Betrieb erforderlichen großen Beschleunigungswerte zu erreichen, wird nur ein Teil des Bandes unmittelbar an den Schreib-/Leseköpfen durch einen Treibrollenmotor (engl.: *capstan drive*) mit äußerst geringem Trägheitsmoment angetrieben, entkoppelt von der Zuführungs- und der Aufnahmespule durch genügend lange Bandschleifen. Die Länge der Bandschleifen wiederum wird kontrolliert durch Photozellen oder Vakuumfühler, die ihrerseits die Wickelmotoren steuern. Auf diese Weise lassen sich selbst bei Bandgeschwindigkeiten von etwa 5 m/s bei Beschleunigungs- und Verzögerungswerten von mehr als 500 g Start- und Stoppzeiten von wenigen Millisekunden erreichen.

Bild 8.2-20 zeigt schematisch die Datenaufzeichnung. Eine neunte Spur (Spur 4) ist vorgesehen zur Fehlersicherung der gespeicherten Bytes, zusätzlich sind für das gespeicherte Wort am Ende zusätzliche Bytes angefügt zur Fehlererkennung und -korrektur. Bild 8.2-21 stellt eine Kopfeinheit mit je 9 getrennte Schreib- und Leseköpfen dar.

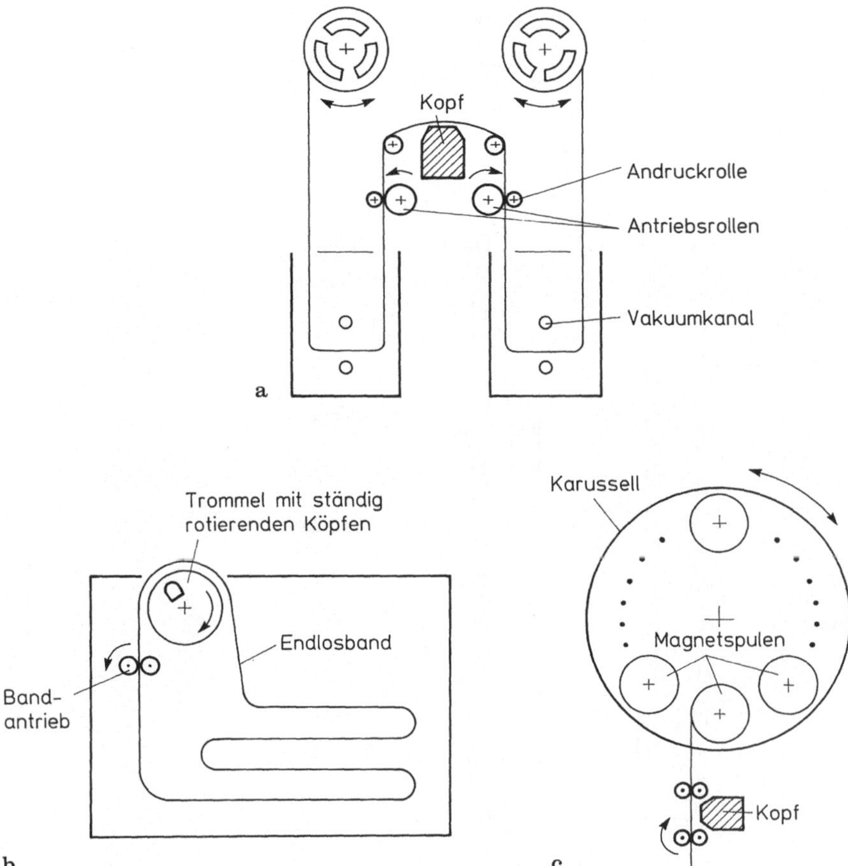


**Bild 8.2-18.** Verschiedene Konstruktionen von Magnetbandspeichern [EIN 86]

Der Magnetbandspeicher IBM 3850 MSS *(Mass Storage System)* ist mit seiner Kapazität von fast 500 Gigabytes für die Archivierung von sehr großen Datenmengen ausgelegt (Bild 8.2-22). An die 5000 Spulen sind in wabenförmigen Behältern untergebracht, wobei jede Spule ein etwa 20 m langes, etwa 7 cm breites Magnetband enthält, auf dem etwa 50 Millionen Zeichen gespeichert werden können. Ein Zugriffsmechanismus befördert die Kassetten in das Magazin einer Schreib-/Lesestation und auch von dort wieder zurück. Wie in Bild 8.2-22c gezeigt, wird in der Lesestation das Band schraubenförmig über einen geteilten Zylinder geführt, der in der Mitte einen schnellrotierenden Lesekopf trägt. Damit kann man auf dem stillstehenden Band etwa 4000 Bytes lesen oder schreiben. Eine technologische Besonderheit ist hier, daß die über den Lesekopf übertragenen Signale kontaktfrei transformatorisch übertragen werden müssen [LEN 78].

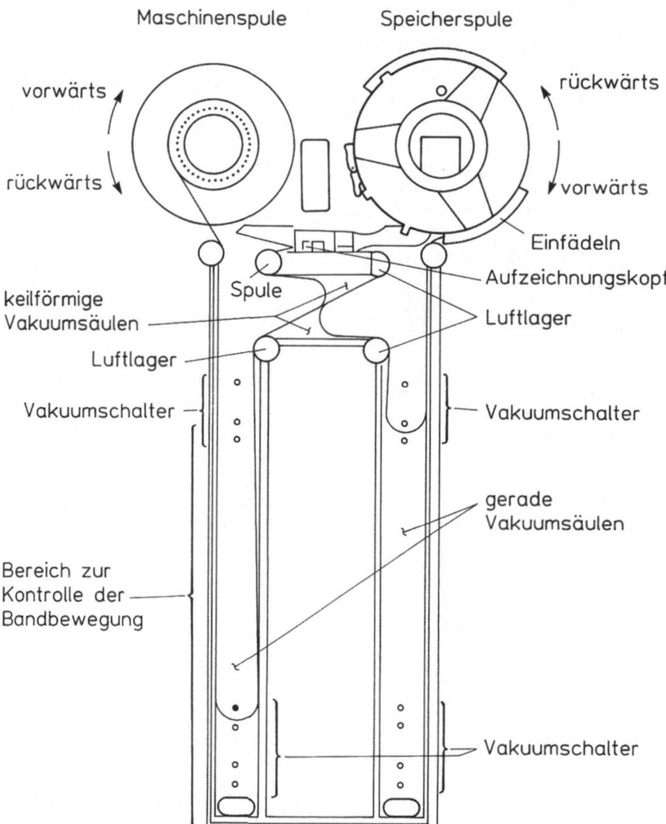


**Bild 8.2-19.** Konstruktion des 1/2″-Bandspeichers [HARR 81]

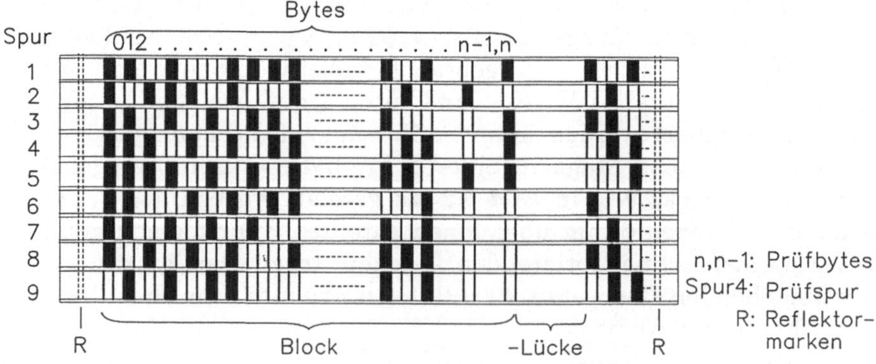


**Bild 8.2-20.** Datenaufzeichnung auf dem 1/2″-Band [SCH 79]

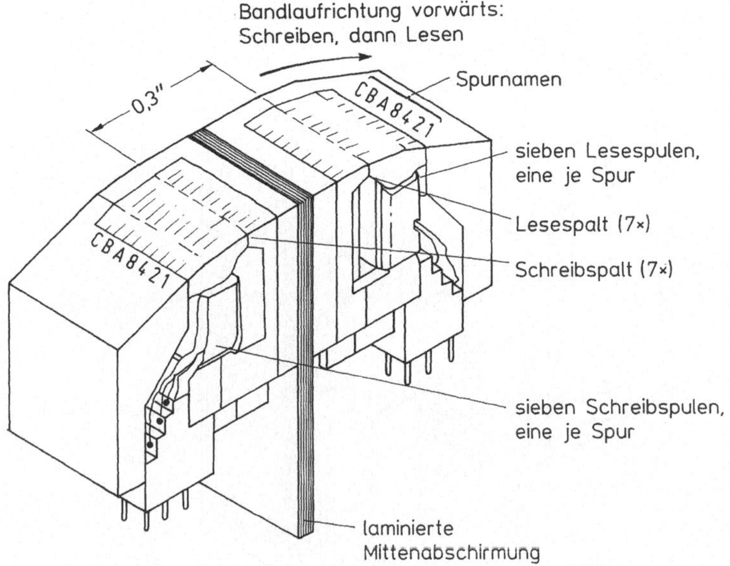


**Bild 8.2-21.** Schreib-/Leseköpfe für 1/2"-Bandspeicher [HARR 81]

Tabelle 8.2-23 gibt eine Aufzählung wichtiger Bandspeicher und ihrer technischen Merkmale.

Weiterführende Literatur: [HARR 81, WIN 78].

### 8.2.6 Magnetblasenspeicher

Magnetblasenspeicher fanden vor einigen Jahren großes Interesse, vor allem durch die Aussicht, mit ihnen die störende Lücke in dem Diagramm Speicherkapazität als Funktion der Zugriffszeit zu füllen, die zwischen den schnellen Halbleiterspeichern und den langsamen magnetomotorischen Speichern besteht. Trotz großer Anstrengungen und vielversprechender Entwicklungen, die vereinzelt ihren Weg in die Produktion fanden, ist durch die Fortschritte der Halbleiterspeichertechnik diese Technik bis auf wenige Sonderfälle von sehr geringer Bedeutung. Vereinzelte Anwendungen gibt es im militärischen Bereich, in der Raumfahrt und in der Robotertechnik, wo die größere Resistenz gegenüber Strahlung und Verschmutzung wie auch die kürzeren Schreibzeiten im Vergleich zum nichtflüchtigen Halbleiterspeicher von Vorteil sind. Deshalb soll diese Technik hier nur kurz gestreift werden.

Der Grundgedanke des Magnetblasenspeichers ist, zylindrische magnetische Domänen in einer dünnen magnetischen Schicht mit magnetischer Vorzugsrichtung senkrecht zur Ebene dieser Schicht, wie in Bild 8.2-24 gezeigt ist, zur Informationsspeicherung zu nutzen. Geeignete magnetische Materialien sind Orthoferrite, Hexaferrite und Eisengranate von

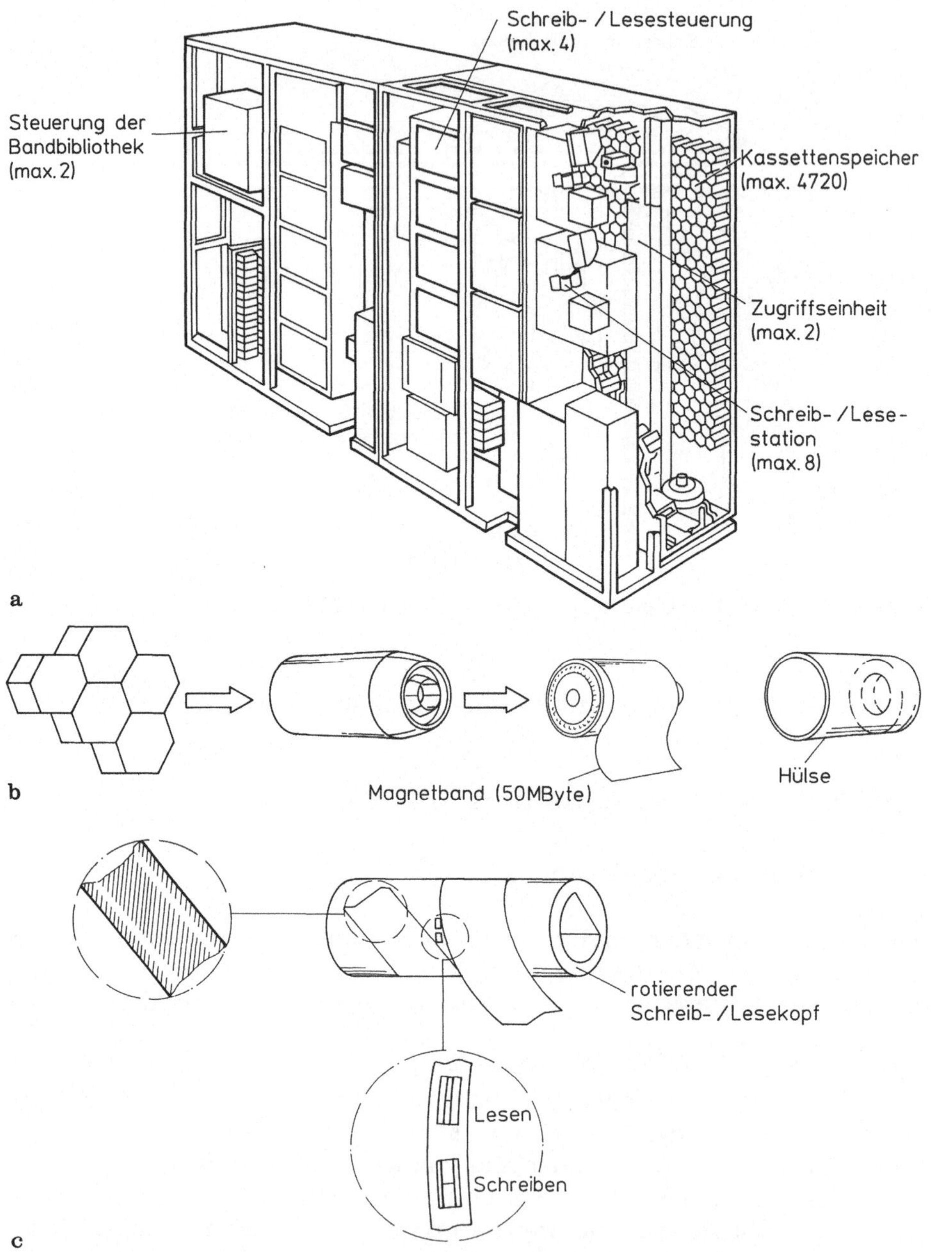


**Bild 8.2-22.** Konstruktion des Archivspeichers IBM 3850 (MSS) [LEN 78].
a) Schematische Gesamtansicht, b) schematische Darstellung der Magnetbandkassetten und c) der Schreib-/ Leseeinrichtung

**Tabelle 8.2-23.** Ausführungsbeispiele und Kennwerte von Magnetbandspeichern [HARR 81]

| Magnetbandsystem IBM Modell | Baujahr | Bandgeschw. (cm/s) | Zeichen/cm | Zeichen/s | Effektive Bandbeschleunigung (g) | Antrieb |
|---|---|---|---|---|---|---|
| 726 | 1953 | 192 | 39 | 7 500 | 25 | Tauchspulmotor |
| 727 | 1955 | 192 | 78 | 15 000 | | |
| 729-I | 1957 | 288 | | | 55 | Motor und Andruckrolle |
| 729-III | 1958 | 288 | 217 | 62 550 | 62 | |
| 729-VI | 1962 | 288 | 312,5 | 90 000 | | |
| 2420-7 | 1965 | 512 | | | 400 | Motor mit geringem |
| 2401-6 | 1966 | 288 | 625 | 180 000 | | Trägheitsmoment |
| 3420-7 | 1971 | 512 | 625 | 320 000 | | und Treibrolle |
| 3420-8 | 1973 | 512 | 2 441 | 1 250 000 | 520 | |

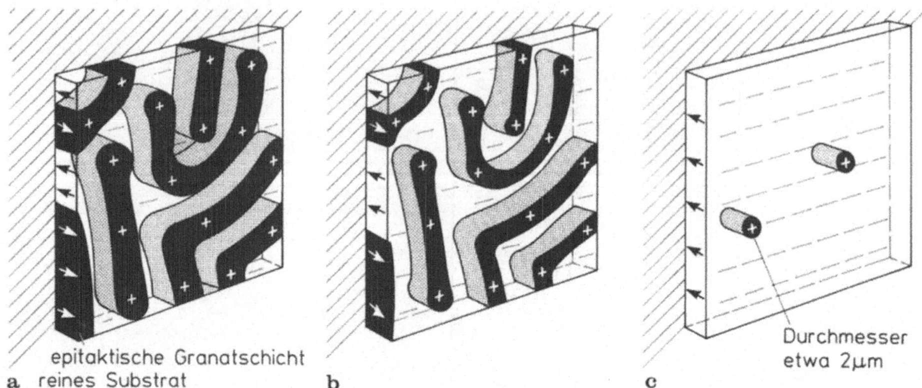


**Bild 8.2-24.** Entstehung von Magnetblasen [BOB 75].
Bereiche entgegengesetzter Magnetisierung
a) ohne äußeres magnetisches Stützfeld, b) mit kleinem, c) mit mittlerem Stützfeld für den Betrieb

Metallen der seltenen Erden. Während ohne externe Felder die Magnetisierung der Schicht in gleich große Domänenflächen aufbricht, wobei die Magnetisierung entweder nach oben oder nach unten gerichtet ist, schrumpfen beim Anlegen eines Gleichfelds senkrecht zur Schichtebene die entgegengesetzt zum Feld magnetisierten Domänenstreifen, bis bei einem bestimmten Wert dieses Feldes nur noch kleine Domäneninseln entgegengesetzter Magnetisierung übrigbleiben. Beim weiteren Anstieg dieses Gleichfeldes brechen auch diese verbleibenden Inseln zusammen. Es läßt sich also ein Wert des magnetischen Gleichfeldes finden, bei dem die zylindrischen Domänen, auch *Blasen* (engl.: *bubbles*) genannt, stabil sind, einfach erzeugt, ausgelöscht und bewegt werden können.

Die zahlreichen Vorschläge und Ausführungen zur Erzeugung, Lenkung und Steuerung sowie zum Lesen und Löschen von Magnetblasen beruhen im wesentlichen auf dem Gedanken, über Zusatzfelder in der Schichtebene die Magnetblasen zu beeinflussen. Diese Zusatzfelder lassen sich auf einfache Weise erzeugen und verändern durch überlagerte Muster von Permalloyschichten, die durch ein rotierendes, in der Schichtebene liegendes Magnetfeld beeinflußt werden. Bild 8.2-25 zeigt einige erprobte Muster, die vor allen Dingen für Schieberegister Verwendung finden.

Bild 8.2-26 zeigt einen seriellen Magnetblasenspeicher, der mit Haupt- und Nebenspeicherschleifen ausgestattet ist. Bei Magnetblasendurchmessern von wenigen Mikrometern lassen sich bei quadratischen Speicherplättchen mit einer Kantenlänge unter 1 cm Kapazitäten von über 100 000 bit bei Fortpflanzungsgeschwindigkeiten bis zu 500 000 bit/s erreichen.

Weiterführende Literatur: [CHA 78, DEL 78, ESC 80, MET 78].

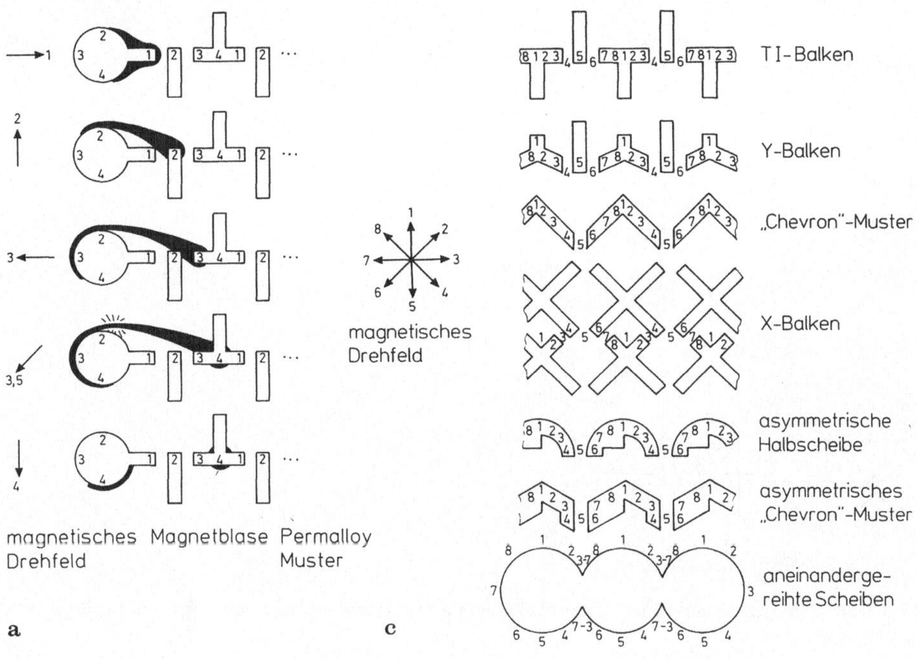


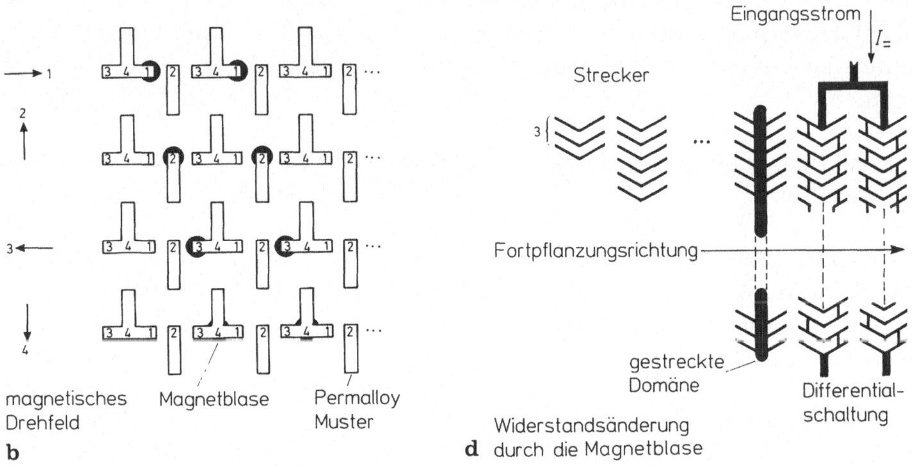


**Bild 8.2-25.** Speicher- und Logikelemente in Magnetblasentechnik [FLO 81].
a) Erzeugung, b) Verschiebung,
c) Verbesserung der Permalloyschichtstrukturen zur Erhöhung der Packungsdichte,
d) elektrisches Auslesen von Magnetblasen

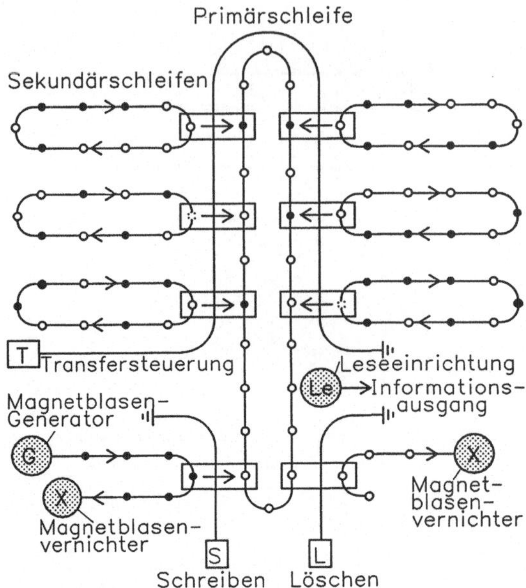


**Bild 8.2-26.** Prinzipschema eines Magnetblasenspeichers mit Primär- und Sekundärschleifen [BOB 75]

## 8.3 Optische Speicher

Unter den vielen Vorschlägen zur optischen Datenspeicherung hat die *Laserspeicherplatte* die besten Aussichten und beginnt schon heute, in der Reihe der externen Speichertechnologien einen wichtigen Platz zu erringen.

Anhand der Ausführung der Firma Philips soll die Wirkungsweise erläutert werden.

Wie in Bild 8.3-1 gezeigt ist, trägt eine Kunststoffplatte auf der Oberseite eine Schicht mit Vertiefungen als Informationsträger. Diese Vertiefungen werden mit einem fokussierten Laserstrahl [FIN 80] von unten her abgetastet und über Reflektion an der Schicht und über einen halbdurchlässigen Spiegel mit einer Reihe von Photodioden gelesen. Die Vertiefungen der Informationsschicht bieten für den Laserstrahl einen Gangunterschied einer Halbwellenlänge, was über Auslöschung zu einem starken Intensitätsunterschied bei der Reflektion an vertieften bzw. nichtvertieften Stellen führt. Diese Vertiefungen sind nun in Reihe in einer engen Spiralbahn mit einer Steigung von 1,6 μm auf einer Platte mit 30 cm Durchmesser angeordnet. Bei einer Länge der Vertiefungen zwischen 0,5 und 3,3 μm und einer Stufung von 0,3 μm erzielt man eine gesamte Speicherkapazität der Platte von etwa 1 Gigabyte. Bei einer Abtastgeschwindigkeit von 1,25 m/s ist die Datenrate etwa 2 Megabit pro

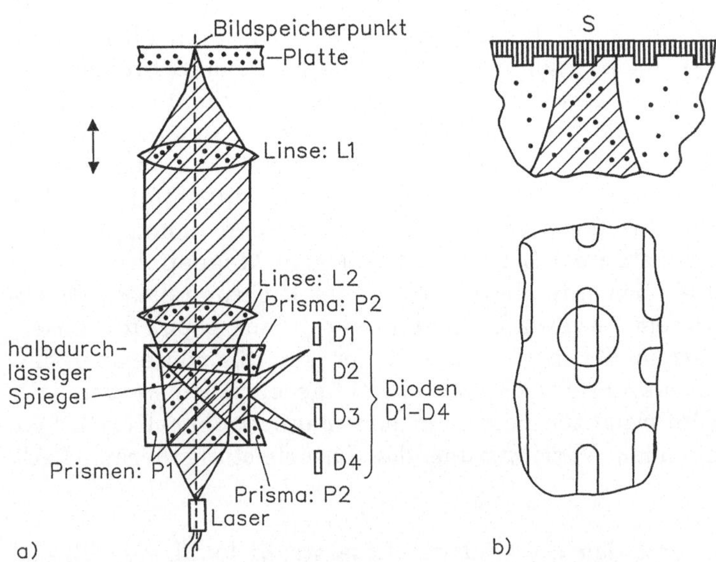


**Bild 8.3-1.** Prinzipschema des Laserbildpunktspeichers [CAR 82].
a) Laser, Laserstrahlengang, Speicherplatte und Photodioden $D_1$ – $D_4$ zur Strahlfokusierung und zum Lesen, b) Querschnitt der Speicherzelle mit Laserstrahl

Sekunde. Eine besondere technische Leistung stellt die exakte Positionierung und Fokussierung des Laserstrahles dar: Während eines Plattenumlaufes muß horizontales und vertikales Spiel von 300 µm bzw. 1 mm auf 0,1 µm bzw. 4 µm. ausgeregelt werden. Ausgefeilte Regelkreise erhalten von den 4 Photodioden die nötige Lageinformation und kompensieren die Schwankungen über schnelle Tauchspulmotoren am Ausgang, die ihrerseits die Linsensysteme nachführen [CAR 82]. Zur Speicherung sehr großer Datenbestände dienen *Plattenwechsler* mit Stapeln bis zu 250 Platten, die eine Erhöhung der Kapazität einer Speichereinheit bis zu 250 GByte und mehr bei Zugriffszeiten von etwa 5 Sekunden bringen [AMM 83, CLA 85, ICH 85].

Zur Erweiterung der Funktion von einem bloßen Lesespeicher hin zu einem vollen Schreib-/Lesespeicher gibt es drei wesentliche Vorschläge:

Der erste besteht darin, mit Hilfe eines Lasers in eine dünne Schicht aus einem organischem Material [GRA 83] oder einer Tellurlegierung [VRI 83] Löcher mit einem Durchmesser von ca. 1 µm einzubrennen. Dieses Verfahren ist nicht nur beim Fabrikationsprozeß, sondern auch beim Anwender einsetzbar. Unter dem Namen *WORM* (engl.: *write once, read mostly*) findet diese Technik erste Anwendung in Geräten zur Archivierung von Daten.

Der zweite sieht eine dünne magnetische Schicht vor, mit einer uniaxialen Anisotropie senkrecht zur Plattenoberfläche. Die Information wird in kleinen magnetischen Bereichen gespeichert, deren Magnetisierung dann entweder nach oben oder unten zeigt. Beim Schreiben der Information erwärmt ein Laserstrahl lokal einen solchen Bereich über den *Curiepunkt*, beim Abkühlen richtet ein äußeres magnetisches Feld die Magnetisierung entweder in die eine oder andere Lage aus. Dafür benötigt man allerdings zwei Plattenumläufe, da das Magnetfeld im Vergleich zur Datenrate nur langsam umgeschaltet werden kann: In einem ersten Umlauf mit konstantem Laserstrahl und dem Magnetfeld in einer Richtung werden alle Elemente dieser Spur in der Richtung dieses Feldes ausgerichtet. In einem zweiten Umlauf erwärmt ein gepulster Laserstrahl bei umgekehrtem Magnetfeld nur diejenigen Elemente über den Curiepunkt und polt sie um, für die z.B. ein "1" geschrieben werden soll. Zum Auslesen der Information zieht man den magnetischen Kerr-Effekt mit einer entsprechenden Verringerung der Laserleistung heran [HAR 85].

Bei einem dritten Vorschlag erwärmt ein Laserstrahl lokal eine glasartige Schicht, die dann beim langsamen oder schnelleren Abklingen der Erwärmung entweder in den kristallinen bzw. den amorphen Zustand übergeht. Diese beiden Zustände, die unterschiedliche optische Eigenschaften besitzen und über einen Laserstrahl erfaßt werden können, nutzt man zur Informationsspeicherung aus.

Bei **holographischen Speichern** (griech. *holos:* ganz) wird die zu speichernde digitale Bildvorlage im ganzen in ein *Hologramm* umgewandelt, das man dann wiederum als Ganzes, z. B. über eine Photozellenmatrix, ausliest. Wie im Bild 8.3-2 gezeigt, entsteht das Hologramm durch Beleuchtung der digitalen Bildvorlage mit einer monochromatischen kohärenten Lichtquelle, einem Laser, und Überlagerung des entstehenden Streulichtes mit einem Referenzlichtbündel von derselben Lichtquelle, wodurch ein Interreferenzbild entsteht, dessen Struktur bestimmt ist durch Richtung, Amplitude und Phasenlage der vom Objekt kommenden Lichtstrahlen relativ zu denen des Referenzbündels. Dieses Interferenzbild wird in dem sog. *Hologramm* photographisch festgehalten. Bei der Beleuchtung des so gewonnenen Hologrammes mit monochromatischem kohärentem Licht aus der gleichen Richtung, aus der bei der Aufnahme das Referenzlichtbündel einfiel, entstehen durch Beugung an der Schwärzungsverteilung des Hologrammes zwei Beugungsbündel, die ein reelles Bild und ein virtuelles Bild der ursprünglichen digitalen Bildvorlage ergeben. Eine Photodiodenmatrix, eingesetzt im Bündel, das das reelle Bild liefert, kann so die gespeicherten Bildpunkte wieder auslesen [HIL 78].

Der Vorteil dieser Speicherart liegt darin, daß jeder Punkt der Bildvorlage nicht in einem einzigen Punkt, sondern über das gesamte Hologramm verteilt gespeichert ist, und damit weitgehend unempfindlich gegen Fehlstellen oder Kratzer auf der Speicherplatte. Eine Steigerung

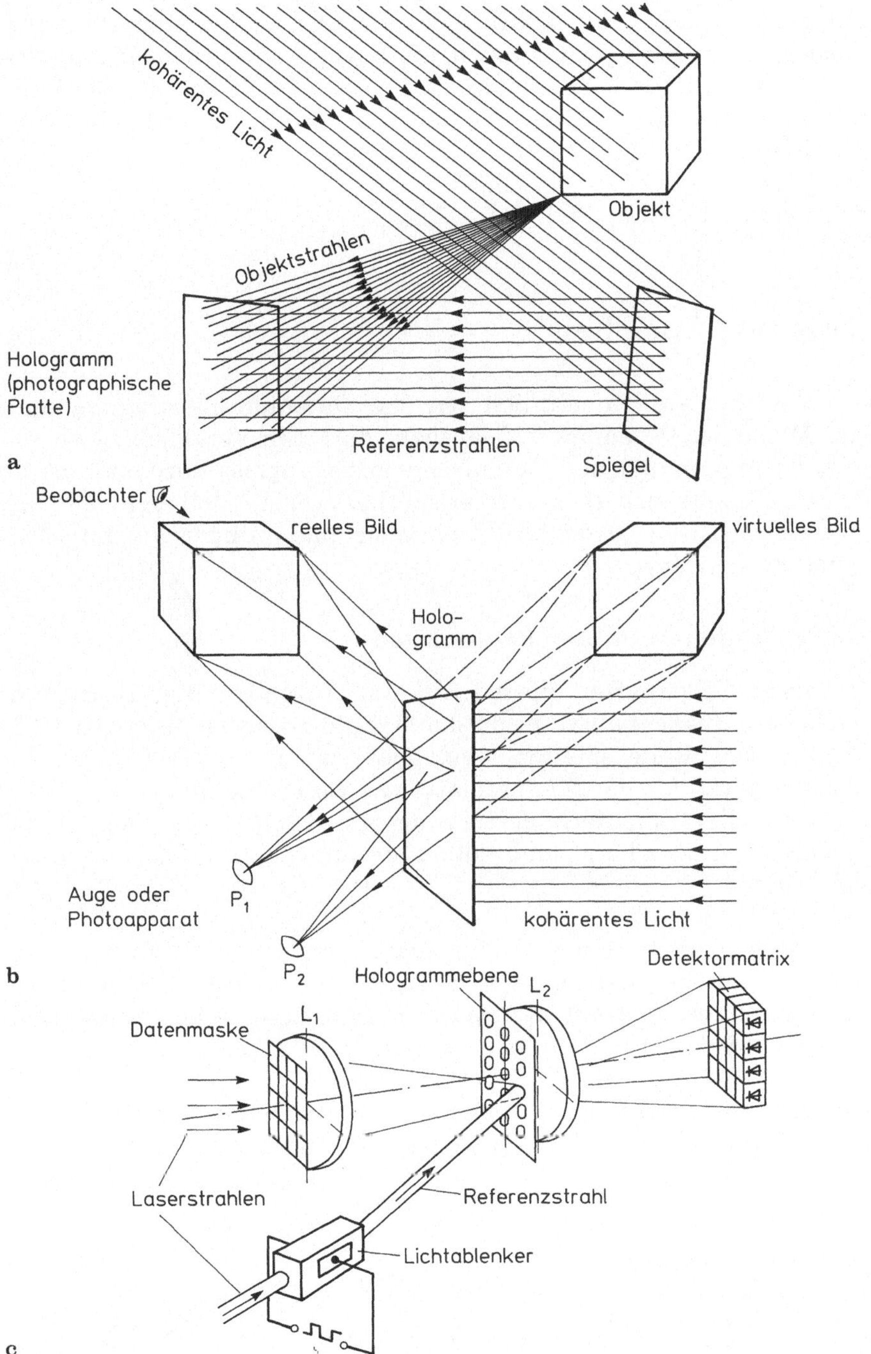


**Bild 8.3-2.** Holographischer Speicher.
a) Erzeugung eines holographischen Bildes,
b) Wiedergabe eines holographischen Bildes [BRO 69],
c) Prinzip des holographischen Speichers [HIL 78]

der Bitdichte läßt sich damit jedoch nicht erzielen, und es sind auch nur Labormuster, keine Produktausführungen, bekannt geworden. Die potentielle Anwendung dieser Technologie ist nicht die bloße Bildspeicherung, sondern die komplexe parallele Signalverarbeitung, insbesondere zur Mustererkennung.

Weiterführende Literatur: [BOU 85].

## 8.4 Tragbare Speicher

Tragbare Speicher stellen, ähnlich wie die Datenfernübertragung, ein wichtiges Mittel der Datenein- und -ausgabe dar. Ein Vergleich zwischen tragbaren Speichern und der Datenfernübertragung ist durchaus angebracht: Der Datentransport durch einen Lastwagen, voll beladen mit Magnetbändern, ist in jedem Fall schneller und billiger als mit den modernsten Fernleitungen!

### 8.4.1 Lochstreifen- und Lochkartenleser

Lochstreifen und Lochkarten, die als Ein- und Ausgabemedien zu Beginn der Rechenmaschinenentwicklung in den Jahren zwischen 1940 und 1970 eine dominierende Rolle spielten, sind heute weitgehend vom Magnetband und besonders von der Magnetplatte verdrängt. Sie finden noch vereinzelt bei serieller Datenfernübertragung, z.B. bei Telexempfangs- und -sendestationen Anwendung und sollen deshalb hier auch nur kurz behandelt werden.

Der Lochstreifen ist in seiner Breite mit 18 mm genormt. Er trägt in seiner Mitte eine durchgehende Perforierung zum Tansport und zur genauen Positionierung beim Stanzen und zum Lesen. Die Information kann als 7-bit- oder 8-bit-Lochreihe codiert sein (Bild 8.4-1).

Die Lochkarte war ursprünglich konzipiert zur mechanischen Steuerung von Tabelliermaschinen. Bild 8.4-2a zeigt die Lochkarte in ihrer Normalform. Eine Version mit kleineren Abmessungen von Karte und

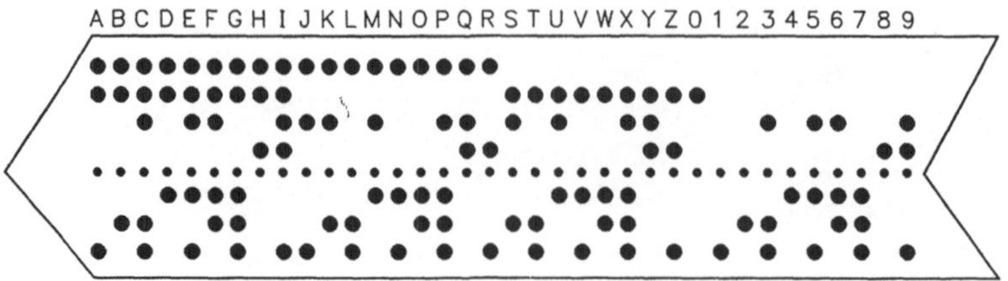


**Bild 8.4-1.** Lochstreifen

Stanzungen, um vor allen Dingen bei der seit anfangs unseres Jahrhunderts verbesserten mechanischen Technologie höhere Arbeitsgeschwindigkeit zu erzielen, wurde ab etwa 1968 hergestellt, hat sich aber nicht mehr in größerem Umfang durchsetzen können (Bild 8.4-2b).

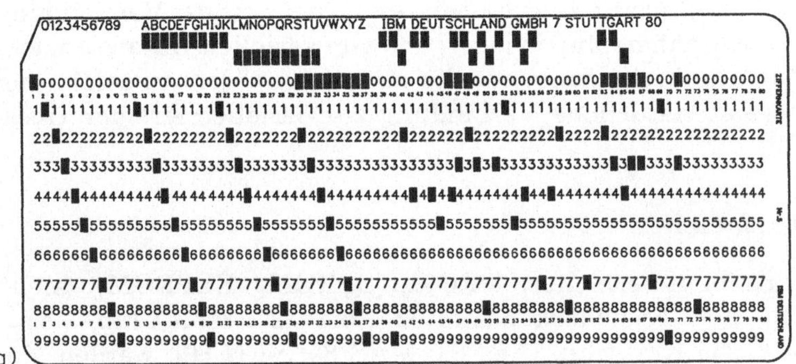


a)

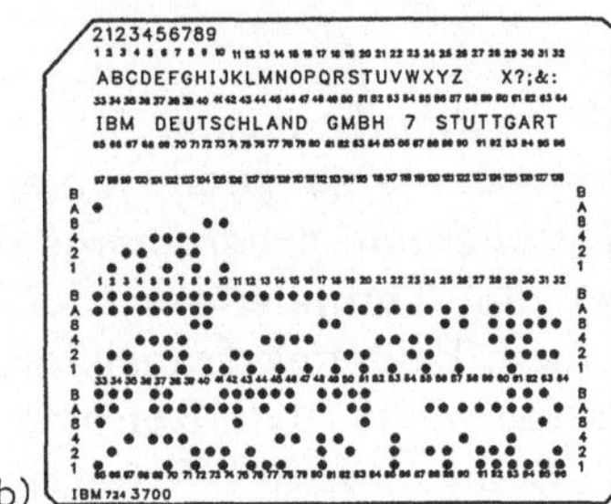


b)

**Bild 8.4-2.** Lochkarte. a) Normalform, b) verkleinerte Ausführung

Das Stanzen der Löcher, vor allem der nicht kreisförmigen, bringt große Schwierigkeiten hinsichtlich Wartungsaufwand, Lebensdauer, Herstellungskosten und Erzielung von hohen Arbeitsgeschwindigkeiten mit sich. Moderne Geräte erzielen Stanzgeschwindigkeiten von etwa 4 Löchern pro Sekunde.

Die ursprünglich mechanische Abtastung von Lochstreifen und Lochkarten wurde durch die zuverlässigere und schnellere Methode der optischen Abtastung ersetzt. Geschwindigkeiten von vielen tausend Karten pro Minute können dabei mühelos erreicht werden.

### 8.4.2 Magnetische Träger

Magnetische Träger in vielfältiger Form stellen heute den wichtigsten Teil der tragbaren Speicher dar und gewinnen noch weiter an Bedeutung.

Magnetstreifen dienen z.B. bei Taschenrechnern zur Speicherung von Programmen sowie von Eingangs- und Ausgangsdaten.

Die gleiche Funktion übernehmen Magnetplattenspeicher bei Datenverarbeitungssystemen jeder Größe. Flexible Medien gewinnen dabei gegenüber festen, besonders metallischen Platten vor allem bei Terminalgeräten und Kleinrechnern wachsende Bedeutung. Magnetbänder finden hauptsächlich Anwendung bei der Archivierung von Daten aufgrund ihres günstigen Preis/Leistungsverhältnisses. Eine weitere Verwendung finden sie bei der Aufnahme und Wiedergabe von seriellen Datenströmen, z.B. in der Datenfernübertragung, wo die serielle Art der Aufzeichnung und Wiedergabe eine natürliche Verbindung zur seriellen Art der Übertragung darstellt.

### 8.4.3 Halbleiterspeicher

Nichtflüchtige Halbleiterspeicher, PROM, EPROM, EEPROM, (siehe Abschnitt 3.7) mit Speicherkapazitäten bis 2 Mbit/Chip, bzw. 1 Mbit/Chip, bzw. 256 Kbit/Chip [ARI 86, MAS 85, VEN 86], werden eingesetzt als Programm- und Datenspeicher für Taschenrechner, kleine Terminalgeräte usw.

Beim *EPROM* (engl.: *electrically programmable read-only memory*) zerstört ein Schreibimpuls fakultativ eine Leitung oder eine Diode einer Speicherzelle. Beim *EAPROM* (engl.: *electrically alterable programmable read-only memory*) führt ein Schreibimpuls über den Tunneleffekt Elektronen auf eine isolierte Steuerelektrode über einem Feldeffekttransistor. Diese Ladung bleibt über Jahre bestehen, falls sie nicht über Röntgen- oder Ultraviolettstrahlung abgeleitet wird. Beim *EEPROM* (engl.: *electrically erasable programmable read-only memory*) kann man zusätzlich zum Aufsetzen der elektrischen Ladung auf die isolierte Steuerelektrode durch den Tunneleffekt diese über den gleichen Effekt mittels eines Löschimpulses wieder abziehen.

Weiterführende Literatur: [MÜL 78, SUZ 83].

## 8.5 Systemverbindungen

Ein Teil der Ein- und Ausgabetechnologien umfaßt auch den Informationsaustausch zwischen Datenverarbeitungssystemen, Nachrichtensystemen und deren Teilen.

Für kurze Abstände, niedrige Übertragungsraten und kleine Spannungen genügen einfache Drahtverbindungen oder gedruckte, geätzte, aufgedampfte oder galvanisch aufgebrachte Leitungen meistens aus Kupfer, seltener aus Aluminium oder Gold. Für größere Abstände und höhere Übertragungsraten, wo Leitungsverluste, Abstrahlung und Einstreuung ins Gewicht fallen, verwendet man verdrillte Doppel- oder Mehrfachleiter, Koaxialkabel – unter Umständen auch mehrfach geschirmt –

oder Doppel-Streifenleiter. Bei sehr großen Abständen und Impulsraten müssen diese Leitungen mit ihrem Wellenwiderstand abgeschlossen werden, um störende Reflexionen zu vermeiden, was allerdings größere Ausgangtreiberleistungen erfordert. Für höhere Spannungen und schwierige Erdungsverhältnisse verwendet man oft optoelektronische Koppler.

Lichtleiter als Verbindungselemente bringen zahlreiche Vorteile, leider aber auch einige Nachteile. Zu den Vorteilen zählen: Hohe Übertragungsrate (> 1 Gbit/s), hohes Produkt von Verstärkerabstand und Übertragungsrate (> 4000 km × Mbit/s), vernachlässigbare Abstrahlung und Einkopplung, ohmsche Entkopplung, geringes Gewicht, kleine Abmessungen und Krümmungsradien. Nachteilig ist vor allem, daß es notwendig ist, das elektrische Eingangssignal in ein optisches Signal umzuformen und am Ende des Lichtleiters wieder in ein elektrisches Signal zurückzutransformieren, was mit Verzögerung, Leistungsverlust und Kosten verbunden ist.

Um Endgeräte, vor allem interaktive Datensichtgeräte, örtlich flexibel mit ihrer Steuereinheit zu verbinden, bewährt sich die akustische (Ultraschall-) Kopplung. Ein interessanter Vorschlag ist die optische Signalübertragung über hochfrequenzmodulierte LEDs, die ihr Licht zu Reflektoren an der Decke strahlen, das dann wiederum von Fotodetektoren aufgefangen wird [GFE 79].

Mehrere Empfangs- und Sendestationen können stern-, baum- oder ringförmig zusammengeschlossen werden. Für die Bearbeitung von einzelnen oder gleichzeitig mehreren Übertragungswünschen ist in den letzten Jahren eine ausgefeilte Protokolltechnik und Schnittstellendefinition entstanden. Darin enthalten sind Freigabeverfahren für die Verbindung zweier oder mehrerer Stationen, Rückmeldungen bei erfolgreicher Übertragung, Umweg- und Warteverfahren bei Überlast, Fehlererkennung und -korrektur und vieles andere mehr.

# Literaturverzeichnis

## 1. Einführung


BET 84 A. Bethmann, H. Tschiesche, "Empfänger für das Satelittennavigationssystem GPS". *Elektrisches Nachrichtenwesen*, Vol. 58, No. 3, 1984, S. 332

BLA 81 V. Blazek, V. Wienert, "Eine nichtinvasive Methodik zur Beurteilung der peripheren Durchblutung unter Belastung". *Biomedizinische Technik,* Band 26, Erg.-Bd., Sep. 1981

BRO 86 F.P. Brooks, et al., "Interactive graphics for molecular studies". Twelfth annual report, Department of Computer Science, University of North Carolina, RR 02170-02, Mar. 1986

CRE 83 H. Crepy, et al., "Speech processing on a personal computer to help deaf children". *Proc. IFIP Congress*, Paris, Sep. 1983, S. 669

DIB 82 M.D. DiBenedetto, et,al, "Phonetic recognition to assist lip-reading for deaf children". *Proc. ICASSP 82 Congress*, Paris, May 1982

FEL 51 F.M. Feldhaus, *Die Technik der Antike und des Mittelalters.* Akademische Verlagsgesellschaft, Potsdam, 1951

FEL 65 F.M. Feldhaus, *Die Technik der Vorzeit, der geschichtlichen Zeit und der Naturvölker.* Heinz Moos Verlag, München, 1965

GAN 75 K. Ganzhorn, W. Walter, *Die geschichtliche Entwicklung der Datenverarbeitung.* IBM Deutschland, 1975

GER 64 R. Gerwin, *Intelligente Automaten.* Chr. Belser, 1964

GRI 84 C.W.K. Gritton, D.W. Lin, "Echo cancellation algorithms". *IEEE ASSP Magazine,* Apr. 1984, S. 30

HOL 87 H. Hollerith, Art of compiling statistics. US Patent 395 781, 1887/1889

ISC 81 H. Ischen, E. Repasi, "Sicherheit von ID-Karten". Forschungsinstitut für Informationsverarbeitung und Mustererkennung, Bericht Nr. 87, Feb. 1981

MCE 75 P.V. McEnroe et al., "Overview of the supermarket system and the retail store system". *IBM Systems Journal*, Vol. 14, No. 1, 1975, S. 3

MCK 84 W.L. McKibbin, "High-tech for the handicapped". *Infosystems*, Vol. 31, No. 1, Jan. 1984, S. 52

OHM 83 F. Ohmann, *Kommunikations-Endgeräte.* Springer 1983

OTT 81 S. Otto, "Echt oder falsch? - Die maschinelle Echtheitserkennung". *Geldinstitut*, No. 6, 1981, S.9

PÖP 81 S.J. Pöppl, W.S. Tirsch, "Ein Echtzeitsystem zur automatischen EEG-Schlafstadien Klassifikation". *DAGM Symposium, Hamburg,* Springer, 1981, S. 395

SCH 99 W. Schmidt, *Herons von Alexandria Druckwerke und Automatentheater.* Teubner, Leipzig, 1899

SCH 82 E.Schröther, "Scheckkarte wird intelligent". *Telematik Magazin,* Feb. 1982, S. 12

WAL 73 W. Walter, "Die gespeicherten Programme des Heron von Alexandria". *Elektron. Rechenanl.*, Vol. 15, No. 3, 1973, S. 113

**2. Systemgesichtspunkte**


BEA 84 R.J. Beaton, H.L. Snyder, "The display quality of glare filters for CRT terminals". *SID Symp. Digest*, Vol. 15, 1984, S. 298

BLA 82 R.P. Blakemore, R.B. Frankel, "Magnetische Bakterien: Lebende Kompaßnadeln". *Spektrum der Wissenschaft*, Feb. 1982, S. 38

CAK 78 A. Cakir et al., "Untersuchung zur Anpassung von Bildschirmarbeitsplätzen an die physische und psychische Funktionsweise des Menschen". Bundesministerium für Arbeit und Sozialordnung, Bonn, 1978

CAK 80 A. Cakir et al., *Bildschirmarbeitsplätze*. Springer, 1980

CYP 78 R.J. Cypser, *Communication architecture for distributed systems*. Addison-Wesley, 1978

DRO 66 V.B. Dröscher, *Magie der Sinne im Tierreich*. Deutscher Taschenbuch Verlag, 1980, Erstausgabe List, 1966

FOL 82 J.D. Foley, A. van Dam, *Fundamentals of interactive computer graphics*. Addision-Wesley, 1982

FOL 86 O. Folberth, Technologie integrierter Halbleiterschaltungen. Vorlesungsunterlagen, Universität Stuttgart, 1986

GAN 81 K.E. Ganzhorn, et al, *Datenverarbeitungssysteme*. Springer, 1981

GIL 81 W.K. Giloi, *Rechnerarchitektur*. Springer, 1981

HOF 81 E. Hofmeister, "Mikroelektronik - Element des technischen Fortschritts". Wirtschafts- und Gesellschaftspolitische Grundinformationen 44, Deutscher Instituts Verlag Köln, 6/1981

HOF 82 E. Hofmeister, "Sensorik, Grundfunktion für Natur und Technik". *NTG Fachberichte*, Vol. 79, 1982, S. 9

HOR 86 K.-H. Horninger at al., "Aktive Halbleiterbauelemente". *Meinke, Gundlach, Taschenbuch der Hochfrequenztechnik, K. Lange, K.-H. Löcherer (Herausgeber)*, Springer, 1986, S. M1

KÜP 59 K. Küpfmüller, "Informationsverarbeitung durch den Menschen". *Nachrichtentechn. Z.*, Vol. 12, 1959, S. 68

LYN 84 G. Lynch, VDTs: "Raise the standards". *SID Symp. Digest*, Vol. 15, 1984, S. 17

MUR 82 G. Murch, "Visual fatigue with prolonged display use". *SID Symp. Digest*, Vol. 13, 1982, S. 200

NEW 73 W.M. Newman, R.F. Sproull, *Principles of interactive computer graphics*. McGraw-Hill, 1973

PIC 86 K.A. Pickar, J.D. Meindl, "The special issue on integrated technologies of the future". *Proc. IEEE*, Vol. 74, No. 12, Dec. 1986, S. 1603. Dieses Heft ist mit allen Beiträgen dem Thema "VLSI" gewidmet.

STE 74 K. Steinbuch, W. Weber, *Taschenbuch der Informatik*. Springer, 1974


**3. Technologien der Eingabegeräte**


AKT 86 A. Aktas et al., "Spracherkennung für große Wortschätze mit schneller grober Zeitanpassung". *NTG-Fachberichte*, Vol. 94, 1986, S. 9

AVE 86 A. Averbuch et al., "An IBM-PC based large-vocabulary isolated-utterance speech recognizer". *Proc 1986 IEEE Int'l Conference on Acoustics, Speech and Signal Proc.*, Tokio, Japan, 1986, S. 53

BAR 75 D.F. Barbe, "Imaging devices using the charge-coupled concept". *Proc. IEEE*, Vol. 63, Jan. 1975, S. 38

BEC 75 F. Becker, W. Mermolia, "SICARID-TCL, a new microwave system for the transfer of informations from the track to the wagon in railway networks". *5th European Microwave Conference*, Microw. Exh. & Publ. Ltd., Sep. 1975

BUR 76 H.K.Burke, G.J. Michon, "Charge-injection imaging: operating techniques and performance characteristics". *IEEE Trans. Electron Devices*, Vol. ED-23, Feb. 1976, S. 189

CAR 78 F.P. Carau, "Easy - to use, high resolution digitizer increases operator efficiency". *Hewlett-Packard Journal*, Dec. 1978, S. 2

COL 83 E.T. Coleman, "Rocking switch actuator for a low force membrane contact switch". US Patent 4.528.431, Oct. 1983

DIC 75 L.D. Dickinson, R.L. Soderstrom, "The IBM supermarket scanner". Techn. Report, IBM Rochester, 1975

DIC 82 D. Dickson et al., "Holography in the IBM 3687 supermarket scanner". *IBM J. Res. Dev.*, Vol. 26, No. 2, Mar. 1982, S. 228

DIN 77a DIN 66009, "Schrift B für die maschinelle optische Zeichenerkennung". Sep. 1977

DIN 77b DIN 66007, "Schrift CMC 7 für die maschinelle magnetische Zeichenerkennung". Dez. 1977

DIN 78 DIN 66008, "Schrift A für die maschinelle optische Zeichenerkennung". Jan. 1978

DIN 79 DIN 66236, "Schrift SC für maschinelle Zeichenerkennung". Aug. 1979

DIN 80 DIN 9785, "Identifikationskarten aus Kunststoff oder kunststofflaminiertem Werkstoff mit Magnetstreifen". Apr. 1980

DIX 79 N.R. Dixon, T.B. Martin (ed.), *Automatic speech and speaker recognition.* IEEE Press, John Wiley and Sons, N.Y., 1979

FEL 84 K. Fellbaum, *Sprachverarbeitung und Sprachübertragung.* Springer, 1984

HAR 77 R.H. Harris, "Buckling spring torsional snap actuator". US Patent 4.118.611, Aug. 1977, Oct. 1978

HER 77 N. M. Herbst, C. N. Liu, "Automatic signature verification based on accelerometry". *IBM J. Res. Dev.*, Vol. 21, 1977, S. 245

HYD 72 S. R. Hyde, "Automatic speech recognition: A critical survey and discussion of the literature". *Human Communication: A unified view.* McGraw Hill, 1972, S. 399

ISO 77 International Standard ISO 1004, "Information processing - magnetic ink character recognition - print specifications". 1977

JEL 85 F. Jelinek, "The development of an experimental discrete dictation recognizer". *Proc. IEEE*, Vol. 73, 1985, S. 1616

KAP 80 G. Kaplan, R. Reddy, "Words into Action: (I and II)". *IEEE Spectrum,* Jun. 1980, S. 22

KAZ 65 H. Kazmierczak, "Konstruktion eines Ziffern-erkennenden Automaten auf der Grundlage des Potentialverfahrens". Dissertation, TH Karlsruhe, Feb. 1965

KAZ 67 H. Kazmierzak, "Automatische Zeichenerkennung". *Taschenbuch der Nachrichtenverarbeitung, K. Steinbuch (Herausgeber)* , 1967, S. 754

LAN 79 Landis + Gyr, "Phonocard: Die Telefonstation für vorbezahlte Karten". *Das elektron-international,* No. 12, 1979, S. 391

LEN 82 E. Lennemann, W. Ruppert, "Abtastverfahren für Bildverarbeitung in integrierten Textsystemen". *Fachberichte und Referate*, Vol. 13, Oldenbourg, 1982

MAN 82 H. Mangold, K. Schenkel, "Mensch-Maschine-Kommunikation mit Sprachsignalen". *Technische Mitteilungen PII,* No. 1, 1982, S. 40

MAR 76 T.B. Martin, "Practical applications of voice input to machines". *Proc. IEEE,* Vol. 64, No. 4, Apr. 1976, S. 487

MAR 77 T.B. Martin, "One way to talk to computers". *IEEE Spectrum,* May 1977, S. 35

MOS 79 S.L. Moshier, "Talker independent speech recognition in commercial environment". *J. Acoustical Soc. Am.*, Vol. 65, Suppl. No. 1, Spring 1979, S. 132

RAB 79 L.R. Rabiner et al., "Speaker-independent recognition of isolated words using clustering techniques". *IEEE Trans. Acoustics, Speech, and Signal Processing,* Vol. ASSP-27, N, Aug. 1979, S. 336

RED 76 D.R. Reddy, "Speech recognition by machine: A review". *Proc. IEEE,* Vol. 64, No. 4, Apr. 1976, S. 487

ROS 75 W.S. Rosenbaum, J.J. Hilliard, "Multifont OCR postprocessing system". *IBM J. Res. Dev.*, Jul. 1975, S.398

RUS 79 G. Ruske, "Maschinen verstehen gesprochene Sprache". *Umschau,* Vol. 79, No. 18, 1979, S. 566

RUS 80 G. Ruske, "Automatische Erkennung gesprochener Sprache". *DAGA '80,* VDE Verlag, 1980

SAM 75 M.R. Sambur, L.R. Rabiner, "A speaker-independent digit recognition system". *Bell System Tech. J.*, Vol. 54, Jan. 1975, S.81

SAV 75 D. Savir, G.J. Laurer, "The characteristics and decodability of the universal product code symbol". *IBM Systems Journal,* Vol. 14, No. 1, 1975

TAF 82 H.J. Tafel, A. Kohl, *Ein- und Ausgabegeräte der Datentechnik.* Hanser, 1982

WAL 73 C.A. Walton, "Electronic recognition and identification system". US Patent 3.816.708

WHI 74 M.H. White et al, "Characterization of surface channel CCD image arrays at low light levels". *IEEE J. Solid-State Circuits,* Vol. SC - 9, Feb. 1974, S. 1

WIT 82 I.H. Witten, *Principles of computer speach.* Academic Press, 1982


**4. Dateneingabe durch Sensoren**


BAR 77 R.C. Barker, J.H. Liaw, "The Wiegand effect". *Techn. Report, Echlin Mfg. Co., Dept. Eng. + Appl. Science,* Yale Univ., Feb. 1977

BAR 78 R.C. Barker, et al., "The Wiegand effect". *Techn. Report, Echlin Mfg. Co., Dept. Eng. + Appl. Science,* Yale Univ., May 1978

BAR 81 P.W. Barth, "Silicon sensors meet integrated circuits". *IEEE Spectrum,* Sep. 1981, S. 33

BET 82 K. Bethe, "Sensoren mit Dünnfilm-Dehnungsmesstreifen aus metallischen und halbleitenden Materialien". *NTG-Fachberichte,* Vol. 79, 1982, S. 168

BIN 82 G. Binnig, "Das Raster-Tunnel-Mikroskop". *Bild der Wissenschaft,* Vol 19, No. 7, Jul. 1982, S. 94

BIN 85 G. Binnig, H. Rohrer, "The scanning tunneling microscope". *Scientific American,* Vol. 253, Aug. 1985, S. 40

BIN 86 G. Binnig, H. Rohrer, "Scanning tunneling microscopy". *IBM J. Res. Dev.*, Vol. 30, 1986, S. 355. Dieses Heft ist mit allen Beiträgen dem Thema "Tunnelstromsonde" und seinen Anwendungen gewidmet.

BOL 81 R. Boll, L. Borek, "Magnetic sensors of new materials". *Siemens Forsch.- und Entw. Ber.*, Vol. 10, No. 2, Springer, 1981, S. 83

BORE 82 L. Borek, "Magnetoelastische Sensoren mit amorphen Metallen". *NTG-Fachberichte,* Vol. 79, 1982, S. 260

BORN 82 W. Bornhöfft, "Ein modernes mikroprozessor-gesteuertes Magnetometer". *NTG-Fachberichte,* Vol. 79, 1982, S. 271

CHR 82 B. Christmann, J. Weber, "Wirbelstrommeßköpfe zur Erfassung von Abständen und Oberflächenfehlern bei Hochtemperaturprozessen". *NTG-Fachberichte,* Vol. 79, 1982, S. 222

DIB 82 U. Dibbern, "Magnetoresistive Sensoren". *NTG-Fachberichte,* Vol. 79, 1982, S. 254

EUC 86 Euchner und Co., Firmenschrift, 1986

FIS 82 P.H.K. Fischer, "Sensoren in Hausgeräten: Stand der Technik - Ausblick in die Zukunft". *NTG-Fachberichte,* Vol. 79, 1982, S. 17

GES 77 M.J. van Gestel et al., "Das Auslesen von Magnetbändern mit Hilfe des Magnetwiderstandeffektes". *Philips Techn. Rdsch.*, Vol. 37, 1977/78, S. 47

GUI 71 P. Guillery, *Werkstoffkunde für Elektroingenieure.* Vieweg, 1971

HEI 82 F. Heintz, E. Zabler, "Probleme bei der Anwendung von Sensoren in Kraftfahrzeugen". *NTG-Fachberichte,* Vol. 79, 1982, S. 25

HES 82 J. Hesse, W. Sohler, "Faseroptische Sensoren". *NTG-Fachberichte,* Vol. 79, 1982, S. 141

HEY 84 W. Heywang, *Sensorik.* Springer 1984

HOL 84 W. Holzapfel, "Optische Kreiselsensoren". *VDI-Berichte,* 509, 1984, S. 119

HOL 85 R. L. Hollis, "A fine positioning device for enhancing robot precision". Proc. Robots 9 Conference, Detroit, 1985

JOH 82 P.O. Johansson, "Correlation meter for non-contact measurement of velocity and length". *NTG-Fachberichte,* Vol. 79, 1982, S. 99

KAL 82 T. Kallfass, E. Lüder, "Ein empfindliches und langzeitstabiles Widerstandsthermometer in Tantal-Dünnschichttechnik". *NTG-Fachberichte,* Vol. 79, 1982, S. 235

KIS 86 "Faseroptische Sensoren auf dem Wege zur industriellen Anwendung" *NTG-Fachberichte,* Vol 93, 1986, S. 206

KLE 82 P. Kleinschmidt, "Piezokeramische Sensoren". *NTG-Fachberichte,* Vol. 79, 1982, S. 189

KNE 62 E. Kneller, *Ferromagnetismus.* Springer Verlag 1962

KUI 75 K.E. Kuijk et al., "The barber pole, a linear magnetoresistive head". *IEEE Trans. Mag.*, Vol. MAG-11, 1975, S. 1218

MAR 86 G.J. Martin, "Gyroscopes may cease spinning". *IEEE Spectrum,* Vol. 23, No. 2, 1986 S. 48

MAS 82 R. Massen, H. Pfeiffer, "Berührungslose Sensoren für die korrelative Meßtechnik". *NTG-Fachberichte,* Vol. 79, 1982, S. 93

NOT 81 B. Nottbeck, G. Schiffner, "The fiber-optic rotation sensor: An analysis of effects, limiting sensitivity and accuracy". *Symp. "Gyro Technology"*, Univ. Stuttg., 23./24. Sep. 1981

ORT 82 W. Ort, "Sensoren mit Dehnungsmesstreifen aus Metallfolien". *NTG-Fachberichte,* Vol. 79, 1982, S. 159

PET 82 E. Pettenpaul, W. Flossmann, "Ionenimplantierte Halleffekt-Sensoren in GaAs". *NTG-Fachberichte,* Vol. 79, 1982, S. 266

PRE 82 H. Preier, "Festkörpersensoren für die Gasanalyse". *NTG-Fachberichte,* Vol. 79, 1982, S. 277

RAA 82 G. Raabe, "Silizium-Temperatur-Sensoren von −50°C bis +350°C". *NTG-Fachberichte,* Vol. 79, 1982, S. 248

RUG 82 I. Ruge, "Sensoren: Schrittmacher für die Mikroelektronik". *NTG-Fachberichte,* Vol. 79, 1982, S. 13

SCH 50 G. Schiffner. "Lichtleitfaser-Rotationssensor auf der Grundlage des Sagnac-Effekts". *Siemens Forsch.- und Entwicklungsber.*, Vol. 9, 1980, S. 16

SEI 77 D. Seitzer, *Elektronische Analog-Digital-Umsetzer.* Springer, 1977

SEI 83 D. Seitzer et al., *Electronic analog-to-digital converters: Principles, circuits, devices, testing.* Wiley, 1983

SUA 75 R.E. Suarez, et al., "All-MOS charge redistribution analog-to-digital conversion techniques". *IEEE J. Solid-State Circuits,* Vol. SC-10, 1975, S. 379

TAY 85 R.H. Taylor, "Precise manipulation with endpoint sensing". *IBM J. Res. Dev.*, Vol. 29, 1985, S. 363

ZAB 82 E. Zabler, F. Heintz, "Kurzschlußring-Sensoren als vielseitig verwendbare Weg- und Winkelgeber im Kraftfahrzeug". *NTG-Fachberichte,* Vol. 79, 1982, S. 213

ZIE 82 H. Ziegler, "Quarzsensoren und ihre Auswerteschaltungen in der Temperaturmesstechnik". *NTG-Fachberichte,* Vol. 79, 1982, S. 232

## 5. Anzeigen und Bildschirme

### 5.1 Übersicht, Beurteilung, wirtschaftliche Gesichtspunkte


ALL 80 R. Allan, "Display technologies offer rich lode for designers". *Electronics* 53, No. 6, 1980, S. 127

AND 85 K. Ando, et al, "A flicker-free 2448 × 2048 dots color CRT display". *SID Symp. Digest*, Vol. 16, 1985, S. 338

BAR 51 S.H. Bartley, "The psychophysiology of vision". *Handbook of experimental psychology, John Weely & Son*, 1951, S. 921

BAU 75 G. Bauer, "Die Candela". *PTB Mitteilungen*, Vol. 85, 1975

BIS 80 K. Bischoff, "Die Realisierung der SI-Basiseinheit Candela (cd) nach ihrer Neudefinition 1979". *PTB-Mitteilungen*, Vol. 90, No. 1, 1980, S. 20

BOL 85 S. Bolger et al., "A second-generation chip set for driving El panels". *SID Symp. Digest*, Vol. 16, 1985, S. 229

CAS 82 J.A. Castellano, "Current US and world markets for electronic displays". *SID Symp. Digest*, Vol. 13, 1982, S. 24

CHA 80 I.F. Chang, "Recent advances in display technologies". *Proc. SID*, Vol. 21, No. 2, 1980, S. 45

DAT 86 Dataquest, 1986

DIN 78 DIN 5033, Farbmessung, 1978

FIS 80 A. Fischer, "Flache Fernsehbildschirme". *ntz*, Vol 33, No. 3, 1980, S. 162

KNO 86 Knoll, *Displays*. Hüthig, 1986

LÜD 82 E. Lüder et al., "Photolithographical processed TFT-addressed LC displays". *SID Symp. Digest*, Vol. 13, 1982, S. 186

LUO 82 F. Luo, D. Hoesly, "Hybrid processed TFT matrix circuits for flat display panels". *SID Symp. Digest*, Vol. 13, 1982, S. 46

RIC 80 M. Richter, *Einführung in die Farbmetrik*. de Gruyter, 1980

SCH 75 M. Schiekel, "Moderne Anzeigetechniken". *ntz*, Vol. 28, No. 6, 1975, S. 189

SHE 79 S. Sherr, *Electronic displays*. Wiley, 1979

SPE 82 J. Spencer, "The high voltage IC and its future". *SID Symp. Digest*, Vol. 13, 1982, S. 256

TAN 85 L.E. Tannas, *Flat panel displays and CRT's*. Van Nostrand Reinhold, 1985

TEX Texas Instruments, Deutschland, *Das Opto-Kochbuch: Theorie und Praxis der Optoelektronik*.

UNA 83 T. Unagami, B. Tsujiyama, "High-voltage polycrystalline Si-TFT for addressing electroluminescent devices". *SID Symp Digest*, Vol. 14, 1983, S. 154

WYS 82 G. Wyszecki, W.S. Stiles, *Color Science*. Wiley, 1982


### 5.2 Glühfadenanzeigen


ALT 73 P.M. Alt, P. Pleshko, "Performance and design considerations of the thin-film tungsten matrix display". *IEEE Trans. Electron Devices*, Vol. ED-20, No. 11, Nov. 1973, S. 1006

HOC 73 F. Hochberg et al., "A thin-film integrated incandescent display" *IEEE Trans. Electron Devices*, Vol. ED-20, No.11, Nov. 1973, S. 1002


### 5.3 Kathodenstrahlröhren

#### 5.3.1 Fernseh-Schwarzweiß- und -Farbröhren


ALP 80 M. van Alphen, J. van den Berg, "Quadropole post-focusing shadowmask CRT". *SID Symp. Digest*, Vol. 11, 1980, S. 46

AND 83 K. Ando, et al., "A beam-index color display system". *SID Symp. Digest*, Vol. 14, 1983, S. 74

GRI 84 E.E. Gritz, "High-brightness high-resolution miniature CRT's". *SID Symp. Digest*, Vol. 15, 1984, S. 340

HER 74 E.W. Herold, "History and development of the color picture tube". *SID Symp. Digest,* Vol. 5, 1974, S. 9

HER 76 E.W. Herold, "A history of color television displays". *Proc. IEEE,* Vol. 64, No. 9, Sept. 1976, S. 1331

HOC 82 E.F. Hockings et al., "A dipole-quadrupole focus mask for color picture tubes". *SID Symp. Digest,* Vol. 13, 1982, S. 52

KAS 83 J. Kaster, M. Häusing, "A TV-based multi-screen display system". *SID Symp. Digest,* Vol. 14, 1983, S. 88

KAZ 68 B. Kazan, M. Knoll, *Electronic image storage.* Academic Press, New York, 1968

MAN 78 F. Manz, "Zur Technik großer Fernseh-Bildröhren". Bericht: Jahrestagung der Fernseh- und Kinotechnischen Gesellschaft (FKTG) Trier, 1978, S. 210

MIT 80 Mitsubishi, "The outline of color display system", *Firmenschrift,* 1980

MOR 74 A.M. Morell et al., *Color television picture* tubes. Academic Press, 1974

OHK 85 A. Ohkoshi, "Ultra-large-screen color display". *SID Symp. Digest,* Vol. 16, 1985, S. 18

SCH 72 H. Schönfelder, *Fernsehtechnik.* J. von Liebig Verlag, Darmstadt, 1972

SCH 76 J. W. Schwartz, "Twenty-five years without panel TV". *SID Symp. Digest,* Vol. 7, 1976, S. 124

SEA 71 P. Seats, "The cathode-ray tube: A review of current technology and future trends". *IEEE Trans. Electron Devices,* Vol. ED-18, Sep. 1971, S. 679

SEI 86 H. Seifert, "Elektronenstrahlröhren". *Techn. Akademie Esslingen,* Lehrgang 8975/74.075, Nov. 1986

TAN 78 L.E. Tannas, W.F. Goede, "Flat-panel displays: A critique". *IEEE Spectrum,* Jul. 1978, S. 26

VER 82 J. Verweel, "Magnetic focusing for CTV tube masks". *SID Symp. Digest,* Vol. 13, 1982, S. 54

WOO 82 A. Woodhead, "The channel electron multipler CRT: Concept, design and performance". *SID Symp. Digest,* Vol. 13, 1982, S. 206

YOS 68 S. Yoshida, A. Ohkoshi, "The Trinitron: a new color tube". *IEEE Trans. Broadcast Telev. Receivers,* Vol. BTR-14, Jul. 1968, S. 19

**5.3.2 Penetron**

BUR 79 C.T. Burilla et al., "Penetration and cathodoluminescent properties of a $La_2O_2S$ penetration phosphor". *SID Symp. Digest,* Vol. 10, 1979, S. 70

MAY 73 A.J. Mayle, "Driving beam penetration color CRTs". *Proc. SID,* May/Jun. 1973, S. 6

**5.3.3 Speicherröhre**

CHE 75 T.B. Cheek, "Improving the performance of DVST systems". *SID Symp. Digest,* Vol. 6. 1975, S. 60

CUR 77 C. Curtin, "Recent advances in direct-view storage tubes". *SID Symp. Digest,* Vol. 8, 1977, S. 132

DEV 78 B. Devey, "Large screen direct-view storage monitor". *SID Symp. Digest,* Vol. 9, 1978, S. 116

TEK Tektronix, Firmenschrift

WIN 67 C.N. Winningstad, "The simplified direct-view bistable storage tube in computer-output applications". *SID Symp. Digest,* 1967, S. 129

WOO 78 T. Woody, "Improved phosphor life in direct-view storage CRTs". *SID Symp. Digest,* Vol. 9, 1978, S. 118

**5.3.4 Flache Bildschirme, Kathodolumineszenzanzeigen**

GAL 86 R.T. Gallagher, "Flat-panel display built that could compete with CRTs". *Electronics,* Vol. 59, No. 24, Jun 16, 1986, S.18

GE 82 S. Ge, "Grid-control matrix fluorescent display panel". *SID Symp. Digest,* Vol. 13, 1982, S. 216

GOE 73 W.F. Goede, "A digitally addressed flat-panel CRT". *IEEE Trans. Electron Devices,* Vol. ED-20, 1973, S. 1052

IWA 81 M. Iwade et al., "Vacuum fluorescent display for TV video images". *SID Symp. Digest,* Vol. 12, 1981, S. 136

JAC 80 R.N. Jackson, "Flat television display". *Phys. in Technology 11,* No. 6, Nov. 1980, S. 224

KAS 80 K. Kasano et al., "A 240-character vacuum fluorescent display and its drive circuitry". *Proc. SID,* Vol. 21, No. 2, 1980, S. 107

MAR 78 P. Marten, Untersuchungen zur Realisierung eines flachen Bildschirms mit adressierbarem Elektronenstrahl". *ntz 31,* 1978, S. 818

PYK 85 T.L. Pykosz et al., "Color graphic front luminous VFD". *SID Symp. Digest,* Vol. 16, 1985, S. 366

SMI 79 K. Smith, "CRT slims down for pocket and projection TVs". *Electronics,* Jul. 19, 1979, S. 67

UCH 82 M. Uchiyama et al., "High resolution vacuum fluorescent display with 256 × 256 dot matrix". *SID Symp. Digest,* Vol. 13, 1982, S. 212

UEM 80 S. Uemura, K.Kiyozumi, "Flat VFD TV display incorporating MOS-FET switching array". *1980 Biennial Display Research Conference,* IEEE, S. 126

WAT 86 H. Watanabe, R.A. West, "A 640 × 400 graphic front luminous VFD". *SID Symp. Digest,* Vol. 17, 1986, S. 407

**5.4 Lichtemittierende Diode (LED)**

BAU 77 W. Bauer, H.H. Wagener, *Bauelemente und Grundschaltungen der Elektronik,* Band 1. Hanser, 1977

BUR 79 K.T. Burnette, W. Melnick, "Multi-mode matrix LED display program". *SID Symp. Digest,* Vol. 10, 1979, S. 62

EDM 73 H.D. Edmonds, W.E. Mutter, "A monolithic light-emitting-diode display". *IEEE Trans. Electron Devices,* Vol. ED-20, 1973, S. 1068

FRE 76 B.L. Frescura, "Limitations on the size of monolithic xy addressable LED arrays". *SID Symp. Digest,* Vol. 7, 1976, S. 54

GIL 81 K. Gillessen et al., "A survey of interconnection methods which reduce the number of external connections for LED displays". *Proc. SID,* Vol. 22, 1981, S. 181

HAR 78 R.L. Harris, "Modular flat panel displays using light emitting diodes". *IEEE/SID Biennial Display Conf. Record,* Vol. 20, 1978, S. 20

ICH 83 O. Ichikawa et al., "Large-size multi-color LED flat panel display". *Proc. Japan Display '83,* 1983, S. 246

KIM 84 P.K. Kimber et al., "High-resolution LED matrix displays". *SID Symp. Digest,* Vol. 15, 1984, S. 37

LEH 51 K. Lehovec et al., "Injected light emission of SiC crystals". *Phys. Rev.*, Vol. 83, 1951, S. 603

LOS 24 O. Lossev, "Oscillating crystals". *Wireless World,* Vol. 15, 1924, S. 93

PIL 81 M.H. Pilkuhn, "Light emitting diodes". C. Hilsum (ed.), *Handbook on Semiconductors,* Vol. 4, North Holland, 1981, S. 539

QUE 81 H.J. Queisser, "Luminescence, review and survey". *J. Lumin.*, Vol. 24, 1981, S. 3

ROU 07 H.J. Round, "A note on Carborundum". *Electron. World,* Vol. 149, 1907, S. 308

WEL 52 H. Welker, "Über neue halbleitende Verbindungen". *Z. Naturforsch.*, Vol. 7a, 1952, S. 744 und Vol. 8a, 1953, S. 248

WIC 80 D.K. Wickenden, "Solid state electroluminescent displays". *Physics in Technology,* Vol. 11, No. 6, Nov. 1980, S. 211

WIN 81 G. Winstel, C. Weyrich, *Optoelektronik I: Lumineszenz- u. Laserdioden.* Springer, 1981

**5.5 Elektrolumineszenz**

ABD 78 M.I. Abdalla, J.A. Thomas, "Low voltage D.C. electroluminescence in ZnS, (Mn Cu) thin films". *Proc. SID,* Vol. 19, No. 3, 1978, S. 91

ABD 84 M.I. Abdalla et al., "Large-area A.C. thin-film EL displays". *SID Symp. Digest,* Vol. 15, 1984, S. 245

ALT 84 P.M. Alt, "Thin-film electroluminescent displays: Device characteristics and performance". *Proc. SID,* Vol. 25, No. 2, 1984, S. 123

BAR 86 W.A. Barrow et al, "Multicolor TFEL display and exerciser". *SID Symp. Digest,* Vol. 17, 1986, S. 25

CHA 84 S. Chandha, A. Vecht, "Stabilization of DCEL in ZnS:Mn thin films". *SID Symp. Digest,* Vol. 15, 1984, S. 25

CHE 70 S. Chen et al., "Characteristics of pulse excited electroluminescence from ZnS films containing rare earth fluoride". *Proc. IEEE,* Vol. 58, 1970, S. 184

DES 36 G.Destriau, "Recherches sur les scintillations des sulfures de zinc aux rayons α". *J. Ch. Phys.*, Vol. 33, 1936, S. 587

DUN 83 J. Dunker, "A large information board using TFEL devices". *SID Symp. Digest,* Vol. 14, 1983, S.42

FIS 76 A.G. Fischer, "White-emitting, high-contrast low-voltage, AC-electroluminescent, multi-element display panels". *Appl. Phys.*, Vol. 9, 1976, S. 277

FUJ 83 Y. Fujita et al., "Large scale A.C. thin-film electroluminescent display panel". *Proc. Japan Display '83,* 1983, S. 76

HIG 84 M.H. Higton, "High-contrast thin-film / powder composite DCEL devices". *SID Symp. Digest,* Vol. 15, 1984, S. 29

HOW 81 W.E. Howard, "Electroluminescent display technologies and their characteristics". *Proc. SID,* Vol. 22, No. 1, 1981, S. 47

INO 74 T. Inoguchi et al., "Stable high-brightness thin-film electroluminescence panels". *SID Symp. Digest,* Vol. 5, 1974, S. 84

IVE 63 H.F. Ivey, "Electroluminescence and related effects". *Adv. in Electronics and Electron Phys. Supplement I.* Academic Press, New York, 1963

KIR 81 J. Kirton, "Panel electroluminescence the second time around, a successful display in the 1980s ?". *Proc. EURODISPLAY '81,* VDE Verlag, 1981, S. 144

LIN 84 I. Linden, et al., "A 256 × 512 graphic EL display module". *SID Symp. Digest,* Vol. 15, 1984, S. 238

MAY 84 J.W. Mayo et al., "A 2000 character DCEL display". *SID Symp. Digest,* Vol. 15, 1984, S. 22

MIT 74 S. Mito et al., "TV imaging system using electroluminescent panels". *SID Symp Digest,* Vol. 5, 1974, S. 86

MIT 77 S. Mito, "New horizons for electroluminescence in display devices". *SID Symp. Digest,* Vol. 8, 1977, S. 86

ROB 82 D.J. Robbins et al., "A new low-voltage Si-compatible electroluminescent device". *IEEE ED-Newsletter,* Vol. EDL-3, No. 6, Jun. 1982, S. 148

SMI 81 P.J.F. Smith, N.J. Werring, "Progress in DC electroluminescent displays and systems". *Eurodisplay '81,* VDE Verlag, 1981, S. 149

SUZ 76a C. Suzuki, "Optical writing on a thin-film EL panel with inherent memory". *SID Symp. Digest,* Vol. 7, 1976, S. 52

SUZ 76b C. Suzuki et al., "Character display using thin-film EL panel with inherent memory". *SID Symp. Digest,* Vol. 7, 1976, S. 50

SUZ 77 C. Suzuki et al., "Optical writing and erasing on thin film EL graphic display". *SID Symp. Digest,* Vol. 8, 1977, S. 90

SUZ 78 C. Suzuki et al., "Direct electrical readout from thin-film EL panels". *SID Symp. Digest,* Vol. 9, 1978, S. 134

VEC 68 A. Vecht et al., "High efficiency DC electroluminescence in ZnS (MnCu)". *Brit. J. Appl. Phys. (J. Phy. D),* Vol. 1, 1968, S. 134

VEC 73 A. Vecht et al., "Direct-current electroluminescence in zinc-sulphide: State of the art". *Proc. IEEE,* Vol. 61, July 1973, S. 902

WIC 80 D.K. Wickenden, "Solid state electroluminescent displays". *Physics in Technology,* Vol. 11, No. 6, Nov. 1980, S. 211

YAM 74 Y. Yamauchi et al., "Inherent memory effects in ZnS: Mn thin-film EL devices". *Int'l Electron Devices Mtg., Digest,* Dec. 1974, S. 348

**5.6 Plasma-Anzeigetafel**

ARO 67 B.M. Arora et al., "The plasma display panel: A new device for information display and storage". *SID 8th National Symp. Digest,* 1967, S. 1

DOS 45 J. Dosse, G. Mierdel, *Der elektrische Strom im Hochvakuum und in Gasen.* Hirzel, Leipzig, 1945

SLO 76 H.G. Slottow, "Plasma display". *IEEE Trans. Electron Devices,* Vol. ED-23, 1976, S. 760

SOB 73 A. Sobel, "Electronic Numbers". *Scientific American,* 1973, S. 65

WES 80 G.F. Weston, "Gas discharge displays". *Phys. in Technology* 11, No. 6, Nov. 1980, "Display Devices", S. 218

**5.6.1 Plasma-Anzeigetafel für Gleichspannungsbetrieb**

AMA 82 Y. Amano et al., "A high-resolution DC plasma display panel". *SID Symp. Digest,* Vol. 13, 1982, S. 160

FUK 74 M. Fukushima et al., "Color-TV design using a flat gas-discharge panel". *SID Symp. Digest,* Vol. 5, 1974, S. 120

HOL 72 G.E. Holz, "The primed gas discharge cell: a cost and capability improvement for gas discharge matrix displays". *Proc. SID,* Vol. 13, 1972, S. 2

HOL 83 G. Holz et al., " A 2000 character self-scan memory plasma display". *SID Symp. Digest,* Vol. 14, 1983, S. 130

MIK 84 S. Mikoshiba, S. Shinada, "An 8 in.-diagonal high-efficiency Townsend-discharge memory panel color tv display". *SID Symp. Digest,* Vol. 15, 1984, S. 91

MIL 81 D. Miller et al., "An improved performance self scan I panel design". *Proc. SID,* Vol. 22, No. 3, 1981, S. 159

SMI 82 J. Smith, "A gas discharge display for compact desk-top word processors". *IEEE Trans. Electron Devices,* Vol. ED-29, No. 2, Feb. 1982, S. 174

**5.6.2 Plasma-Anzeigetafel: Wechselspannungsbetrieb**

AND 77 S. Andoh et al., "Self shift PDP with meander electrodes". *SID Symp. Digest,* Vol. 8, 1977, S. 78

BEI 79 J. Beidl et al., "High resolution shift panel". *Proc. SID,* 1979, Vol. 20, No. 3, S. 147

BRO 72 F.H. Brown, M. Tamm Zayac, "Multicolor gas-discharge display panel". *Proc. SID,* Vol. 13, No. 1, First Quarter 1972, S.52

COL 75 W.E. Coleman, D.G. Craycraft, "A serial input plasma charge transfer display device". *SID Symp. Digest,* Vol. 6, 1975, S. 114

CRI 81 T.N. Criscimagna et al., "Write and erase waveforms for high resolution AC plasma display panels". *IEEE Trans. Electron Devices,* Vol. ED-28, No. 6, 1981, S. 630

CRI 85 T.N. Criscimagna et al., "A 960 × 768 PEL AC plasma panel operating in video mode from an IBM personal computer". *SID Symp. Digest,* Vol. 16, 1985, S. 354

CRI 86 T. N. Criscimagna et al., "Enhancement of write/erase speeds for AC plasma panels". *SID Symp. Digest*, Vol. 17, 1986, S. 395

DIC 74 G.W. Dick, "Single substrate AC plasma display". *SID Symp. Digest*, Vol. 5, 1974, S. 124

DIC 79 G.W. Dick, M.R. Bazzo, "A planar single-substrate AC plasma display with capacitive vias". *IEEE Trans. Electron Devices*, Vol. ED-26, No. 8, 1979, S. 116

ERN 73 R.E. Ernsthausen et al., "A megabit plasma display panel". *SID Symp. Digest*, Vol. 4, 1973, S. 74

HOE 73 H.J. Hoehn, R.A. Martel, "Recent developments on threecolor plasma display panels". *IEEE Trans. Electron Devices*, Vol. ED-20, Nov. 1973, S. 1078

KLE 79 B.G. Kleen et al., "The design of a versative gas panel subsystem". *Proc. SID*, Vol. 20, 1979, S. 139

LAN 78 C. Lanza, O. Sahni, "Numerical calculation of the characteristics of an isolated AC gas discharge display panel cell". *IBM J. Res. Dev.*, Vol. 22, No. 6, Nov. 1978, S. 641

LOR 82 J. Lorenzen, "Design optimization of a 960 x 768 line AC plasma display panel". International Display Research Conference, 1982

NGO 74 P. Ngo, "Light pen capability on a plasma display panel". *SID Symp. Digest*, Vol. 5, 1974, S. 24

PLE 80 P. Pleshko, "AC plasma display device technology: An overview". *Proc. SID*, Vol. 21, No. 2, 1980, S. 93

REI 78 A. Reisman, K.C. Park, "AC gas discharge panels: Some general considerations". *IBM J. Res. Dev.*, Vol. 22, No. 6, Nov. 1978, S. 589. Dieses Heft ist mit allen Beiträgen dem Thema "Plasma-Anzeigetafel für Wechselspannungsbetrieb" gewidmet.

SCH 74 I.D. Schermerhorn, "Internal random access address decoding in AC plasma display panel". *SID Symp. Digest*, Vol. 5, 1974, S. 22

SHI 80 T. Shinoda et al., "Surface discharge color AC-plasma display panels". Biennial Display Research Conf., 1980

SLO 77 H.G. Slottow, "The voltage transfer curve and stability criteria in the theory of the AC plasma display". *IEEE Trans. Electron Devices*, Vol. ED-24, No. 7, July 1977, S. 848

SOP 82 T.J. Soper et al., "High resolution meter-size display technology". *SID Symp. Digest*, Vol. 13, 1982, S. 162

UCH 83 H. Uchiike et al., "Improved surface discharge AC-plasma display panels with new electrode structure". *Proc. Japan Display*, 1983, S. 258

UME 72 S. Umeda, T. Hirose, "Self-shift plasma display". *SID Symp. Digest*, Vol. 3, 1972, S. 38

WEB 71 L.F. Weber, "Optical write-in for plasma display panel". *IEEE Trans. Electron Devices*, Vol. ED-18, Sep. 1971, S. 664

WEB 73 L.F. Weber, R.L. Johnson, "Direct electrical readout from plasma display memory panels". *IEEE Trans. Electron Devices*, Vol. ED-20, Nov. 1973, S. 1082

YAM 82 H. Yamaguchi et al., "High speed and high resolution self-shift plasma display". *International Display Research Conference*, 1982


**5.7 Elektromechanische Anzeige**


FER Ferranti Packard, "Displays 7-bar readout". Firmenschrift

SMI 69 C.N. Smith, "Lever operated display device". US Patent: Nr. 3.537.197, 1969

WAL 74 W. Walter, "Digitale Anzeigevorrichtungen". *Taschenbuch der Informatik, Band II, K. Steinbuch, W. Weber (Herausgeber)*, Springer, 1974, S. 365


**5.8 Schlierenoptik-Projektionsanzeige**


BAU 53 E. Baumann, "The Fischer large screen projection system". *Journal SMPTE*, Vol. 60, 1953, S. 344

EIC 74 H.J. Eichler, "Interferenz und Beugung". Bergmann-Schaefer, *Lehrbuch der Experimentalphysik.* Band III, Optik, H. Gobrecht (Herausgeber), De Gruyter, 1974, S. 29

ELL 63 G.W. Ellis, "Two channel simultaneous color projection systems". US Patent: Nr. 3.265.811, 1963

GLE 65 W.E. Glenn, "Thermoplastic recording, a progress report". *Journal SMPTE,* Vol. 74, Aug. 1965, S. 663

GLE 70 W.E. Glenn, "Principles of simultaneous color projection television using fluid deformation". *Journal SMPTE,* Vol. 79, Sep. 1970, S. 788

GOO 69 W.E. Good, "A new approach to color television display and color selection using a sealed light valve". *IEEE Trans. Broadcast Telev. Receivers,* Vol. BTR 15, Feb. 1969, S. 21

GOO 71 W.E. Good et al., "System concepts and recent advancements in light valve color TV projector". *SID Symp. Digest,* Vol. 2, 1971, S. 21

GRE 58 E. Gretener, "Ein neuer Fernsehgroßprojektor". *Neue Zürcher Zeitung,* Nr. 1169, Beilage "Technik", 23. Apr. 1958

HAK 74 D.B. Hakewessell, "7000 Lumen color-TV projector development". *SID Symp. Digest,* Vol. 5, 1974, S. 138

LAB 50 E. Labin, "The Eidophor method for theater television". *J. Society Motion Picture Television Eng.,* Apr. 1950, S. 393

LAK 76 A. I. Lakatos, R.F. Bergen, "Real time RUTICON projection display". 1976 Biennial Display Conference, New York, Oct. 1976, S. 76

MAH 84 G. Mahler, "Wiedergabe von HDTV-Bildern mit Lichtventilprojektion". *F&KT,* Vol. 38, 1984, S. 11

MOL 62 J.C. Mol, "The Eidophor system of large screen television projection". *Photographic J.,* Vol. 102, Apr. 1962, S. 128

POH 63 R.W. Pohl, *Einführung in die Physik, Dritter Band, Optik und Atomphysik.* Springer, 1963

ROS 73 B.J. Ross, E. T. Kozol, "Performance characteristics of the deformographic storage display tube (DSDT)". *1973 IEEE International Convention,* Vol. 5, Mar. 1973, S. 26

TEP 83 R. Tepe, "Beitrag zur Theorie der Oberflächendeformation von Lichtventilsteuerungen". *Archiv f. Elektrotech.,* Vol. 66, 1983, S. 335

THO 82 R.E. Thoman, "Contemporary large screen displays". *SID Symp. Digest,* Vol. 13, 1982, S. 106

TRU 71 T.T. True, W.E. Good, "Principles of dynamic color selection in a light valve color TV projector". *SID Symp. Digest,* Vol. 2, 1971, S. 26

TRU 73 T.T. True, "Color television light valve projection systems". IEEE, International Convention, Session 26, 1973, S. 1

TRU 79 T.T. True, "Recent advances in high-brightness and high resolution color light valve projectors". *SID Symp. Digest,* Vol. 10, 1979, S. 20

**5.9 Kerr-Zellen-Projektionsanzeige**

ARD 38 M. von Ardenne, "Methoden und Anordnungen zur Speicherung beim Fernsehempfang". *TFT: Telegraphen-, Fernsprech-, Funk- und Fernsehtechnik,* Bd. 27, 1938, S. 518

ARD 39 M. von Ardenne, "Ein neues Großflächen-Lichtrelais für Intensitäts-, Farb- oder Polarisationsebenen-Steuerung". *TFT: Telegraphen-, Fernsprech-, Funk- und Fernsehtechnik,* Vol. 28, No. 6, 1939, S. 226

KUL 64 W. Kulcke et al., "A fast, digital-indexed light deflector". *IBM J. Res. Dev.,* Vol. 8, No. 1, Jan. 1964, S. 6

KUL 66 W. Kulcke et al., "Digital light deflectors". *Proc. IEEE,* Vol. 54, No. 10, Oct. 1966, S. 1419

MAR 73 G. Marie, J. Donjon, "Single-crystal ferroelectrics and their application in light valve display devices". *Proc. IEEE,* Vol. 61, No. 7, Jul. 1973, S. 942

SCH 67 U.J. Schmidt, "Anwendung und Stand der digitalen Lichtstrahlablenkung". *Elektronische Rundschau,* Vol. 21, 1967 S. 165

SCH 69 U.J. Schmidt, W. Thust, "A 10-stage digital light beam deflector". *J. Optoelectronics,* Vol. 1, 1969, S. 21

SCH 76 U.J. Schmidt, "Elektrooptische Ablenkung von Laserstrahlen". *Philips Tech. Rdsch.,* Vol 36, No. 6, 1976/77, S. 172

THU 81 W. Thust, "Large screen display for air command and control system". Nato Meeting, Brüssel, 14. Apr. 1981

THU 82 W. Thust, "Laser air situation display". *Armada International,* Vol. 1, 1982, S. 52

VOH 73 P. Vohl et al., "Real-time incoherent-to-coherent optical converter". *IEEE Trans. Electron Devices,* Vol. ED-20, 1973, S. 1032

**5.10 Flüssigkristalle**

ALT 74 P.M. Alt, P. Pleshko, "Scanning limitations of liquid-crystal displays". *IEEE Trans. Electron Devices,* Vol. ED-21, 1974, S. 146

BAR 81 D. Baraff et al., "Optimization of metal-insulator-metal nonlinear devices in multiplexed liquid crystal displays". *IEEE Trans. Electron Devices,* Vol. ED-28, 1981, S. 736

BOS 83 P.J. Bos et al, "A liquid-crystal optical-switching device (π cell)". *SID Symp. Digest.,* Vol. 14, 1983, S. 30

BRO 73 T.P. Brody et al., "A 6 × 6 inch 20 lines-per inch liquid crystal display panel". *IEEE Trans. Electron Devices,* Vol. ED-20, 1973, S. 995

BUR 83 J.R. Burns, G. W. Taylor, "Liquid crystal message center display". *SID Symp. Digest.,* Vol. 14, 1983, S. 40

CLA 80 M.G. Clark et al., " Liquid crystal materials and devices". *Phys. in Technology,* Vol. 11, No. 6, Nov. 1980, S. 232

DEW 77 A.G. Dewey et al., "A 2000 character thermally-addressed liquid crystal projection display". *SID Symp. Digest,* Vol. 8, 1977, S. 108

DEW 82a A. G. Dewey, J.D. Crow, "The application of GaAs lasers to high-resolution liquid-crystal projection displays". *IBM J. Res. Dev.,* Vol. 26, No. 2, Mar. 1982, S. 177

DEW 82b A.G. Dewey et al., "A 4 Mpel liquid crystal projection display addressed by a GaAs laser array". *SID Symp. Digest,* Vol. 13, 1982, S. 240

DEW 83 A.G. Dewey et al., "A 64-million PEL liquid crystal projection display". *SID Symp. Digest,* Vol. 14, 1983, S. 36

DRE 79 K. Dreyfack, "LCD uses three molecular states to produce experimental TV picture". *Electronics,* April 26, 1979, S. 70

GEN 74 P.G. de Gennes, *The physics of liquid crystals.* Clarendon, 1974

HAM 85 B. Hampel. W. Pauls, "Anwendungstechnische Eigenschaften heutiger TN-Anzeigen". Techn. Akademie Esslingen, Lehrgang 8092/72.102, Nov. 1985

HAR 78 M. Hareng, S. LeBerre, "Liquid crystal flat display". Int. Electron Devices Mtg., *IEEE, Tech. Digest,* Dec. 1978, S. 258

HEI 68 G.H. Heilmeier, L.A. Zanoni, "Guest-Host interactions in nematic liquid crystals: A new electrooptic effect". *Appl. Phys. Letters,* Vol. 13, No. 3, Aug. 1968, S. 91

KAS 81 K. Kasahara et al., "A liquid-crystal display panel using a MOS array with gate-bus drivers". *IEEE Trans. Electron Devices,* Vol. ED-28, 1981, S. 744

KME 76 A.R. Kmetz, F.K. von Willisen, *Nonemissive electrooptic displays.* Plenum Press, 1976

KME 82 A.R. Kmetz, "Interconnection and addressing for LCD with reduced lead count". *SID Symp. Digest,* Vol. 13, 1982, S. 182

LAG 82 A. Lagos, F. Gharadjedaghi, "A non-multiplexed LCD dot matrix". *SID Symp. Digest,* Vol. 13, 1982, S. 184

LEB 82 S. Le Berre et al., "A flat smectic liquid crystal display". *SID Symp. Digest,* Vol. 13, 1982, S. 252

LIP 73 L.T. Lipton, N.J. Koda, "Matrix-addressed liquid crystal panel display". *SID Symp. Digest,* Vol. 4, 1973, S. 46

LU 82 S. Lu et al., "Thermally-addressed pleochroic dye switching liquid crystal display". *SID Symp. Digest,* Vol. 13, 1982, S. 238

MAT 81 S. Matsumoto et al., "Liquid crystal television display, material considerations". *Proc. EURODISPLAY '81,* VDE Verlag, 1981, S. 17

MEI 75 G. Meier et al., *Application of liquid crystals.* Springer, 1975

OKU 82 Y. Okubo et al., "Large-scale LCDs addressed by a-Si TFT array". *SID Symp. Digest,* Vol. 13, 1982, S. 40

REE 79 L.T. Rees, "Three-line multipleing cuts pin count of complex LCD". Electronics, Jul. 5, 1979, S. 141

SAW 82 K. Saweda, Y. Masuda, "Double-layered guest-host display with wide operating temperature range". *SID Symp. Digest,* Vol. 13, 1982, S. 176

SCH 82 H. Schad, "Reflective-type LC matrix-display for high multiplexing rates". *SID Symp. Digest,* Vol. 13, 1982, S. 244

SHA 78 I.A. Shanks, "Liquid crystal oscilloscope displays". *SID Symp. Digest,* Vol. 9, 1978, S. 98

SMI 78 P. Smith, "Multiplexing liquid-crystal displays". *Electronics,* May 25, 1978, S. 113

UCH 80 T. Uchida et al., "Bright dichroic guest-host LCDs without a polarizer". *SID Symp. Digest,* Vol. 11, 1980, S. 192

UGA 84 Ugai et al., "A 7.23" in diagonal color LCD addressed by a-Si TFTs". *SID Symp. Digest,* Vol. 15, 1984

WHI 74 D.L. White, G.N. Taylor, "New absorptive mode reflective liquid-crystal display device". *J. Appl. Phys.,* Vol. 45, Nov. 1974, S. 4718

WIE 84 W. Wiemer, K. Fahrenschon, "Large-area liquid-crystal displays for public information boards". *SID Symp. Digest,* Vol. 15, 1984, S. 51


**5.11. Elektrophorese**


BEI 86 S. Beilin et al, "2 000 - character electrophoretic display". *SID Symp. Digest,* Vol. 17, 1986, S. 136

CHI 77 A. Chiang, "Conduction mechanism of charge control agents used in electrophoretic display devices". *Proc. SID,* Vol. 18, No. 3/4, 1977, S. 275

DAL 74 A.L. Dalisa, R.A. Delano, "Recent progress in electrophoretic displays". *SID Symp. Digest,* Vol. 5, 1974, S. 88

DAL 77 A.L. Dalisa, "Electrophoretic display technology". *IEEE Trans. Electron Devices,* Vol. ED-24, 1977, S. 827

EVA 69 P.F. Evans et al., "Color display device". US Patent: 3 612 758, 1969

KOR 84 C. Kornfeld, "A defect-tolerant active-matrix electrophoretic display". *SID Symp. Digest,* Vol. 15, 1984, S. 142

LEE 75 L.L. Lee, "A magnetic particles display". *IEEE Trans. Electron Devices,* Vol. ED-22, 1975, S. 758

LEE 77 L.L. Lee, "Matrix-addressed magnetic particles display". *SID Symp. Digest,* Vol. 8, 1977, S. 112

MET 56 K.A. Metcalfe, R.J. Wright, "Fine grain development in Xerography". *J. Sci. Instrum.,* Vol. 33, 1956, S. 194

MUR 84 P. Murau, "Characteristics of an x-y addressed electrophoretic image display (EPID)". *SID Symp. Digest,* Vol. 15, 1984, S. 141

OTA 73 I. Ota et al., "Electrophoretic image display (EPID) panel". *Proc. IEEE,* Vol. 61, No. 7, Jul. 1973, S. 832

SAI 82 M. Saitoh et al., "An electrical twisting ball display". *SID Symp. Digest,* Vol. 13, 1982, S. 96

SHE 77 N.K. Sheridon, M.A. Berkovits, "The gyricon: A twisting ball display". *Proc. SID,* Vol. 18, No. 3/4, 1977, S. 289

SIN 77 B. Singer, "An x-y addressable electrophoretic display". *Proc. SID,* Vol. 18, 1977, S. 255

VER 48 E.J. Verwey, J. Overbeek, *Theory of the stability of lyophobic colloids.* Elsevier, Amsterdam, 1948

WHI 81 A. White, "An electrophoretic bar graph display". *Proc. SID,* Vol. 22, No. 3, 1981, S. 173

**5.12 Elektrochromismus**

AND 86 E. Ando, et al, "Large-area dot format electrochromic display". *SID Symp. Digest,* Vol. 17, 1986, S. 132

BAR 80 D.J. Barklay et al., "An integrated electrochromic data display". *SID Symp. Digest,* Vol. 11, 1980, S. 124

CHA 76 I.F. Chang, "Electrochromic and electrochemichronic materials and phenomena". *Non-Emissive Electro-Optic Displays,* ed.: Kmetz, von Willise. *Plenum Press,* New York, 1976, S. 155

CHA 81 I.F. Chang, "State of the art of electrochromic and electrochemichromic displays". *IEEE Electro 1981*

GIG 75 R.D. Giglia, "Features of an electrochromic display device". *SID Symp. Digest,* Vol. 6, 1975, S. 52

MAS 82 T. Masumi et al., "Response-improved electrochromic display based on organic materials". *SID Symp. Digest,* Vol. 13, 1982, S. 100

**5.13 Zusammenfassung**

REI 74 I. Reingold, "Display devices: A perspective on status and availability". *Proc. SID,* Vol. 15, No. 2, 1974, S. 63

**6. Schreibmaschinen, Druckwerke, Kopierer**

**6.1 Übersicht, Beurteilung, wirtschaftliche Gesichtspunkte**

ANA 82 D. Anastassiov, K.S. Pennington "Digital halftoning of images". *IBM J. Res. Dev.,* Vol. 26, 1982, S. 687

CRA 84 J.L. Crawford et al., "Print quality measurements for high-speed electrophotographic printers". *IBM J. Res. Dev.,* Vol. 28, 1984, S. 276

DAT 86 Dataquest, 1986

DIN 70 DIN 45 633 "Präzissionsschallpegelmesser". 1970

HEN 86 W. Hendrischk, "Lärm in DV-Druckern". Techn. Akademie Esslingen, Lehrgang 8210/06.192, 1986

NIC 81 T.Y. Nickel, F.J. Kania, "Printer technology in IBM". *IBM J. Res. Dev.,* Vol. 25, No. 5, Sep. 1981, S. 755

ROT 82 U. Rothgordt, "A survey of electronic printing technologies". *Advances in image pickup and display.* Academic Press, 1982

ROT 83 U. Rothgordt, "Drucker in Nachrichtentechnik und Datenverarbeitung". *F&M, Zeitschrift Feinwerktechnik,* 91, Apr./May 1983, S. 93

SPR 82 W.G. Spruth, J. Bahr, "Printing technologies". Textverarbeitung u. Bürosysteme, IBM-Informatik-Symposium, Oldenbourg, 1982, S. 193

STU 79 "Image processing for document reproduction" in *Advanced digital image processing.* P. Stucki (ed.), *Plenum,* 1979, S. 210

WÖH 82 K. Wöhrle, "Geräuschmessung und Auswertung". BMFT Forschungsbericht, HA 82-041, Nov. 1982

WÖH 87 K.K. Wöhrle, L. Kaiser, "Primäre und sekundäre Schallschutzmaßnahmen insbesondere bei Zentraleinheiten, Bildschirmgeräten, mechnischen Schnelldruckern". *VDI Berichte*, Nr. 629, 1987, S. 253

**6.2 Aufschlagdrucker**

BEA 81 H.S. Beattie, R.A. Rahenkamp, "IBM typewriter innovation". *IBM J. Res. Dev.*, Vol. 25, No. 5, Sep. 1981, S. 729

BLU 72 P. Blume, "Grundlagen des Druckvorgangs bei mechanischen Schnelldruckern". *Feinwerktechnik und micronic*, Vol 76, No. 4, 1972

BÜH 86 G. Bührmann, "Mechanische Zeilendrucker - Produkte und Anwendungen". *Techn. Akademie Esslingen*, Lehrgang 8210/06.192, Jan. 1986

DIN 82 DIN 53 107, "Bestimmung der Glätte nach Bekk", Mai 1982

GAL 73 F. Galaske, "Schnelles Seriendruckwerk mit Typenhebelkarussell". *Feinwerktechnik + micronic,* Vol. 77, No. 4, 1973, S. 163

GRE 63 B.J. Greenblott, "A development study of the print mechanism on the IBM 1403 chain printer". *Trans. AIEE (Americ. Inst. El. Eng., Communic. & Electronics),* Vol. 81, Jan. 1963, S. 500

HAA 86 J. Haasis, "Mechanische Zeilendrucker - Technische Grundlagen". *Techn. Akademie Esslingen*, Lehrgang 8210/06.192, Jan. 1986

HÄC 86 K.H. Hächler, "Tinte und Papier". *Techn. Akademie Esslingen*, Lehrgang 8210/06.192, 1986

LOU 85 H.P. Louis, "Mechanische Zeilendrucker". *Techn. Akademie Esslingen*, Lehrgang 7461 / 06.151, Jan. 1985

NAE 79 A. Naemura, M. Kobayashi, "Impact printing fundamental properties". *Review of the electrical communication laboratories*, Vol. 27, No. 9-10, Sep./Oct. 1979, S. 864

PEU 77 B. Peukert, H. Senger, "Schreibstation PT 80". *Siemens-Z.*, Vol. 51, 1977, S. 215

PRE 66 M. Preisinger, "Resonant ecitation of magnetostrictive driven print wires for high-speed printing". *IBM J. Res. Dev.*, Vol. 10, Jul. 1966, S. 321

REK 77 R. Rekewitz, J. Westermayer, "Nadeldruckwerk für die Schreibstation PT 80". *Siemens Z.*, Vol. 51, No. 6, Jun. 1977, S. 488

SRI 86 M. Sri-Jayantha et al., "Feedback control of high-speed impact actuators". *SID Symp. Digest*, Vol. 17, 1986, S. 201

ULL 85 C. Ullrich, "Impact-Matrixdrucker". *Techn. Akademie Esslingen*, Lehrgang 7461/06.151, Jan. 1985

WAN 82 H. Wang, S.A. Hall, "Paper-function model for wire-matrix printing". *SID Symp. Digest,* Vol. 13, 1982, S. 228

**6.3 Aufschlagfreie Drucker**

**6.3.1 Übersicht**

MYE 84 R.A. Myers, J.C. Tamulis, "Introduction to topical issue on non-impact printing technologies". *IBM J. Res. Dev.*, Vol. 28, 1984, S. 234. Dieses Heft ist mit allen Beiträgen dem Thema "Auftragsfreie Drucker" gewidmet.

**6.3.2 Elektrophotographie**

BRO 78 K.D. Brooms, "Design of the fusing system for an electrophotographic laser printer". *IBM J. Res. Dev.*, Vol. 22, No. 1, Jan. 1978, S. 26

CAM 78 T.J. Cameron, M.H. Dost, "Paper servo design for a high-speed printer using simulation". *IBM J. Res. Dev.*, Vol. 22, No. 1, Jan. 1978, S. 19

CAR 38 C.F. Carlson, "Electron photography". US Patent 2.221.776, 1938

ELZ 81 C.D. Elzinga, et al, "Laser electrophotographic printing technology". *IBM J. Res. Develop.*, Vol. 25, No. 5, Sep. 1981, S. 767

FIN 78 G.I. Findley, et al., "Control of the IBM 3800 printing subsystem". *IBM J. Res. Dev.*, Vol. 22, No. 1, Jan. 1978, S. 2. Dieses Heft ist mit mehreren Beiträgen dem Thema "Elektrophotographie" gewidmet.

FLE 77 J.M. Fleischer et al., "Laser-optical system of the IBM 3800 printer". *IBM J. Res. Dev.*, Sep. 1977, S. 479

GRA 80 P. Graf, W. v. Tluck, "Sensoren in Laserdruckern". *Siemens Forsch. u. Entw. Ber.*, Vol. 10, No. 2, 1981, S. 98

HIL 82 B. Hill, K. P. Schmidt, "Light-switching array for high-resolution pattern generation". Philips, Electronic Components and Materials, Technical Publication, 070, Jul. 1982

KUC 76 H. Kuchenbecker, H. Unger, "Der neue Laserdrucker von Siemens". *Siemens Data Report*, Vol. 11, Heft 6, 1976, S. 8

LEE 84 M.H. LEE et al., "Technology trends in electrophotography". *IBM J. Res. Dev.*, Vol. 28, No. 3, May 84, S 241

ROS 79 E. Rossmann, "Das autonom arbeitende off-line Laserdrucksystem 2500". *Siemens Data Report*, Vol. 14, Heft 3, 1979, S. 13

ROT 76 U. Rothgordt, "Elektrostatisches Drucken". *Philips Tech. Rdsch.*, Vol. 36, 1976/77, S. 98

SCH 65 R.M. Schaffert, *Electrophotography*. Focal Press, 1965, 1975

SCH 71 R.M. Schaffert, "A new high-sensitivity organic photoconductor for electrophotography". *IBM J. Res. Dev.*, Vol. 15, No. 1, Jan. 1971, S. 75

SIE 80 Siemens, "Laserdrucksystem 2 300". Siemens Produktschrift D45/5010-03, Aug. 1980

SIE 82 a Siemens, "Drucker PT 88". Siemens Produktschrift L 22761-A88-X1-5, Okt. 1982

SIE 82 b Siemens, "Drucker PT 80i2". Siemens Produktschrift L 22751-A80-X1-5, Nov. 1982

SIE 82 c "Laserdrucksystem 2 300". Siemens Produktschrift U 994-J-Z42-1, Sep. 1982

SIE Siemens, "Zeilenmillionär. Der Laserdrucker von Siemens". Siemens Produktschrift D 15/5379-03

STO D. Stonebraker, "Introduce yourself to copier technology". IBM Firmenschrift, Boulder USA

SVE 78 R.G. Svendsen, "Paper path of an on-line computer-output printer". *IBM J. Res. Dev.*, Vol. 22, No. 1, Jan. 1978, S. 13

UNG 77 H. Unger, "Laserdrucker 3352 mit hoher Druckleistung". *Siemens Z*, Vol. 51, 1977, S. 234

VAH 78 U. Vahtra, R.F. Wolter, "Electrophotographic process in a high-speed printer". *IBM J. Res. Dev.*, Vol. 22, No. 1, Jan. 1978, S. 34

WIE 86 Wiedemer, "Laser-Drucker". *Techn. Akademie Esslingen*, Lehrgang 8210/06.192, 1986

**6.3.3 Tintenstrahldrucker**

ADA 84 R.L. Adams, J. Roy, "Air-flow effects on drop formation for air-assisted drop-on-demand ink jet". *SID Symp. Digest*, Vol. 15, 1984, S. 356

BAS 77 E. Bassous et al., "Ink jet printing nozzle arrays etching in silicon". *Applied Physics Letters*, Vol. 31, No. 2, Jul. 15, 1977, S. 135

BUE 77 W.L. Bühner, et al., "Application of ink jet technology to a word processing output printer". *IBM J. Res. Dev.*, Vol. 21, No. 1, Jan. 1977, S. 2. Dieses Heft ist mit allen Beiträgen dem Thema "Tintenstrahldruck" gewidmet.

BRU 76 C.A. Bruce, "Dependence of ink jet dynamics on fluid characteristics". *IBM J. Res. Dev.*, Vol. 20, 1976, S. 258

CUR 77 S.A. Curry, H. Portig, "Scale model of an ink jet". *IBM J. Res. Develop.*, Vol. 21, No. 1, Jan. 1977, S. 10

DÖR 82 M. Döring, "Drucken mit Tintentropfen". *Feinwerktechnik und Meßtechnik,* Vol. 90, No. 8, S. 417, 198

EIS 86 E. Eißfeld, "Tintenstrahl-Drucker". Techn. Akademie Esslingen, Lehrgang 8210/06.192, Jan. 1986

FIL 77 G.L. Fillmore, et al., "Drop charging and deflection in an electrostatic ink-jet printer". *IBM J. Res. Dev.*, Vol. 21, No. 1, Jan. 1977, S. 37

HEI 77 J. Heinzl, G. Rosenstock, "Lautloser Tintendruck für Schreibstationen". *Siemens Z.*, Vol. 51, No. 4, Apr. 1977, S. 219

HER 72 C.H. Hertz, A. Maensson, "Electric control of fluid sets and its application to recording devices". *Rev. of Scientific Instruments,* Vol. 43, Nr. 3, Mar. 1972, S. 413

HER 74 a C.H. Hertz, A. Maensson, "Color plotter for computer graphics using three electrically controlled ink-jets". *Information Processing 74,* North Holland, 1974, S. 85

HER 74 b C.H. Hertz, A. Maensson, "Electronic ink-jet device". Society of Photographic Scientists and Engineers, Second International Conference on Electrophotography, 1974

HER 86 H. Hertz, "High-quality ink-jet printing of color images". *SID Symp. Digest,* Vol. 17, 1986, S. 96

HOF 82 E.P. Hofer, F.E. Talke, "Mechanics and optimization of drop-on-demand ink-jet printing". IBM Research Report, RJ 3643 (42439), Oct. 1982

KAM 72 F.J. Kamphöfner, "Ink-jet printing". *IEEE Trans. Electron Devices,* Vol. ED-19, Apr. 1972, S. 584

KUH 78 L. Kuhn, et al., "Silicon charge electrode array for ink-jet printing". *IEEE Trans. Electron Devices,* Vol. ED-25, No. 10, Oct. 1978, S. 1257

KUH 79 L. Kuhn, R.A. Myers, "Ink-jet printing". *Scientific American,* Vol. 240, No. 4, Apr. 1979, S. 120

LEE 82 F. Lee et al., "Drop-on-demand ink-jet printing at high resolution and high frequency". *J. Phot. Science Eng.*, 1982

LEE 84 F.C. Lee et al., "The application of drop-on-demand ink jet technology to color printing". *IBM J. Res. Dev.*, Vol. 28, No. 3, May 1984, S. 307

STE 73 E. Stemme, S. Larsson, "The piezo-electric capillary injector: A new hydrodynamic method for dot pattern generation". *IEEE Trans. Electron Devices,* Vol. ED-20, Jan. 1973, S. 14

SWE 65 R.G. Sweet, "High frequency recording with electrostatically deflected ink". *Review of Scient. Instr.*, Vol. 36, New Series, No. 2, Feb. 1965, S. 131

UEM 86 R. Uematsu et al., "Higher harmonic excitation method for ultra-high resolution printing". *SID Symp. Digest,* Vol. 17, 1986, S. 190

YAM 83 T. Yamada et al., "High resolution full color printer by microdot ink-jet printing method". *SID Symp. Digest,* Vol. 14, 1983, S. 102

**6.3.4 Elektroerosion**

BAH 85 Bahr, "Elektroerosionsdrucker". *Techn. Akademie Esslingen,* Lehrgang 7461/06.151, Jan. 1985

BOS 70 Bosch Firmenschrift, "Bosch Metallpapier Script". Bosch VDT-UBK 191/1, 1970

ORT 43 A. Ortlieb, "Verfahren und Vorrichtung zur Herstellung von Aufzeichnungen auf einem metallisierten Aufzeichnungsträger". Deutsches Patentamt, Patentschrift 854 439, Sep. 1943

ORT 71 A. Ortlieb, "Das Metallpapier-Registrierverfahren". *Bosch Techn. Berichte* , Vol. 3, Dez. 1971

WID 65 G. Widl, et al., "Elektrisch beschreibbare Flachdruckplatte und Verfahren zur Herstellung der Flachdruckform". Deutsches Patentamt, Auslegeschrift 1 496 152, Aug. 1965

**6.3.5 Thermodrucker**

APP 85 S. Applegate et al, "Implementation of the resistive ribbon technology in a printer and correcting typewriter". *IBM J. Res. Dev.*, Vol. 29, 1985, S. 459

GOT 86 T. Gotoh et al, "Picture reproduction of sublimating dye method video printer". *Proc. SPSE Third International Congress on Advances in Non-Impact Printing Technologies*, Aug. 1986, S. 273

LÖB 86 H. Löbl, "Thermodrucker". *Techn. Akademie Esslingen*, Lehrgang 8210/06.192, Jan. 1986

NAK 81 S. Nakaya et al., "Display system using reversible heat sensitive material". *Proc. SID*, Vol. 22, No. 1, 1981, S. 23

NAK 82 a S. Nakaya et al., "High resolution thermal printing technology". *SID Symp. Digest*, Vol. 13, 1982, S. 232

NAK 82 b S. Nakaya et al., "Grey-scale thermal display". *SID Symp. Digest*, Vol. 13, 1982, S. 234

PAY 73 T.R. Payne, H.R. Plumlee, "Thermal printer". *IEEE J. Solid-State Circuits*, Vol. SC-8, No. 1, Feb. 1973, S. 71

PEN 85 K.S. Pennington, W. Crooks, "Resistive ribbon thermal transfer printing: A historical review and introduction to a new printing technology". *IBM J. Res. Dev.*, Vol. 29, 1985, S. 449. Dieses Heft ist mit allen Beiträgen dem Thema "Widerstandfarbband - *Thermotransferdruck*" gewidmet.

SAI 80 K. Saito et al., "High-speed thermal recording". *Proc. SID*, Vol. 21, No.2, 1980, S. 165

SHI 76 S. Shibata et al., "A new type thermal printing head using thin film". *IEEE Trans. Parts Hybrids Packag.*, Vol. PHP-12, No. 3, Sep. 1976, S. 223

TOK 80 Y. Tokunaga, K. Suiyama, "Thermal ink transfer imaging". *IEEE Trans. Electron Devices*, Vol. ED-27, No. 1, 1980, S. 218

USA 86 T. Usami et al., "UV-fixable diazo type thermal recording material". *Proc. SPSE Third International Congress on Advances in Non-Impact Technologies*, Aug. 1986, S. 336

**6.3.6 Elektrophoretische Drucker**

EHL 83 B. Ehlers et al., "Electrophoretic recording of color images". *J. Appl. Photogr. Eng.*, Vol. 9, No. 1, 1983

HIN 80 H.D. Hinz et al., "Electrophoretic recording of continuous-tone images". *J. Appl. Photogr. Eng.*, Vol. 6, No. 3, Jun. 1980, S. 69

**6.3.7 Magnetographische Drucker**

BER 79 A.E. Berkowitz et al., "A high speed magnetic printer". *IEEE Trans. Magn.*, Vol. MAG-15, Nov. 1979, S. 1469

ELT 80 J.J. Eltgen, J.G. Magnenet, "Magnetic printer using perpendicular recording". *IEEE Trans. Magnetics*, Vol. Mag-16, Sep. 1980, S. 961

HER 82 H.A. Hermanson, R.E. Drews, "Magnetographic printing". *J. Appl. Photogr. Eng.*, Vol. 8, No. 6, Dec. 1982, S. 239

SCH 74 E. Schlömann, "Review of magnetographic printing technology". Second International Conference on Electrophotography, SPSE, 1974, S. 43

**7. Weitere Ausgabeverfahren**

DUB 65 G. E. Du Bois, "Computer voice output". *IEEE International Convention Record* 1965, S. 33

DUD 39 H.W. Dudley, "The automatic synthesis of speech". *Proc. Natl. Acad. Sci.*, Vol. 25, 1939

FLA 73 J.L. Flanagan, L.R. Rabiner, *Speech synthesis*. Dowden, Hutchinson and Ross, Stroundsburg, Pennsylvania, 1973

KNA 66 G. Knauft et al., "Some new methods for digital encoding of voice translation". *IBM J. Res. Dev.*, Vol. 10, May 1966, S. 244

KÜR 74 K. Kürner, "Analog/Digital- und Digital/Analog-Umsetzer". *Taschenbuch der Informatik*, Band II, K. Steinbuch, W. Weber (Herausgeber), Springer, 1974, S. 341

LEB 80 B. LeBoss, "Speech I/O is making itself heard". *Electronics*, May 22, 1980, S. 95

MAN 81 H. Mangold, "Spraus gibt jedem Computer Stimme". *Funkschau*, 1981, S. 66

MAN 82 H. Mangold, K. Schenkel, "Mensch-Maschine-Kommunikation mit Sprachsignalen". *Technische Mitteilungen PII*, No. 1, 1982, S. 40

MAR 76 J.D. Markel, A.H. Gray Jr., *Linear prediction of speech*. Springer, 1976

NEU 76 H.D. Neumann, "Recording module of the 3M laser microfilm system". *IEEE Conf. Laser Eng. and Optical Systems*, San Diego, May 1976

SEI 77 D. Seitzer, *Elektronische Analog-Digital-Umsetzer*. Springer, 1977

SEI 83 D. Seitzer et al., *Electronic analog-to-digital converters: Principles, circuits, devices, testing*. Wiley, 1983

TAN 83 F. Tanaka, et al., "$C^2$MOS speech synthesis systems". *IEEE Trans. Acoust. Speech Signal Process.*, Vol. ASSP-31, Feb. 1983, S. 335

**8. Externe Speicher, Systemverbindungen**

**8.1 Übersicht, Beurteilung, wirtschaftliche Gesichtspunkte**

LEN 78 E. Lennemann, "Tape libraries with automatic reel transport". *Digital memory and storage*. Vieweg, 1978, S. 65

PRO 78 W.E. Proebster (ed.), *Digital memory and storage*. Vieweg, 1978

STE 81 L.D. Stevens, "The evolution of magnetic storage". *IBM J. Res. Dev.*, Vol. 25, No. 5, 1981, S. 663

**8.2. Magnetische Speicher**

BOB 75 A. Bobeck et al., "Magnetic bubbles: An emerging new memory technology". *Proc. IEEE*, vol 63, 1975, S. 1176

CHA 78 H. Chang, *Magnetic-bubble memory technology*. Marcel Dekker, 1978

DEL 78 E.F. de Leeuw, "Physical principles of magnetic bubble domain memory devices". *Digital memory and storage*. Vieweg 1978, S. 203

DES 84 J.R. Desserre, "Crucial points in perpendicular recording". *IEEE Trans. Magn.*, Vol. MAG-20, No.5, Sep. 1984, S. 663

EIN 86 T. Einsele, Massenspeicher, Vorlesungsunterlagen, TU München, 1986

ENG 81 J.T. Engh, "The IBM discette and discette drive". *IBM J. Res. Dev.*, Vol. 25, No. 5, Sep. 1981, S. 701

ESC 80 A.H. Eschenfelder, *Magnetic bubble technology*. Springer, 1980

FLO 81 M.H. Florjancic, "Magnetic bubble memories". Firmenschrift SEL/ITT, Nov. 1981

HARK 81 J.M. Harker, et. al. "A quarter century of disc file innovation". *IBM J. Res. Dev.*, Vol. 25, No. 5, 1981, S. 677

HARR 81 J.P. Harris et al. "Innovations in the design of magnetic tape subsystems". *IBM J. Res. Dev.*, Vol. 25, No. 5, Sep. 1981, S. 691

IWA 84 S. Iwasaki, "Perpendicular magnetic recording: Evolution and future". *IEEE Trans. Magn.*, Vol. MAG-20, No. 5, Sep. 1984, S. 657

KÖS 78 E. Köster, "Magnetic data recording". *Digital memory and storage*. Vieweg, 1978, S. 11

KRY 86 M.H. Kryder, "The special section on magnetic information storage technology". *Proc. IEEE*, Vol. 74, No. 11, Nov. 1986, S. 1475. Dieses Heft ist mit allen Beiträgen dem Thema "Magnetische Aufzeichnung" gewidmet.

LEN 78 E. Lennemann, "Tape libraries with automatic reel transport". *Digital memory and storage*. Vieweg, 1978, S. 65

MET 78 W. Metzdorf, "Application of magnetic bubbles to information storage". *Digital memory and storage.* Vieweg, 1978, S. 217

WEN 78 P. Wenzel, "Electromechanical mass storage units: Disk files". *Digital memory and storage.* Vieweg, 1978 S. 33

WIN 78 -K. Winkler, "Electromagnetic mass storages: Normal tape devices". *Digital memory and storage.* Vieweg, 1978, S. 53

WIN 85 E.O. Winkelmann, "Ein Vierteljahrhundert Magnetplattenspeicher in der IBM Deutschland". *Datentechnik im Wandel, W.E. Proebster (Herausgeber),* Springer, 1985, S. 175

**8.3 Optische Speicher**

AMM 83 G.J. Ammon, "An optical disk jukebox mass memory system". *Proc. SPIE,* Vol. 421, Jun. 1983, S. 2

BOU 85 G. Bouwhuis, et al., *Principles of optical disk systems.* Adam Hilger, 1985

BRO 69 Brockhaus Enzyklopädie, 1969, Stichwort: Holographie

CAR 82 M.G. Carasso, et al., "The compact disc digital audio system". *Philips Tech. Rev.,* Vol. 40, No.6, 1982, S. 151

CLA 85 G.M. Claffie, "High-performance optical disc jukebox". *Proc. SPIE,* Vol. 529, Jan. 1985, S. 95

FIN 80 J.C.J. Finck, et al., "Ein Halbleiterlaser zum Auslesen von Informationen". *Philips Tech. Rev.,* Vol. 39, No. 4, 1980, S. 101

GRA 83 D.J. Gravesteijn, J. van der Veen, "Organic-dye films for optical recording". *Philips Tech. Rev.,* Vol. 41, 1983/84, S. 325

HAR 85 M. Hartmann, et al., "Erasable magneto-optical recording". *Philips Tech. Rev.,* Vol. 42, No. 2, Aug. 1985, S. 37

HIL 78 B. Hill, "Optical memory systems". *Digital memory and storage.* Vieweg, 1978, S. 273

ICH 85 Y. Ichiyama et al., "A disc handling system and optical disc jukebox storage". *Proc. SPIE,* Vol. 529, Jan. 1985, S. 89

VRI 83 L. Vriens, B.A.J. Jacobs, "Digital optical recording with tellurium alloys". *Philips Tech. Rev.,* Vol. 41, 1983/84, S. 313

**8.4 Tragbare Speicher**

ARI 86 S. Ariizumi et al., "A 70 ns 2 Mb mask ROM with a programmed memory cell". *ISSCC Digest,* 1986, S. 42

MAS 85 F. Masouka et al., "A 256 K flash EEPROM using triple polysilicon technology". *ISSCC Digest,* 1985, S. 168

MÜL 78 R.G. Müller, "Electrically alterable MOS-ROMs, with particular emphasis on the floating gate type". *Digital memory and storage.* Vieweg, 1978, S. 189

SUZ 83. E. Suzuki, et al., "A low-voltage alterable EEPROM with metal-oxide-nitride-oxide-semiconductor (MONOS) structures". *IEEE Trans. Electron Devices,* Vol. ED-30, No. 2, Feb. 1983, S. 122

VEN 86 B. Venkatesh et al., "A CMOS 1 Mb EPROM". *ISSCC Digest,* 1986, S. 40

**8.5 Systemverbindungen**

GFE 79 F.R. Gfeller, U. Bapst, "Wireless in-house data communication via diffuse infrared radiation". *Proc. IEEE,* Vol. 67, No. 11, Nov. 1979, S. 1474

# Sachverzeichnis

**Fettgedruckte Seitenzahlen geben das Hauptvorkommen an**

# B



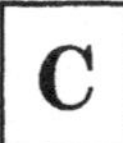

**E**

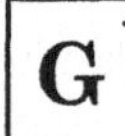



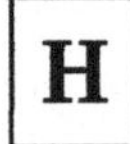

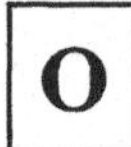

P

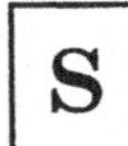



T